日本の電子部品産業

国際競争優位を生み出したもの

中島裕喜［著］
NAKAJIMA, Yuki

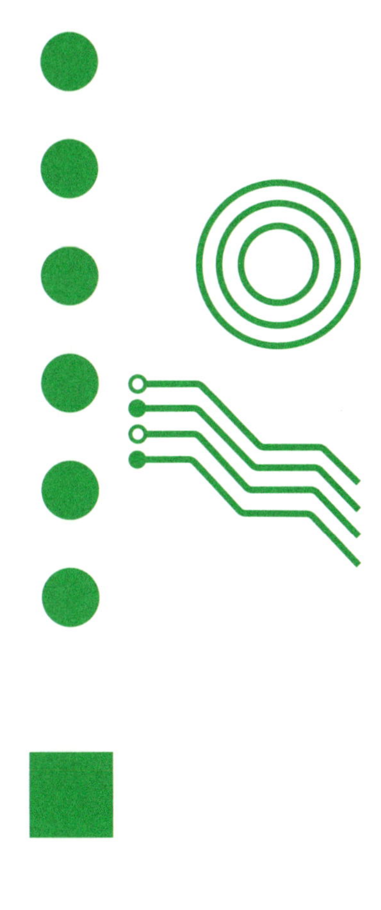

名古屋大学出版会

日本の電子部品産業

目　次

第II部　専門生産の確立と高度化

序　章　顧客多様化の歴史的起源

1　日本のエレクトロニクス産業を代表する「一般電子部品」

いまや多くの人が使用している高機能スマートフォン（スマホ），パソコン，地上デジタルテレビなどのエレクトロニクス機器には多数の電子部品が組み込まれている。こうした機器の性能や品質は当然のことながら部品によって決まる。高機能なエレクトロニクス機器には大量の部品が組み込まれているから，一つ一つの部品は小さくなければならないし，そのなかの部品が一つでも壊れてしまうと機器が正常に作動しないので，非常に高い品質条件をクリアすることが求められている。そこでアップル，サムスン，LG エレクトロニクス，シャオミなどのグローバル企業，または日本国内の大手エレクトロニクス機器メーカー[1)]は部品を生産している企業と密接に協力し，ときには自社内に部品工場を設けて製品開発を進めてきた。

戦後の日本経済を牽引してきた代表的産業であるエレクトロニクス産業については，その競争力の源泉，または近年における苦境の要因などについて，様々なことが指摘されている。これに対してエレクトロニクス製品に組み込まれている部品を製造販売している企業については，あまり注目されず，どちらかというと脇役に甘んじてきたといえるだろう。本書はエレクトロニクス産業の「縁の下の力持ち」であり，過去から現在にいたるまで長期にわたって高い国際競争力を維持してきた，電子部品産業の発展史を実証的に跡付け，そこから導かれる同産業の競争力の源泉について考えることを課題とする。あらかじめポイントを述べておくと，部品は完成品（例えばテレビやスマホ）とは異なり，用途が非常に多岐にわたるという特徴に注目したい。それだけ多くの顧客を相手にして，様々なニーズに応えながら新しい部品を開発し，効率よく生産することが求められる。その長期にわたる経験の蓄積が，電子部品産業を鍛え上げてきたのではないかと思われるのである[2)]。

ところで電子部品には大別して，電子管，半導体デバイスおよび集積回路などの「能動部品（Active Components)」と呼ばれる製品群と，それ以外の複数の電子部品を総称した「一般電子部品」といったものがある。一般電子部品のなかでもコンデンサ・抵抗器・トランスなどは「受動電子部品（Passive Components)」として区分され，国際的な統計においても生産量が集計されている[3)]。2016 年次の日本国内における生産実績をみると，能動部品にあたる「電子管・半導体素子および集積回路」は約 4 兆 9049 億円であるのに対し，一般電子部品は約 2 兆 2454 億円であり，そのなかで受動部品は約 1 兆 251 億と 45 % 程度を占めている[4)]。産業規模の大きさから通常は半導体や集積回路が注目されがちであるが，これらの分野は日本の国際競争力の衰退が指摘されており，本書では取り上げない。一方，一般電子部品の分野では日本企業の国際競争力は高く，日系電子部品メーカーの海外を含めた出荷額は 2016 年度で 3.8 兆円にのぼり，世界シェア 38 % を占めている[5)]。したがって，その要因を分析することには意義があると思われる。そこで以下，本書では「電子部品」について，能動部品を除いた広義の「一般電子部品」を指すものとする。

2　産業分析における歴史的パースペクティブ

1）電子部品の「産業史」

こうした電子部品産業の高い競争力や収益性について，近年は注目が高まりつつある[6)]。本書の問題意識と関連するものは，あらためて本編で取り上げるが，多くの先行研究は主として個別企業，とりわけ成功事例と目される大手電子部品メーカーの動向を検討対象としている。たしかに電子部品産業の実態は，政府統計などに用いられる分類よりもはるかに細分化されており，また異業種に分類されている大手機器メーカーが内製部門として手がけていることもあるため，同一市場で競争する企業群を単位として分析する産業論の枠組みを厳密に適用することが困難な場合が多い。しかし本書では，こうした少数の経営事例だけではなく，より広い視点から「産業」としての展開を考察の中心に据えたい。電子部品産業では，大小様々な部品メーカーが業種を越えて密接にかかわりあい，ひとまとまりの「業界」としてのアイデンティティを共有しており，それが個別企業の発展にも一定の貢献を果たしてきた。本書ではそうした側面に光を当てる。

この点について，2000 年代前半を中心に一般電子部品産業の動向を分析した林隆一は，当該産業の重要な特質を抽出している[7)]。林によると，電子部品産業は自動車産業と比較して，単品部品の専業企業が中心であり，多くのユーザーに供給する用途拡散（逆ピラミッド構造）が進んでいるため，収益性が高いという。2012 年の調査によると，電子部品の主な市場は携帯電話，パソコン，テレビ，ゲーム機であり，近年では自動車にまで及んでいる[8)]。本書の第 III 部で考察するように，電子部品は様々な機器に電子回路が組み込まれた結果として用途の多様化が進んでいる。用途が広がれば，特定の完成品（例えばノート PC や薄型テレビ）の製品ライフサイクルが成熟期から衰退期に入った場合でも，新たに成長期を迎える機器へと部品を供給することで事業の維持拡大が可能となる[9)]。しかし，こうした部品メーカーの発展モデルは，かつて部品産業の発展を中心的な研究課題としてきた下請制研究の見解，すなわち下請工場の発注工場に対する「専属化」を重要な指標とするものと，まったく異なっている[10)]。たしかに経営史研究では，自動車産業で 1950 年代に実施された系列診断を契機として，部品メーカーの指導や援助が強化されたことが明らかになっており，発注側の大企業によって中小規模の部品メーカーが育てられた事例は豊富に存在する[11)]。しかし電子部品産業の発展をこれと同じ論理で説明することは難しいと思われる。自動車産業とは異なるエレクトロニクス産業の独自性を認識し，電子部品産業の歴史的な歩みを丁寧に観察することで，林が指摘するような 2000 年代における産業構造にいたったプロセスを理解することが可能になるだろう[12]。

林が指摘した「逆ピラミッド構造」のメリットを説明する論理について，台湾ノートPC産業の発展を考察した川上桃子の研究が重要な視点を提示している[13]。台湾のノートPCメーカーは先進的な技術を持つ日本のパソコンメーカーなどから，生産ノウハウ・製品設計機能・製品出荷方式などの指導や支援を与えられたが，その過程において「複数の顧客と取引関係を結んだ一部の受託生産企業が享受した学習速度の加速の効果」が確認され，これを川上は「顧客の多様性の利益」と呼んでいる[14]。複数の顧客との間に取引関係を築いた受託生産企業は多様な技術や市場に関する情報を持ち，様々な要求を突きつけてくる顧客と同時的に取引を行うことで学習効果を加速させ，それによって向上した能力が顧客範囲の拡大をもたらすという論理である[15]。もちろん川上が明らかにした1990年代以降の台湾ノートPC産業と，本書で取り上げる戦後日本の電子部品産業には，地域性や時代性，製品技術の特性などの相違点が多々あり，これを直截に適用することは慎まねばならない。とくに川上が「圧縮された」と表現したような台湾企業の急速な能力構築の過程と，日本の電子部品産業が戦後70年を費やしてきたそれとは明確に峻別されるべきであろう。川上はあくまでノートPC産業内部の顧客多様性を論じたのであり，日本の電子部品産業はこれを大きく超える用途の市場開拓に成功している。そのことがもたらす「利益」の大きさを理解することが必要であり，それは長期的な産業史の展開を追うことによってのみ明らかにし得るであろう。本書では，こうした関心から，戦後における電子部品の「産業史」を検討の対象としたい。

2）市販部品の成立条件

林はアーキテクチャ論にもとづいて，電子部品メーカーが収益性を高めるために社内・社外のインターフェイスのどちらかにモジュール化を組み合わせることが重要であると指摘している[16]。社外すなわちユーザーとのインターフェイスについて，この分類に早くから注目して長期継続的取引の有効性を明らかにしたのが，浅沼萬里であろう[17]。浅沼は，アセンブルメーカーが企業外部から調達する部品を「カスタム部品」と「市販品タイプの部品（以下，市販部品)」に分類した。カスタム部品は「買手企業が提示する仕様に応じて作られる部品」とされ，アーキテクチャ論では企業間の擦り合わせを重視したインテグラル型の部品であり，また旧来の分類では下請工場によって生産される外注品に近いものである。これがさらに部品メーカーによって図面が作成される承認図部品と，中核企業が作成する貸与図部品に分類される。これに対して，市販部品は「買手企業は売手の提供するカタログの中から選んで購入する」部品を意味しており，購買品とも呼ばれている[18]。つまりモジュール化された標準品であるが，浅沼は電機産業では自動車産業よりも「市販部品」取引の比重が大きいことを認めている[19]。林が指摘した電子部品産業におけるモジュール化の有効性は，浅沼によって指摘された理論的な可能性が2000年代前半の当該産業において実証的に確認されたことを意味する。しかし，こうしたモジュール化がエレクトロニクス産業の部品取引において，いつ，いかなる歴史的な条件の下に成立したのか，また戦後の当該産業発展にどのような意義を有していたのかについては，十分に明らかにされたとは言い難い。

そこで歴史的視点にもとづいた研究に目を向けると，まず金容度によるIC開発史の考察は注目に値する。金によれば，1960年代後半における電卓市場では標準ロジックICが多く，使用されるICの70–80％が標準品であったという。この標準品とは多数の需要家が採用する仕様であるという金の指摘から，カスタム化されていない市販部品であろう。ところが金は市販部品についてはそれ以上の検討を加えておらず，1970年代以降に進展するICのカスタム化に分析を集中させている[20]。1970年代半ばにおいて標準品はIC生産量の20–30％ほどに低減したことから[21]，そうしたアプローチが採られたことには肯ける。むしろここで金の研究から学ぶべきことは，ICがカスタム部品であったか市販部品であったかというダイコトミーではなく，ICという部品が電卓産業の発展過程に対応することによって，その性質を変化させていった歴史的な流動性であろう。そのことは翻って，カスタム化が進展する以前の高度成長期における，市販部品の重要性に光を当てることにもなる。つまりカスタム化がいかにして進展したのかを論じるのと同様に，いかなる条件の下で電子部品が「市販部品」たりえたのかを明らかにしなければならないのである。そこで本書では，こうした産業発展の時代的な特性を踏まえ，その成立をもたらした市場・流通・業界団体の動向を検討する。具体的には，アジア・太平洋戦争終結後の占領下におけるラジオ市場や，高度成長の黎明期におけるトランジスタラジオ市場，部品取引を仲介する商人，業界団体による部品標準化などである。

3）創業者型企業の重要性

電子部品産業に対象を限定しているわけではないが，戦後史を創業者型企業の視点から捉え，経営戦略論の分野から問題提起しているのが三品和広である。三品は，電機・精密機器の分野に属する163社について，1970年から1999年までの営業収益率の加重平均が4.82％と低水準にあることを明らかにし，企業は成長を指向するが，一般的傾向として収益逓減の法則にさらされているため，創業から時間が経過すると次第に利益率が落ちてくること，またそれは決して不可抗力ではないにもかかわらず，日本企業は無為無策のまま今日にいたったことを指摘した[22)]。しかし一方で，三品は同じ分野の営業利益率上位21社のうち16社までが，創業者もしくはその親族によるオーナー企業であること[23)]，また2000年時点における当該分野の一部上場企業のうち，創業経営者が戦後の立ち上げに関与したところが7割に達することを明らかにしている。そこから三品は，戦後初期に強固な事業基盤を整備した創業者がやがて経営の一線から身を引き，その後に登場した「操業」経営者は，短期間で交代するために事業基盤の改革に着手できていないという，戦後経営史の見取り図を提示している[24)]。また以上のような歴史的経緯について，それが「戦争という特殊事情がここに関与していることは明らかで，現代日本の企業社会が，その成立過程において大きな歴史的特殊性を内包することを冷静に認識すべきであろう」と述べている[25)]。つまり戦後初期には，多くの企業が創業できる環境（客観的条件）と人材（主体的条件）が揃っていたことになる。

前者については，清成忠男が，経済の構造変化を進めるためにはイノベーターとなる新企業の参入を保証する「誕生権経済（birthright economy）」の確立が必要だと説くなかで，日本の経験では第2次世界大戦直後における既存の経済体制の解体が数多くの中小企業に創業機会を与えたことを指摘している[26)]。電子部品産業の歴史分析においても，終戦直後の日本社会の状況がいかにして誕生権経済としての機能を果たしたのかを具体的に見ていく必要があるだろう[27)]。

一方，後者については，創業者の能力蓄積プロセスや，電子部品メーカーを興すことになった歴史的経緯について確認する必要がある。その際に，沢井実が指摘するように「戦時と戦後の連続性を主体の認識構造のあり方に引きつけて理解する視点[28)]」が必要となるだろう。例えば，和田一夫は戦時期の生産技術者たちが生産工程全体をシステムとして認識する視点を持ちながらも，諸々の制約から実現せず，その問題意識が戦後へと継承されたことを明らかにしている[29)]。また戦時技術への痛烈な反省が戦後の技術導入に果たした意義を説く中岡哲郎の視点は，近年では戦時期鉄鋼業の熱管理技術を検討した小堀聡の研究でも展開されている[30)]。電子部品メーカーの創業プロセスにおいても，創業者たちの戦時における経験が持つ意義を理解する必要がある。そこでは起業を志すだけでなく，前述したような顧客多様化やモジュール化を成長戦略として採用するにいたった経緯についても検討しなければならない。

ただし，これらの創業者たちの企業家精神が遺憾なく発揮されたのは，むしろ高度成長期であろう。それを同時代において逸早く発見したのが，中堅企業論を唱えた中村秀一郎である[31)]。中村は経営者が自らの意思決定を企業運営に貫く独立企業で，製品開発や製造技術およびマーケティングなどで独創性を発揮し，差別化された市場において高い占有率を確保することができる，といった条件を満たした企業群が中小企業の枠を超えて成長しつつあることを指摘した[32)]。このなかで中村は部品メーカーについて「1955 年以降の家電・自動車工業などの，大型組立型機械工業における本格的な量産体制の確立は必然的に旧来の下請型とは違った新しい中小企業の発展を促した。なぜならば本格的な量産体制は部品の，精度向上と均質化，互換性の確保，納期の確実性に加えてコストダウンを要求するが，それは生産の専門化に伴う大規模生産による専門的な技術と製造経験をもち，本格的な設備投資による大量生産を遂行しうる専門メーカーの発展を不可欠としていたのである」と述べている[33)]。

中村が注目した専門メーカーは，特定の部品を大規模に生産することで品質やコストを改善する「専門生産」を展開していた。機器メーカーからの技術指導や発注量保証が得られない市販部品取引において部品メーカーが発展するためには，専門生産を達成することが不可欠だったのである。そこで本書では，電子部品メーカーの生産規模が機器メーカーの内製規模を凌駕し，それとともに製品技術や品質において高い水準を達成したことをもって，「専門生産の確立」の重要な指標としたい。

3　戦後における電子部品産業発展の歴史的前提

1）戦前期に展開したアセンブル生産

前節では，電子部品産業の現状分析が提示した諸論点を歴史的視点から検討し，本書の課題を抽出することを試みた[34)]。そこで次に経営史研究の成果から，戦後日本における電子部品産業の考察に必要と思われる諸論点を抽出しよう。

まず本書が対象とする電子部品産業を直接的に取り上げたものとして，平本厚の戦前期に関する研究が挙げられる。平本は電子部品が 19 世紀末に電信電話の部品として研究され始め，1925 年のラジオ放送開始が本格的生産の契機となったことや，コンデンサと抵抗器における技術開発などについて，1930 年代までの発展の過程を明らかにしている[35)]。ここで注目したいのは需給構造である。平本は部品の需要者を①小売店やラジオファンによるラジオの自家生産に使用されるための部品需要，②セットメーカー，③逓信省や陸海軍という 3 類型に区分している[36)]。③への供給者は理化学研究所の抵抗器部や東京電気および一部の有力専門企業に限られ，その他の部品メーカーの多くは①と②への部品供給を中心としていた。①を需要者とした場合には部品メーカーは問屋への販売に大きく依存していた。また②の内実については 1920 年代にラジオ受信機が逓信省の型式証明を得たものに限られたため無線通信機製造業の有力企業が市場に参入したものの，型式証明制度を無視した中小零細業者の低価格品が普及したことによって前者は早々に市場から撤退せざるを得ない状況が生じていた。松下電器（現，パナソニック）や早川電機（現，シャープ），山中電機のような部品を内製する大規模セットメーカーが登場したのは 1930 年代になってからであった[37]。つまりラジオ産業の成立期から1930年代半ばまでの電子部品の買手には大規模セットメーカーとともに，多数の問屋および小零細業者が存在したのである。

一方，戦間期の機械工業のなかで自転車産業を検討した竹内常善は自社内に生産工程を持たずに部品を仕入れ，それをセットにして自社ブランドで販売する「アセンブラー」と呼ばれる商人が存在したことを明らかにしている。この他，主要部品を生産する部品メーカーが下請工場を用いて完成車の組立に必要な部品のセットを揃え，問屋や小売商に販売する場合もあった[38]。さらに戦間期の自動車工業を分析した呂寅満によると，三輪車を中心とした小型車は1920年代においては自転車を製造販売していた問屋もしくは自転車部品メーカーによって生産され，1930年代においてもエンジンからフレームまでを一貫生産する大規模メーカーが登場する一方で，部品の寄せ集めによって独自のモデルを開発する「アセンブラー」が乱立し，両者が並存する供給構造へと変化した。こうした小型車部門は戦後の軽乗用車生産へと引き継がれていった[39]。

このように戦間期の機械工業には，部品から完成品までの一貫生産を行う大企業が存在する一方で，問屋を介在させた中小零細業者による分業的生産が幅広く展開するという共通点が見られる[40]。後者の存在は，戦後の自動車産業や電機・エレクトロニクス産業を対象とした下請制研究およびサプライヤーシステムの分析において，まったく等閑視されてきたと言えよう。本書との関連においては，占領期におけるラジオブームや高度成長期のトランジスタラジオ輸出の展開を検討する際に重要な視点を提供している。

2）中小企業組織化政策

次に，中小企業政策に関する歴史研究では同業者間による無秩序な競争防止や粗製濫造の取締対策として組織化政策の重要性が指摘されてきた。とくに1925年の重要輸出品工業組合法によって本格化した中小企業の協同事業，金融助成，統制事業は1931年の工業組合法によって国内産業にも許可されることとなり，さらに組合員への資金貸付や貯金の受け入れ事業も行われるようになった[41]。工業組合は戦時期になると鉄鋼配給統制の受け皿として1937年以降急速に設立数が増加したが[42)]，その相互扶助的および多数決主義的な特徴が統制による特定工場への重点的資源配分と齟齬をきたし，1943年の商工組合法によってそれらは統制事業を主目的に強制加入制を採る統制組合に再編された。

なお敗戦にともなって商工組合法は廃止されたために，共同事業や金融事業に機能を限定された商工共同組合が1946年から設立されることとなった。ただしその約半数は戦時の統制組合からの改組であり，実態としては資材調達を目的とした統制色の強いものであった。また翌年に独占禁止法が公布されると，大規模事業者の組合加入を防ぐことができない点や，戦時期の物資配給統制機関が閉鎖されるなかで統制組合からの改組で設立された組合のなかに閉鎖や解散を余儀なくされたものが多かった点などの問題が生じ，1949年からは従業員数100人未満の中小規模業者に加入者が限定された相互扶助組織としての，中小企業協同組合が設立されることとなった[43)]。以上のような変遷を遂げた戦前期・戦中期における中小企業組織化政策の評価は本書の範囲を超えるが，終戦直後における生産復興の過程において，資材配当，共同設備利用，資金融通といった組合活動が果たした役割には注目しなければならない。

3）戦時統制と企業系列整備

さらに戦時統制下における資材配給をめぐる企業系列整備の展開が，部品メーカーの戦後を展望するうえで重要な視点を提供する。1940年に策定された機械鉄鋼製品工業整備要綱が実質的に挫折した後，1944年に定められた機械工業等整備実施要領にもとづいて戦時の企業系列化が進展した[44)]。それが戦後の下請専属化やサプライヤーシステムの形成と連続的であるか否かという争点については否定的な評価が固まりつつある[45)]。ただし本書の検討課題との関連においては，終戦後にも続いた経済統制の下において，電子部品メーカーが生産活動を維持するために必要な資材をいかにして調達していたのかという点を検討するために，戦中期までの資材配給統制の動向を踏まえる必要がある。

植田浩史によると，1943年以降に中小機械工場は各統制会加盟企業の協力工場，業種別工業組合連合会所属工業組合，道府県工業組合連合会所属工業組合のいずれかに統制管理されることとなったものの，実態は多くの各工業組合所属工場が統制会加盟企業の協力工場に組み込まれていた。そこで最終生産者である民間発注工場，協力工場，その下位にある下請工場までの生産の全体的な流れを政府ではなく発注工場が自ら整備し，これを束ねるための協力会を組織するという企業系列整備が進められ，さらに発注工場についても生産責任工場を指定することによる一元的管理が目指された[46]。このように戦時末期には工業組合を介した資材配給は形骸化し，直接的な資材配給は統制会加盟企業のなかでも陸海軍関係の発注工場となる有力企業に限定され，それ以外の工場群は分業工場もしくは協力工場になることでしか生産活動を維持することはできなかった[47]。

以上で明らかなように，戦時には実質的に破綻していた資材配給統制が，戦後の復興過程でどのように推移したのかを検討することが，戦後電子部品産業の立ち上がりを理解するうえでも重要である。具体的には，敗戦によって電気機械統制会が閉鎖され，また電子部品ユーザーとしての陸海軍が存在しなくなった後の資材配給を考察しなければならない。本書第I部の内容をやや先取りすると，同統制会の旧加盟企業を中心とした業界団体が設立される一方で，これまで直接的な資材配給の対象とはされていなかった，中小零細の部品メーカーが配給を受けるための組織を設立し，独自の活動を展開した。それは前節でも述べたように，雨後の筍のように簇生した電子部品メーカーの創業者たちが，大企業の下請でなければ生産活動に必要な資材を調達できないという閉塞的な経営環境を打破する試みであり，彼らの後の成長戦略を規定する主体性の発露であった。

なお植田によると，戦中の東京芝浦電気では通信機の積極的な増産にともなって下請工場の確保に奔走しており，納期重視によって下請単価は引き上げられ，不良品が増加するといった状況が生じた[48]。つまり軍需生産が納期を重視する一方で製品価格や品質を度外視したことによって，製造原価低減や品質向上といった，平時の市場経済において競争優位を獲得するために必要な経営努力が重視されなくなったのである。以上のような状況を経て，敗戦後に軍需を喪失した諸企業は民需への対応過程において経営面での大きな再編を求められたであろう。こうした軍民転換によって生じた新たな経営課題に対する電子部品メーカーの動向にも注目したい。

4）戦後における業界団体の成立

戦中期までの各統制団体が閉鎖された後，独占禁止法によってカルテル活動を封じられた相互扶助の親睦団体として業界団体が設立された。業界団体の機能については圧力団体機能，政策の受け皿・遂行機能，カルテル機能，情報創造機能などが指摘されている[49]。戦前期のカルテル組織の合理性についてはここでは触れないが[50]，橘川武郎や岡崎哲二は戦後の業界団体について，企業・政府間の情報伝達を円滑に行うことで政策実効性を高める機能，また原料調達や海外市場調査などを協調的に行うことで個別企業の組織能力を補完する機能が重要であることを指摘している[51]。冒頭において述べたように，電子部品産業の現状分析は個別の「勝ち組」企業の戦略的対応に関心が向かいがちであるが，歴史的な視点に立脚すると，業界団体の役割が検討すべき課題として浮かび上がる。本書では，現在の電子情報技術産業協会（JEITA），または関西電子工業振興センターといった諸団体による，共同研究開発[52]や業界規格化[53]の試みに注目したい。

以上の諸論点を検討することにより，現状分析的な先行研究では省みられなかった，産業発展の歴史的コンテクストが明確になるものと思われる。

4　本書の構成

本書は，戦後の電子部品産業の展開を，復興期，高度成長期，安定成長期以後の3つの時期に区分している。まず第I部では，戦後の民主化政策によって生じたラジオブーム，およびエレクトロニクス産業における軍需から民需への転換を主要なモチーフとして展開する，電子部品産業の歴史的な諸相を描く。第1章では，連合国軍最高司令官総司令部（GHQ/SCAP）からラジオ受信機の増産を命じられた大手セットメーカーが復興に手間取るなか，その間隙を縫って，アマチュアによる組立ラジオが広く普及したことをみる。つまり当時，ラジオ受信機の主要な生産者，すなわち電子部品（もしくはラジオ部品）の買手は，大手ラジオセットメーカーではなく，零細なラジオ商や個人であった。東京や大阪に集中している部品生産者と全国に散在する部品の買手をつなぐ役目を果たしたのが，部品問屋であり，東京・秋葉原や大阪・日本橋に形成された問屋街であった。そこで第2章では，日本橋問屋街が生まれる過程や問屋の仕入れ，販売活動を明らかにしている。ラジオ部品問屋の全国的な流通ネットワークは，下請生産やサプライヤーシステムとは異なるオープンなマーケットを部品メーカーに提供し，また部品メーカーはこの市場機会を捉えて自社製品を消費者に訴求するためのブランド化を図った。ラジオ部品は戦中期に生産されていた電波兵器の部品と比べれば機能・品質ともに水準の低いもので，技術的な軍民転換は困難ではなかったものの，統制経済の時代とは異なる，価格を重要なシグナルとする市場経済の洗礼を受けることとなる。第3章では，ラジオ部品に対する統制策の変遷，戦中期に電波兵器向けの部品を生産していた企業の軍民転換，そして新たに創業した部品メーカーの動向を明らかにしている。

第II部では，高度成長期における電子部品産業について，前述した「専門生産」の確立および高度化という視点から考察する。1950年代に家電産業は復興を遂げ，民生用エレクトロニクス製品の本格的な普及期へと移行した。そこで第4章と第5章では電子部品の需要構造に注目し，家電メーカーの1950年代末頃における下請専属化は限定的であったこと，また対米輸出を中心に急成長したトランジスタラジオ産業は，電子部品の開発や生産の能力に欠ける中小零細規模のアセンブラーによって担われていたことが確認される。こうした需要構造の下で，電子部品メーカーが市販部品の専門生産を確立していく過程が第6章で描かれる。

続く2つの章では，1960年代を中心に電子部品産業の発展を支えた社会的基盤に注目する。第7章では，当該時期に惹起した標準化問題について考察し，電子部品メーカーの収益性が悪化していたことを確認したうえで，この問題に取り組んだ電子機械工業会における規格化活動の意義を検証する。また第8章では，関西電子工業振興センターの事例を中心に，エレクトロニクス産業振興政策の意義について検討している。同センターは自治体・大学・地方公設試験研究機関などと連携しつつ，関西業界の研究開発や生産改善の拠点として機能したが，その背後には通産省からの支援が存在した。産業振興政策については，企業に対する低利な設備投資資金の斡旋という産業金融が先行研究で注目されてきたが，その枠を越えた施策の実態が明らかになる。また同センターでの活動を通して，非常に多数の関連企業が部品メーカーと機器メーカーの別なく，「関西業者」として共通の課題克服に取り組む姿が描かれる。こうした社会的基盤のうえに個別経営が「専門生産」の高度化を達成するプロセスを考察したのが，第9章である。当該時期において，電子部品は承認図を使用したカスタム型部品の段階へと移行するが，それは自動車産業のそれとは大きく異なるものであり，電子部品メーカーが価格や品質を梃子にセットメーカーの信頼を獲得していくプロセスが描かれる。

第III部では，1970年代から2010年代までの長期的な時間軸で，電子部品産業の変容過程を考察する。まず第10章では，石油ショックを契機に進展する電子部品市場の多様化，および電子部品の重要な技術革新であった「微小化」の進展に注目する。セットメーカーのスポット的な発注態度が部品メーカーにこれまで以上の市場多様化を促し，その結果，新たな製品市場が開かれていく様子が明らかになる。また第11章では，電子部品産業の近年における国際競争優位の状況を確認し，また1980年代半ばに始まる円高への対応として進展した当該産業の国際化を検証する。現状分析的な先行研究が一時点での動向に関心を集中させているため，それとは異なる長期的かつ連続的な視点で国際化の流れを俯瞰している。そこでは第I部や第II部で明らかになった当該産業の発展要因が大きく作用していることが確認される。

以上の実証作業を踏まえて，終章では戦後日本における電子部品産業の発展史を，「時代性」という論理次元で整理し直すことにしたい。

第I部

戦後民主化と電子部品産業の形成

第1章　ラジオ産業の復興

はじめに

戦間期から戦後の一時期にかけて，ラジオ受信機（以下，ラジオ）は日本のエレクトロニクスを代表する製品の一つであった[1)]。ラジオの生産台数を示した表 1-1 からは，1941 年までの順調な生産拡大と，それ以降の急速な縮小が確認できる。エレクトロニクス産業が軍需品である電波兵器の生産に傾斜し，ラジオ生産は縮小を余儀なくされたのである[2)]。しかしやがて敗戦を迎え，戦時中に電波兵器関連の産業に属していた企業が軍需を喪失すると，再び民生品であるラジオの生産によって復興を目指すことになる。日本エレクトロニクス産業の戦後復興および軍民転換は，ラジオ生産を梃子として成し遂げられた。

本章では，戦後復興期における電子部品の主要な用途であった，ラジオの生産復興の過程を考察する。当該時期には戦時の経済統制が次第に解除されていくものの，公定価格や生産割当などの諸制度が市場経済を制約し，ラジオセットメーカー（以下，セットメーカー）の経営もそれに大きく影響された。そこで第 1 節ではラジオの生産割当の実施過程について，また第 2 節ではセットメーカーおよびラジオ産業の復興について検討する。結論を先取りすると，大手企業の復興が捗々しくないなかで，安価な「組立ラジオ」がラジオ市場の需給ギャップを埋める役割を果たしたことが明らかにされる。第 3 節では，苦境に陥っていたセットメーカーが，朝鮮特需および民間放送の開始などを契機に，本格的な復興を遂げていく過程が明らかにされる。

1　ラジオ受信機の生産統制

連合国軍最高司令官総司令部（以下，GHQ/SCAP）の調査によれば，1944年に約750万台存在したラジオのうち，1945年末までに160万台が戦災で破壊され，また190万台が部品不足もしくは修理施設不足，さらに100万台が老朽化といった理由で使用不能になっており，使用可能なラジオは300万台にまで減少していた[3)]。GHQ/SCAPは1945年11月に日本政府に対し，家庭用ラジオ受信機，修理部品，真空管の生産を早急に増加させるよう指令を出した。しかし，日本政府からの報告によると，生産設備や機材の復旧遅延，また輸送機能の低下，および労働力や原材料の不足などから生産の迅速な回復は困難であり，目標とされる1500万台のラジオ生産には約5年を要すると見積もられた[4)]。そこでGHQ/SCAPは通信機関係の資材統制について，重電機械の監督部局である経済科学局（以下，ESS）ではなく，民間通信局（以下，CCS）に所管させ，優先的に資材を配分することになった[5)]。

一方，商工省では戦後の物資統制を円滑に行うべく，1946年2月頃から重要物資の生産，配給などについての法整備を検討していた。当初は業種ごとに統制団体を指定し，企業の生産量および必要物資の配当を委任する予定であったが，同年8月に発せられたGHQ/SCAPの覚書により統制会が廃止され，経済安定本部内もしくは，その下部機関として重要物資割当のための機関が新設されることになった。最終的にまとめられた「指定生産資材割当手続規則（1946年11月20日内閣訓令第10号）」で定められた割当方式では，①指定生産資材の需要者は主務官庁（ラジオの場合は商工省）に申請書を提出し，主務官庁は四半期ごとに経済安定本部（以下，案本）に需要部門別生産資材需要

表1-1　ラジオ受信機生産台数

（台）

年	生産台数	年	生産台数
1935	153,974	1945	87,529
1936	427,287	1946	672,767
1937	406,753	1947	772,428
1938	604,462	1948	807,398
1939	740,356	1949	608,689
1940	852,903	1950	287,410
1941	917,011	1951	411,083
1942	841,301	1952	939,307
1943	741,816	1953	1,407,112
1944	262,372	1954	1,423,022

出所）通産大臣官房調査統計部編『機械統計年報』1955年，205頁。
注）1947年以前は年度，1948年以降は年次集計。

表を提出する，②安本は資材の割当方針を定めて割当を行い，主務官庁は需要部門別割当の枠内で安本の承認を受けて割当を行う，③指定生産資材は政府の発行する割当証明書，購入切符，購入通帳などの公文書を提示した場合のみ入手し得る，とされた。ただし，これまで統制団体が果たしてきた資材配分の機能を直ちに官庁で担うことは混乱を招くため，暫定的に現状が維持されることになった[6)]。

通信機に関連する業界では，戦時立法で設置された電気機械統制会とは異なる自主的統制団体が必要になることを見越して，1946 年 1 月に通信機器メーカー約 50 社による，日本通信機械工業会（以下，日通工）が設立された[7)]。ラジオについては日通工ラジオ部が会員企業のラジオ生産量を決定した[8)]。主要資材の配当については個別企業への配当量は判明しないが，例えば 1947 年第 2 四半期におけるラジオ，真空管，部品に対する割当資材は，銑鉄 295 トン，普通鋼材 115 トン，珪素鋼板 552 トン，銅 90 トン，亜鉛 69 トン，電線 149 トン，アルミ 111 トン，ソーダ灰 179 トンであった[9)]。

表 1-2 は 1947 年第 2 四半期から 1949 年第 3 四半期までの期間について，1947 年 1 月時点で日通工ラジオ部に加盟している企業に割り当てられたラジオ生産量を示したものである。加盟企業は，松下電器，早川電機，戸根無線，双葉電機，大阪無線，七欧無線，山中電機，八欧無線など戦前期に創業した大手セットメーカーであり[10)]，また東京芝浦電気，日立製作所，川西機械製作所，日本無線，岩崎通信機，日本電気，東洋通信機，沖電気などの通信機もしくは重電機の主要なメーカーも確認できる。この他にも GHQ/SCAP によって朝鮮へのラジオ輸出が指示され，1947 年 3 月に 5000 台，9 月に 2 万台が輸出されたが，生産を請け負うメーカーおよび生産量の配分は日通工で決められ，同年 3 月は大阪無線，東京芝浦電気，山中電機，早川電機の 4 社，同年 9 月は松下電器，早川電機，戸根無線，双葉電機，大阪無線の 5 社とされた[11)]。

一方，中小規模のセットメーカーや部品メーカーにおいても，資材割当を受けることを目的として，1946 年 2 月に日本ラジオ工業組合（以下，日ラ工）が設立されていた。日ラ工は戦時中の 1942 年 9 月に，ラジオ生産統制のために設立されたラジオ受信機製造統制組合の加盟企業を中心に 167 社で構成され[12)]，

表1-2　ラジオ受信機生産割当

（台）

年	1947			1948				1949		
四半期	4-6月	7-9月	10-12月	1-3月	4-6月	7-9月	10-12月	1-3月	4-6月	7-9月
山中電機	17,520	16,488	15,600	15,600	17,000	17,500	17,500	18,500	22,000	24,100
松下電器	24,670	16,200	16,500	16,000	20,000	21,000	21,000	22,000	26,500	29,100
早川電機工業	23,555	16,000	16,000	16,000	20,000	21,000	21,000	22,000	26,500	29,100
戸根無線	19,170	15,500	15,240	15,240	17,000	17,500	17,500	18,000	12,000	13,200
双葉電機		15,000	15,000	15,000	17,000	17,500	17,000	17,500	10,000	7,500
七欧無線	15,000	14,000	14,000	14,000	15,000	15,500	15,500	16,500	20,000	22,000
東京芝浦電気		9,500		11,000	12,000	12,500	12,500	10,000	10,000	7,500
大阪無線	9,660	8,500	8,500	8,500	10,000	10,500	10,500	10,500	8,000	7,500
日立製作所		7,000	3,000	3,000	3,400	3,170	1,200			
東洋通信機		5,000	5,000	5,000	4,000	4,360	4,360	1,600	1,000	600
原口無線電機		4,000	4,000	4,000	4,370	4,770	4,870	5,300	4,300	4,000
日本精器		3,600	3,600	3,600	3,930	4,280	4,380	3,500	2,500	2,500
川西機械製作所		3,600	3,600	3,600	4,500		5,620	6,600	6,600	7,200
日本ビクター		3,500	3,500	3,500	5,000	5,500	6,000	6,600	6,600	7,200
帝国電波		3,300	3,300	3,300	1,800	1,960	2,000	2,000	2,600	2,600
岩崎通信機		2,700	2,700	2,700	2,910	400	3,250		3,500	
大洋無線		2,500	2,500	2,500	2,730		3,000	3,300	4,300	3,500
ミタカ電機		2,400	2,400	2,400	2,640	2,880	2,900	3,200	4,100	4,500
安立電気（日本アルファ）		2,300	2,300	2,300	2,500	2,720	2,800	3,100	2,600	2,400
沖電気		2,200	2,300	2,300	2,500	2,720	2,750	3,000	3,900	3,500
日本無線（日本ラジオ）		1,800	1,800	1,800	2,000	2,200	2,250	2,400	3,100	3,100
東京無線		1,800	1,800		2,200	2,400	2,460	2,700	3,500	2,400
八欧無線	2,610	1,600	2,000	2,000	2,300	2,710	3,200	3,300	4,300	4,700
東京工芸		1,200	1,200	1,200	1,330		680			
帝国通信工業		1,200	1,200	1,200	300	200	200			
日本電子工業		1,000	1,000	1,000	1,810	1,970	2,010	1,500	1,100	
大森製作所		900	900	900	1,000	1,000	1,020	1,000	1,300	1,400
日本電波		900	900	900	1,000	1,100	1,100			
鐘ヶ淵通信		900	900	900	1,000	5,500	400	440	440	
日本電気		800	1,300	1,300	2,500	2,500	2,500	2,500	2,000	2,000
原崎無線		600	600	600	650		300	330		
三菱電機		300	800	900	1,000	1,100	1,500	2,000	2,600	2,850
日本通信工業		100	100		200					
葵無線（アオイ）			840	840	800	240	900	990	1,300	800
日本コロンビア			180		500	600	1,000	1,500	1,900	2,100
富士計器			50		505	650	750	880	1,100	1,200
合計	112,185	166,388	154,610	163,080	187,375	187,930	195,900	192,740	199,640	198,550

出所）『旬刊ラジオ電気』,『電機通信』,『日本電気通信工業連合會報』各号より作成。
注）日通工ラジオ部に加盟している企業のみ掲載。

1947年7-9月期には約1万5000台のラジオ受信機の生産割当を受けたことが確認できる。しかし設立当初の1946年頃の状況を示した表1-3によれば，日ラ工に割り当られた資材のうち現物化されたものは一部に留まっていた。また1947年9月1日に閉鎖機関に指定された時点における貸借対照表の前渡金仮払金5万5333円のうち2万2289円が日通工に対する資材買入前渡金であることから，日ラ工は自力で調達できない資材を日通工から買い入れていることが

表 1-3　日本ラジオ工業組合の資材割当量（1946 年度）

資材		割当量	現物化量	
鉄鋼	（トン）	99,262	12,237	(12.3)
非鉄金属	（トン）	11,411	1,103	(9.7)
化学薬品	（トン）	697	521	(74.7)
絶縁材料	（トン）	14,562	1,945	(13.4)
木材	（石）	4,462	1,354	(30.3)
繊維製品	（ヤール）	1,136	654	(57.6)
副資材	（個）	661	45	(6.8)

出所）閉鎖機関整理委員会編『占領期閉鎖期間と特殊清算』第 2 巻，大空社，1995 年（閉鎖機関整理委員会『閉鎖機関とその特殊清算』1954 年の解題復刻）875 頁。
注）資材のカッコ内は単位，現物化量のカッコ内は割当量に対する比率，単位は %。

確認できる[13]。したがって日ラ工は中小企業による独自の資材調達という設立当初の目標を達成し得ずに閉鎖されたと思われる。

このように 1946 年から 47 年初頭までは，日通工が統制団体として機能していたが，既述のように，生産割当業務は主務官庁である商工省へ移管されることになっていたため[14]，日通工は 1947 年 11 月 14 日に閉鎖機関となり，日通工職員 40 名は物資需給調整官の名目で商工省電気通信機械局へ異動した[15]。これにより日通工ラジオ部に加盟していなかった企業も生産割当の対象に含まれるようになり，旧日通工にも旧日ラ工にも属さないアウトサイダーだったラジオメーカーの参入も可能となった[16]。また真空管の不足からラジオ生産計画台数が月産 6–7 万台に抑えられていたため，旧日通工に加盟していた一部の大手メーカーでは生産割当量が削減された。表 1-2 において，1947 年 4–6 月期の割当量が判明する 7 社について，7–9 月期と比較すると，松下電器，早川電機は約 8000 台，戸根無線が約 4000 台，その他の企業も約 1000 台の削減となっている。日通工という統制団体が閉鎖されることにより，参入障壁の撤廃がある程度は実現したと評価できるであろう。

ただし同表の 1948 年以降の推移からもわかるように，主要企業の生産割当量が日通工の閉鎖によって大きく変化したわけではなかった。「指定生産割当基準策定要領」に定められた割当基準は資材需要者の生産または出荷実績を基礎として，生産能率，労務効率，生産原価および製品の質を考慮して修正を加えるというものであり[17]，例えば1947年4-6月期のラジオ受信機および部品生産割当基準は1946年9-12月期および1947年1-3月期の割当数と生産実績を基準に査定され[18]，また時期は下るが1949年9-12月期は最近3-6カ月の生産実績を集計し，その1カ月平均値の3倍を基礎数量としていた[19]。過去の実績が割当配分の基準とされることで，新規参入したメーカーの生産規模拡大は必然的に制約を受けることとなり，反対に既存の大企業では従来と同程度の生産割当量を日通工が閉鎖されて以降も確保した。したがって上位企業の間においても順位の変動はほとんどなく，日通工によって決定された配分を基本的には維持しながら，ラジオの生産割当は実施されたのである。

2　生産活動の停滞

このようにラジオの生産割当は大手セットメーカーに有利であったが，その規模は必ずしも十分とはいえなかった。日通工ラジオ部に加盟する企業のラジオ生産能力は1947年度において年産約160万台規模と推計されていたのに対し，GHQ/SCAPは前述のように真空管の不足からラジオ生産台数を月産約6-7万台（年産72-84万台）に制限していたからである[20]。この制限枠は真空管だけでなく，その他の資材を生産工場が確保する点に鑑みても妥当なものであった。表1-4は，1945年10月から47年1月までの，ラジオ工場における資材入手状況を示したものである。上段の1945年10月-46年9月における諸資材の割当数量に対する現物化率をみると，割当数量が小規模なB工場およびC工場では比較的良好であるが，規模の大きなA工場では真空管を除くとかなり低調である（工場名はいずれも不明）。またA工場の鉄鋼・木材・銅線，B工場の木材の入手数量において，闇物資と想像される「他経路入手数量（c)」が資材配当の現物化（b）を凌駕していることが確認できる。さらに下段の1946年10月-47年1月までの状況については割当の現物化率が判明しないものの，

表 1-4　ラジオ工場資材入手状況（1945 年 9 月-47 年 1 月）

1945 年 10 月-46 年 9 月															
資材	鉄鋼（トン）			木材（石）			ベークライト（トン）			銅線（トン）			真空管（個）		
工場	A	B	C	A	B	C	A	B	C	A	B	C	A	B	C
1945 年 10 月の在庫高　(a)	48		75	4,045	150		22			39		9	28,854	5,194	
配給割当数量	347	11	59	14,842	1,360	3,500	13	2		40	13	30	217,702	178,354	
入手数量　(b)	105	11	59	3,304		1,000	7	2		13	13	12	167,752	136,085	
現物化率（%）	30.3	100.0	100.0	22.3		28.6	53.8	100.0		32.5	100.0	40.0	77.1	76.3	
他経路入手数量　(c)	255		45	5,670	1,400	50		10		17			2,650	4,860	
材料入手合計（a + b + c）	408	11	179	13,019	1,550	1,050	29	12		69	13	21	199,256	146,139	
使用数量	218	10	154	10,587	1,300	1,150	16	9		25	12	14	159,427	121,775	
1946 年 10 月-47 年 1 月															
繰越在庫数量	65	1	25	1,842	100	50	8	1	0	9	1	7	39,824	22,000	
配給割当数量	45	5	0	8,106	240	2,075	6	2	0	22	7	0	144,000	50,000	
他経路入手数量	120	0	5	6,098	1,600	100	0	12	0	0	0	0	10,000	25,000	

出所）国民経済研究協会・金属工業調査会編『企業実態調査報告書　22. ラジオ工業篇』1947 年，調査表 G より作成。
注 1）A・B・C の各工場名は不明。
　2）B 社の 1945 年 10 月-46 年 9 月までの鉄鋼および銅線は 1946 年 4-9 月の数値，また木材およびベークライトは 1945 年 12 月-46 年 9 月の数値。
　3）1946 年 10 月-47 年 1 月の繰越在庫数量は 1947 年 3 月までの使用予定数であるため，前期の使用残高（材料入手合計－使用数量）とは合致しない。
　4）空欄は不明。

鉄鋼や木材では配給量でさえ他経路入手量を下回っているという状況であり，「薄板就中珪素鋼板の枯渇は甚だしく，生産に重大なる支障を与えつつ」あった[21)]。つまり生産割当があったとしても，それにもとづいて配給される資材の量は極めて不十分であり，セットメーカーは調達先を闇市場に求めるしかなかったのである。

闇物資は当然のことながら非常に高価であった。1947 年 3 月頃における真空管の公定価格と闇価格の乖離は，表 1-5 に示すように品種によっては 4-5 倍に達していた。また原材料のみならず人件費も上昇していた。表 1-4 で取り上げたラジオ工場における常傭工の数を 1945 年 10 月と 1946 年 12 月で比較すると，A 工場で約 2.9 倍，B 工場で約 1.6 倍，C 工場で約 2.8 倍にまで増加していたが[22)]，労働組合の設立によって従業員解雇は困難であった[23)]。過小な生産規模と過剰な従業員は工場の労働生産性を悪化させた。A 工場では従業員 1 人あたりのラジオ月産台数が 1942 年に 28 台であったのが，1946 年上期には 6 台にまで落ち込んだのである[24)]。

表 1-5　真空管の公定価格および闇価格

(円)

品種	公定価格（小売）	闇価格
12F	18.15	75-85
12A	20.20	85-90
57A	46.00	120-130
56A	33.75	100-120
58A	47.45	130-140
26B	20.20	85-90
47B	36.30	140-150
80	36.30	130-150
42	57.15	190-230

出所)『ラジオ電気』第1号，1947年3月，1頁。

次にラジオの価格について考察しよう。表1-6はラジオ受信機の公定価格の推移である。公定価格は日通工から物価庁に提出される申請案を吟味して決定され，同表からも確認できるように戦時期と比較して大幅な引き上げが実施されていた。にもかかわらず，1947年4月28日改定の公定価格はラジオメーカー，卸売業者，小売業者がともに「現在では到底守り得ないような底い（ママ）線」であり[25]，十分な利益を確保できる水準ではなかった。そこで日通工およびラジオ卸売業者の業界団体である全国ラジオ電機組合連合会では早急な公定価格の改善を要請し，同年7月の新物価体系にもとづいて8月28日に改定された新たなラジオ受信機公定価格は，同表からも確認できるように大幅に引き上げられた。

ところが販売業者統制価格で2000円を超える新公定価格については，「一般需要家の考へはと云えば電気がなく，聞けたり聞けない現在1台2000円を越えるラジオなどは，それより米の方が第一だという考えが強い[26]」という批判を受けた。資金難に陥った販売業者による公定価格違反が相次ぎ[27]，今度は業界の求めに応じて同年11月14日に公定価格が引き下げられるという混乱が生じた。もはや消費者の購買力という市場要因を無視した水準に公定価格を定めることは不可能であり，経済統制の内実は失われた。やがてラジオの著しい不足は解消されたとの判断から，公定価格は1948年10月8日をもって廃止された。これ以後の市場価格の推移を確認することはできないが，ドッヂデフレ発生直前の1949年1月にNHKが調査したラジオ小売販売価格から後述の物品税を差し引いた値段を算出すると，国民2号の平均小売価格はおよそ2592円，国民4号が3423円，国民5号（並四）が1738円であった[28]。1947年11月の販売業者統制価格と比較すると，約3割程度の上昇にとどまっている。工場出荷価格については判明しないものの，小売価格が伸び悩んでいることから推察してセットメーカーが既述のような生産コストの上昇を製品価格に転嫁する余

表 1-6　ラジオ受信機の公定価格

（円）

統制価格制定・改定日		1940 年	1943 年	1946 年	1947 年		
ラジオ品種	統制額の種別	12 月 6 日	6 月 4 日	5 月 31 日	4 月 28 日	8 月 28 日	11 月 14 日
放送局型第 123 号（国民型 1 号）	製造者統制額	45.0	62.4	500	875	1,600	1,500
	卸売業者統制額	47.8	65.7	544	945	1,712	1,605
	販売業者統制額	57.6	77.0	600	1,094	2,016	1,894
国民 2 号 C 型	製造者統制額				875	1,600	1,500
	卸売業者統制額				945	1,712	1,605
	販売業者統制額				1,094	2,016	1,894
国民 3 号 A 型	製造者統制額					1,580	1,480
	卸売業者統制額					1,691	1,582
	販売業者統制額					1,991	1,866
国民 3 号	製造者統制額				1,383	1,950	1,824
	卸売業者統制額				1,468	2,087	1,951
	販売業者統制額				1,649	2,457	2,303
国民 4 号	製造者統制額				1,538	2,165	2,028
	卸売業者統制額				1,633	2,317	2,170
	販売業者統制額				1,834	2,728	2,560
国民 5 号（並四）	製造者統制額				622	1,140	1,066
	卸売業者統制額				672	1,220	1,141
	販売業者統制額				778	1,436	1,346
国民 6 号 A 型（4 ペン）	製造者統制額				869	1,590	1,489
	卸売業者統制額				939	1,701	1,594
	販売業者統制額				1,068	2,004	1,881
国民 6 号 B 型	製造者統制額				883	1,615	1,513
	卸売業者統制額				954	1,728	1,619
	販売業者統制額				1,104	2,035	1,911

出所）商工省告示第 799 号，1940 年 12 月 6 日；商工省告示第 488 号，1943 年 6 月 4 日；大蔵省告示第 419 号，1946 年 5 月 31 日；物価庁告示第 203 号，1947 年 4 月 28 日；物価庁告示第 508 号，1947 年 8 月；物価庁告示第 1000 号，1947 年 11 月。

注）1940 年，1943 年，1946 年については，ラジオ品種の分類において 1947 年と連続が確認できる，放送局型第 123 号（国民型 1 号）のみを示した。

地は乏しかったと思われる。

ラジオ価格が自由化された後も大きく値上がりしなかったことは，需給関係が比較的バランスしていたことを意味しているが，1948 年 9 月時点のラジオ普及率は全国平均で未だ 44.7 % にとどまっており，NHK 地方管轄区域で普及率 50 % を越えている地域は東京中央放送局管轄区域のみであった[29)]。従って

表 1-7　ラジオの滞貨
（台，千円）

年月	数量	金額
1948年10月	13,360	50,770
11月	14,150	52,780
12月	13,510	51,520
1949年　1月	13,750	55,510
2月	19,140	76,580
3月	18,100	76,030
4月	20,550	88,360
5月	23,190	99,720

出所）『ラジオ電気新聞』第66号，1949年7月，1頁。

潜在的なラジオ需要は大きいにもかかわらず，それらが実際の購買に結びつかない事態が生じていた。1948年4月頃には「一般購買力の低下によりインフレ時代のデフレ状態」と指摘され[30]，「売れ行き不振と相次ぐ産業界の金詰りによってメーカーの経営状態は例外なく苦境にあえぐ」と資金不足に陥るセットメーカーが相次いだ[31]。1949年に入ると，ドッヂ不況の余波によってラジオ売上高はさらに減少した。表1-7は1948年10月-49年5月におけるラジオの滞貨状況を示したものである。メーカー，卸売業者，小売業者の別は判明しないものの，2月以降に増加していることが確認できる。また表1-8は前掲表1-2で取り上げた企業のなかで，生産実績を把握できるものを取りだし，生産割当に対する達成度をみたものである。1949年4-6月期はそれ以前の時期に比較して100％を達成している企業の数が大きく減少しており，売上不振によって生産規模が縮小されたことを示している。金融引締によって販売業者の資金繰りが悪化すると手形サイトは長期化し，1948年12月頃におよそ3カ月であった売掛代金の回収期間が1949年8月には6カ月を超えた[32]。

資金不足に陥った一部のセットメーカーでは物品税の納税が滞る事態となった。戦時立法の日華事変特別税法によって1944年2月からラジオ1台につき40％の物品税が課せられ，終戦後も1945年9月に税率を据え置くことが商工省令で定められた。その後1947年4月に30％，1950年1月に20％，翌年1月に10％と漸次的に引き下げられたものの[33]，需要拡大の足枷となっていた。当初，納税はラジオの配給統制団体である，日本共同ラジオ株式会社（1942年にラジオ受信機配給会社として設立，1946年11月に改組）が行うことになっており，セットメーカーは免税手続きのみで直接的な義務はなかった。しかし同社が1947年8月19日に閉鎖機関に指定された後は製造業者がラジオを販売した際には納税義務を負うことになった[34]。物品税の滞納状況をみると，1948年12月には，東京芝浦電気が1億4390万円，沖電気が1938万円，日本ビク

表1-8　ラジオ生産実績

（台，%）

年	1948				1949			
四半期	4-6月		7-9月		1-3月		4-6月	
山中電機	17,000	100	17,500	100	27,084	146	15,645	65
松下電器	21,029	105	21,041	100	26,058	118	29,607	102
早川電機	18,823	94	21,021	100	24,195	110	14,641	50
戸根無線	16,982	100	17,530	100	12,783	71	10,916	83
双葉電気	15,572	92	17,401	99	4,536	26	5,218	70
七欧無線	10,300	69	10,600	68	24,109	146	16,774	76
東京芝浦電気	10,901	91	10,181	81	4,883	49	4,347	58
大阪無線	9,102	91	9,232	88	6,522	62	7,046	94
原口無線電機	4,406	101	4,775	100	3,651	69	3,550	89
日本精器	3,794	97	2,087	49	2,145	61	1,303	52
川西機械製作所	4,535	101	5,532		6,615	100	7,238	101
日本ビクター	6,804	136	4,777	87	7,628	116	7,932	110
帝国電波	1,265	70	1,149	59	2,358	118	2,100	81
大洋無線	1,900	70	2,930		2,970	90	2,322	66
ミタカ電機	1,982	75	3,960	138	3,209	100	1,977	44
沖電気	1,968	79	3,285	121	3,161	105	2,243	64
日本無線（日本ラジオ）	2,012	101	2,495	113	2,455	102	1,247	40
八欧無線	5,605	244	4,462	165	7,292	221	10,065	214
三菱電機	3,000	300	3,000	273	3,000	150	2,250	79

出所）『電機通信』，『ラジオ電気』各号より作成。
注）各四半期の右欄は生産割当の充足率＝生産実績数÷生産割当数。ただし空欄は生産割当額が不明。

ターが2038万円，岩崎通信機が944万円，双葉電機が2000万円となっており，岩崎通信機や双葉電機では税務当局に資産を差し押さえられた[35]。さらに翌49年8月には戸根無線による物品税4000万円の滞納，資材関係の未払い800万円が発覚した[36]。

表1-9は1949年9月頃までに行われた主要通信機メーカーの人員整理をまとめたものである。多くの企業で従業員が解雇され，経営規模を縮小している。これらは経営破綻を免れたが，倒産した企業も多く，1947年に86社存在したセットメーカーがドッヂデフレ期に18社にまで減少したという指摘もあり[37]，総じてセットメーカーの経営は苦境にあったと言ってよいだろう。

セットメーカーの生産復興が以上のように停滞していた一方で，前述のようにラジオ普及率は低いままであり，潜在的には大きな需要が存在した。この需

表1-9　通信機メーカーの人員整理

企業	人員整理の状況
岩崎通信機　第1次	桐生工場閉鎖，久我山工場のラジオ部門の分社化により470名を削減（43.6％）
岩崎通信機　第2次	144名を削減（24％）
東京無線	地方工場を分社化，東京工場の人員整理により1,393名を削減（86.8％）
東洋通信機	豊橋工場閉鎖，川崎工場の希望退職者募集により701名を削減（46.2％）
日本ビクター	希望退職者募集により600名を削減（25％）
日本電気　第1次	大津工場，大垣工場の1,000名を削減（9％）
日本電気　第2次	3,488名を削減（33％）
安立電気　第1次	300名を削減（13％）
安立電気　第2次	1,546名を削減（81％）
帝国通信機	川崎工場，赤穂工場の220名を削減（48％）
松下電器	1,172名を削減（14％）
川西機械製作所	744名を削減（43％）
日本通信工業	大阪工場閉鎖により，340名を削減（50％）
東京芝浦電気	4,581名を削減（20％），経済力集中排除法指定によって処分された工場は含んでいない
日本無線	地方工場の分離および三鷹工場の人員整理により1,962名を削減（59％）
沖電気	2,819名を整理（42％）

出所）『電機通信』第4巻第26号，1949年9月，2頁。
注1）カッコ内は整理対象となった工場の総人員数に対する解雇された人数の比率。
　2）通信機全般を対象としているため，ラジオ部門以外も含まれている。

給ギャップを埋める役割を果たしていたのが「組立ラジオ」であった。組立ラジオとは，セットメーカーの工場で製造された製品ではなく，当時「ラジオ商」と呼ばれた小売業者やアマチュアのラジオ愛好家などによって製作された，簡易な機能のラジオのことである[38]。このような組立ラジオは『機械統計年報』の集計対象とはならないため，正確な数値を把握することは不可能であるが，間接的な資料で確認すると，表1-10のようになる。NHKの毎年の新規加入者数を新規ラジオ購入者と仮定し[39]，『機械統計年報』によって把握できるセットメーカーのラジオ生産台数と比較すると，1954年まで新規購入者が生産台数を上回っている。この超過分が組立ラジオによって埋め合わされていると考えられる。セットラジオと組立ラジオの生産台数を比較すると，1945年および1948年から1951年までは組立ラジオの方が市場に多く出回っている。とくにセットメーカーの倒産が相次いだドッヂデフレ期には組立ラジオが盛況であった。そして1952年以降にその数は急速に減少していく。このように戦

表1-10　組立ラジオ台数の推計

（件，台）

年度	NHK 新規加入者数	ラジオ生産台数	組立ラジオ台数	
	A	B	A-B	（A-B）/B
1945	304,912	87,529	217,383	2.48
1946	1,135,460	672,676	462,784	0.69
1947	1,353,560	772,428	581,132	0.75
1948	1,662,085	807,398	854,687	1.06
1949	1,555,032	608,689	946,343	1.55
1950	1,176,392	289,266	887,126	3.07
1951	1,170,603	477,354	693,249	1.45
1952	1,449,752	1,087,489	362,263	0.33
1953	1,851,501	1,526,214	325,287	0.21
1954	1,564,301	1,416,371	147,930	0.10

出所）NHK 新規加入者数は，『NHK 年鑑』1964 年版，1964 年。ラジオ受信機生産台数は，『機械統計年報』各年版。

後復興期におけるラジオ市場には，セットラジオと組立ラジオが併存していたのである。

3　本格的な生産復興

こうした状況は 1950 年 6 月の朝鮮戦争勃発によって大きく変化した。朝鮮戦争に対する関心から情報源としてラジオの国内需要が高まっただけでなく，同年 11 月にアメリカ大統領直属機関の経済協力局（ECA）が韓国の経済復興に必要なラジオを調達するために，無線通信機械工業会を通じてセットメーカー 13 社に対してラジオの購入を通達してきた。同局はそのために 6 万 5000 ドルの予算を計上していたが，購入希望価格は 12 ドル 50 セントから 15 ドルであり，約 4000 台分に相当した[40)]。

また 1951 年 4 月 21 日に電波管理委員会から民間放送局 16 社に対して予備免許が与えられ，ラジオの民間放送開始の気運が高まった[41)]。これにともなってスーパーヘテロダイン（以下，スーパー[42)]）方式のラジオに対する需要が増加した。スーパー方式のラジオを卸売商が組立ラジオとして販売することも可能ではあったが，品質の低さによって普及が妨げられることを通産省が問題視した。その結果，NHK聴取料金の値上げにともなう増収益のなかから1億6000万円を原資として商工中金などの金融機関を通じてセットメーカーおよび販売業者に融資し，スーパー受信機の月賦販売を促進することとなった[43)]。政策的にも組立ラジオからセットラジオへの転換が図られたのである。

セットメーカー側でも低価格製品の開発が積極的に進められた。市場に登場したばかりのスーパー式ラジオの平均小売価格は1万円を超えていたが，三洋電機がプラスチックキャビネットのラジオを1952年3月に小売価格8950円で発売したのに続いて[44)]，1954年2月に7950円の新製品を販売した。これはミニチュア管と呼ばれる小型真空管を使用することで小型低廉のラジオ受信機生産を実現し，「業界にはかなり大きな反響を巻起こし」た[45)]。また同年5月にはラジオに課せられた物品税の免税点が製造者価格4000円とされ[46)]，それ以下であれば非課税となったため，やはり三洋電機が8月に製造者価格4000円（小売価格6400円）のラジオを販売し，翌年には日本コロンビアや早川電機がこれに続いた。このように三洋電機がプライスリーダーシップを保持しながら他社が追随するという価格競争を繰り広げた結果，スーパー式ラジオの平均小売価格は1万円を下回り[47)]，消費者の手に届く水準に到達した。その結果，組立ラジオは急速に市場から姿を消したのである。

ただし朝鮮特需の効果は一時的なものであった。1953年の朝鮮戦争終結およびその後の緊縮財政によって，同年末から1954年にかけてラジオ需要は停滞した。生産台数の対前年増加率（年次）でみても，1951年143％，1952年228％，1953年149％と順調に拡大してきたのに対して，1954年は1％にとどまった。またラジオ普及率は1950年代中頃になると全国平均で70％を超え，農漁村などの低普及率地域が残されてはいたものの，明らかにラジオ需要は飽和状態に近づきつつあった[48)]。ラジオ生産を梃子とした復興過程が終わったのである。

小　括

本章では，ラジオ生産を通じた日本エレクトロニクス産業の復興過程を検討した。生産割当において優遇されていた大手セットメーカーは必ずしも安定的な経営を維持できたわけではなく，闇資材の購入や人件費の膨張に起因する生産コストの上昇を製品価格に転嫁し得ないまま，生産活動を再開した。高率の物品税によって拡大を阻まれていた需要がドッヂデフレによってさらに減退し，多くのセットメーカーが人員削減や工場閉鎖によって生産規模を縮小するか，破綻に追い込まれた。他方でラジオ普及率は低位にとどまり，潜在的な需要は存在したが，復興期のラジオ市場においてはセットメーカー製品の価格は顧客の要求水準に応えるものではなく，簡素な構造で低価格な組立ラジオに需要が集中した。

こうした状況を打開した外的要因として重要であったのが朝鮮特需と民間放送事業の開始であった。製品開発やコスト削減といった企業間競争も本格的に再開され，ラジオ産業の生産復興はここに達成されたのである。これ以降のラジオ産業は大きな技術革新を経て新局面を迎える。すなわちトランジスタラジオの登場である。小型かつ軽量のトランジスタラジオは既存の国内市場ではなく，アメリカ市場を席捲することによって成長を遂げ，戦後高度成長期における軽機械産業および家電産業発展の一翼を担うことになる。これについては第II部第5章で取り上げたい。

第2章　ラジオ部品流通網の形成と展開

——大阪・日本橋を中心に——

はじめに

第1章では，GHQ/SCAPの占領政策の一環としてラジオの生産が指示されたこと，しかし敗戦直後の資材不足によってラジオセットメーカーの生産復興が遅れ，また当時の国民の所得水準に対して製品価格が高いために需要が伸びなかったこと，こうしたなかでラジオ市場の間隙を突いたのがラジオの卸売商や小売商によって組み立てられた簡易なラジオであり，朝鮮戦争を契機とする日本経済の本格的な成長段階への移行に先立つ一時期に市場を席捲したこと，などの諸点が明らかにされた。それでは，ラジオ組立に必要な部品はどのように流通したのであろうか。第2章では，復興期におけるラジオ部品の流通構造を解明するために，東京・神田（秋葉原）と並ぶ集散市場であった，大阪・日本橋問屋街の動向を考察したい。

秋葉原を検討した山下裕子の研究によれば，秋葉原は戦前から戦後にかけて流通・生産のコーディネーターから流通専門のコーディネーターへ，さらに小売業の集積地へと転換した。1970年代以降は小売業者の専門特化による取扱商品の多様化によって，差別化された製品市場を形成し，同地に集まる顧客の情報が家電メーカーに提供される効果を生んだ[1)]。本章では検討時期を復興期に限定したうえで，秋葉原と同様に商業集積の強みである豊富な品揃えが日本橋でいかにして達成されたのかを明らかにするため，部品卸売商の仕入活動の実態を考察する。また，これら日本橋の卸売商は，顧客を他地域から呼び込むだけでなく，自らが地方へと積極的に販売活動を展開していたことにも注目したい。結論を先取りすれば，日本橋問屋街が全国的なラジオ部品流通の要として機能することにより，販路の乏しい小規模なラジオ部品工場は発展のための市場機会を摑むことができたのである。

ところで，ラジオや部品を扱う卸売商や小売商は，概して「ラジオ屋（商）」もしくは「パーツ屋」などと一般的に呼ばれていた。本章では，ラジオ受信機と部品を区別するために，部品を主として扱う卸売商もしくは問屋を「パーツ屋」とする。

1　日本橋問屋街の概観

ラジオ部品流通の分析に先立って，家電流通における大阪の地位について確認しておきたい。時期は少し下るが，1952 年から 1964 年における電気機械器具の卸売額を示した表 2-1 によると，東京と大阪の地位が突出しており，1952 年については大阪が 1 位で全国卸売額の 36 % を占めている。これに対して同年の小売額シェアは 13 % に留まっており，当該時期の大阪が消費地としてよりも，むしろ他地域への商品移出の中心地として機能していたことがわかる。

そこで次に，日本橋に集積するパーツ屋の業態を確認するため，『大阪市商工名鑑』および『大阪商工名録』に「ラジオ卸売」や「ラジオ部分品卸売」と記されている業者を取り上げ，その営業種別の戦前と戦後を比較したものが表 2-2 である。まず戦前についてみると，本来は卸売を営むパーツ屋が，製造や小売を兼業している点が注目される。とくに製造を兼ねるパーツ屋が多い。例えば，表中 66 番の中川章輔商會は 1926 年の創業で，マルコーニ社製ラジオを輸入販売していたが，ラジオ製作にも参入し，「ダラー」という商標で販売していた[2)]。

これ以外の戦前大阪におけるパーツ屋の生産活動については詳らかにできないが，東京・神田の廣瀬商会については以下のような記録が残っている。まずラジオ放送が開始された 1925 年頃はラジオの配線・組立方法を習得した創業

表 2-1　電気機械器具の都道府県別年間卸売額

（百万円，%）

年度		1952	58	60	64
全国卸売額合計		95,124	242,309	474,495	973,520
1位		大阪	東京	東京	東京
卸売額		34,452	56,700	134,815	203,080
全国比（卸売）		36	23	28	21
全国比（小売）		13	21	16	15
2位		東京	大阪	大阪	大阪
		20,652	51,787	50,657	135,142
		22	21	11	14
		23	11	11	9
3位		愛知	愛知	愛知	愛知
		8,940	26,432	50,541	85,338
		9	11	11	9
		4	6	6	6
4位		福岡	福岡	福岡	福岡
		6,576	16,522	32,066	64,481
		7	7	7	7
		6	4	5	5
5位		北海道	北海道	北海道	北海道
		3,756	9,272	25,515	48,351
		4	4	5	5
		5	4	5	5

出所）通商産業大臣官房調査統計部編『商業統計表』「品目編」各年版。
注 1）1952 年は「電気機械器具卸売業」および「家庭用機械器具小売業」の 8 月分に 12 を乗じて年間卸売額とした。
2）100 万円未満は切捨て。

者である廣瀬太吉が仕入れた部品を用いて自家製造を行っていた[3)]。1930 年代には自家製造の代わりに下請業者を用いて自社ブランドのエーブルラジオを製造させ，1935 年からはラジオ工場である大洋無線電機を別会社として設立した。パーツ屋による下請業者の利用は一般的であり，店の従業員を独立させる場合もあった[4)]。パーツ屋から下請業者への資金融通や材料前渡しも行われて

表 2-2　大阪市内におけるパーツ屋の営業種別および所在地

	営業者名または商店名	営業種別	営業所	
1926年				
1	(合資) 加納芳三郎	卸	南区	順慶町
2	細田孝商店	卸・輸出・輸入	東	南久太郎
3	岩田喜右衛門	卸・輸出・輸入・小売	東	谷町
4	松本乾電池製造所	卸・製造・輸出	西	本多町
5	内外電熱器㈱販売部	卸・製造・小売	南	心斎橋
6	鈴屋	卸・製造・小売	北	堂島濱通
7	安田聰雄	卸・製造	北	曽根崎上
8	泉尾電線製造所	卸・製造・小売	港	泉尾町中通
9	淺岡竜藏	卸	北	衣笠町大江ビル
1933年				
10	若宮商店	卸	西区	土佐堀船町
11	大熱商店	卸・製造	西	南堀江上通
12	野間通信機店	卸	東	清堀町
13	大坪電氣工業所	卸・製造・小売	浪速	敷津町
14	世儀工業所	卸		
15	サンデン電氣商會	卸	東	博労町
16	(合名) 牧電器製作所	卸	西	靱上通
17	中島梅太郎	卸・製造	南	鍛冶屋町
18	山本武號	卸	此花	大開町
19	大和田カーボン工業所	卸・製造	西淀川	大和田町
20	古橋周助	卸・小売	南	北炭屋町
21	二十一ラヂオ工業所	卸・製造	浪速	大国町
22	中道スピーカー製作所	卸・製造	港	三軒家
23	大野正太郎	卸	南	横堀
24	日下部商店	卸・製造・小売	北	曽根崎上
25	十一屋商會	卸・製造	北	曽根崎上
26	早川金属工業研究所	卸・製造	西	靱中通
27	泉水堂	卸・製造・小売	東	南久寶寺
28	タイガー電機製作所	卸・製造・小売	西淀川	海老江上
29	不二ラヂオ總本店	卸・製造	北	葉村町
30	朝日商會	卸	西	土佐堀通
31	日本漁網船具㈱	卸	北	堂島濱通
1936年				
32	(合資) 大阪屋	卸	南区	順慶町
33	㈱山田電機製作所	卸	東	京橋
34	黒田久市	卸	西	靱南通
35	山本武號	卸・製造	此花	大開町

36	美濃商店	卸・小売	東	南本町
37	エスキ商店	卸	南	高津町
38	中島梅太郎	卸	南	鍛冶屋町
39	（合名）中馬商店	卸	南	安堂寺橋通
40	川北電氣㈱	卸・製造・小売	西	江戸堀南通
41	㈱野上工業所	卸	東	北濱
42	㈱大阪電機工業所	卸・製造	東淀川	本庄川崎町
43	（合資）丸新電機製作所	卸	東	農人橋
44	（合名）牧電器商店	卸	西	靱南通
45	（合名）大野商店	卸	南	横堀
46	大槻俊二	卸	天王寺	生玉前町
47	（合資）竹内貞商店	卸	北	相生町
48	早川金属工場㈱	卸・製造	住吉	西田辺町
49	㈱錦水堂	卸・製造・小売	東	南久寶寺町
50	アシダカンパニー	卸・製造・小売	東	今橋
51	QRK 商會	卸・製造・小売	東	舟橋町
52	（合資）田中吾金属製作所	卸・製造・小売	東淀川	豊崎東通
53	坂根無線電氣製作所	卸・製造・小売	此花	上福島
54	中村電氣商會	卸・製造・小売	港	九条通
55	新進堂営業所	卸	南	安堂寺
56	（合資）喜多庸晃商店	卸・製造	南	日本橋筋
57	中道機械製作所	卸・製造	大正	小林町
58	福田勇	卸	天王寺	勝山通
59	田中電気商會	卸・製造	南	京町堀
60	武田新二郎	卸・小売	港	南市岡町
61	（合名）ウエストン商會	卸・製造	此花	上福島
62	渡邊正三郎	卸	西	靱中通

1951 年					創業年
63	錦水電機工業㈱	卸・製造・小売	西成区	長橋通	1935
64	（合名）新進堂	卸・製造	東成	大今里本町	
65	㈱電化社	卸・製造・小売	東	北浜	46
66	㈱中川章輔商會	卸・製造・輸出・輸入	浪速	日本橋筋	26
67	理工電機㈱	卸・製造	北	葉村町	42
68	辻本電機工業㈱	卸・製造・小売	西淀川	柏里町	32
69	昭和軽金属工業	卸・製造	東成	東今里町	42
70	㈱岩船商會	卸	北	梅ヶ枝町	46
71	大阪綜合営業所	卸	南	大和町	26
72	㈱勝本電気商会	卸	浪速	日本橋筋	49
73	坂井電氣商會	卸	浪速	日本橋筋	48
74	坂口無線電機商會	卸	浪速	日本橋筋	47
75	㈱澤田電氣商會	卸・小売	浪速	日本橋筋	49
76	大南産業㈱	卸	北	曽根崎	
77	電響社	卸	南	日本橋筋	48

78	㈱電光社	卸	浪速	日本橋筋	46
79	㈱電声社	卸	浪速	日本橋筋	49
80	㈱電波堂	卸・輸入	浪速	日本橋筋	49
81	光無線㈱	卸	浪速	日本橋筋	50
82	福西電波商会	卸・小売	浪速	日本橋筋	49
83	㈲前田無線電器商会	卸	浪速	日本橋筋	48

出所）大阪市役所産業部編『大阪市商工名鑑』大正十五年度用第四版，工業之日本社，1926年4月；大阪商工会議所編『大阪商工名録』文徳堂，1933年6月；同，昭和十二年版，1936年11月；同，昭和26年版，1951年。
注）空欄は不明。

いたようである[5)]。ラジオ産業の初期における自家製造は従業員数5，6人程度の規模でも十分に行い得るものであったが，下請業者を用いた段階ではある程度の資金力が必要になったと思われる[6)]。

しかし戦後になると，製造と卸売の兼業を行うパーツ屋の数は明らかに減少している。より詳しくみてみると終戦前に創業した6件（番号63・66・67・68・69・71）のうち，大阪綜合営業所を除く5件が製造兼卸売であるのに対し，戦後創業の13件中，製造業を兼ねているのは電化社のみである。この傾向は東京においても確認できる。1956年に神田御成通り沿いで営業している155の電機問屋のうち，「製造問屋の仕事を全くやっていない」ものが142件であり，パーツ屋の製造業からの撤退が顕著にみられる[7)]。

また同表に示した所在地から，戦前期のパーツ屋は大阪市内に広く分布していることがわかる。しかし1951年になると，約半数が日本橋筋に集中しており，そのすべてが戦後に創業している。同表では事例が少ないため，1950年における大阪市のパーツ屋69件の所在地を表2-3から確認すると，やはり半数が日本橋に集中している。戦前から日本橋に店を置く問屋としては，岡本無線電機商会[8)]，中川章輔商會，勝本電気商会，弘電社などであったが[9)]，いずれも戦時中の家屋疎開により日本橋筋から建物や店舗が撤去された[10)]。例えば，中川章輔商會は，創業当初は天王寺区味原町で営業していたが，1933年に浪速区日本橋に本店を移転した。その後，東京・京都・岡山・広島・福岡・上海・北京・天津・広東などにも支店を拡大したが，敗戦により中国の支店は接収され，本店および国内支店も焼失した[11)]。また岡本無線電機商会は，創業者

表 2-3　大阪市のパーツ屋の所在地（1950 年）

パーツ屋	住所
㈱中川章輔商會	浪速区日本橋筋
㈱二宮無線電機商會	日本橋筋
㈲前田無線電器商會	日本橋筋
㈱電光社	日本橋筋
㈱共電社	日本橋筋
㈱谷本ラジオ商會	日本橋筋
日響商會	日本橋筋
㈱河口無線	日本橋筋
東亜無線電氣商會	日本橋筋
福西電波商會	日本橋筋
春木商會	日本橋筋
㈱鈴木電氣商會	日本橋筋
坂井電氣商會	日本橋筋
㈱澤田電氣商会	日本橋筋
㈱勝本電気商会	日本橋筋
上新電氣産業㈱	日本橋筋
㈱殿山電商店	日本橋筋
山榮電機商會	口本橋筋
坂口無線電機商會	日本橋筋
檜山電氣商會	日本橋筋
三ツ矢ラジオ	日本橋筋
ナニワ電器商會	日本橋筋
敷島無線電機商會	日本橋筋
有電社	日本橋筋
㈱電波堂	日本橋筋
㈱電声社	日本橋筋
日本橋無線㈱	日本橋筋
堺ラッキーケース営業所	日本橋筋
有阪電氣㈱大阪営業所	日本橋筋
櫻無線商會	日本橋筋
水谷無線電機商會	日本橋筋
KKK 無線商會	日本橋筋
池三弘商店	蔵前町
弘電社	蔵前町
山一無線	蔵前町
朝日商事㈱	南区　日本橋筋
岩生無線㈱	日本橋筋
旭無線電業㈱	日本橋筋
岡本無線電機商会	高津
中央電響㈱	河原町
日野ラジオ電氣商會	河原町
清光無線商會	難波新地
㈱水島電氣商店	難波新地
喜多商店	逢坂下 1
日本橋綜合商社	大和町
関東電機物産㈱	北区　堂島
小澤常電器工業㈲	堂島
大阪駅前ラジオ電器配給部	梅田町
富士屋電機㈱	梅田町
昭和無線㈱	梅田町
梅田ラジオ㈱	梅田町
山口電器製作所	太融寺
辻本電機工業㈱	曽根崎中
大和電器工業㈲	曽根崎新地
㈱岩船商会	梅ヶ枝町
島田電機㈱	神山町
富士無線電機営業所	福島区上福島中
岡崎電氣店	上福島南
中宮電機産業㈱	東区　京橋
和泉電氣㈱	道修町
平野大助商店	上本町
山中ラジオ商會	平野町
國華電機㈱	北濱
㈱電化社	北濱
（合名）新進堂	東成区大今里本町
上田電機百貨店	大今里本町
㈱山脇電氣商會	生野区北生野
杉浦電氣商會	天王寺区上本町
スター関西販売㈱	阿倍野区昭和町

出所）岩間政雄編『ラジオ商店日記』昭和 26 年版，ラジオ産業通信社，1950 年。
注）番地は省略。

の岡本勝義が1943年に入隊したため休業を余儀なくされ，1945年3月の空襲で店舗が破壊された[12]。したがって終戦直後には問屋街と呼べるほどの集中現象はみられなかった。これは東京でも同様で，戦前に神田に存在するパーツ屋は，今村電気商会，山際電気商会，富久商会，廣瀬商会などの戦後に続く老舗を除いては皆無であったが，1959年度の調査によると，東京都（区部）の家庭用電気器具卸売業者の43％は，神田が含まれる千代田区に集中している[13]。いずれの地においても，問屋街としての本格的な形成は，戦後復興期のラジオブームを待たねばならなかったのである。

2　日本橋問屋街の形成

1）終戦直後における市場の混乱

そこで日本橋の来歴について簡単に触れておこう。戦前の日本橋は，古書店が集まる街として賑わってきた。1913年に谷書店，1915年には天牛書店や高尾書店などが店を開き，1928年頃に約40軒，1930年代後半には60を越える古書店が日本橋に立ち並んだ。これに加えて，御蔵跡町や日本橋筋3丁目の一帯は履物の問屋街であった[14]。このように商取引の盛んな日本橋では，その集客力を見込んで，カメラ，映写機，レコード，蓄音機といった商品も扱われるようになった。上述した，中川章輔商會や岡本無線電機商会などのラジオ商もしくはパーツ屋が店を開くにあたって，「新しいものに敏感な若者が集う日本橋筋は格好の地」であった[15]。

前述のように，戦中の家屋疎開によって日本橋から店舗は撤去されたが，終戦後，これらの問屋は同地で営業を再開した。岡本無線電機商会の営業再開は1946年5月であり，日本橋筋近くの黒門市場内にある面積50平方メートル程度のバラックを店舗兼住居とした[16]。また中川章輔商會は，1946年10月に日本橋でラジオ部品の卸売と小売を再開した[17]。こうしてラジオ部品の取引が再開された日本橋には，次第に問屋が集まるようになったが，その経緯は多様であった。例えば，中川章輔商會の番頭であった二宮壮吉は，同地に二宮無線電機商会を創業したが[18]，こうしたスピンオフは少なくなかったと思われる。また上新電機商会の創業者である浄弘信三郎は，京都府福知山に疎開していたことが契機となり，終戦直後は福知山の果物を大阪へ出荷するブローカーとなったが，日本橋でのパーツ屋の活況ぶりを目の当たりにして1948年に転業し，パーツ屋の電化社から派遣店員を招き入れて指導を仰いだ[19]。パーツ屋は「間口が3間」程度の店舗でも十分に営業が可能であり[20]，浄弘と同様に，履物屋，菓子屋，青果物屋，ローソク屋，洋服・古着屋，本屋，油屋，うどん屋，古道具屋といった日本橋の商店が次々とパーツ屋に転じた[21]。

しかしラジオや部品の生産復興が十分でない1947年頃までは，ラジオの完成品はおろか新品のラジオ部品すら入手は困難であった。日本橋問屋街で取引されていた商品は，主として中古品もしくは米軍の放出品を解体して調達したものであった。「逓信省に放出品があると聞けば買いに行き，復員兵の誰それが持っていると聞けばそれを求めた。戦時中，戦地でアメリカ軍が引き上げたあとには大量の真空管が落ちていて，日本兵はそれを拾ってきたという話も残っている。戦後の混乱期にはこういったヤミの真空管も多くでまわっていた。占領軍の横流し事件に関わって，軒並みに進駐軍憲兵の摘発を受けた」という。また戦時中に軍需工場で部品の生産にかかわった者が営む「四畳半工場」から仕入れるパーツ屋も多く，客から現金を受け取った後に自転車で近隣の四畳半工場から部品を買い集めて，それらを販売していた[22]。

とくに東芝製「マツダ」ブランドの真空管は当時一流品とされており，その偽造品の流通が問題化した。やや詳細が判明する東京・神田のケースについてみると，1948年10月25日に神田署が刑事30名を動員して一斉検挙を断行し，20を超える業者が取り調べを受け，これを製作していたとされる4名が起訴された。第1回公判（同年12月2日）において，被告の1人は「マツダのマークなども世間に沢山使はれているので別にそれほど悪いこととも思はなかつた」と証言しており[23]，偽造品はすでに広く流通していたと思われる。これと同様の問題が日本橋でも起こっていた。大阪では，川西機械製作所の「TEN」ブランドや日本電気の「NEC」ブランドの真空管が入手可能ではあったが，より高性能で人気の高い東芝製真空管の入手は難しかった。そこで姫路周辺で造られたノーブランドの真空管などに，「マツダ」のマークを捺印して販売する業者が少なくなかった。日本橋でも「当時の大衆の多くは気づかなかった。むろんラジオ屋には一目瞭然だが，少々後ろめたさを感じながらも売りさばいていた[24]」。終戦直後の混乱期における，一部パーツ屋のこうした機会主義的行動は，日本橋問屋街のラジオ部品流通を阻害する要因になり得たと思われる。

2）優良部品の仕入販売

こうした粗悪品問題の解決に取り組んだのは，有力なパーツ屋であった。岡本無線電機商会では，性能や信頼性が不安定なラジオ部品は扱わず，「信頼性の高い部品を優先して扱うという経営方針を守り通し[25]」，創業者の岡本勝義が創業以前に勤務していた，東京のパーツ屋である志村商会に連絡をとることから開始した。東京は戦前からラジオ部品メーカーが多く，大阪に比べて部品の取扱量は豊富であった。岡本は，廣瀬無線，角田無線，石丸電機，谷口電機などの有力なパーツ屋からもラジオ部品を仕入れ，さらに部品メーカーの日本ケミカルコンデンサー，中央無線，ミヤマ電機，昭和無線工業からの直接仕入にも成功した。とくに日本ケミカルコンデンサーとの取引においては，関西方面の市販総代理店となった[26]。こうした東京の有力なパーツ屋または部品メーカーとの取引は不可欠であり，「真空管の本場である東京・神田まで，リュックサックを担いで仕入に出かけるようになった。夜行で行って夜行で帰る。飲まず食わずのトンボ返りであった[27]」。

一方，大阪にも優良なラジオ部品メーカーは少なくなかった。戸根源電機製作所，松下電器産業，早川電機工業，錦水電機工業といったラジオセットメーカーに加え，園田拡声機製作所，松尾電機，三岡電機製作所，日本蓄電器，第一無線工業，北陽無線工業，岡島通信工業，浦川電機工業などの部品メーカーが，1949 年頃には操業していた。日本橋問屋街では，次第にこれら部品メーカーの製品を入手することができるようになった。

ところで部品は完成品に組み付けられるものであり，消費者が認知するものではない。しかし，第 1 章で述べた組立ラジオはラジオ屋などの小売商だけでなく，アマチュアと呼ばれる個人の愛好家によっても広く製作されていた[28]。

表 2-4　ラジオ部品メーカーとブランド名

関東		関西	
企業名	ブランド	企業名	ブランド
富士製作所	スター	安達製作所	コンタックス
福音電機	パイオニア	旭電波工業	ホープ
平山電機製作所	マックスオーム	第一無線工業	ツツミ
北陸電気工業	ホクオーム	藤町電機製作所	サウンド
春日無線工業	トリオ	福島電機製作所	コスモス
片岡電気	アルプス	北陽無線工業	ライジング
菊名電機	キクナ	伊藤製作所	アルプス
狐崎電機	フォックス	錦水電機工業	ラックス
小林電機製作所	チェリー	松尾電機	NCC
興亜電機製作所	クロハー	丸中電解蓄電器研究所	シールス
目黒電気化学工業所	目黒	枡谷電機工業	マスタニ
西川電波	パーマックス	三岡電機製作所	ヒカリ
日本ケミカルコンデンサー	NIPPON CHEMI-CON	三星電機製作所	トムソン
日本通信工業	NTK	村田製作所	ムラタ
日東工業	ニットー	日響	NIKKYO
西村無線電気	ニシムラ	丹羽製作所	ケンロー
日本電音工業	ポピュラー	野里電機工業所	イーグル
大森電器製作所	ODM	岡島通信工業	ビクトリー
理研電具	リケノーム	大阪電気通信機	ニュートロン
斎藤無線電機製作所	サミット	大阪音響	オンキョウ
三光社製作所	エルナー	理工電機	ニュースター
三開社	サンエス	ササ電機工業	ササ
澤藤製作所	SF	三真電器	エスヤ
双信電機	SOSIN	セレクト通信工業	セレクト
昭和無線電機	オリンピック	新興蓄電器工業	シンコウ
高梨製作所	TKS	新音電機	ニュートン
帝国通信工業	ノーブル	指月電機製作所	シヅキ
東洋蓄電器	トーチク	神栄電機	シンエイ
富岡電器	テレビー	大誠通信精機	エレホン
東京電器	マルコン	田淵電機	ゼブラ
東研通信工業	トウケン	戸根源電機製作所	オリオン
東神電器製作所	トーシン	辻本電機工業	ラジオン
東洋電気	トーヨー	ユニバーサル工業	ユニバーサル
山口電機製作所	ニッサン	浦川電機工業	URA
吉永電機	ヨシナガ	ワルツ通信工業	ワルツ
朝日蓄電器	アサヒ	ヤヨヒ電機製作所	ヤヨヒ
石井通信機工業所	ヒカリ		
セーフ電機	セーフ		
三光電機	三光		
東京蓄電器製作所	トーチク		
友重電機	友重		
東永電機製作所	トーエイ		
東洋電機工業	TDK		
坪野製作所	T・S		

出所）無線通信機械工業会編『無線通信機械工業会名簿』昭和26年版，1951年。

こうした人々にとって優れた性能や品質のラジオ部品は強く認知されており，表2-4に示したように，部品メーカーが自社製品を他社製品と明確に区別するためのブランドを付与していた[29)]。こうしたブランド品を扱うことが，パーツ屋に顧客獲得の機会を与えることにもなったのである。これに対して，部品メーカーにも問屋との取引を求める理由があった[30)]。第1章で述べたようにセットメーカーは資金不足に陥っており，部品購入代金の支払いが悪かった[31)]。本書第3章でも触れるが，操業再開から間もない部品メーカーにとって，経営活動の継続に不可欠な現金を獲得できる問屋との取引は好都合だったのである。

ラジオ部品の品不足がいまだ解消されないなかで多様な製品を大量に調達し得た日本橋問屋街は，東京の神田問屋街に代替しうる地位を，少なくとも大阪以西において確立していった。表2-5は，1950年7月における神田と日本橋で扱われている受信管の卸売価格である。「マツダ」ブランドの受信管は神田が若干安値ではあるものの大差なく，「NEC」や「ドン」は日本橋の方が安値

表2-5　東京・大阪における受信管の卸売価格（1950年7月）

（円）

種類	神田			日本橋		
	マツダ	NEC	ドン	マツダ	NEC	ドン
12A	100		65	100	95	70
12F	80	75	65	85	60	
56	160	135	110	160	115	100
57	200	190	150	225	165	140
58	200	200	150	235	170	140
47B	150		130	185	130	130
2A3	500	440		510		
2A5	270	235	180	280	190	170
6WC5	320	315	250	360	270	220
6C6	200	190	150	215	160	140
6D6	200	190	150	220	165	140
6ZDH3A	280	265	230	310	220	200
6ZP1	170	170	130	185	140	130
42	200	200	180	215	180	160
80	190	165	130	200	115	
76	160	135	110	175	115	100

出所）『電波新聞』1950年8月1日，4頁（原資料は通産省無線課調査）。

注）神田は品川電機営業所，佐藤無線，中島無線，金田屋，廣瀬無線などの価格。日本橋は不明。

であった。日本橋が神田に劣らない，豊富な製品供給を実現していたことが確認できる。また復興期における貨物・旅客輸送の混乱が，日本橋問屋街の存在意義をより強固なものとした。貨物輸送における鉄道は，敗戦直後で7割，朝鮮戦争時でも6割を占め，旅客は8割に達していた。しかし，終戦直後の鉄道施設や車両の荒廃は極限に達しており，石炭や電力の不足が列車運行を大きく制約した。1947年には戦時規格による電車の大量生産が行われたものの，ドッヂラインによって鉄道復興計画は大幅に抑制された[32]。こうした状況で，大阪以西のラジオ商が東日本から製品を調達するには多大なコストを伴ったであろう。敗戦直後に九州・四国・中国地方から訪れていた多くのラジオ商が日本橋問屋街への依存を強めたのである。

3　ラジオ部品の地方販売

1）日本橋のパーツ屋による販売活動

1950年頃になると，部品メーカーは自社製品を仕入れる日本橋問屋街のパーツ屋に対して，販売額の5-10％のリベートを支払ったり，パーツ屋主催のイベントに協賛金などを出すようになった[33]。これは明らかにラジオ部品市場が供給不足から供給過剰へと転じたことを意味しており，それとともに日本橋問屋街に求められる役割も部品調達から販売拡大へと変化していった。そこで日本橋のパーツ屋は，仕入れたラジオ部品を問屋街だけで売り捌くのではなく，西日本の各地を中心に営業店員を巡回させて，販売量の拡大を図った。

例えば岡本無線電機商会では，国鉄のチッキ（旅客が乗車券を使って送る手荷物）が復活して輸送可能な商品の量が増加したことを契機に，1948年8月から中国地方の第一産業，四国の英弘商会，九州の松藤産業・酒見無線など大阪以西の有力地方パーツ屋へ積極的に販売を開始した。これ以外にも，名古屋・浜松などへの販売活動も順次開始していった[34]。取引の内容を詳細に知ることはできないが，一般的には日本橋のパーツ屋の販売員が各地方を巡回して地方のパーツ屋もしくはラジオ商などから受注し，後日商品を発送する。それから約1カ月後に再び注文を受けに訪れた際に，前回納入分の販売代金を集金していたという[35)]。こうした販売活動を展開するパーツ屋が日本橋問屋街にどの程度存在したのかは判明しないが，後述のようにラジオ部品流通が衰退していった1954年頃においても，中川章輔商會，二宮無線電機商会，日本橋無線，前田無線電器商会，共電社，岡本無線電機，正気屋産業，山栄無線などが販売員を九州，四国，中国に派遣していることから[36)]，相当数に上ったものと考えられる。これ以外に，20余社の部品メーカーと代理店契約を結ぶ大手パーツ屋の共電社では，地方に支店を開設して販売網を拡大した[37)]。

2）ラジオ部品メーカーの地方販売活動

以上のようなパーツ屋の地方販売活動に加え，ラジオ部品メーカーでも独自に代理店制度を展開することで販売促進を試みていた。例えば，松下電器（以下，松下）では当時，ラジオ受信機だけでなくラジオ部品の市販も行っていたが，1946年から戦前の代理店制度を復活すると同時に東京，九州，名古屋，大阪の出張所を営業所と改め，広島，北海道などにも増設した。1948年の代理店契約の更改にあたっては協力度の高い代理店のみを厳選し，それらの代理店が一定の販売額を越えた場合には販売奨励金を，また所定の支払いがなされたときには支払感謝金を贈呈するという重点主義政策を行った。さらに1950年に高知ナショナル販売会社を地方代理店との共同出資で設立し，高知県全域のナショナル製品販売業務を同社に一任するなど販社制度を展開していった[38)]。

有力部品メーカーも同様に代理店網の構築を試みていた。例えばコンデンサメーカーの東洋蓄電器では1950年より特約店の募集を開始し，翌年8月より神戸市に関西出張所を設けて大阪，兵庫，京都のパーツ屋8店と代理店契約を結んだ[39)]。同じくコンデンサメーカーの片岡電気（現，アルプス電気）では，1951年に約90の代理店と契約を結んでいた[40)]。さらに大阪のピックアップメーカーである三陽工業では，1952年7月より東京のパーツ屋9店と代理店契約を結び，東京方面での販路拡張を試みた[41)]。

その結果，日本橋問屋街からでなく，部品メーカーから直接仕入れる地方のパーツ屋も現れた。京都のマリヤ電機では創業者の寺田泰三が松下に勤務していたことから同社の代理店となり，ナショナル製品の売上額が全体の8割を占めていた。1951年8月には，松下および同じく京都における松下の代理店である岩崎，鳥居，森谷（正式な商店名は不明）とともに京都ナショナル製品販売会社を設立した[42]。また広島の新光無線商会は，「スター」ブランドで有名なコイルメーカーである富士製作所の販売会社を設立し，西日本における発売元になった[43]。この他，大分の入富士電化ではビクターの代理店，福岡の末積清商店ではパイオニアブランドの福音電機の代理店，広島の楠無線商会は日本ケミカルコンデンサー（現，日本ケミコン）の中国地方における総代理店となった[44]。長崎県佐世保市の千日音機商会では市内の同業者約10店とともに「佐世保電波技術標準店会」を結成し，同会が会員企業の注文をまとめて関東・関西のメーカーに発注を取り次いだ[45]。なかには兵庫の星電社や石川の石川電気商会のように，30を超えるラジオ部品メーカーと代理店契約を結ぶ地方のパーツ屋も存在した[46]。

こうして部品メーカーと地方パーツ屋が直結する部品流通網が拡大していった。とはいえ，このことが日本橋問屋街のラジオ部品流通の要としての地位を揺るがすことにはならなかったと思われる。日本橋問屋街には，関東や関西の多種多様な部品メーカーの製品が揃っていたからである。地方のパーツ屋やラジオ商は，部品メーカーと販売代理店契約を結ぶだけでは，十分な種類のラジオ部品を調達することができなかったであろう。

また地方展開を志向した有力な部品メーカーも，日本橋のパーツ屋の販売力を無視することはできなかった。例えば既述の東洋蓄電器の代理店には，日本橋の二宮無線電機商会や弘電社が含まれていた。前述のように松下ではラジオ部品を市販しており，1951年8月に「大阪ナショナル・ラジオパーツ普及会」を結成した。同会では，松下と販売業者の連携を通じた商品検討や宣伝方法の研究，また「市場の声を聞く会」の開催などを事業計画に盛り込んでいた。会長には前田無線電気商会の前田昌孝，副会長には松下大阪営業所長に加えて中川無線商会の中川昌藏，理事には山栄電気商会の山口岩男，共電社の木口實，電化社の眞野耕一，中宮産業の中宮祥雄，昭和無線の藤田直一，正気屋産業の喜多義雄が就いた[47]。電化社，中宮産業，昭和無線以外は日本橋問屋街のパーツ屋であり，松下の販売活動における日本橋問屋街の重要性は小さくなかったのである。

小括――家電小売への転換

本章では，終戦後から1950年代初頭までの日本橋問屋街の形成と発展について考察し，ラジオ部品が製品に組み付けられるのではなく，単体の商品として全国的に流通していたこと，東日本と西日本をつなぐラジオ部品流通の中継地点として大阪の日本橋問屋街が重要な役割を果たしていたことなどが明らかにされた。

最後に日本橋問屋街のその後について，簡単に述べておこう。「家電元年」と呼ばれる1953年頃になるとパーツ屋を取り巻く環境に変化が生じた。まず朝鮮特需を契機とする日本経済の復興とともにセットメーカーのラジオ生産が回復し，価格の安さを売りに市場を席捲してきた組立ラジオは急速に市場から姿を消した。これにより日本橋問屋街で取り扱われるラジオ部品は，次第に補修用に限定されていった[48)]。

また家電メーカーの流通系列化が進展すると，日本橋問屋街へ足を運ぶ地方小売商は激減した。それと同時にパーツ屋の地方巡回販売も減少し，日本橋問屋街の販売圏は縮小していった。1960年における大阪の家電卸売額の7割は大阪府内に向けたものであり[49)]，もはや全国的な流通網の拠点ではなくなった。

さらに取扱商品の転換が進んだ。1954年12月頃の日本橋問屋街では，「大ザッパに見て暖房器具中心の家庭電気器具は上々，ラジオ・テレビのセットはまずまず，パーツ関係はさっぱり」であった[50)]。パーツ屋にとっても単価が数百円から1000円程度の部品ではなく，高額な家電製品の方が販売利益の面で魅力的であった。ただし日本橋のパーツ屋はそれまで卸売と小売を厳密に区別しておらず，取扱商品を家電製品へと転換した後にも消費者が日本橋を訪れ，商品を卸値で購入することが後を絶たなかった。こうした家電製品流通の混乱が近畿地区の家電小売店からの非難を招き[51)]，結果として中川無線商会，二宮無線，マツヤ電機，岡本無線電機などが家電メーカーの販売会社を併営したのを除いて，日本橋の業者は小売専業となった。高度成長期以降の日本橋は，家電小売店の集積地として発展していくのである[52)]。

第3章　ラジオ部品産業の復興

はじめに

敗戦によって軍需を絶たれたエレクトロニクス産業に残された復興への活路は，GHQ/SCAP による普及策が講じられたラジオ受信機の生産であったが，その主要な担い手はセットメーカーではなく，終戦後，雨後の筍のように現れたラジオ商やパーツ屋であった。大阪・日本橋や東京・神田を拠点としてラジオ部品が活発に取引され，組立ラジオのブームをもたらしたのである。

前章までに明らかにされた以上の事実を踏まえ，本章では，こうしたラジオブームに乗じて生産復興を遂げた部品メーカーの動向について考察したい。第1章と同様に，本章でも復興期の経済が統制下にあった側面に注目し，第1節ではラジオ部品の生産統制および価格統制の意義を検討する。またラジオブームで活況を迎えた部品市場に参入した製造業者について，第2節では戦前・戦中期を経験した企業の軍民転換の過程，および戦後になって当該市場に参入した企業の創業過程について検討する。部品製造業者の多くは中小零細規模であったが，第3節ではこうした企業群が復興を遂げるにあたって展開した組織的な活動に注目したい。具体的には，協同組合や業界団体の設立を通して，部品業界の地位向上を目指した活動があったことを明らかにする。

1　ラジオ部品をめぐる統制政策

1）生産割当制度

第1章で述べたように，終戦直後におけるラジオの生産統制は，大手のセットメーカーを中心に1946年1月に設立された日本通信機械工業会（日通工）による調整を踏まえて実施されていた。一方，日通工に加盟していない中小業者が生産割当を受けることを目的として，同年2月に日本ラジオ工業組合（日ラ工）が設立されたが，日ラ工には中小セットメーカーだけでなく，多くの部品メーカーが加盟していた。序章で述べたように，戦時末期の資材配給は統制会加盟企業のなかでも陸海軍関係の発注工場となる有力企業に限定され，それ以外の工場は下請となる以外に資材確保の方法はなかった[1)]。戦時統制下で下請の地位に甘んじていた部品メーカーが，自立的な生産活動を展開するには独自の資材配当枠が必要であった。しかし日通工に部品メーカーは加盟しておらず，戦時の状況から大きな変化はなかった。スピーカーメーカーである福音電機（現，パイオニア）の松本望が，日ラ工の設立に際して「公の資材配給にありつけない，われわれ中小の部品業者は，この際，結集して組合をつくり，資材配給を受けよう[2)]」と述べたように，終戦後の部品メーカーは戦時下請システムからの解放を志向したのである。とはいえ既述のように，日ラ工の活動は低調であり，「資材配給の要求が満たされないまま，一向に運動効果は上がらず[3)]」，「セットメーカーを対象に資材の割り当てがあり，それをわれわれ部品メーカーがセットメーカーからもらう[4)]」状況が続いた。

ところが日通工と日ラ工が1947年秋に閉鎖機関に指定され，割当業務が商工省に引き継がれた際に，バリコン（可変コンデンサ），トランス，一般部品を除くラジオ部品は「特定機器」に指定された。特定機器とは，公的な生産割当の実施対象となる部品のことであり，この指定を契機に部品メーカーは資材配当の当事者となった。指定から外された3品目のうちバリコンについては，当初は補修用を除いてセットメーカーが割当の対象とされていたが[5)]，バリコンの73％が部品メーカーによって生産されているという調査結果を踏まえ，商

表 3-1　ラジオ部品の生産計画

（千個）

部品		1947年		1949年		
		7-9月	10-12月	1-3月	4-6月	7-9月
コンデンサ	電解蓄電器	782.0	912.0	1,688.5	1,745.0	1,640.0
	紙蓄電器	2,206.0	1,702.6	2,512.0	2,439.0	2,248.0
	雲母蓄電器	928.0	1,165.0	1,250.0	601.0	484.0
	油入蓄電器	81.0	137.0	271.0	265.0	200.0
	チタコン	172.0	1,378.0	325.0	465.0	510.0
	バリコン	61.0	110.0	421.0	422.0	318.0
	計	4,230.0	5,404.6	6,467.5	5,937.0	5,400.0
抵抗器	固定抵抗器	2,640.0	2,584.0	5,227.0	4,578.0	4,274.0
	巻線抵抗器		377.0	80.0	21.0	8.0
	琺瑯抵抗器		37.2	80.0	21.0	5.0
	可変抵抗器	260.0	275.0	739.0	510.0	713.0
	計	2,900.0	3,273.2	6,126.0	5,130.0	5,000.0
拡声器	マグネチックスピーカー	140.0	102.0	30.0	75.0	
	パーマネントスピーカー	10.0	62.0	270.0	220.0	500.0
	ダイナミックスピーカー	95.0	83.0	300.0	265.0	
	計	245.0	247.0	600.0	560.0	500.0
変成器	低周波変成器	190.0	20.0	40.0	140.0	
	低周波チョーク	118.0	20.0	20.0		500.0
	電源変圧器　80用		28.0	220.0	475.0	
	電源変圧器　12F		60.0	300.0		
	計	308.0	128.0	580.0	615.0	500.0

出所）『電機通信』,『日本電気通信工業連合會報』各号より作成。

工省電気通信機械局がセットメーカーと協議した結果，1948年2月に特定機器に指定された[6)]。トランスもGHQ/SCAPからラジオ受信機増産指示が発せられた際，特定機器の指示品目として具体的に明示されたことを受けて，同年9月に指定された[7)]。表3-1は，判明する限りの各種部品の生産計画数量を示したものである。1948年が不明であるが，1947年から49年にかけて生産計画の規模は拡大している。品目による違いはあるが，ドッヂラインが実施された1949年度においても，ラジオ部品の生産計画はそれほど大きく縮小はされていない。占領政策におけるラジオ増産の重要性の高さが窺える。

また表3-2は，1947および48年10-12月期における，企業別の部品生産割

表 3-2　企業別

1947年10-12月									
	スピーカー					トランス			
		ダイナミック	パーマネント	マグネチック	計		本体用	補修用	計
セットメーカー	松下電器	3,800	9,000	10,700	23,500	双葉電機	8,000		8,000
	久保田無線			13,700	13,700	コロンビア	3,300		3,300
	東京芝浦電気	7,700	4,300		12,000	松下電器	3,000	100	3,100
	日本精器		10,200		10,200	東京芝浦電気	2,000	300	2,300
	戸根無線	3,300		6,600	9,900	山中電機	2,000		2,000
	早川電機			7,000	7,000	ビクター	1,300		1,300
	三菱電機	700	5,200		5,900	日本無線	300	300	600
	コロンビア	5,250			5,250	東京無線	300	200	500
	東京無線	1,250		3,100	4,350	日立製作所	300	200	500
	東洋通信機			3,200	3,200	東洋通信機		300	300
	日本無線	3,000			3,000	戸根無線	300		300
	ビクター	3,000			3,000	久保田無線	200	100	300
	日本電子工業	2,800			2,800	安立電気		200	200
	七欧無線	400		2,300	2,700	沖電気	200		200
	日立製作所	2,600			2,600	三菱電機		200	200
	川西機械	2,030			2,030	川西機械	100		100
	沖電気	1,300			1,300				
	安立電気			600	600				
	日本電気	200	100		300				
	小計				113,330	小計			23,200
部品メーカー	戸根源製作所	4,000		18,000	22,000	日本通信工業	16,300	300	16,600
	鐘淵通信工業	14,500	300		14,800	三岡電機	16,000	400	16,400
	帝国通信工業	1,800	12,000		13,800	富岡電機	11,300		11,300
	都南電機	400		12,000	12,400	浦川電機	8,300		8,300
	福音電機	6,800	300	3,700	10,800	城東通信工業	7,000		7,000
	山本金属工業	300		10,000	10,300	成田	6,000		6,000
	日本音響電気	9,300		600	9,900	昭電社	4,500	400	4,900
	辻本電機		9,000		9,000	河津	4,300	400	4,700
	國産	6,800			6,800	巴電機	4,000		4,000
	園田拡声機製作所	1,500		4,700	6,200	クリア	4,000		4,000
	大誠通信工業	3,000	300	1,400	4,700	大南産業	4,000		4,000
	三光電器	4,000			4,000	千代	3,300		3,300
	山口電機	3,100	300		3,400	土屋	3,300		3,300
	豊国機工		300	3,000	3,300	国光電機	3,300		3,300
	電源	1,500			1,500	櫻井無線	3,000	200	3,200
	大阪音響		300		300	電源	2,200	200	2,400
						日本音響	2,300		2,300
						錦水電機	1,500		1,500
						田渕電機	1,300		1,300
						帝国通信工業	1,000	200	1,200
						大阪市電気通信機	1,000		1,000
						神栄電機	1,000		1,000
						ムラキ	1,000		1,000
						國産	300		300
						郡是	200		200
						明電社	100		100
	小計				133,200	小計			112,600
地方局	東京	2,000			2,000	東京	3,800	330	4,130
	大阪	2,000			2,000	大阪	11,600	330	11,930
	名古屋	1,730			1,730	名古屋	3,300		3,300
	仙台	280			280	仙台	200		200
	広島	140			140	広島	200		200
	小計				6,150	小計			19,760
	総計				252,680				155,560

出所）『電機通信』，『旬刊ラジオ電気』各号より作成。

注1）1948年10-12月の電解コンデンサのカッコ内は工場名。

2）企業名が簡略標記のために正確な名称を確認できないものがある。

部品生産割当

（個）

1948年10-12月										
スピーカー		電解コンデンサ					バリコン			
			高圧	中圧	低圧	計		2連	再生	計
松下電器	62,500	東京芝浦電気（長井）	80,000	95,000	100,000	275,000	早川電機	23,000	7,000	30,000
東京芝浦電気	36,000	松下電器（門真）	15,000	42,000	30,000	87,000	七欧無線	17,000	6,000	23,000
三菱電機	26,000	松下電器（東京）	30,000	15,000		45,000	戸根無線	16,000	6,700	22,700
日本無線	24,150	日本無線（東京）	5,000		20,000	25,000	久保田無線	17,000		17,000
コロンビア	24,000	松代東京無線		6,000	6,000	12,000	双葉電機	11,000	700	11,700
日本精器	24,000						松下電器	6,000	4,500	10,500
早川電機	19,500						東京芝浦電気	6,000	1,500	7,500
七欧無線	16,000						日本ビクター	7,000		7,000
ビクター	13,000						川西機械	6,000		6,000
日本電気	11,000						東洋通信機	4,500	1,400	5,900
沖電気	8,000						安立電気	3,000	1,600	4,600
東洋通信機	7,000						山中電機	1,500	2,200	3,700
戸根無線	6,000						日本電気	2,500		2,500
日本電子工業	5,500						松代東京無線	2,000	300	2,300
川西機械	5,000						沖電気	2,000		2,000
							日本無線	1,500		1,500
							三菱電機	1,300		1,300
小計	287,650	小計				444,000	小計			160,700
帝国通信工業	83,000	東研通信工業	67,000	90,000	35,000	192,000	増井電器	61,000		61,000
福音電機	30,000	三光社（山梨）	46,900	65,000	60,000	171,900	吉永電機	56,000	3,000	59,000
日本音響電気	32,000	日本ケミカルコンデンサー	20,000	79,000	35,000	134,000	山野電機	41,500		41,500
戸根源製作所	25,000	目黒電気化学工業所	600	81,000	36,000	117,600	チバラジオ	22,000	13,000	35,000
都南電機	23,000	三光社（辻堂）	35,000	30,000	30,000	95,000	新興蓄電器	22,000	2,000	24,000
國産	22,500	岡本電機	12,000	60,000	20,000	92,000	富岡電機	19,000	1,500	20,500
大誠通信工業	18,000	京三製作所		71,300	20,000	91,300	石川電機	12,000		12,000
辻本電機	18,000	興電社	55,000	1,200	35,000	91,200	菊名電機	6,300		6,300
園田拡声機製作所	17,000	日東蓄電器	40,000	30,000	10,000	80,000	福島電機	2,000		2,000
山本金属工業	17,000	瑞穂電解	30,000	29,000	9,000	68,000	大阪市電気通信機	300		300
豊国機工	10,700	大森電器製作所	4,000	3,000	40,000	47,000				
山口電機	10,500	北峰電気化学工業	6,000	30,000	3,000	39,000				
三光電器	10,000	日本通信工業	20,000	9,000	9,000	38,000				
大阪音響	8,000	東和電気（秦野）	1,000	2,000	30,000	33,000				
松代東京無線	7,650	興亜工業社	1,500	4,500	20,000	26,000				
興電社	7,000	横浜電気化学	2,000	3,000	15,000	20,000				
昭電社	6,000	日南産業			12,000	12,000				
福洋コーン紙	5,000	日本コンデンサー			5,000	5,000				
小計	350,350	小計				1,353,000	小計			261,600
		東京	10,000	64,000	45,000	119,000	東京	25,000	20,000	45,000
		大阪	25,000	35,000	25,000	85,000	大阪	8,000	13,500	21,500
							名古屋	800		800
							広島	300	100	400
小計		小計				204,000	小計			67,700
計	638,000					2,001,000				490,000

当を示したものである。生産割当の対象は商工本省が所管するセットメーカーと部品メーカー，および地方商工局が所管するメーカーに大別される。商工本省が所管する企業は生産規模が比較的大きいメーカーであり，それ以外は地方商工局の所管に属していた。資材割当の大枠は本省で決定され，地方局では与えられた生産割当枠内で資材申請にもとづいて各企業の割当額を決定し，部品メーカーに対して資材の発券業務を行っていた[8)]。地方商工局の割当額は概して小規模であり，大半は本省が所管する工場に対するものであった。そこでセットメーカーと部品メーカーを比較するとスピーカーでは大きな差はみられないものの，トランス，電解コンデンサ，バリコンでは圧倒的に部品メーカーの方が多いことが確認できる。これらの部品メーカーはセットメーカーの下請にならずとも，生産活動に必要な資材を自力で調達することが可能になった。第2章で論じたように，問屋流通網が幅広く展開するなかで，ラジオ部品は消費者に直売される市販品としての需要が大きくなっていた。商工省によるラジオ部品の「特定機器」指定は，こうした市場動向を統制政策の側から基礎付けたものと評価できる。

ただしセットメーカーの部品内製に対する割当量も決して少なくなかった。とくに松下電器のスピーカーや東京芝浦電気の電解コンデンサに対する割当量は大きかった。これら有力なセットメーカーの傘下には小規模な下請工場が多数存在し，発注工場からの資材供給に依存していた。1948年第3四半期以降は指定生産資材割当規則の改正によって，下請工場は発注証明書を所管官庁へ提出することで，発注工場の割当枠の中から所用数量の配当を受けることができるようになり[9)]，下請工場に対する資材配給制度も整備された。

2）公定価格と部品試験制度

次にラジオ部品の公定価格について検討しよう。表3-3は，ラジオ部品の公定価格を示したものである。戦後初めて定められた1946年6月の公定価格は翌年4月に改定された。改定価格の水準は，日通工が加盟企業の要請を取りまとめて物価庁に申請した希望額を考慮して決定された。これに対する部品メーカーの評価は，「何れも低度の値上がりで既に改訂額では生産困難なものもあ

表 3-3　ラジオ部品の公定価格

（円）

	部品名	品種・寸度・規格	1943 年 6 月 4 日	1946 年 7 月 12 日	1947 年 4 月 28 日	1947 年 8 月 28 日	1947 年 12 月 17 日
抵抗器	可変抵抗器	直線型スイッチなし		16.80（100）	18.70（111）	24.40（145）	37.55（224）
		同　スイッチ付		21.30（100）	23.70（111）	38.40（180）	47.65（224）
	固定抵抗器	1/4W-1W 型	※ 0.115	1.40（100）	1.80（129）	3.30（236）	3.05（218）
		2W 型	0.155	1.50（100）	2.00（133）	3.60（240）	3.35（223）
		3W 型	0.260	1.80（100）	2.30（128）	4.00（222）	3.75（208）
コンデンサ	可変空気蓄電器	同調用（統 1 号）	1.430	22.60（100）	25.90（115）	62.60（277）	59.45（263）
		同　（統 2 号）	3.380	34.30（100）	36.60（107）	88.50（258）	84.10（245）
		再生用（統 1 号）	0.650	7.00（100）	8.00（114）	19.40（277）	18.40（263）
		同　（統 2 号）	0.650	7.00（100）	8.00（114）	19.40（277）	18.40（263）
		2 連減速度式	3.900	35.00（100）	39.80（114）	95.20（272）	91.40（261）
	角型紙蓄電器	1MF	1.105	7.70（100）	15.40（200）	33.20（431）	31.15（405）
		2MF	1.560	11.20（100）	22.60（202）	48.50（433）	45.55（407）
		6MF（ブロック）	3.510	28.90（100）	57.70（200）	124.20（430）	116.70（404）
		7MF（ブロック）	4.160	34.80（100）	69.50（200）	149.40（429）	140.40（403）
		8MF（ブロック）	4.940	38.40（100）	76.60（199）	164.70（429）	154.85（403）
	筒型紙蓄電器	0.0001-0.0005MF	※ 0.170	1.40（100）	2.70（193）	5.60（400）	5.20（371）
		0.001-0.006MF	※ 0.195	1.40（100）	2.70（193）	5.60（400）	5.20（371）
		0.01-0.02MF	※ 0.195	1.80（100）	3.10（172）	6.30（350）	5.80（322）
		0.05MF	0.220	2.10（100）	3.10（148）	6.30（300）	5.80（276）
		0.1MF	0.260	2.60（100）	4.40（169）	9.00（346）	8.35（321）
		0.2MF	0.285	2.80（100）	4.70（168）	9.60（343）	8.95（320）
		0.5MF	0.430	4.00（100）	6.70（168）	13.70（343）	12.75（319）
	固定雲母蓄電器	0.00005-0.0005MF	0.170	1.80（100）	2.50（139）	7.30（406）	7.00（389）
		0.001MF	0.210	2.20（100）	3.10（141）	9.00（409）	8.60（391）
		0.002-0.003MF	※ 0.365	2.70（100）	3.70（137）	10.70（396）	10.25（380）
		0.005-0.006MF	0.520	3.20（100）	4.40（138）	12.70（397）	12.15（380）
	半固定雲母蓄電器		※ 0.850	4.20（100）	5.90（140）	16.80（400）	15.75（375）
	電解蓄電器	450V・DC 角型 8MF		33.90（100）	52.30（154）	146.40（432）	142.00（419）
		250V・DC 角型 16MF		21.00（100）	35.10（167）	89.20（425）	84.70（403）
		同　15MF		22.40（100）	34.60（154）	87.80（392）	83.35（372）
		同　12MF		22.00（100）	33.90（154）	86.20（392）	81.90（372）
		同 15（6.4）50V5MF		22.40（100）	34.60（154）	87.80（392）	83.35（372）
		250V・DC 筒型 3MF		10.40（100）	16.00（154）	40.60（390）	38.55（371）
		150V・DC 角型 16MF		20.40（100）	31.50（154）	72.20（354）	68.55（336）
		同　筒型 8MF		16.40（100）	25.30（154）	57.90（353）	54.95（335）
		50V・DC 筒型 10MF		7.70（100）	11.90（155）	27.30（355）	25.40（330）
スピーカー	ダイナミック拡声器	5 インチまたは 6.5 インチ	13.000	152.40（100）	189.70（124）	322.40（212）	312.75（205）
		6.5 インチ	16.900	182.00（100）	226.20（124）	384.80（211）	373.25（205）
		8 インチ	19.500	238.00（100）	296.10（124）	503.50（212）	488.35（205）
	マグネチック拡声器	5-7 インチ	2.470	30.40（100）	42.30（139）	69.40（228）	65.05（214）
		8 インチまたは 20 センチ	2.730	40.00（100）	55.40（139）	91.00（228）	85.55（214）
変成器・線輪	電源変圧器	3 級マグネ用	4.680	40.20（100）	56.40（140）	115.60（288）	112.10（279）
		4 級同上	5.265	46.30（100）	65.00（140）	133.30（288）	129.25（279）
		4 級ペンマグネ用	5.850	63.00（100）	88.70（141）	182.00（289）	176.55（280）
		4 級ダイナ 12F 用	6.670	70.60（100）	99.10（140）	203.10（288）	196.95（279）
		同　80 用	13.000	125.70（100）	176.20（140）	361.30（287）	390.45（311）
	低周波変圧器	4 級マグネ用	2.600	21.80（100）	30.00（138）	60.60（278）	57.55（264）
	高周波同調線輪	局型 11 号用	0.650	7.00（100）	9.80（140）	17.60（251）	17.20（246）
		同　122 号用	0.650	7.00（100）	9.80（140）	17.60（251）	17.20（246）
		並 4 型用	0.650	7.00（100）	9.80（140）	17.60（251）	17.20（246）
		局型 123 号用（1 組）	1.690	15.10（100）	21.00（139）	37.80（250）	37.05（245）
		高周波 1 段線輪（1 組）	1.930	15.10（100）	21.00（139）	37.80（250）	37.05（245）
	高周波そく流線輪	4MH	0.390	4.20（100）	5.90（140）	10.50（250）	
		10MH	0.520	5.60（100）	7.80（139）	14.10（252）	
	低周波そく流線輪	平滑用 25H，15MA	2.600	17.10（100）	24.00（140）	47.20（276）	44.85（262）
		同　25H，25MA	2.990	20.90（100）	29.30（140）	57.60（276）	54.70（262）
		結合用 200H，1MA	3.900	28.50（100）	40.00（140）	78.80（276）	74.85（263）
	高声器用線輪			10.80（100）	15.00（139）	25.70（238）	24.40（226）
その他	同調ダイヤル	局型 11 号用	0.520	5.60（100）	8.80（157）	14.20（254）	13.75（246）
		局型 123 号用（窓付）	0.845	8.40（100）	13.00（155）	20.80（248）	20.15（240）
		並 4 型用	0.585	6.30（100）	6.90（110）	11.10（176）	10.75（171）
	電源スイッチ	単式単極	0.250	2.10（100）	2.90（138）	5.00（238）	4.85（231）
		切替式	0.300	2.80（100）	3.90（139）	6.60（236）	6.45（230）
		スナップ式	0.370	5.90（100）	8.20（139）	14.10（239）	13.60（231）

出所）商工省および物価庁『告示』各号より作成。
注 1）1943 年の※は価格が複数に区分されているため，最高価格を掲載。
　2）カッコ内は 1946 年 7 月 12 日の改定価格を 100 としたときの指数。

るので早急に対策を講じたい」と満足いくものではなかったため，こうした業界からの批判に応じてか，4カ月後の8月に改定された際には，かなり大幅に引き上げられた。しかし同年12月の改定では，その反動からか公定価格は若干引き下げられ，1948年10月にはラジオの需給バランスが安定してきたとの理由で公定価格は撤廃された。ただし福音電機の松本望が公定価格について「有って無きがごとくで，その日その日で値段が違うという，いわゆる“闇相場”が罷り通っていた」と述べているように[10]，一部の取引において公定価格は，すでに有名無実化していたものと思われる。

ところで公定価格について注目すべきは，検査制度が併用されていたことである。戦中の1943年に部品の公定価格が定められた際，「社団法人日本放送協會の定むる規格に該當するものの價格とし之に該當せざるものの價格は本表價格の5割下げとする」という規定が設けられた。公定価格で販売する際には一定の技術水準をクリアしている必要があったのである。この規定は終戦後の物価統制令に引き継がれ，日通工に設置された技術審査委員会において「出荷検査規定」として定められた[11]。日通工が閉鎖された後については，1948年1月に商工省で「無線通信機械器具検査実施に関する件」という省内文書において「ラジオ用真空管及仝部品は物価統制令の規定により日本通信機械工業会の検査を経ねば価格が夫々7割5部引5割引と定められているので昨年11月14日仝会の閉鎖機関指定に伴ひ其の検査事務を指定業務に指定し検査を続行して来た……商工省に電気通信機械検査所が設立されるまでの暫定措置として左案により当局に於て検査を実施して差し支えないか[12]」という伺いが出されていることが確認されるため，商工省電気通信機械局が出荷検査業務を引き継いだものと思われる。

日通工で定めた出荷検査規定は次のようなものであった[13]。製品検査は日通工の検査所もしくはとくに指定した検査所において行うか，加盟企業の工場に検査員が出張して行う。後者の場合には，当該工場において保有する検査設備が日通工の承認を受けていなければならない。また日通工の検査で一定期間，成績優良と認められた工場については嘱託検査員を置き，検査を委嘱することができる。その場合，嘱託検査員は当該工場における検査責任者より選定される[14)]。日通工から商工省に検査業務が引き継がれた際に，検査規定が修正されたのかどうかを確認することはできないが，上述の商工省文書に添付された検査規定は「日本通信機械工業会　第5号　昭和22年4月30日」という件名に線を引いて削除し，本文中の「日本通信機械工業会」という文言を「商工省電気通信機械局」に修正してあるのみで，大きく変更された箇所は見当たらない。ただし嘱託検査員を認めた部分ついては全文削除された形跡があり，廃止された可能性が高い。これは日通工検査員による検査を免除する措置であるから，それを廃止したということは，規定が厳格化したことを意味するであろう。

これに加えて出荷検査規定には「実施細則」があり，出荷検査に先立って「細密検査」が実施されること，この検査に合格しなければ出荷検査を受けられないことが定められていた。また細密検査の結果は，甲，乙，丙の各種に区分され，甲種となったものは出荷検査が「各個につき」すなわち全数検査，乙種となったものが抜き取りで実施された。丙種については説明がなく，出荷検査の受験が許可されなかったものと思われる[15)]。表3-4はラジオ部品の細密検査の基準とされた規格を示している。前述のように商工省に引き継がれた際に資料の文言が修正されており，「CES」から「JES」すなわち日本標準規格（Japanese Engineering Standard）に変更されていることが確認できる。CESは正式にはComponent Engineering Standardのことであり，日通工が定めたラジオ関係の規格である。日通工では設立時に設置された有線，無線，真空管，部品，ラジオの5部会に加え，新たに技術部が設けられ，製品検査や規格統一のための活動を行っていた[16)]。これが商工省の所管となることで国家規格のJES規格が使用されることになった。CES規格の内容が判明しないため，検査基準にどのような変化が生じたのかを確認できないが，国家規格は戦時の臨時JESが終戦後の新JESに改定される最中であり，また上述のように出荷検査全体の内容に大きな変更がなかったことからも，国家規格のJES規格は業界規格のCES規格を踏襲していたのではないかと推察される。このように業界規格ないし国家規格を基準とした細密検査を経て，なおかつ出荷検査に合格しなければ公定価格での取引が許可されないという厳しい方策により，ラジオ部品の技術水準の改善が図られていた[17)]。

表 3-4　ラジオ受信機用部品細密検査規格

検査部品	規格	
	修正前	修正後
電源変圧器	CES-10 普通級電源変圧器	JES 電気 6414
ダイナミック高声器	CES-18 高声器	JES 電気 5501
マグネチック高声器	CES-28 高声器の寸法	
可変空気蓄電器	CES-22 普通級可変空気蓄電器	JES 電気 6413
角型紙蓄電器	CES-9 普通級紙蓄電器	JES 電気 6410
筒形紙蓄電器		
固定雲母蓄電器	CES-9 普通級鋳込雲母蓄電器	JES 電気 6414
電解蓄電器	CES-6 普通級電解蓄電器	JES 電気 6407
可変抵抗器	CES-20 普通級回転型小型可変抵抗器 普通級開閉器付回転型小型可変抵抗器	JES 電気 6406
固定抵抗器	CES-19 普通級小型固定抵抗器	JES 電気 6404

出所）「昭和 23 年電通第 89 号」（1948 年 1 月 19 日），国立公文書館，所蔵資料（1-3B-018-03・昭 49 通産-00020-100）。

表 3-5 はスピーカーおよび電解蓄電器について実施された細密検査の結果である。合格および不合格が上記の甲・乙・丙の区分とどのように対応しているか判明しないが，出荷検査を許可しない丙が不合格に対応しているのではないかと推察される。概して合格率は高いものの，日立製作所，東京無線，双葉電機，戸根無線，早川電機などの大手セットメーカーや園田拡声機工業，大誠通信工業などの本省所轄の部品メーカーのなかにも不合格が確認されるため，決して緩い基準ではなかったことがわかる。この検査制度は 1948 年 10 月に公定価格が撤廃されるまで続けられた[18]。第 2 章で述べた四畳半工場のような業者は埒外にあり，また上述のように公定価格の効力が失われていたため，こうした検査制度の効果を評価することは難しいが，主要な部品メーカーが多く当該検査を受けていたことからも，一定の意義を有していたであろう。商工省が統制団体の跡を継いで，ラジオ部品市場から粗悪品を排除する施策を講じていたのである。

表3-5　細密検査の合否（1948年3月31日）

［スピーカー］

企業名	品種		合否
日本無線	ダイナミック	6.5インチ	合格
日本音響電気	ダイナミック	6.5インチ	合格
	マグネチック	8インチ	合格
日本通信機	マグネチック	8インチ	合格
東京無線	マグネチック	8インチ	合格
	ダイナミック	6.5インチ	不合格
帝国通信工業	パーマネント	6.5インチ	合格
日立製作所（日立）	ダイナミック	8インチ	合格
	ダイナミック	5インチ	不合格
日立製作所（戸塚）	ダイナミック	8インチ	合格
	ダイナミック	5インチ	合格
コロンビア	ダイナミック	5インチ	合格
鐘ヶ淵通信工業	ダイナミック	6.5インチ	合格
福音電機	ダイナミック	6.5インチ	合格
	マグネチック	8インチ	合格
都南電機	マグネチック	8インチ	合格
沖電気	ダイナミック	6.5インチ	合格
三菱（大船）	ダイナミック	6.5インチ	合格
	パーマネント	6.5インチ	合格
山口電機	ダイナミック	6.5インチ	合格
東京芝浦電気（小向）	ダイナミック	6.5インチ	合格
安立電気	マグネチック	8インチ	合格
ビクター	ダイナミック	6.5インチ	合格
三光電機	ダイナミック	6.5インチ	合格
山本金属工業	マグネチック	8インチ	合格
日本電子工業	ダイナミック	6.5インチ	不合格
園田拡声機	ダイナミック	6.5インチ	不合格
	マグネチック	8インチ	不合格
大誠通信工業	ダイナミック	6.5インチ	不合格
	マグネチック	8インチ	不合格
松下電器	ダイナミック	6.5インチ	合格
	マグネチック	8インチ	保留
辻本電機	パーマネント	6.5インチ	合格
三菱（伊丹）	ダイナミック	6.5インチ	合格
川西機械（大久保）	ダイナミック	6.5インチ	合格
早川電機	マグネチック	8インチ	不合格
戸根無線	マグネチック	8インチ	不合格
三岡電機製作所	マグネチック	8インチ	不合格
久保田無線	マグネチック	8インチ	合格
日本拡声機	ダイナミック	6.5インチ	合格
日電工業	ダイナミック	6.5インチ	合格
双葉電機	マグネチック	8インチ	不合格
	ダイナミック	6.5インチ	不合格
富士計器	ダイナミック	6.5インチ	不合格
日精電機	パーマネント	6.5インチ	合格
吉村電機	マグネチック	8インチ	不合格
遠藤製作所	ダイナミック	6.5インチ	合格
岡上電機	ダイナミック	6.5インチ	不合格
	マグネチック	8インチ	不合格
伊藤製作所	ダイナミック	6.5インチ	保留
富士産業	ダイナミック	6.5インチ	保留
綱頭電機	ダイナミック	6.5インチ	合格
ワルツ電機	ダイナミック	6.5インチ	保留
吉岡電機	マグネチック	8インチ	合格
水越電機	マグネチック	8インチ	保留
東京拡声器	ダイナミック	6.5インチ	合格

［電解蓄電器］

企業名	合否
帝国通信工業	合格
岡本電機	合格
目黒電気化学工業所	合格
松下電器	合格
日本通信機	合格
興亜工業	不合格
大森製作所	合格
東研通信	合格
京三製作所	合格
日本蓄電器	合格
三光社	合格
東和蓄電器	合格
日本ケミカルコンデンサー	合格
東京無線	合格
日立製作所	合格
松下電器（大阪）	合格
興電社	合格
群是製糸	合格
日南	合格
雪ヶ谷蓄電器	合格
共立電機	合格
原口無線	合格
本江	合格
日本電解	合格
三日月	合格
菊水	不合格
平和	合格

出所）『旬刊ラジオ電気』各号より作成。
注）資料が簡略標記になっているため正確な会社名が判明しないものがある。

2　ラジオ部品メーカーの動向

1）戦中までの技術蓄積と軍民転換

以上のような統制の下で，ラジオ部品メーカーはどのように復興への道を歩んだのであろうか。そこで，前節で取り上げた商工本省の所轄となっている工場について，具体的な復興過程を検討しよう。表3-6は前掲表3-2で取り上げた本省所轄の企業および『電機通信』誌上で紹介されている本省所轄企業の合計67社の中から，創業年が判明する30社について所在地や品目を示したものである。戦後に創業した企業は少なく，戦間期もしくは戦時期に創業した企業が多い。そこで，判明するものに限り，戦前・戦時・戦後の各期の動向を確認すると，戦前期はラジオ部品製造を営む企業が多く，なかには卸売業からの参入や，鉄材加工などからラジオ部品生産に転ずる企業もみられた。戦時期では軍需生産が中心であり，巴電機，戸根源製作所，神栄電機，興亜工業社，日本ケミカルコンデンサー，日本コンデンサ製作所，帝国通信工業は軍需省や陸軍省および海軍省の管理工場または監督工場に指定されていた[19]。

例えば抵抗器メーカーの興亜工業社（現，KOA）では主としてラジオ用を生産しており，1942年頃の販売先はセットメーカーに8割，問屋に2割程度であったが，次第に軍需に傾斜した。「軍需用の抵抗器が民需用の10倍という破格の値段であった」[20]からである。軍需品は東京芝浦電気の下請生産に始まり，1943年に海軍監督工場，1944年に軍需省監督工場に指定された。抵抗器の技術は1930年代半ばに先駆的企業において炭素塗布型から熱分解析出法への転換が生じていたが[21]，同社でも指定を契機として熱分解析出法による抵抗器生産へと転換した[22]。しかし終戦後には一切の軍需がなくなり，電気アンカ製造やラジオ修理販売業を経て1947年頃から本格的に部品生産を再開した。表中に示したように，同社は商工省通信機関係重要工場や電気通信省指定工場に認定されており，戦時に評価された技術力が戦後の官需獲得に結び付いていたものと思われる。とはいえ，「販売先は問屋関係が半分近く」を占めていた[23]。

前述のように，戦時において部品メーカーは電波兵器を生産する大企業の下

表3-6　本省所轄工場の概要

企業名	所在地		品目	創業年	戦前期（創業前の活動も含む）	戦時期	戦後期	出所
山野電機製造	大阪	中河内郡	バリコン	1916	ランプ・特殊電気機器・艦船用各種灯	44：北区より河内市へ疎開	47：ラジオ通信用バリコン製造，大阪府より優良工場に指定される	C：9・3・143
豊国機工	大阪	住吉区	スピーカー	1923	鉄器工場→27：ラジオ部品製造	40：スピーカー部品，一時通信機用材製造	48：スピーカー完成品，東京にサービスセンター	A：260
田淵電機	大阪	西淀川区	トランス	1925	珪素鋼板切断→28：早川電機にラジオ用鉄心納入	40：トランス製造，早川電機，三菱電機に納入	46：三菱伊丹製作所・早川電機・神戸工業に納入	社：26-67
巴電機			トランス	1927	27：NHK認定	軍需省・陸海軍の管理工場	疎開工場の酒田市に本社を移す	A：143
岡島通信工業	大阪	東淀川区	トランス・スピーカー	1931				
戸根源製作所	大阪	城東区	スピーカー	1931	ラジオAB蓄電池製造→31：スピーカー製造→34：NHK認定	陸軍航空本部監督工場		A：261-262
日本ケミカルコンデンサー	東京	品川区	電解蓄電器	1931	24：紙コンデンサ→33：電解コンデンサ	軍監督工場，東芝・松下電器に納入	47：経営再開	A：217
浦川電機	大阪	城東区	トランス	1932				
三岡電機	大阪	富田林市	トランス	1933		三菱電機協力工場	三菱電機技術者が主任技術者となる	B：2・2・7
日本コンデンサ製作所	大阪	浪速区	蓄電器	1933	油入コンデンサ製造	41：川西機械に納入，海軍指定工場	43：経営難→社長の松尾正夫が独立，松尾電機へ	社：13
目黒電気化学工業所			電解蓄電器	1933	NHK認定，官庁・マツダ・日立・沖電気に納入	原口無線電機の下請	神田に営業所	A：177
福島電機	大阪	東淀川区	ボリューム	1934				
錦水電機	大阪	西成区	トランス	1935				
石川電機製作所	東京	港区	バリコン	1937				
福音電機	東京	品川区	スピーカー	1938	ミタカ電機・石川無線・八欧無線・コロンビアなどに納入	東芝の協力工場	45年秋に生産再開	A：163-164
園田拡声機製作所	大阪	西成区	スピーカー	1940				
興亜工業社	長野	上伊那郡	抵抗器	1941	艦船用放電管の抵抗器・ラジオ用抵抗器製造	東芝・コロンビア・大阪無線に納入→43：海軍監督工場	47：商工省通信機関係重要工場→48：電気通信省指定工場	A：279-281
大阪市電気通信	大阪	布施市	コンデンサ	1942				
昭和軽金属工業	大阪	東淀川区	スピーカー・その他	1942				
辻本電機	大阪	西淀川区	その他	1942				
東研通信工業			電解蓄電器	1943				
大誠通信工業	大阪		スピーカー	1943	ラジオ卸→35：スピーカー製造	43：軍用通信機材製造		A：263
神栄電機	京都	綾部市	コンデンサ	1943		沼津海軍工廠・栗田31：航空隊・東京陸軍造兵廠へ納入	商工省通信機関係重要工場，47：早川電機に納入	社：192-194

村田製作所	京都	中京区	コンデンサ	1944		三菱電機伊丹製作所協力工場	戸根無線，早川電機，双葉電機，大阪無線，中川無線に納入	社：20–24，B：4・14・2
鐘ヶ淵通信工業	茨城	結城郡	トランス	1944				
日本音響電気	埼玉	南埼玉郡	スピーカー	1944				
京三製作所	茨城	猿島郡	電解蓄電器	1944				
帝国通信工業	神奈川	川崎市	バリコン・その他	1944		東京無線電機機材工場，陸海軍共同管理工場		社：13
大阪音響	大阪	都島区	スピーカー	1946			松下電器から独立	A：222
福洋コーン紙			スピーカー	1946		梅原洋一が海軍技術研究所で魚雷探知機の研究助手	福音電機から独立，スピーカーのコーン紙生産	社：256–257

出所）所在地，品目，創業年については，『電機通信』第2巻第17号，1947年10月，8頁；『大阪商工名録』各年版；『全国工場通覧』各年版；岩間政雄編『全ラジオ産業界銘鑑』ラジオ産業通信社，1952年；松本望『回顧と前進』下，および各社社史。戦前期，戦時期，戦後期については注3を参照。
注1）品目の「その他」は部品ケース，コネクタ。
　2）戦前期，戦時期，戦後期の数字は西暦年。
　3）A：『全ラジオ産業界銘鑑』の頁番号；B：『電機通信』の巻・号・頁；C：『電子科学』の巻・号・頁；社：各社社史の頁番号。

請系列に置かれた。田淵電機，福音電機，目黒電気化学工業所，三岡電機などは，そうした戦時を経験し，戦後にラジオ部品生産へ転換した企業であった。田淵電機では，戦時中に入手困難であった珪素鋼板を三菱電機から支給されて電力用トランス製造を下請し，1942年からは早川電機の下請ともなって海軍航空機に搭載される無線機用バリコンを製造した。社長の田淵三郎は三菱電機伊丹製作所の協力会会長であり，製作所長の関義長との交流から無線機用トランスの需要が増加すると判断し，いち早く製品開発に着手した。終戦を迎えると，三菱電機伊丹製作所から受注した電力用トランスの生産を復興の足掛かりとしたが，やがて早川電機や川西機械製作所からラジオ用トランスの注文が大量に入り，同社の主力製品に位置付けられた。戦時までの系列関係と戦後の取引関係に連続性が確認できる。ただし組立ラジオがブームとなった時期には，「セットメーカー製品が大量生産によってコストダウンするまでは，むしろ部品専門店が繁盛し」たことから，同社では1948年からラジオ用トランスを独自に設計し，これを「ゼブラ」ブランドとして問屋向けに販売した[24)]。

福音電機も1943年に東芝小向工場の協力工場となった。受注したのは航空機に搭載する無線機用トランスであったが，これは同社がスピーカーの部品として生産してきたトランスよりも高度な巻線技術や製品加工技術が求められたため，仕様書および部品材料の支給を受けて試作製品の開発を行った[25]。戦後はスピーカー生産を再開し「大半は……組み当てラジオ向けの市販に切り替え」た[26]。「毎日が徹夜同然」という盛況ぶりで，組立ラジオを販売している「問屋さんが競って現金で買っていってくれ」た[27]。一方，スピーカーの重要資材である「エナメル線やコアーなどは受信機メーカーのミタカ電機さんや山中電機さんにお願いして，分けてもらう[28]」ことができたことから，こうした日通工の加盟企業との取引もあった。しかし第 1 章で述べたようにセットメーカーは経営状況が芳しくなかった。同社は戦中に協力工場として取引のあった東芝小向工場にラジオ用スピーカーを納入したものの，支払いが滞っており売掛金が増加していた。そこでマグネチックスピーカーの追加発注があった際，松本は営業担当者に「現金を受け取るまでは，品物をおろしてはいけないよ」と指示して納品に向かわせたところ，予想した通り支払いに応じてもらえず，商品を積んだトラックを引き返させるという一幕もあった[29]。以上のように，戦時統制下で電波兵器の下請生産を経験した企業は，蓄積した軍事技術をラジオ部品のような民生用に活かし，また第 2 章でみた問屋との取引を積極的に展開して市場機会を捉えたことにより，戦後の復興を歩むことができたのである。

ただし物資や設備が不足するなかで，ラジオ部品の品質を維持することは決して容易ではなかった。例えば，1944 年に三菱電機伊丹製作所の協力工場として創業した村田製作所は，戦時中にチタンコンデンサを生産し，終戦後の 1946 年から大阪のラジオセットメーカーに売り込んだ。翌年には大阪の大手セットメーカーであった戸根無線との取引に成功したものの，品質上の問題を指摘された。コンデンサには誘電体の特性の良否によって損失と呼ばれる不具合が発生し，この品質の劣化度を Q と呼ぶ係数で計測するが，当時の村田製作所はこれを計測する機械を備えていなかった。原料となる酸化チタンの入手が困難であったため，低品質のものを闇市場から調達したことが製品不良の原因であった。そこで同社では酸化チタンを専門メーカーから調達し，また横河電機製の Q メーターを購入することで，品質改良に成功した[30]。

また帝国通信工業は，前身の東京無線電機が 1941 年 10 月に陸海軍共同の管理工場に，また 1944 年には軍需省および陸海軍省の共同管理工場に指定され，独立時にはコンデンサ，変成器，バリコン，音響機器など多種類の電子部品を製造していた。生産設備は戦災による被害を免れたため，1946年2月からスピーカーおよび可変抵抗器の生産を再開した[31]。同社は1948年10-12月期にもっとも多量のスピーカー生産割当を獲得しており，部品だけでなくラジオも生産していた。しかし経営は苦しく，1947年に従業員への給与遅配が生じ，ラジオの現物支給を余儀なくされた。また1949年には企業再建整備計画にもとづいて従業員の約半数となる219名が解雇され，1950年9月には資本金が1500万円から500万円に減資された。同社はトランス生産を停止し，可変抵抗器とスピーカーを主力製品とすることで再起を図った[32]。この他，経営難から割当資材を闇値で横流しして従業員給与の支払いに充てる部品メーカーもあった[33]。このように労務費の膨張，製品価格の下落，新設備の導入といった困難な経営課題への対処が戦後復興には不可欠であった。戦時下請システムの制約から解放された部品メーカーが，今度は市場経済の洗礼を受けたのである。

2）技術者による部品メーカーの創業

前節で検討した本省所管工場のような，戦前および戦中期を経験した比較的規模の大きい部品メーカーに加え，ラジオ部品市場の限界的な供給者として新規参入した小零細工場も多く，なかには優れた技術で急速に成長するものもあった。そうした戦後創業の一例として，コンデンサメーカーの松尾電機を検討しよう。同社を創業した松尾正夫は，1930年に広島高等工業学校電気工学科を卒業し，NHK大阪中央放送局の受信機課でラジオの修理業務に就いたが，翌年にコンデンサメーカーの湯川電気商会に主任技士として招かれ，コンデンサの製造に従事した。1933年に同社社員および椿本商店（現，椿本興業）で設計技術者だった山本重雄（後に指月電機製作所を創業）などと日本コンデンサ製作所を創業したが[34]，終戦後には経営困難に陥り，この会社を去った松尾は1949年9月に自ら創業した[35]。

同社が生産していた紙コンデンサは，素子巻取→組立→処理→含浸→密封→試験という工程を経て製造される。創業当初の従業員は，男子工員1人，女子工員7人であったが[36]，「特に通信機用蓄電器は精密な手先が必要なことから，中小企業に適していた。資材が少なくてすみ，大掛かりな製造設備が不要といった点も設立時の事業規模にふさわし[37]」かった。このように終戦直後のラジオ部品メーカーは小規模生産でも経営が成り立ち，また手作業中心の工程であったため最低限の設備があれば十分であった[38]。復興期におけるラジオ部品市場の参入障壁は低かった。

一方，第2章でみたように，ラジオ部品にはブランドがあり，技術力で市場での評価を高めることができれば，大きく飛躍できる機会が開かれていた。同社では松尾を中心に製品開発が進められた結果，コンデンサの性能劣化につながる吸湿性を改善するために素子を密封する紙管の構造を考案し，創業から3カ月後の1949年12月には実用新案を出願して，1951年に登録された[39]。同社は生産設備だけでなく，製品の寿命試験や材料の特性試験などに必要な設備についても十分ではなかったが，大阪市立工業研究所や大阪府立工業奨励館といった公設試験研究機関が同社のような小零細部品メーカーを積極的に支援した[40]。同社の優れた部品はラジオ向けの用途にとどまらず，大阪大学理学部，大阪市立大学理工学部，また日本無線や神戸工業といった通信機メーカーからも採用された。また1952年にはコンデンサの応用製品である放送雑音防止器をNHK大阪放送局が購入する際の指定メーカーとなり，その際にNHKから受けた品質改善指導が同社の検査体制強化の契機となって，統計的品質管理の導入や検査設備の増設が進んだ[41]。

とはいえ，やはり取引先の中心は大阪日本橋の問屋街であり，共電社，上新電機商会，二宮無線，谷山商店など20以上の問屋へ部品を納入した[42]。創業当初の営業担当者は1名のみであったが，多数のパーツ屋が集積する問屋街が近くに存在することは同社の販路拡充を容易にしたものと思われる。関東や関西において多くの部品メーカーが創業した背景には，こうした流通面での好条件も存在したのである。また第2章で述べたように，問屋は現金決済であったため，セットメーカーに比べて取引量は小さかったが，確実な現金収入が期待できた。

こうした戦時期までに部品生産を経験した技術者が戦後に創業したケースとしては，コンデンサメーカーの三開社や片岡電気（現，アルプス電気），コイルメーカーの吉河電機製作所や三共電気，スピーカーメーカーの大阪音響（現，オンキヨー）や福洋コーン紙などが挙げられる。1947年に創業した三開社の椨隆三郎は，1942年から同社創業までコンデンサメーカーである吉永電機に勤務していた。また1948年に創業した片岡電気の片岡勝太郎は，1938年から45年まで東芝小向工場の無線部品製造部機械部品工場に勤務し，終戦後は1945年12月からコンデンサメーカーである菊名電機の取締役および営業部長の要職にあった[43]。東京都大田区に資本金50万円，従業員23人で同社を創業した当初の販売先は神田や秋葉原の問屋街であった[44]。主力商品は可変コンデンサ（バリコン）で，赤箱に入った同社の「アルプス」ブランドはアマチュアの間で「引っ張りだこ」であった[45]。

さらに1947年に吉河電機製作所を創業した吉田公保は，富士通信機製造（以下，富士通）の研究部門に約10年間勤務した経験をもっていた[46]。三共電気の相原（名前不詳）は，松下無線で工場主任や技術部幹部として10年余り勤務し，終戦後に独立創業した。1946年に大阪音響を創業した五代武は，松下で音響機器研究に従事していた[47]。福洋コーン紙の創業者である梅原洋一は，福音電機で働き，戦時中は海軍技術研究所の研究助手を務め，1946年に福音電機のコーン紙製造部門を譲り受けて独立した[48]。このように東芝，富士通，松下といったセットメーカーからのスピンオフも少なくなかった。

3　部品業界における組織的活動

1）協同組合の設立

第1章で述べたように，終戦後のラジオ産業では物品税の滞納が起こっていたが，ラジオ部品についても問屋に販売される市販品は課税対象となった。資材配給を受ける際にも，問屋向けには物品税納税証明書が，またセットメーカー向けには免税承認証明書を提示する必要があり，生産統制に組み込まれていた。しかし物品税を逃れるために不正な取引をする，いわゆる「ゲリラ業者」が後を絶たず，市場では不当廉売が横行していた。こうした事態に対処すべく，スピーカー業界では，1947年に同業組合を関東と関西にそれぞれ設立した。22社が加盟する関東の同業組合では福音電機の松本望が組合長となった[49]。

また錦水電機，城東通信工業，桜井無線，三岡電機，浦川電機など大阪の主要なトランスメーカーは入手困難な資材の確保を目的として，関西トランスクラブを結成し，1947年6月にエナメル線，絶縁ワニスを共同購入した[50]。中小企業等協同組合法が1949年に施行されると，ラジオ部品産業においても約20の協同組合が関東と関西を中心に設立され[51]，1951年に抵抗器協同組合が設立されると「ラジオ部品界は全種目に亘って一応協同組合が成立した[52]」。例えば1949年8月に紙コンデンサメーカー約20社によって設立された日本蓄電器協同組合では，加盟企業1社あたり月額5万円程度の資材を共同購入した[53]。また関東のスピーカーメーカー18社によって1949年に結成された関東高声器工業協同組合でも資材を共同購入しており，さらに関東バリコン協同組合では1950年に30万円の補助金交付を受け，共同使用設備として圧延機械を購入した。電解コンデンサ協同組合や紙コンデンサ協同組合などでも製造設備や検査設備購入の申請を行っていた[54]。

商工組合中央金庫（以下，商工中金）は「商工組合中央金庫法の一部を改正する法律案」が1951年12月に公布・施行されるまでは，協同組合の資金貸付および手形割引の対象を組合に限定しており，組合構成員となる個別企業への直接融資や直接的な手形割引は実施されていなかった[55]。したがって商工中金から借り入れた資金を組合員企業へ転貸することや，組合員企業の手形を共同で保証することも協同組合の重要な役割であった。上述の関東高声器工業協同組合ではこうした業務を行っており，同組合の理事を務めていた福音電機の松本望は倒産した企業の担保物権を買い上げたこともあった[56]。また日本蓄電器工業協同組合でも手形割引や資金融資などを行っていた[57]。経営資源に乏しい部品メーカーが相互扶助によって，復興を推し進めていたのである。

2）部品業界の地位向上運動

日ラ工の理事であった松本望の回想によると，日ラ工は当初の目標を十分に果たすことなく，GHQ/SCAP の指導によって日通工に合流することになったが，その際に部品メーカーを含む中小企業が 1 会員 1 票の議決権を獲得した[58]。その日通工も閉鎖されることになり，統制的な機能をもたない業界団体として，無線通信機械工業会が 1948 年 4 月に設立された。その頃はラジオの生産割当や資材配給が継続していたので，日ラ工の設立時と同じように，部品メーカーが統制の対象として独立した扱いを受けるよう政府に訴えることになり，こうした部品業界の意思統一を図る目的で同工業会に部品部会が設けられた。第 1 節で述べたように，部品メーカーは独自の割当枠を獲得したが，その背景には部品メーカーをセットメーカーと対等の地位に引き上げようと考えていた GHQ/SCAP の存在があった[59]。戦時下請システムからの脱却を志向する部品業界の要請は，戦後民主化を推進する GHQ/SCAP の政策方針と合致していたのである。

以上のような部品業界の地位向上を図る運動は，これ以後も展開する。本章の検討時期から外れるが，その重要な契機になったと思われる，電気通信機械工業専門視察団によるアメリカの視察旅行について触れておきたい。これはアメリカ国務省国際協力庁による援助プロジェクトで，業界関係者 12 名が 1957 年 5 月から 6 週間にわたってロサンゼルス，シカゴ，インディアナポリス，ワシントン，ボストンの各都市を訪れ，アメリカを代表する電子機器メーカーや電子部品メーカー，官庁，業界団体と意見を交換した。視察団長は福音電機の松本だった[60]。

視察団はアメリカ企業の技術，生産，販売，組織や人事，業界団体の役割など多岐にわたって学んだが，とりわけ「大企業の集中化の反面，その陰にかくれたわれわれと同じような中小企業がおう盛な開拓者精神をもって活躍している姿に，大きな希望と刺激を覚えたことを率直に告白したい」と[61]，先進国のアメリカで中小企業が力強く発展している姿に深い感銘を受けている。例えば，視察に参加した片岡勝太郎は，「米国業界視察は，わが国部品メーカー全体の方向，部品輸出の将来を決める重要なポイントになった……米国ではセットメーカーと部品メーカーが分業のかたちで存立している……米国ではすでに部品メーカーが『みずから設計，製造し』その製品をセットメーカーに売る力を持っていたのであり，われわれ日本の部品メーカーが念願していた自主独立の経営が，分業というかたちで米国では現実のものになっていた[62]」と述べており，訪米の際の問題意識として部品業界の自主独立が念頭にあったことが確認できる。またアメリカの業界団体では，独占禁止法の影響により中小企業から役員を多く輩出し，それに大企業が協力しており，日本でも大いに学ぶべきだと指摘されている[63]。こうした高度成長期以降の業界活動を展開する主体として，無線通信機械工業会に部品部会が設置されたことの意義は大きかった。部品メーカーはセットメーカーと対等の立場で業界団体に加盟し，地位向上に向けた組織的活動の足場を得たのである。

小括――電子部品産業の形成

片岡勝太郎は終戦直後の状況について，「それまでのセットメーカーとわれわれ部品メーカーの関係は，いわゆる下請とよばれるそのままズバリで，発注と同時に設計図をセットメーカーから受けとり，材料の支給をうけ，検査もやってもらうのが通例だった……そのうち誰いうとなく部品メーカーの地位の向上といったことが話題にのぼるようになり，下請け企業からの脱皮が真剣に取り上げられはじめた。そしてまず取り組んだのは，『みずからが設計し，みずからが作って，みずからが検査する』という部品企業の自主独立である」と述べている[64]。「誰いうとなく」，こうした問題意識が終戦後の部品業界に醸成される前提として，下請統制の下で自由な生産活動を封じられた戦時の経験があったことは間違いないであろう。

終戦後は部品メーカーの自立的経営を可能とする条件が次第に整えられていった。GHQ/SCAP の民主化政策によって部品メーカーに生産割当枠が与えられたことに加え，問屋の流通網が全国に部品を販売する市場機会を提供した。第2章でも述べたように，部品は製品に組み込まれるものであるから，通常は消費者が部品の製造業者を認識することは難しい。しかし終戦直後の一時期ではあったが，優れた部品を作ることができれば，自社ブランドの認知度を高め，市場を開拓することができたのである。第Ⅰ部の3つの章で考察した終戦直後のラジオおよび部品産業の生産復興は，序章で紹介した「誕生権経済」の典型的事例といえるだろう。

また本章で取り上げたラジオ部品メーカーは，生産復興の経験を共有し，下請関係からの脱却や自主独立の経営を志向するようになった。エレクトロニクス産業は自動車産業に比べて部品メーカーの自主独立性が強い構造になっていると指摘されるが[65)]，こうした特質を備えた部品メーカーが群生した戦後復興期を，「日本電子部品産業の形成期」としたい。当該産業は戦後一貫して，下請には属さない市販部品の取引構造において成長を志向し，それは個別経営，業界団体，地域のあらゆる活動に通底している。第Ⅱ部では，高度成長期における電子部品産業発展の歩みから，そのことを確認したい。

第II部

専門生産の確立と高度化

第4章　家電セットメーカーによる下請専属化

——電子部品の需要構造（1）——

はじめに

第2章第3節で述べたように，ラジオセットメーカーの生産活動は1950年代初頭から急速に回復した。これに続いて，戦後の民生用エレクトロニクス製品を代表するテレビ受像機（以下，テレビ）の実用化が1953年から始まった。テレビ産業の形成過程を考察した平本厚によると，テレビが普及するうえでネックとなっていた製品価格は，各社が積極的に大量生産体制を整えたことで急速に低落し，1950年代後半には普及期に入った[1)]。こうした生産規模の追求に加え，テレビという新製品を扱う流通網の整備，さらなる製品技術の向上といった激しい市場競争が展開された結果，テレビセットメーカーとしての発展を志向していた企業の多くが脱落し，1959年における上位10社の集中度は98.8％に達した。テレビ産業では1950年代に寡占体制が成立し，中小企業が存続する余地は極めて乏しくなった[2)]。

ラジオよりも精巧なエレクトロニクス製品であるテレビには，より多くの電子部品が使用される。1950年代におけるテレビ産業の成立により，電子部品は主としてテレビ部品として需要されるようになった。その買手となったのは，上述のように生産復興を遂げ，寡占体制を築いた大企業のセットメーカーであった。1950年代から60年代にかけての電子部品の販売先をみた表4-1から，そのことを確認できる。1951年にもっとも多いのは「B：卸売商・その他市販」であり，部品販売の約半数を占めていた。これは第2章で考察した組立ラ

表 4-1　電子部品の販売先

(%)

需要先		1951年				1954年				1961年				1963年				1968年			
		A	B	C	D	A	B	C	D	A	B	C	D	A	B	C	D	A	B	C	D
受動部品	コンデンサ	42.7	45.0		4.2	48.5	38.5		13.0									67.0		5.9	27.1
	抵抗器	33.6	51.2		15.2	65.8	30.7		3.5									76.3		0.9	22.8
	変成器	12.6	84.3		3.1	16.3	81.5		2.2									68.3		18.8	12.9
音響部品		10.1	88.3		1.6	12.8	85.6		1.6									42.5		16.9	40.6
機構部品																		64.0		25.9	10.2
計		25.6	47.9		7.5	36.5	56.7		6.7	58.0	9.1	32.2	4.4	63.3	2.4	23.5	9.7	60.3		22.7	17.0

出所）日本電気通信工業連合會・日本機械工業連合會編『無線通信機器工業の生産構造調査報告書』1956年，64-65頁；通産省機械統計調査室「電子部品工業の基礎調査について」『電子』第1巻第2号，1961年11月，67頁；日本電子工業振興協会「電子部品工業基礎調査報告」『電子』第5巻第3号，1965年3月，33頁；同「電子部品工業基礎調査報告」『電子』第9巻第7号，1967年7月，12頁。

注1）A：1951年・1954年は「電気通信機器企業」，1961年・1963年・1968年は「セットメーカー」。
B：1951年・1954年は「卸売商・その他市販」，1961年・1963年・1968年は「販売（修理）業者向け」。
C：「自己消費」。
D：1951年・1954年は「その他（官公庁・輸出など）」，1961年は輸出，1963年・1968年は「輸出」「同業者向け」「その他」の合計。
2）空欄は不明。

ジオブームを反映したものであろう。これが1954年になるとコンデンサおよび抵抗器が，また1960年代には全体的にも比率が大きく下落し，これに対して「A：セットメーカー」が主要な販売先となった。とくに1950年代後半の卸商向け販売の衰退は急速であった。自己消費および輸出を除いた，すなわち電子部品の国内向け販売先に占めるセットメーカーの比率は，1963年時点で92.4％に達していた[3)]。高度成長期の部品生産は，明らかにセットメーカーからの需要に牽引されていたのである。

こうした寡占的大企業の部品購買は，下請制研究の主要な関心領域とみなされてきた。高度成長期の機械産業では急速な外注関係の拡大がみられ，発注元のいわゆる親企業は外注工場に部品製造および加工技術の改良を求めた。その結果，親企業は一部の優秀な外注工場との取引関係を強化すべく，設備資金の貸与や技術援助などを積極化したことが，当時の現状分析においても，また産業史研究においても明らかにされてきた[4)]。そこで本章では，電子部品メーカーがこうした下請の「系列化」もしくは「専属化」の対象に含まれるのかを確認するために，家電セットメーカーの購買活動を検討したい。

ところで電子機器産業における部品取引について，サプライヤーシステムとその形成史という視点からセットメーカーの部品調達を検討した橋本寿朗は，1965年不況を「長期相対取引」形成の契機として評価している。それ以前の時期，つまり本章の分析対象となる1950年代は，継続性のない「スポット的な取引」が主流であり，家電セットメーカーは価格シグナルを最大の取引要因として，安価な部品を大量に買い求める方針を採用していたという[5)]。他方で，未曾有の生産拡大が続く1950年代に，セットメーカーは少しでも多くの外注工場を確保する必要があり，「専属化」が進んでいたという加賀見一彰の指摘もある[6)]。つまり「長期相対取引」の形成要因と「専属化」のそれは微妙に異なっているのである。

橋本が「長期相対取引」として想定していたのは，具体的には「受入検査皆無」という品質に対する信頼関係が構築できるような部品メーカーからの調達であり，製造面における技術力が重視されていた[7)]。これに対して加賀見は『中小企業基本総合調査』で取り上げられた従業員300人未満工場における最大取引先への依存度が1957年から1962年にかけて上昇している点から専属化を指摘するが，このなかには高い製造技術をもたない工場も含まれていたものと思われる。したがって高い技術力をもつ工場との「長期相対取引」が開始される1965年以前から，技術力が備わっていない工場に対しても何らかの「専属的」な指導や援助が行われていたと考えるのが自然であろう。とはいえ，加賀見が作成した表によれば，1962年の電気機械産業において「単一取引先への依存度が80％を超えている」工場が全体に占める割合は45.3％と半数に満たない[8)]。加賀見はどのような部品メーカーが専属化の対象になったかについては明らかにしておらず，専属取引に規定される関係特定性の効果を指摘するに留まっている。

そこで以下では，松下電器産業，三洋電機，東京芝浦電気の家電セットメーカー3社を事例として取り上げ，これらの企業の購買活動方針とりわけ専属化工場の選別過程を考察する。結論を先取りすると，1950年代末の時点では，家電セットメーカーの専属化は限定的にしか展開しておらず，本書が分析対象とするような電子部品メーカーはその外部にあったことが明らかにされる。それは当該産業の部品購買が，自動車産業のような他の機械工業と比較して市場取引の特性を色濃く残す，「市販部品」として取引されていたことを意味する。なお本章で取り上げる外注工場とは主として部品製造を行う工場であり，資材メーカーは分析対象に含まれない。

1　松下電器の協約工場

まず復興期における松下電器の外注工場の利用状況を，表4-2から確認しよう。当時，同社は約200の外注先を擁していたが，1年半余りの間に様々な変化が生じた。例えばアイロン，電動機，ラジオ受信機，乾電池では第18期から第19期にかけて外注工場数は減少しており，とくにラジオ受信機では外注率はさほど大きく変動していないにもかかわらず，外注工場数は半分以下になっている。また測定器では外注がなくなり，蓄電池では工場数は増加しているものの外注率は20％近く減少している。次に第19期から第20期にかけては，外注工場数は減少していないものの，電球では外注率が減少している。ドッヂデフレを経て朝鮮戦争に差しかかっている経営環境の変化が激しい時期でもあり，短期間のうちに外注工場や外注率が大きく変動している。

その一方で，1948年に作成された仕入先名簿（以下，『昭和23年名簿』）には，やはり約200件が登録されており，また「一ヶ月平均仕入額」が記載されている。このことから，同社の購買活動は必ずしも単発的な発注のみではなかったと考えられる[9]。また1950年に京都工場資材課が作成した，東京方面の主要な仕入先を記した名簿（以下，『昭和25年名簿』）にも同様に，仕入れ先の毎月の仕入額が記載されている[10]。橋本寿朗によると，戦中の1942年頃に松下は「購買内規則並びに細則」を定め，新規取引を検討する際には資材・部品を試験的に購買し，結果の良好な企業を購買名簿に登録した[11]。この方針が戦後にも継続されていたと推察される。

これらの名簿に記載されている仕入先業者は，住友電気工業，古河電気工業，鐘淵紡績，東芝といった，資材および真空管などを生産している大企業から，大阪府下の同社周辺に位置する部分品工場まで様々であった。電子部品メー

表 4-2　松下における外注工場の利用状況

（工場，%）

製造品目	外注部品	第 18 期 1949 年 12 月-50 年 5 月		第 19 期 1950 年 6 月-50 年 11 月		第 20 期 1950 年 12 月-51 年 5 月	
		工場数	外注率	工場数	外注率	工場数	外注率
電球	ベース	1	7.0	1	14.6	6	9.4
真空管	プレート・マイカ・導入線・グリッドキャップ・ベース	7	11.0	10	40.0	13	40.0
アイロン	丸羽根・コード・鋳物・木箱・ネームプレート・鍍金加工	40	35.0	8	30.0	8	30.0
電動機	カバー・フレーム・ボルト・ビス・ナット・機械加工	15	13.0	8	45.8	8	45.8
進相用コンデンサ	製鉄加工・プレス加工	5	8.0	7	11.0	7	11.0
ランプケース	鍍金加工	2	34.0	15	37.0	23	37.6
ラジオ受信機	シャーシ板・目盛板・バリコン・チタコン・バルブケース・ソケット・ローラ・シャフト	100	20.0	43	19.0	47	23.0
蓄電池	エボナイト電槽・電池木箱・セパレータ	4	42.0	7	23.3	7	23.3
フォノモーター	ターンテーブル	1	25.0	2	23.0	11	50.7
乾電池	亜鉛罐加工・キャップ打	18	10.0	10	10.0	18	10.0
測定器	ゴム類・トランスケース	20	50.0				
空気温電池	金具陰極			4	13.0	4	13.0
電解コンデンサ	アルミケース・端子板・小物加工			20	40.0	20	40.0
拡声装置	シャーシ・ケース・ホーン			25	35.0	25	35.0
無線通信機	シャーシ・ケース・端子			25	25.0	25	25.0
蛍光灯	口金・導入線					3	6.8
電気コタツ	支持金具塗装・コード加工					2	0.9
計		213		185		227	

出所）松下電器産業『有価証券報告書』各期。
注）外注率＝外注額÷材料費× 100。

カーでは，『昭和 23 年名簿』に無線製造所の仕入先として，コンデンサメーカーの山野電機製造（平均仕入月額，11 万円，以下同じ）と増井電器（15 万円）が確認できる。2 社とも可変コンデンサ（2 連バリコン）を松下に納めていたが，前掲表 3-2 によると，1948 年 10-12 月期の商工本省扱いで，セットメーカー以上の生産割当を獲得した復興期の主要な電子部品メーカーであった。また『昭和 25 年名簿』には，東京都芝区の日東工業（4 万円）と大田区の双信電機

(2万円) が確認できるが，これらもコンデンサメーカーで，油入コンデンサや雲母（マイカ）コンデンサを納めていた。双信電機は戦中の1939年に創業された，当時としては歴史の浅い部品メーカーであったが，1950年には警察庁の無線機に同社のマイカコンデンサが採用されており[12]，松下にも製品技術力の高さが評価されたものと思われる。松下の品質管理部では，1951年に村田製作所と河端製作所のチタンコンデンサについて製品寿命の比較実験を3カ月にわたって実施し，村田製作所の製品が優れているとの実験結果を報告している[13]。第1章でみたように，復興期のセットメーカーは生産規模が十分に回復していなかった。こうした制約の下で，松下は戦中と同じように試験・検査を踏まえた慎重な部品購買を行っていたのである。

表4-3　松下における取引年数別外注工場数（1960年）

取引期間	工場数	比率（%）
5年以内	329	57.6
6-10年	127	22.2
11-20年	59	10.3
21年以上	10	1.8
不明	46	8.1
計	571	100

出所）大阪府立商工経済研究所編『大阪を中心とせる軽電機下請工業の実態』1961年，10頁。

ところが1950年代後半になると，松下の生産規模拡大にともなって外注工場数も急増し，このような購買方針は維持し難くなった。1960年時点で外注工場数は571に達し，約10年間に3倍近く増加した[14]。表4-3に示した1960年における取引年別工場数からもわかるように，高度成長期に取引を開始した外注工場が多く，とくに1955年以降に取引を開始した外注先が60%近くを占めている。このような急増する外注工場に対して個別に技術能力の試験や調査を行い，名簿に登録して管理することは困難であったと思われる。

当該時期において，松下が継続的な取引関係を結ぶ対象として重視したのは，高い技術力をもつ優良部品メーカーではなく，むしろ高度成長期に日常化しつつあった設計変更や発注量変更に応じる協力的な工場群であった。「品質やコストが良ければ取引するかといえばそうではなかったる（ママ）。一番大事な選定条件は外注経営者の考え方である。きれいな言葉で言えば，松下の理念に賛同してくれるかということになるが，悪い言葉で言えば無茶苦茶な増産や，より一層のコストダウン・品質向上，更に当社では営業上や設計・製造上から来る注文変更が日常常態化している，それらに積極的に協力してくれるのかどうか[15]」

が重要であった。当時の松下における購買管理の基本方針は，「トヨタのスーパーマーケット方式のような下請工場と親工場の一体化を行うような考えはない」，「技術指導も基本的には行う方針はなく，あくまでも外注工場側の自主的運営に期待している。専門の指導員もおいておらず，経営指導も特別行っていない」というもので資金援助や設備貸与にも消極的であり[16)]，その意味では橋本が指摘したスポット取引が基本的には行われていた。そうしたなかで，突発的な発注内容の変更に応じてくれる協力的な工場に対して，松下は重点的な取引を志向していたのである。

また同社は1961年に制定した「購買管理規定」において外注工場の呼称を協力工場から共栄会社へと改めた際に，「協約工場」と呼ばれる一部の工場群を名簿に登録して他の工場と区別した[17)]。協約工場制度は上述のような意味で松下に「協力的」な工場群に対して，例外的に同社からの現場指導が与えられるという購買方針であり[18)]，主として商品の重要性の高い工場や「協力度合いの高い」工場を対象に，同社の経営方針を詳しく知らせていた[19)]。当時の協約工場数は不明であるが，1965年頃において1400の共栄会社のなかに協約工場は約250存在した[20)]。発注量の保証は行われなかったものの[21)]，名簿への登録が行われたことは，松下が協約工場を主要な取引先として認知していたことを意味するであろう。これらの工場が集中的な発注対象，つまり専属的な工場となっていたと思われる。

協約工場は，同社が1950年代初頭に登録していた技術力の高い部品メーカーとは明らかに異なっていた。松下は円滑な生産活動を維持するために，これらの工場に対して発注量や設計の変更などに応じることを求め，その見返りに名簿へ登録することで継続的な発注対象とし，現場指導も行うという購買管理方針を採用していたのであった。

2　三洋電機（北條製造所）の協力工場

三洋は1947年に創業された際には従業員15名の小規模工場であり，創業当初は兵庫県の北條工場において自転車用発電ランプを，また守口工場が電気スタンドなどを製造していた。1952年に住道工場でラジオ，また1953年に滋賀工場で洗濯機，さらに1956年には淀川工場で電気冷蔵庫の生産を開始し，1950年代末には電気洗濯機およびラジオの市場占有率が2位，電気冷蔵庫が5位，テレビ受信機が6位となり，総合家電メーカーとしての地位を確立した[22]。これに沿って企業規模も拡大し，1950年4月時点には従業員が400名に達し，その後も表4-4に示したように急増した。

一方，同社の外注率も徐々にではあるが上昇していった。ただし『有価証券報告書』に記された外注率は，「密接な関係にある下請工場の外注品」を集計したものであるため，同社の外注総額の一部に過ぎない。実際には1959年時点で三洋の外注率は52.5％に達していた[23]。

北條製造所[24]は同社創業時に松下電工から譲り受けた工場で，当初は自転車用ランプを製造していたが，家電産業の急成長に乗じて1956年頃から扇風機，ミキサー，掃除機，ジューサー，換気扇などの製造を開始した。従業員数でも住道製造所[25]に次ぐ規模を誇り，同社の主力工場であった。1957年頃の北條製造所では，外注工場を「協力工場」・「専属工場」・「準専属工場」に区分しており，それぞれに購買方針が異なっていた[26]。このなかで，協力工場は「取引以外の血を通わせ，かつ経営の自主性と将来を最大限に保証する。そのかわり経営者は技術指導は常に親工場と同じ水準にあるように徹底的に行われる[27]」と定義され，重点的な購買対象となっていた。

北條製造所は当時17の協力工場を抱えており，主に金属加工，塗装，小物製造といった加工品の工場が多かった。三洋電機は協力工場に対する専属化を指向しており，仮に同社からの発注量が協力工場の経営採算を下回るほどに減少した場合は，同社における同一部門の生産を一時ストップしてまでも協力工場側の経営に不安を与えないとされていた。一方，協力工場は従業員の採用や設備の拡充を北條製造所に報告する義務があり，経営全般にわたり同製造所の管理下にあった。同製造所による協力工場に対する技術指導については，「協力工場指導要綱」が作成され，協力工場の従業員に対する指導方法や治工具・型の改善や補給などに力を入れていた。また同製造所の品質管理課と協力工場

表 4-4　三洋電機の諸指標

（百万円，人，%）

年	生産実績	従業員数	外注率			
			電器部門	無線部門	輪界部門	全社
1953						
	2,228					9.6
54	2,739	1,747				9.8
	3,018	1,872				12.5
55	3,472	2,129				16.1
	4,398	2,214				11.9
56	5,075	2,682				11.1
	6,252	3,103				8.4
57	6,919	4,102				6.0
	6,741	4,028				6.2
58	7,683	4,182	3.0	0.7	14.1	4.9
	10,390	4,897	4.0	0.2	19.8	3.8
59	14,017	6,536	3.5	0.6	22.6	3.0
	17,832	6,883	4.1	2.9	20.7	4.4
60	21,457	7,683	8.4	16.7	16.9	13.8
	21,965	7,703	7.1	18.3	26.5	14.1
61	24,675	7,766	26.2	20.6	18.6	22.9
	28,867	7,434	23.3	26.8	21.9	25.5
62	32,722	7,699	33.5	31.2	23.4	33.6
	31,440	7,252				
63	33,124	7,063	18.8	36.9	18.5	31.8
	37,607	6,799	24.2	29.2	17.8	31.0
64	38,574	7,050	33.5	32.6	15.4	36.7
	39,108	6,980				34.5
65	34,109	7,532				37.8
	35,057	7,065				35.2

出所）三洋電機株式会社『有価証券報告書』各期。

注 1 ）営業期末は各年の 5 月および 11 月末。

2 ）従業員数は各営業期末における生産部門のみの数値。

3 ）外注率＝外注額÷生産額×100，ただし 1956 年上期までの外注率は密接な関係にある外注工場の製品（バリコン・フォノモーター・ジュースミキサー・トースター・ミシンモーター・アイスクリーマー・タイヤ・チューブ・電球）に限られる。下期以降は記述がないため，上記の品目に限定されているのかすべての外注品を含むのかは不明。

4 ）空欄は不明。

の品質責任者が連携して，品質改善が試みられていた。このように北條製造所では，協力工場に対しては発注量保証によって市場変動リスクを同製造所側が吸収し，同時に技術・経営面での指導を施すことで育成した。まさに専属的な下請工場として扱われていたのである[28)]。

しかし協力工場は必ずしも高い技術力を評価されて選別されたわけではなかった。例えば，協力工場となった金属加工業の徳製作所は，創業者が海軍工作学校で後に北條製造所長となる後藤清一から指導を受けた縁で協力工場になったが，戦後は父親の銭湯経営を手伝っていた。また金属加工業の円井製作所は，徳製作所の元従業員が起こした会社であるが，その勤務年数は2年に満たなかった。さらに北條製造所のチェンコンベアーやベルトコンベアーの製作設計および自動研磨機製造を行っていた小畑鉄工所では，協力工場として取引を開始した時点では，北條製造所から提示された図面を読むこともできない状況であった。塗装業の永田製作所においても，納入した製品が不良品であったことから，同製造所のベルギー向け輸出品である発電ランプが，当時の生産量の約2カ月分にあたる5000個キャンセルされたことがあった。協力工場から北條製造所への製品納入の際には受入検査が行われていたが，これに加え，受入検査前に同製造所の品質管理課員が協力工場へ出向き，抜き取り検査を行うことが常態化しており，月100件を越えることもあった[29)]。これは北條製造所と協力工場の間に，技術や品質における信頼が十分に形成されていなかったことを示すであろう。

北條製造所が協力工場に求めていたことは，技術や価格といった能力に対する信頼よりも，むしろ「約束厳守」であり，また同製造所の要求に対する素早い対応であった。同製造所の協力工場指導要綱には，協力工場の能率・保管・整備・環境が将来に禍根を残す欠陥を持つ場合，要望書を発行して，2カ月以内の改善を要求することが定められていた。また，こうした要望書が3回発行された場合，その協力工場との取引を自動的に停止した。北條製造所は，改善指導や提案を通じて協力工場を積極的に育成していく姿勢をみせつつも，協力工場側がそれに対応する能力がないと判断した場合には，取引を継続しなかったのである。

このような外注管理方針が北條製造所において形成されたのは，創業時において近隣に存在する外注工場が1920年代に野鍛冶を営んでいた小畑鉄工所だけであったという，地理的要因によるところが大きかった。同工場が位置する兵庫県加西郡北條町には近隣に工場が存在せず，したがって外注先を一から育成する必要があった。そこで同社の指導方針に沿った改善を協力工場に強く求めたのである。また協力工場は工場数も17軒しか存在しなかったため，指導や監督を集中的に行うことができたということも重要であろう。結果として，既述の抜き打ち検査は1957年頃には1カ月に20件を下回るまでに改善された[30]。

3　東芝（柳町工場）の認定工場

東芝柳町工場では，テレビやラジオなどの民生用電子機器の他にも，無線通信機や計算機といった産業用電子機器，さらに家電製品などを製造していたが，表4-5に示すように，生産規模の拡大にともなって外注率が上昇した。1957年以降は全社的な動向しか判明しないものの，やはり外注比率は上昇傾向にあり，1961年当時の柳町工場の製造原価に占める外注額の割合は約55％に達していた[31]。また外注率に示した（　）内の数値は鋳物加工などの加工部品であるが比重は小さく，ラジオキャビネット，コンデンサ，計器類といった部品購買が中心であった。1959年時点では1カ月間に加工外注品が約500種存在したのに対し，購買部品は1500種に達していた[32]。

柳町工場の1961年頃における購買活動は以下のようなものだった。通常の購買管理業務については同工場生産部内に設置された購買課が担当し，外注工場の技術・品質管理の審査は本社の技術課・品質管理課が担当していた[33]。本社技術課では納入に先立つ外注工場の技術力を診断すべく「部品認定」を行っていた。これは高度な技術を要する部品および初めて発注する部品に対して実施される第1種認定，比較的製作が容易な部品に対して実施される第2種認定，および同工場の生産不足に応じて発注されるバッファー的扱いの部品について

表4-5　東京芝浦電気柳町工場の諸指標

（百万円，%，人）

年	柳町工場所属部門生産実績			外注率			柳町工場従業員数
	通信機	家庭電機	機器	通信機	機器	全社	
1951	286		758				1,621
	375		1,027				1,665
52	783		1,121				1,686
	672		1,155	28.0	11.0	9.6	1,755
53	1,026		1,500	20.3	20.8	12.7	1,762
	1,529		2,073				1,854
54	1,727		2,656				2,060
	1,538		2,757	37.6	19.3	15.9	2,580
55	1,353		2,413	30.6	16.3	15.3	2,538
	1,230		2,312	27.9	15.1	14.9	2,484
56	1,840		3,017	34.7	17.8	17.9	2,421
	2,549		3,717	(1.2) 36.8	(1.9) 17.7	(4.0) 18.9	2,426
57	3,120		4,219	(5.2) 40.5	(2.2) 20.1	(4.2) 19.6	2,483
	4,350		5,789			(4.0) 20.3	2,530
58	6,761	5,775	803			(4.0) 22.2	2,559
	7,892	5,891	880			(4.1) 22.3	2,638
59	9,820	6,053	1,156			(3.7) 21.8	2,909
	12,867	7,444				(3.5) 22.3	2,938
60	17,922	8,669				(4.3) 22.5	3,543
	18,529	12,115				(4.3) 24.1	3,569
61	20,275	17,186				(5.0) 25.7	4,127
	23,549	16,765				(4.1) 29.3	4,220
62	29,328	22,644				(4.4) 30.9	4,609
	26,411	26,577				(4.7) 30.8	5,156
63	22,422	26,391				(4.1) 28.0	5,387
	21,458	27,262				(4.3) 29.2	5,577
64	21,228	26,673				(－) 25.6	5,519
	25,379	24,462				(－) 25.6	5,773

出所）東京芝浦電気株式会社『有価証券報告書』各期。

注1）営業期末は，各年3月および9月末。

2）外注率＝外注額÷生産額×100，（　）内は加工部品の数値。

3）従業員数は各営業期末の数値。

4）生産実績は═を境に同社の事業区分が変更されたため，連続して把握できない。

5）空欄は不明。

与えられる第3種認定に分かれ，各種とも外注工場から提出された試料について技術課が試験を行って，選り分けていた。

また部品認定の際に，さらなる品質の分析が必要であると判断された場合には，品質管理課による「工場認定」が実施された。工場認定では外注工場における製造工程，出荷検査方式，試験・検査設備・機具類の整備状況，材料・部品・製品の保管状況，事故発生時の対応などが外注される部品の製造に適しているかが審査された。審査に際しては外注工場の社内規格や測定器・検査設備，品質管理規定および事故対策処理等に関する書類の提出が義務づけられた[34)]。

審査の結果，選別された認定工場の一部は柳町工場との長期的な取引を保証され，同工場による指導育成の対象となった。また同工場には工場長を委員長，購買課長を幹事とする「外注管理委員会」が設置されており，購買課長および工場内各部の部長が外注管理方針の策定や外注工場への指導内容を検討する場となっていた。さらに同工場が品質管理普及教育会議を主催し，外注工場に対する品質管理概念の教育に始まり，各工場のQC実施報告，さらに教育終了後の研究懇談会によるフォローアップにいたるまで徹底的な指導を施した。外注工場との技術に関する情報交換も行われ，部品標準化・設計・製造に対する技術指導，測定器・ゲージ・治工具の製作貸与，TWI・MTPなどの管理教育も実施されていた[35)]。

認定制度によって外注工場が分類され，指導育成が行われる一方で，設備資金貸与や融資斡旋といった資金面での援助は各工場ではなく東芝の全社的な対応として行われていた。同社が1957年に策定した「外注工場育成対策要綱[36)]」では生産力確保の必要から東芝本社として重点的に援助を行うべき工場を「本社登録工場」として選定し，これらの工場には品質・数量・納期の確実性，原価の引き下げ，秘密の保持を求める代わりに資金貸付，融資斡旋，固定資産の売却・貸与，技術援助を重点的に行うことが決定された[37)]。

本社登録工場がどのような基準で選定されたのかは定かでないが，本社生産部にある購買部門（1962年5月に資材部となり独立）が，各部門の購買管理育成方針の調整を担っていたことから類推して[38)]，まずは同社各部門もしくは工場といった現業単位で外注工場の格付けを行い，それを踏まえて本社で調整・選別をしていたのではないかと思われる。このように東芝では，製造技術の優劣から取引対象を選別し，技術的に優れた工場との間に長期継続的な取引関係を築く方針であった。

小　括

本章では，松下，三洋北條工場，東芝柳町工場における，1950年代から60年代初頭までの部品調達について，「専属化」の対象となる工場の選別方針を検討した。松下では周囲に広範に展開していた工場群のなかから柔軟な対応をしてくれる工場を「協約工場」として選出し，重点的な取引対象にしていた。三洋北條製造所では周辺に外注先となる業者が乏しく，操業開始当初から「協力工場」を選別して，これらを指導・育成した。一方，東芝柳町工場は1960年代初頭の事例であるが，仕入品の技術や品質について認定基準を設け，また外注工場の認定も行って，重点的な取引対象としていた。

松下や三洋北條製造所では，橋本が重視した技術面での信頼が形成されてはいなかったが，外注先に対して長期的な視点に立った取引を志向していた。両社は製品技術や品質といったハードな基準ではなく，取引変更への協力や指導に対する適応力といったソフトな基準から外注工場を選別していた。つまり他の発注元企業よりも自社（自工場）を最重要の取引相手とすることを求めたのである。つまり松下や三洋にとって「専属化」とは，すでに高い技術力を獲得した外注先を囲い込むことではなく，自社を最重視する協力関係を期待できる外注先との間で長期的視点に立った指導・育成を行うことを意味したのであり，橋本が指摘した「受入検査皆無」が外注先で達成されるよりも早い時期から，家電セットメーカーは長期継続的な取引を指向していたのである。これに対して，東芝柳町工場では技術力が重視されていた。これは表4-5でみたように，同工場が民生用よりも，むしろ産業用などの高度なエレクトロニクス製品を生産してきたことが大きな要因であると思われる。

とはいえ，各社が専属化の対象としたのは仕入先・外注先の一部であり，三洋北條製造所の協力工場は当時17社，松下の協約工場は1965年でも250社程度であった。したがってテレビを含む家電産業の部品取引関係を総体的に評価するならば，少なくとも1950年代については，やはり専属化の埒外にある領域を考慮しないといけないだろう。また第3章で考察したように，復興期の電子部品メーカーは戦中までの下請生産システムからの脱却を求め，経営の自主独立を志向していた。こうした電子部品メーカーの態度と，松下や三洋が外注先に専属化の要件として求めたソフトな基準は真っ向から対立する。したがって，当該時期には価格を重要な市場のシグナルとするスポット的な取引が多く残されていたと思われる。

部品メーカーが特定の発注工場（セットメーカー）に従属せず，スポット市場で多様な買手との取引関係を築こうとすれば，部品は汎用性の高い「市販部品」となる。一方，下請制研究史がスポット的な取引として想定してきたのは，専属的下請の対概念としての「浮動的」下請であった。小宮山琢二は浮動的下請関係にある工場の製品または作業は「一時凌ぎの押付け仕事」であり，「種々雑多な仕事をその場限りに手間賃だけ目当てに引受けして辛うじて存続するのを普通とする」ために，工場の技術的または経営的な発展が望み得ないことを問題視していた[39)]。こうした浮動的下請に規定された技術的停滞性を克服するには，生産の専門化が必要であり，小宮山は下請専属化を通じてその進展を展望したのであるが[40)]，市販部品取引においてはスポット的な取引関係に規定されながらも，技術が発展しうるような「専門生産」がいかに実現したのかを明らかにする必要があろう。これについては第6章で考察する。

本章ではテレビ産業の寡占化という1950年代の需要構造を踏まえて，大企業である家電セットメーカーの購買方針を検討した。しかし民生用となる電子部品の需要構造はテレビだけでなく，当該時期を代表するもう1つの民生用エレクトロニクス製品である，トランジスタラジオについても検討しなければならない。次章でみてみよう。

第5章　トランジスタラジオ輸出の展開

――電子部品の需要構造（2）――

はじめに

前章では，テレビ産業の寡占的大企業による下請専属化を検討し，電子部品メーカーはその対象とはなっていなかったことを確認した。本章では，1950年代における電子部品需要の構成要素として，テレビ産業に比肩し得る存在だったトランジスタラジオ産業の展開を実証的に跡づける[1)]。トランジスタラジオは1950年代中頃に登場し，1960年代末に生産量のピークを迎える，高度成長期の代表的な民生用エレクトロニクス製品であった[2)]。また重要な外貨獲得商品でもあるトランジスタラジオは[3)]，後に重要輸出品となる家電製品の先駆的存在でもあった。松下電器の対米輸出活動を検討した大貝威芳の研究によると[4)]，多くの日本企業が現地の輸入・販売総代理店に頼った輸出活動を展開するなかで，松下は他社に先駆けて販売子会社を設立し，またOEMやPB生産を廃することによって自社ブランドの確立に成功した。日本の家電メーカーがトランジスタラジオ輸出を契機にアメリカ市場における流通の内部化を進めることによって顧客やディーラーの信頼を獲得し，後の家電産業の大規模な対米輸出が準備されたのである。

他方，トランジスタラジオ産業には松下のような寡占的大企業だけでなく，数多くの中小零細企業が存在した。電子部品の需要構造を検討するうえで，こうした中小零細企業の動向を検討することが不可欠である。そこで本章では，産業形成期における市場参入の過程や対米輸出の展開を考察することで，中小零細企業の当該産業における重要性について吟味したい。

ところで通産行政の観点から，高度成長期における軽機械工業の重要性に着目していた林信太郎は，日本の機械産業が品質や性能ではなく，「廉価」を売り物にしていると指摘し，これを後進的性格とみなしていた。その要因として，日本製品に対する信頼性の欠如，技術サービスの不足，さらに輸入商の割高マージンといった点が挙げられている[5)]。1959 年に施行された軽機械輸出振興法はまさにこうした問題に対処するための重要な施策の一つであったが，同法の対象から外れたトランジスタラジオ産業においても，業界関係者の間では同様の問題意識が共有されていた。松下のような大手家電メーカーでは，自社ブランドの確立によってこうした問題を克服したが，これに対して中小零細企業ではどのような対応を迫られたのであろうか。通産省による規制の意義についても注目しながら，当該産業の再編過程を明らかにしたい。

1　生産および輸出の概要

まず表 5-1 から，トランジスタラジオの生産および輸出額を確認しよう。生産額は 1957 年から 60 年まで急増した後，1963 年までは若干停滞している。1964 年の生産量が急増しているのはオリンピック景気によるものであると推察されるが，1965 年の不況を経て再び生産量が増加している。また表 5-2 から，トランジスタラジオの機種別生産台数をみると，全般的に家庭用据置型の生産台数は少なく，携帯型が中心となっている。1960 年代初頭には携帯型 AM ラジオが全体の 92 % を占めていたが，次第に携帯型 FM ラジオのシェアが高まり 1969 年には FM ラジオの生産台数が AM ラジオを凌駕した。FM ラジオは AM ラジオよりも機能が優れており，当該時期にラジオ産業の技術面での向上がみられたことがわかる。

また表 5-1 によれば，1958 年には生産額の 60 % が輸出されており，その後も非常に高い輸出比率を維持している。そこで輸出相手国の推移を確認すると，1954 年以降，一貫してアメリカが 1 位であり，他の輸出相手国を圧倒してい

表 5-1　トランジスタラジオの生産額と輸出額

（百万円，％）

年	生産額		輸出額	輸出率
1955	142	(1)		
1956	560	(3)		
1957	5,523	(23)	2,175	39
1958	17,950	(46)	10,712	60
1959	44,051	(78)	33,681	76
1960	59,159	(87)	42,652	72
1961	58,775	(90)	42,319	72
1962	61,129	(92)	51,644	84
1963	61,364	(92)	56,364	92
1964	83,799	(95)	65,009	78
1965	70,960	(95)	57,550	81
1966	77,880	(97)	69,755	90
1967	92,323	(99)	80,126	87
1968	104,205	(99)	97,706	94
1969	133,587		118,294	89

出所）通産省重工業局『日本のトランジスタラジオ工業』工業出版社，1959 年；通産大臣官房調査統計部編『機械統計年報』各年版；大蔵省編『日本外国貿易年表』『日本外国年表』各年版。

注 1）カッコ内の数値はラジオ全生産額に占めるトランジスタラジオ生産額の比率。

2）100 万円未満切捨て。

表 5-2　トランジスタラジオの機種別生産台数

（台）

年	据置型				携帯型				合計
	AM		FM		AM		FM		
1960	732,761 (7)				10,100,654	(92)	125,036	(1)	10,958,451
1961	1,116,873 (9)				10,339,519	(87)	372,855	(3)	11,829,247
1962	1,142,585	(9)	16,759	(0)	10,820,784	(85)	688,955	(5)	12,669,083
1963	1,262,551	(9)	8,934	(0)	11,705,566	(79)	1,776,306	(12)	14,753,357
1964	2,453,681	(11)	37,623	(0)	15,420,316	(70)	3,980,464	(18)	21,892,084
1965	1,834,138	(9)	203,695	(1)	13,571,949	(66)	4,903,305	(24)	20,513,087
1966	2,613,640	(12)	689,680	(3)	13,030,510	(57)	6,354,159	(28)	22,687,989
1967	2,548,761	(10)	1,475,901	(6)	12,353,002	(50)	8,281,558	(34)	24,659,222
1968	2,572,756	(10)	2,719,406	(11)	11,022,704	(43)	9,101,601	(36)	25,416,467
1969					13,247,050	(46)	15,352,738	(54)	28,599,788

出所）『機械統計年報』各年版。

注 1）1969 年以降は据置型と携帯型の区別はない。

2）カッコ内の数値はトランジスタラジオ全体に占める比率。

表 5-3 アメリカのラジオ生産台数

（千台）

年	家庭用	携帯型	時計型	合計
1939	8,547	616		9,163
1940	8,482	1,219		9,701
1941	9,470	1,572		11,042
1942	3,374	573		3,947
1946	13,276	1,069		14,345
1947	14,083	2,458		16,541
1948	9,630	2,630		12,260
1949	5,961	1,843		7,804
1950	7,053	1,675		8,728
1951	5,275	1,333	777	7,385
1952	3,539	1,720	1,929	7,188
1953	3,886	1,742	2,041	7,669
1954	2,696	1,333	1,875	5,904
1955	2,998	2,027	2,244	7,269
1956	3,037	3,113	2,311	8,461
1957	3,228	3,265	2,516	9,009
1958	2,621	3,373	2,038	8,032
1959	3,145	4,128	2,794	10,067
1960	3,440	4,535	2,720	10,695
1961	3,042	5,747	3,017	11,806
1962	3,015	5,640	3,257	11,912
1963	2,496	4,614	3,225	10,335
1964	2,947	4,358	3,558	10,863
1965	3,382	6,031	4,669	14,082
1966	3,434	6,280	4,487	14,201
1967	2,552	5,906	4,335	12,793

出所）『電子』第 2 巻第 3 号，1962 年 3 月，37 頁；第 8 巻第 9 号，1968 年 9 月，66 頁。
注 1）1950 年以前はラジオ兼用電蓄を含む。
2）自動車用ラジオは含まない。
3）米国ブランドの輸入品を含む。

た[6)]。日本のトランジスタラジオ産業はアメリカ市場への輸出を梃子に成長していったのである。そこでアメリカにおけるラジオ市場の動向を確認しよう。表 5-3 はアメリカにおけるラジオ生産台数を種類別に集計したものである。まず据置型の家庭用ラジオが終戦直後には大量に生産されていたことがわかる。終戦直後の日本でラジオブームが発生したのと同様に，アメリカでも 1947 年が家庭用ラジオ生産のピークになっている。しかし，その後の生産台数は急速

表5-4　アメリカ国内におけるトランジスタラジオ市場と日本製品のシェア

（千ドル，%）

年	出荷	輸入	輸出	国内需要	輸入比率	日本製品	日本品シェア
	A	B	C	D＝A＋B－C	E＝B÷D	F	G＝F÷D
1957	77,678	15,234	4,055	88,857	17	5,589	6
1958	82,338	28,170	5,062	105,446	27	16,039	15
1959	93,719	72,723	4,086	162,356	45	55,153	34
1960	85,142	58,359				54,521	
1961		68,138	3,616			61,914	
1962	74,475	73,496	3,288	144,683	51	64,105	44
1963	59,899	41,812	3,944	97,767	43	37,293	38
1964	49,086	81,899	4,726	126,259	65	68,941	55
1965	61,509	107,107	5,274	163,342	66	84,096	51
1966	79,069	123,952	4,431	198,590	62	91,895	46
1967	42,612	140,550	4,292	178,870	79	109,085	61
1968	32,293	217,583	4,958	244,918	89	165,018	67
1969	22,744	302,983	4,737	320,990	94	219,745	68

出所）U.S. Department of Commerce, *Current Industrial Reports* (*M36M*)*; United States Imports of Merchandise for Consumption; United States Exports of Domestic and Foreign Merchandise*, each year.

注1）出荷：1961年以前は真空管式を含むポータブルラジオ。

2）輸入：1959年以前は真空管式を含むすべてのラジオ。

3）輸出は自動車用およびテレビ複合型を除くすべてのラジオ。

4）空欄は不明。

に減少している。アメリカにおけるラジオ普及率は1954年には96%に達しているという指摘もあり[7]，家庭用据置型の需要が伸びる余地は乏しかった。これに対して，「ポータブルタイプ」と呼ばれる携帯型ラジオの生産台数が1950年代後半から次第に伸びており，2台目需要の拡大が確認できる。ただし同表は，アメリカ企業のラジオ生産台数だけではなく，輸入品がアメリカ企業のブランドで出荷されたものを含んでいる。そこで表5-4から，アメリカ国内需要（D）に対する輸入比率（E）を確認すると，1950年代末に40%を超え，1960年代末には90%台に達している。そのなかで日本製品は次第にシェア（G）を拡大していった。

また図5-1から，輸入国別のシェアをみると，1950年代半ばまで首位の座にあったのは西ドイツであったが，やがてこれを日本が凌駕し，1960年には98%という驚異的なシェアを獲得している。しかし1960年代後半になると，香港や台湾が台頭してきた。日本のトランジスタラジオ産業はアメリカのラジ

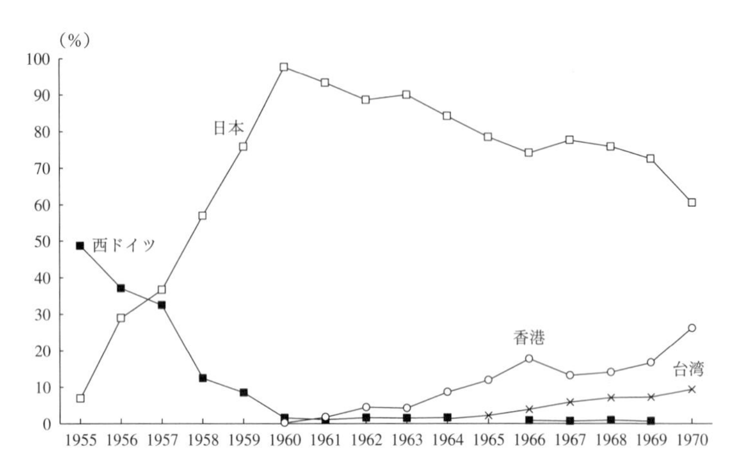

図 5-1　アメリカのトランジスタラジオ輸入主要相手国のシェア

出所）*United States Imports of Merchandise for Consumption, Commodity by Country of Origin, FT 110*, each year.
注）1959 年以前は真空管式を含むすべてのラジオ。

オ製造業者を駆逐することによって市場を開拓し，また香港や台湾といった後発工業国との競争関係に置かれることにもなったのである。

2　トランジスタラジオ産業の形成──1950 年代後半

1）供給構造の検討

表 5-5 は，1957 年と 58 年におけるトランジスタラジオの生産と輸出を，大企業と中小企業に区分して比較したものである。同表の元資料の説明によると，大企業とはトランジスタを自家生産している企業を中心とした，民生用電機機器やテレビ受像機などを製造している既存のメーカー，もしくは古くからの通信機メーカーであり，資本金 3 億円以上，企業数は推定 12 社となっている。1959 年時点でトランジスタを自家生産していたのは，ソニー，東芝，日立，松下電子工業，三洋，富士通，沖電気，神戸工業，三菱，日本電気，日本無線の 11 社であるから[8]，これに早川電機を加えた大手総合家電メーカーまたは

表 5-5　トランジスタラジオの生産実績および輸出実績における大企業と中小企業の比較

（千台，%）

年	大企業			中小企業			全体		
	生産台数	輸出台数	輸出比率	生産台数	輸出台数	輸出比率	生産台数	輸出台数	輸出比率
1957	574	181	32	347	182	52	921	363	39
58	2,102	954	45	2,798	2,390	85	4,900	3,344	68

出所）通産省重工業局『日本のトランジスタラジオ工業』工業出版社，1959 年，46–47 頁。
注 1）大企業：資本金 3 億円以上，企業数は推定 12 社。中小企業：資本金 3500–1000 万円程度が 10 社，1000–800 万円程度が 15 社，500 万円以下が 93 社。
2）同書では 1957 年および 59 年の数値となっているが，刊行年から 1957 年および 58 年の誤りと判断した。

通信機メーカーであるとみて差しつかえないだろう。これに対して中小企業は一部を除いてトランジスタラジオを専門に生産している工場，もしくは多額の設備を要しない通信機関係や部品を生産していた工場であり，企業数は資本金 3500–1000 万円程度が 10 社，1000–800 万円程度が 15 社，500 万円以下が 93 社である。

同表における中小企業の存在の大きさは注目に値する。生産台数は 1957 年から 1958 年にかけて急増しており，大企業を上回っている。また輸出台数は 1958 年についてみると大企業の 2 倍以上であった。当該時期の輸出の中心は，基幹部品であるトランジスタを自家生産せず，ラジオの組立に専門化したアセンブル型の製造業者だったのである。また輸出比率の高さが顕著であることから，主として輸出専業であり，軽機械工業としての特色を確認することができる。

そこで中小企業の具体的な内容を確認するために，1959 年について判明する限りでの資本金規模と従業者数を確認すると[9]，比較的規模の大きなものとして，愛興電気産業（資本金 1 億円，従業員 313 人），スタンダード無線工業（3200 万円，462 人），春日無線（3250 万円，253 人）などを挙げることができる。愛興電気産業（1959 年よりアイワ）は 1951 年に創立され，主としてマイクロフォン，ピックアップ，フォノモーターなどを生産する無線通信器具メーカーであった。トランジスタラジオの売上は判明しないが，1958 年 5 月期の売上高 1 億 7400 万円が，翌年 5 月期には売上高 2 億 6180 万円まで増加しており，急速に成長していた。スタンダード無線工業は 1953 年創業の電気器具メーカー，春日無線（1960 年よりトリオ）は 1946 年創業のステレオ，通信機，高周波パーツのメーカーでいずれも戦後に創業された企業であった[10)]。

上記のような比較的規模の大きな企業だけでなく，「トイラジオ」もしくは「玩具ラジオ」メーカーと呼ばれる工場も存在した。標準的なトランジスタラジオでは中波帯を聴取するための1バンドの回路に6石を使用していたが，玩具ラジオは回路を簡素化して使用するトランジスタ数を2石程度に減らしたもので，感度が低かった[11)]。唯一判明する1959年次の玩具ラジオ生産量は，29万8909台（2億7214万6000円）であるが，これは従業員数20名以上の工場を調査対象としている[12)]。別の指摘によれば，1959年における玩具ラジオの輸出量はアメリカ向けのみで212万5000台（12億4800万円）に達しており，上記の数値を大きく上回っている[13)]。したがって玩具ラジオは主として従業員数19名以下の零細工場によって生産されていたと推察される。

このように1950年代後半のトランジスタラジオ産業は，最上層にトランジスタの内製工場をもつ大企業が存在したものの，生産および輸出で重要な役割を果たしていたのは，むしろ従業員数300人程度を上限とする中小企業であり，その最下層には，従業員数20人未満の零細な玩具ラジオ工場も相当数含まれていたのである。当該時期にこうした供給構造が形成されるためには，これらの中小企業が市場に参入し得る条件が満たされねばならなかったはずである。第1に部品内製能力をもたない組立専門のアセンブルメーカーは，トランジスタラジオの生産に必要な部品を調達しなければならない。第2に生産されたトランジスタラジオをアメリカに輸出するための販売ルートを開拓しなければならない。以下で，これらについてみてみよう。

2）真空管式からトランジスタ式への転換

トランジスタラジオ生産に必要な部品のなかでもっとも重要なものは，いうまでもなくトランジスタである。前掲表5-1のカッコ内に示した数値は真空管を含めたラジオ全体に占めるトランジスタラジオ生産額の比率であるが，1955年にわずか1％であったものが，1957年頃から急上昇している。つまりラジオ受信機の真空管式からトランジスタ式への転換が急速に進んだのである。

それ以前の時期については真空管式の携帯ラジオが盛んに生産されており，

とくに1950年代中頃にはアメリカへ多数輸出されていた。玩具と同じ程度の低価格で実用的なものが買えるという理由で人気を集め，中波1バンドのラジオがFOB価格7–10ドル程度で輸出され，アメリカ国内では小売価格30ドル程度で販売された[14]。例えば，中島ラジオテレビ製作所ではアメリカのメーシー百貨店に真空管式携帯ラジオを輸出しており，またスタンダード無線工業は，中波帯受信専用の真空管4球の携帯ラジオを月2000–3000台の規模で生産し，その80％をセントルイスに輸出していた[15]。この他，大手では松下が月2000台程度をアメリカに輸出しており，東芝でも1956年3月に大手バイヤーからの引合いで，毎月2万台を5カ月間にわたって納入する契約が3件ほどあった。真空管4球，乾電池なしの携帯ラジオを約10ドルで納入することになり，これを機に東芝では下請工場に発注していたラジオ製造を自社の柳町工場に移管した[16]。

ところが1957年になると突然，経営破綻に陥る企業が相次いだ。例えば，既述の中島ラジオテレビ製作所は同年2月末に不渡り手形を出して倒産し，3月には東海無線工業など2社，さらに7月には大阪の勝山ラジオテレビ製作所など2社，8月には名古屋の中堅メーカーであった白砂電機が倒産した。中島ラジオテレビ製作所では前年の1956年10月期決算で，総売上額1億3878万円に対して，純利益はわずか50万円であった。利益率の悪化に，金融引締という悪条件が加わることによって資金不足に陥ったものと考えられるが，その背景にはラジオ輸出価格が7ドル以下にまで低落することによって，採算が取れなくなったことが指摘されていた。サイモン・パートナーによれば，アメリカでは1956年からトランジスタラジオが市場に登場し，16社が生産および販売を開始していた[17]。これによって旧製品である真空管式携帯ラジオの需要が急速に縮小し，採算が合わない水準にまで取引価格が下落したものと思われる[18]。真空管式からトランジスタ式への迅速な転換が急務となったのである。

そこで日本企業のトランジスタラジオ生産についてみると，ソニーが1955年にTR–55の販売を開始したことが先駆となり，翌年秋頃には八欧，日本電気，日立，早川，三洋がトランジスタラジオの発売を計画し，東芝，三菱，松下も製品発売の準備を進めつつあった[19]。しかし各社ともトランジスタラジオの商品化をトランジスタ生産に先行させたため，その供給の大半をソニーに頼らねばならなかった[20]。例えば三洋では1956年12月にトランジスタラジオを発売し，翌年には本格的なコンベアー生産に移行したが，その製品に使用されているトランジスタはソニー製であった[21]。

ところが通産省ではトランジスタの過剰生産を危惧しており，1958年初頭にいたっても三菱，日本無線，三洋，沖電気，富士通の各社についてはトランジスタ製造に関する技術導入契約の認可を見送っていた[22]。例えば三洋では1957年9月からRCAおよびウェスタンエレクトリックとの交渉に入ったが，認可が得られたのは1959年3月であり，しかも外販は許可されず自家消費を中心とした生産規模に留めるという条件付きであった[23]。その結果，大企業は自家生産もしくはソニーからの調達が可能であったものの，中小企業はトランジスタの供給を受けることができなかった。

そこで国産トランジスタの調達を期待できない中小零細のアセンブルメーカーは，1956年末から委託加工方式のトランジスタラジオ輸出に活路を見出した。委託加工方式とは，アメリカで軍事用に生産されたトランジスタから規格検査に不合格となったものをアメリカの「バイヤー」と呼ばれるラジオ輸入商が日本国内に持ち込み，これを家内工業的にラジオに組み付けたものを再輸出する方式である。トランジスタの輸入価格は約6.5–7.5ドルで，これにスピーカーやコンデンサなどのラジオ部品を組み付けてセットとして売り出し，労賃および部品代金が合計約10ドルであった。バイヤーの狙いは日本の低賃金労働力であり，クリスマス前には4万台の大口取引まであった[24]。しかし軍事用とはいえ，規格検査に不合格となったトランジスタは性能のバラツキが大きく，組立工程での調整作業が困難であり，不良品が多発する原因となった。1957年11月より後述の輸出検査法にもとづいて輸出検査が開始されたが，加工貿易品については不合格率が30%に達しており，その原因の大半はトランジスタの不良によるものだった[25]。

この問題を解決するためには，国産のトランジスタがアセンブルメーカーに供給される必要があった。通産省の斡旋により，トランジスタ製造企業とアセンブルメーカーで数次にわたる交渉が実施され，1958年に協力体制が築かれた。トランジスタの出荷価格を，対米輸出向け製品については米国製品と同等にまで値下げし，また国内市場向け製品への供給量を抑制して，輸出向けトランジスタラジオに対して優先的に出荷することを了承した。一方，アセンブルメーカーはアメリカのバイヤーからトランジスタを調達せず，手持の受注分についても国産トランジスタに切り替えることになった[26)]。やがて日立，神戸工業，日本電気，東芝でもトランジスタの外販が開始され，次第に国産トランジスタの供給体制が整い[27)]，ラジオ生産工程でトランジスタ性能のバラツキによる調整作業を省けるように，あらかじめ1台のラジオを製造できる6石分が一纏めにされて，真空管の流通ルートで販売された[28)]。これによって委託加工方式のトランジスタラジオ輸出は，1958年6月には皆無となった[29)]。

真空管式携帯ラジオがアメリカ市場において広く受け入れられたことによって，日本企業は同様の機能をもちながら大幅な小型化が可能なトランジスタラジオに対する潜在需要の大きさを認識していたと思われる。しかしその製品転換は非常に速く，トランジスタの国内供給体制は中小零細企業の需要を満たすレベルにまで整備されていなかった。その結果として過渡的に発生した委託加工方式は日本製品の品質問題を惹起したが，これが1年程度で速やかに収束した要因として，トランジスタ製造企業とアセンブルメーカーの協調体制が通産省の斡旋の下で築かれたことが重要であった。大企業だけでなく中小零細のアセンブルメーカーも当該産業の主要な担い手として，外貨獲得に寄与することが通産省から期待されていたのである。

3）対米輸出ルートの形成

次にトランジスタラジオの対米輸出経路について検討しよう。大企業ではアメリカに販売子会社を設立したことが契機となり，直輸出が1960年代以降に本格化した[30)]。しかし，それまでのトランジスタラジオ輸出は，アメリカの輸入業者（importer）を介した流通経路に依存していた。その中心となったのは「specialty importer」と呼ばれたエレクトロニクス製品専門の輸入業者であり，主要なものとして，デルモニコ・インターナショナル，エクセル，ロングウッド，チャンネルマスター，インターナショナルインポーターズなどの各社が挙げられる。1958 年末において，デルモニコはソニーと早川，エクセルは東芝，インターナショナルインポーターズは日立，チャンネルマスターは三洋と輸入代理店契約を結んでいた[31)]。

また広大なアメリカ全土でトランジスタラジオを販売するためには，大規模な流通網が必要である。アメリカ国内におけるラジオ受信機の流通形態は大きくシングル・ステップとツー・ステップに分けられる。前者はトランジスタラジオメーカーが小売店に直接販売する方法であり，後者は両者の間に特定の販売会社（distributor）が介在する。RCA，ゼニス，アドミラル，モトローラ，フィルコ，GE，ウェスティングハウスといったアメリカの主要な家電メーカーは後者を採用し，多くの地域に独占販売権を与えた専属の販売会社を傘下にもっていた[32)]。

日本製品を扱う上記の輸入業者も販売会社を介したツー・ステップ方式の流通網を構築していた。例えばデルモニコは主としてドイツ製品を輸入販売するために，大都市を中心に 20 の販売会社と取引関係にあり，地方都市には 8 人の販売員を派遣することによって小売店へ直接的に商品を卸していた[33)]。また三洋の一手販売を任されたチャンネルマスターは純然たる輸入業者ではなくアンテナメーカーであり，アメリカでも「屈指の規模と整った販売網」をもっていた[34)]。さらにインターナショナルインポーターズはシカゴで陶器やドイツ製ラジオを扱う大手の販売会社であったサンプソン商会の下請会社であった。アメリカの電機メーカーは多種類の電機製品をアメリカ全土で販売するために，各都市で有力な販売会社と専属的な代理店契約を結んでいた。これに対して，ほぼ唯一の輸出商品であるトランジスタラジオの市場開拓に着手したばかりの日本企業は，自社製品の専売を販売会社に要求するだけの交渉力はなく，輸入業者が扱う多様な商品の一つとしてアメリカ国内で販売されていたのである[35)]。

一方，中小企業では比較的規模の大きいアセンブルメーカーがアメリカの輸入業者と直接的な輸入代理店契約を結んでいた。例えばスタンダード無線工業は 1958 年 2 月にシカゴに拠点を置くインターサーチと 6 石トランジスタラジオを同社のブランドで年間 6 万台，またニューヨークのコンチネンタル・フラース・プロダクトとも年間 2 万 4000 台の輸出契約を結んだ[36)]。また旭無線電機は同社の「クラウン」ブランドでアメリカの輸入業者であるシュリロと販売契約を結び，アメリカへ輸出していた。同社は主として時計や宝石の輸入業を営んできた会社であり，エレクトロニクス製品の専門輸入業者ではない，「general importer」と呼ばれる業者であった。また主として販売員24名が宝石店や家具の小売店に商品を卸すシングル・ステップ方式であった[37]。これらの企業は大企業に比べると流通網は小規模になるものの，特定の輸入業者との間に安定的な代理店契約を結んでおり，クラウンやスタンダードといったメーカーのブランドでアメリカ市場に進出することができた。

しかし，より小規模のトランジスタラジオメーカーはアメリカの輸入業者と直接的な取引関係にはなく，日本国内の輸出業者を介してアメリカ市場と繋がっていた。通産省編『全国貿易業者名簿』1961年版によると，149件のトランジスタラジオ輸出業者が確認できる。そのなかでアメリカを仕向地に含む業者は108件であった。所在地は主として関東圏（東京・横浜）と関西圏（大阪・神戸）に大別できるが，関東では上記名簿で確認できる95件の輸出業者のなかでアメリカを仕向け地としているものは80件に上るのに対して，関西では46件のなかで半数の23件に留まる。対米輸出貿易では東京および横浜が拠点となっていた。輸出業者の規模は様々であり，資本金1億円を超える大規模な輸出業者と，資本金10万円程度の零細業者が混在していた。トランジスタラジオなどのエレクトロニクス製品を専門に扱う業者は非常に少なく，むしろ玩具やライターなどの雑貨類，ミシンやカメラといった軽機械類を扱う業者が多かった。このなかで製造業を兼業しているものは，わずかに8件であった。

こうした業者によって輸出されるトランジスタラジオは，アメリカでも同様に専門的知識をもたない，雑多な輸入業者によって扱われていた。これらの輸入業者はアメリカの業界内では「import agent」と呼ばれ，顧客からの発注に応じて単発的に日本製トランジスタラジオを輸入していた[38]。したがって既述のような「specialty importer」や「general importer」とは異なり，「import agent」が日本側の輸出業者と排他的かつ安定的な取引関係を築くことはなかった。多くのラジオ輸入業者はニューヨークに集中しており[39]，シングル・ステップ方式であったため，製品はニューヨーク近郊の都市部でのみ小規模に販売されていた。

このようにトランジスタラジオの輸出経路は専門性や販売網の大きさによって幾層かに分かれていた。大企業および比較的規模の大きい中小アセンブルメーカーでは特定の輸入代理店と直接取引をしており，安定的かつ大規模な輸出経路を確保していた。一方，規模の小さいアセンブルメーカーはアメリカからの単発的な発注に応じて，小規模な取引を繰り返していたものと思われる。アメリカの電機メーカーによって系列化された流通網の間隙を縫って日本製品がアメリカ市場に進出し得た要因として，幾層にも存在した輸出入業者およびそれと取引関係にあったアメリカ国内の販売会社の流通網が重要な役割を果たしていたのである。

4）米国市場における日本製品の評価

最後に日本製トランジスタラジオのアメリカ市場における評価について検討しよう。まず価格競争における優位を確立したことが重要であった。トランジスタラジオ輸出が本格化した1958年頃のアメリカ市場ではクリスマス需要として購入されるケースが多く，日本製品はおよそ39ドルのラジオ本体にバッテリー，ケース，イヤホンをセットにしたものが約50ドルで販売されていた[40)]。例えば，ソニーのトランジスタラジオは販売開始当初の本体小売価格は40ドルであった[41)]。これに対してアメリカ企業の製品は大幅に高値であった。同じ北米市場に含まれるバンクーバーの百貨店における小売価格はゼニス製が99.50ドル，フィリップス製が79.95ドル，アドミラル製が59.95ドルであった[42)]。

日本製品の小売価格はさらに下落し，1959年夏頃には日本からFOB価格14ドルで輸出された6石のトランジスタラジオをニューヨークの小売商が約23ドルで仕入れ，それをパッケージに入れて約32ドルで販売していた[43)]。また同年秋には本体小売価格29.95ドルのポケットシャツに入る小型サイズの商品が市場で大量に販売された[44)]。このように日本製トランジスタラジオ輸出が伸張した要因は高い価格競争力であり，アメリカ企業の製品は「現在の関税〔12.5％〕を倍にしても低賃金労働者によって組み立てられた日本製ラジオの価格競争力には勝てない」と評価されていた[45]。また小売値の安さは消費者に評価されるだけでなく，当時の業界誌で「小売業者は安値品を好むが，それ以上にマージンの高さを好む」と指摘されるように[46]，流通業者の利益率にも貢献した。価格面での優位が日本製品に大量需要をもたらしたのである。

上の引用のように，製品価格が低廉である理由について低賃金労働力の存在が指摘されていた。しかし，一般的に当該時期の日本国内における賃金水準は上昇傾向にあったから，これによってトランジスタラジオの価格下落を説明することはミスリーディングになる。また「アメリカンバイヤーによる不当な低価格での買い付け」が指摘されたが，真空管式ポータブルのような企業破綻はみられず，むしろ市場参入の傾向が強かったことを考慮すると，日本のメーカーの利潤を圧迫するような発注価格の引き下げが，輸出価格下落の主な要因になっていたとも考えにくい。

輸出価格が大きく下落した要因として検討すべきはむしろ部品コスト，とりわけトランジスタの価格低落であろう。トランジスタの生産金額を生産数量で除した生産単価は1957年に557.6円であったものが，1960年には138.6円にまで下落している。同様の事例として，あるトランジスタメーカーは，ラジオメーカーに対してトランジスタラジオの生産に必要なトランジスタ6石を1セットで販売しており，その価格を1958年に2400–2500円から1700–1800円に引き下げている[47]。また第6章でみるように，その他の電子部品も1950年代には価格が大きく下落した。製品価格の下落に大きく寄与したのは，部品生産部門による大量生産の確立であった。アセンブル生産に専門化した多くの中小零細企業は，部品価格の下落を享受していたのである。

ところで冒頭で紹介した林の議論のように，通産省では廉価の一方で製品に対する信頼性の欠如が軽機械工業の問題であると考えていた。トランジスタラジオの輸出価格が部品生産の合理化にもとづく適正水準にあるとするならば，粗悪品の輸出も起こらないはずである。しかし実際には日本製品の品質または日本企業との取引に対する厳しい評価が存在した。例えば日本電子機器輸出協会ニューヨーク駐在員の報告によると，シカゴに拠点を置くドイツ製品の販売会社は日本との取引に対して，「数年前日本製品の輸入を始めたが，日本側は価格，デザイン上で約束を守らなかっただけでなく，納期の点でもトラブルが多く失望した」と不信感を募らせており，シカゴ地区の他の輸入業者からも同様の非難があった[48]。また電子機械工業会のアメリカ市場調査によると，1962年にいたってもラジオの専門的知識をもたない雑貨輸入商が「No Guarantee No Service」すなわち製品品質に対する保証をせず，販売後のアフターサービスも行わずに日本製トランジスタラジオを乱売していると報告され[49]，カナダにおいても輸入商やメーカー名が判明しないためにアフターサービスが保証されていない日本製ラジオが販売されていることが問題視されていた[50]。

安定的な流通経路をもたず，単発的かつ少量の取引を繰り返していた中小零細規模の業者は十分な品質保証やアフターサービスを整備してはいなかったと思われる。アメリカの輸入業者，日本の輸出業者，アセンブルメーカーのいずれであっても製品の品質保証や修理業務に必要な費用を負担した場合，その費用を価格に上乗せしなければならないであろう。反対に品質保証に必要な費用を負担していないことによって生じる価格下落こそ，林が問題視する「廉価」の輸出であった。日本製品のアメリカ市場における価格差を検討する資料がないため即断はできないが，上記のような批判は，品質を顧みないで低価格化を追求した一部の業者による輸出が当該時期に頻発していたことを傍証していると思われる。

もっとも大企業や有力なアセンブルメーカーの製品については，品質に関する信頼が形成されていた。例えば三洋ではチャンネルマスターの社長と副社長を同社の住道工場と北條製造所に案内したことが契約締結に結び付いた[51]。また東芝は1959年5月にアメリカIGEと3年間の販売契約を結んだ。IGEは東芝製品をGEのブランドで北米以外の市場へ販売し，数量や型式についてはIGEからの指定に従うことになったが，契約に先だってIGEはOEM生産を委託できる日本の製造業者を調査していた[52]。さらにアセンブルメーカーの七欧通信機はアメリカの広告会社が指定するグッド・ハウス・キーピングという製品保証マークをアメリカで獲得した。これはナショナル・テスト・ラボラトリーという検査機関の検査をパスしたものに対して交付され，製品に対して購買者が不満を感じたり，故障が起こったりした場合には，売り手側が販売価格で買い取ることを義務付け，購買者に損害を与えることを抑止する制度であった[53]。これらのケースでは長期的な取引契約が成立するのに先駆けて，事前にアメリカ企業や検査機関による審査が行われており，また日本企業も品質の向上に努めていた。そのことによって，日本製品の評価は次第に向上し，やがて自社ブランドによる輸出が可能となる素地を形成したものと思われる。ただしアメリカの電機メーカーや輸入商社の要求する品質水準を満たしているとはいえ，そこで日本企業がOEM委託生産や輸入販売代理店契約を締結し得た最大の要因はやはり価格面での優位性であろう。こうした産業発展の初期段階における日本のトランジスタラジオ産業の優位性は，次節でみるように早くも1960年代初頭には失われていくのである。

3　トランジスタラジオ産業の再編——1960年代前半

1）価格優位の喪失

アメリカ市場において圧倒的な価格競争力でシェアを獲得した日本製品に対して，アメリカ企業も次第に使用部品を日本製に切り換えることによって価格の引下げに着手した。1960年11月頃には，やや高価な有名ブランド品の6石ラジオが日米製品ともに29.95ドル，7石ラジオが39.95ドルで価格差が解消していると指摘されていた[54]。1962年3月にはモトローラが6石ラジオを本体小売価格19.95ドルで市場に投入し，GEも24.95ドルで販売していた6石ラジオを16.95ドルに値下げした[55]。さらに同年5月にはRCAとGEが6石ラジオの既存製品を4ドル値下げして14.95ドルで市場に投入した[56]。GE，モトローラ，RCAのような有力企業の製品との価格差が縮小することにより，ブランド力に劣る日本製品はアメリカ市場において競争優位を喪失することが危惧された。

他方で，香港製トランジスタラジオがアメリカ市場における新たな競争相手として台頭しつつあった。香港においても主力製品は6石ラジオであったが，「競争力の根源は安い労働力」であり，日本と同様に「群生したホンコン業者の過当競争，これを利用する海外バイヤーの買いたたきが原因」で価格が下落していると指摘されていた[57]。ただし，このことは香港製品が粗悪品であることを直截に意味するわけではない。アメリカのフェアチャイルド系のトランジスタメーカー，日本の三開社が出資した可変コンデンサメーカー，コイルメーカーの東光ラジオコイル研究所（現，東光）やスピーカーメーカーのフォスター電機の現地法人などが相次いで設立され，プリント配線基板やバッテリー，可変コンデンサ，アンテナなどの部品類の多くは日本から輸入されていた。また完成品部門においても ITT（International Telephone and Telegraph）とゼニスの共同出資によるトランジスタラジオメーカーや，三洋が 1961 年 10 月に設立した三洋電機香港有限公司など，外国資本による工場が設立されていた[58]。外国製部品を使用し，品質管理能力を高めたトランジスタラジオメーカーが香港の当該産業の最上層に位置しており，現地資本を含めて多様な供給構造を形成していた。すなわちアメリカの 6 石ラジオ市場において，日本企業は GE などアメリカの有力企業および香港の新興企業との競合関係に置かれ，価格および品質の両面において競争優位を発揮できる領域を失いつつあったのである。

6 石ラジオよりも低級品として販売されていた玩具ラジオ市場では，価格競争力の喪失による打撃はより甚大であった。1961 年末に玩具ラジオ生産で経営維持が可能な生産コストの最低価格水準は約 2.8 ドルと指摘されていたが[59]，すでに 1 年前の 1960 年末には FOB 価格 2.65 ドルから 1 ドル台という廉価品の輸出が横行していた[60]。これに対して 1960 年 8 月に中小企業団体法にもとづく商工組合として日本 TOY ラジオ工業協同組合が設立され，通産省が同年 9 月から玩具ラジオの輸出数量規制枠を設定することで，輸出価格の維持が目指された[61]。また個別企業の試みとして同業界の有力企業である，さくら電機が 1961 年 8 月にアメリカ輸入商のエメコ商会と共同出資で独占販売権を与えた輸入販売代理店を設立し，採算ラインを維持できる FOB 価格 2.82 ドルでの輸出販売を開始した[62]。しかし同社は，業界における輸出価格の下落に抗しきれず，同年末に負債総額 5 億円で整理に入った[63]。さらに 1962 年になると，和光物産，赤羽無線，ニプコ，三鴻通信など 43 社が倒産に追い込まれた[64]。玩具ラジオメーカーの多くは家内工業的な零細工場であり，製品在庫を抱えるだけの資金的余力がないために，滞貨を避けるために原価割れ価格での契約を余儀なくされていた。1961 年からの金融引締は，こうした玩具ラジオメーカーの資金繰り悪化に拍車をかけたと思われる。玩具ラジオの輸出価格はさらに下落し，1965 年には FOB 価格 1.6 ドルとなった。玩具ラジオの輸出額は 1962 年に 595 万 5000 ドルであったのが 1964 年には 85 万 3000 ドルにまで急減し[65]，日本企業は玩具ラジオ市場からほぼ完全に撤退するにいたった。軽機械工業として供給構造の一角を占めていた玩具ラジオメーカーは 1960 年代前半に姿を消すことになったのである。

2）高級機種への移行——輸出規制の検討

価格優位の喪失に直面して，日本のトランジスタラジオメーカーは，6 石ラジオから高位性機種への製品転換を迫られることになった。例えば松下の谷村専蔵国際本部長（常務）は「当社としては値下げを行ってこの攻勢に対抗するつもりはない。あくまで品質本位に輸出を行い，現在の販売価格は維持していく」と述べ，同様に日立の村上第三原電部長は「米メーカーが値下げを行ったからこちらも値下げで対抗するというようなバカげたことをする必要はない。あくまで品質本位で進んでいく方針である」と，値下げ競争からの離脱を示唆した。さらに三洋電機貿易の赤沼貢は「これからは高級品の輸出に力を注ぐということになるだろう。たとえば，高周波一段とか FM とかいったものを積極的に輸出しないといけない」と高級化の重要性を指摘していた[66]。

通産省では輸出価格の急激な下落が輸出業者の利益を損ねるという判断から，すでに 1958 年 1 月から輸出価格規制を実施していた。輸出業者に対して輸出価格が 15 ドルを下回らないように指導し，それを輸出貿易管理令に定める承認価格としていた[67]。しかし同年 5 月頃に在外公館を介して日本製品の値崩れが指摘されていた[68]。通産省では輸出最低価格（チェックプライス）の遵守を徹底するために，輸出入取引法にもとづいて日本機械輸出組合通信機部会トランジスタラジオ分科会による価格協定を認めることとなり，6 石トランジスタラジオの輸出最低価格は 1958 年 7 月より FOB 価格 14 ドルと定められた[69]。また日本機械輸出組合では協定に違反した輸出業者に対して輸出額の 30％を罰金として徴収するか，もしくは会員から除名する方針を決めた[70]。しかし，上述のようなアメリカ国内市場における小売価格の下落は，輸出最低価格の遵守が必ずしも十分ではないことを意味していた。1960 年における日本製 6 石トランジスタラジオの市場価格は約 25 ドルまで下がったことから，実際の輸出価格は FOB 価格 10–12 ドル程度であると推測され[71]，現状を追認する形で輸出最低価格も同年 4 月に 11 ドルまで引き下げられた。それでも最低価格を遵守しない不正行為は続発し，1961 年初頭には実際の輸出価格は 8–9 ドル程度であると指摘されていた[72]。ついに同年 4 月をもって日本機械輸出組合の価格協定は廃止され，再び通産省の指導価格へと移行した。指導価格は 6 石トランジスタラジオで 6.5 ドルという，これまでにない低い水準に定められた。前節で確認した粗悪なトランジスタラジオ輸出の横行は，輸出価格規制が成果に乏しかったことを傍証している。粗悪品の排除のみならず，製品の高級化という課題を背負うことになった 1960 年代初頭の通産省にとって，新たな規制手段を講じることは喫緊の課題であった。

他方で日本製トランジスタラジオの対米輸出が本格化した 1959 年 8 月に，GE や RCA を含むアメリカのラジオメーカー 5 社がアメリカ政府の民間防衛動員局（OCDM）に対して日本製品の輸入制限を求める提訴を起こした[73]。これはエレクトロニクス産業の一部であるトランジスタラジオの供給が日本企業によって独占的に支配されることは国防の観点から好ましくないという主張にもとづくものであったが，根拠に乏しく，結果として提訴は 1962 年に退けられた。こうしてアメリカ政府による輸入規制は実施されなかったものの，通産省ではこうした貿易摩擦の悪化を懸念して，1960 年 5 月 10 日にトランジスタラジオの輸出承認を停止し[74]，7 月 1 日より承認を再開するにともなって輸出数量規制を公示した[75]。

割当方式は第 1 に 1958 年 1 月から 1959 年 12 月末までに輸出実績をもつ商社に対する実績割当，第 2 に実績のない業者に対して毎月一定の割当を認める無実績者割当，第 3 に審査委員会の審査を経て認められる特別割当に分類された。特別割当は具体的には優良なアメリカ輸入業者への販売を目的とした優良系列取引，高級ラジオの輸出増加，新市場開拓などの諸目的に合致した業者に対して認めるものであった[76]。実績割当は日本機械輸出組合が実務を担当し，無実績割当および特別割当は通産省が行うこととなっていたが，通産省では同方式の運用を通じて輸出トランジスタラジオの高級化を図った。

まず規制の開始当初から輸出数量割当の適用を免除される品目として，FM方式を受信できるラジオ，長波帯を受信できるラジオ，車両用ラジオ，時計カメラ等との複合体ラジオが定められた。1957年に施行された輸出検査法にもとづいて通産省重工業局長が輸出検査基準を定めることになっており，日本機械金属検査協会が実施する検査によって基準をクリアした製品にはF. Q.（Free of Quotaの略）と朱記されたラベルが貼られることになった[77]。また1960年9月には特別割当枠の基準として通常の輸出検査法定基準よりも高度なA基準とB基準が定められた。A基準はトランジスタ8石以上，B基準は7石以下を対象としており，標準的な6石トランジスタラジオはC基準とされた。とりわけA基準は当時の世界的最高基準として他国の製品に比しても優れた性能を示すものであった[78]。A基準合格品は1961年6月末まで特別割当枠として15万2000台（同年上半期の対米輸出枠の合計）が設定されていたが，1961年7月から適用割当免除品目へと移行したことを契機として同年の7-12月の輸出量は78万1000台，さらに1962年1-6月期は106万5882台へと急激に増加した[79]。1963年7-12月期実績ではA基準合格品は全体の40％を占め，6石の標準品を示すC基準合格品を上回った[80]。また同様に1963年にFMラジオなど高級機種の比重が30％から47％に増加していることが指摘された[81]。

このように輸出割当枠および除外枠の基準を設けることによって，より高い技術水準のトランジスタラジオを生産する誘引が日本のメーカーに与えられ，価格競争力を喪失しつつあった6石トランジスタから高級機種への転換が進んだ。1965年1月からA基準は適用除外でなくなり，再び数量割当枠が設けられることになった[82]。これはA基準の合格品が増加したことにより，同製品の輸出数量が増加して価格競争の激化が懸念されたため，輸出を規制することが望ましいと判断されたことによる。通産省にとってA基準はもはや推進すべき目標値としての意義はなくなったのである。

3）ブランド問題と優良系列取引

前節で述べたように，「import agent」を介した輸出では単発的な取引が多いために，アメリカの輸入業者のブランドで販売されている製品が日本のどのメーカーによって製造されたのかについての対応関係が不明であり，粗悪品に対するクレーム処理が円滑に行えないといった問題点が指摘されていた[83)]。また他方では高い評価を獲得した日本企業のブランド品においても偽物が横行し，市場に混乱をもたらしていた。とくに後者についてはソニー製品が大きな被害を受けていた。やや詳しく述べると，電子機械工業会が意匠・商標の登録制度を 1958 年 8 月から開始したが法的権限はなく，ソニーの TR610 型の模造品がアメリカの小売店の要求によって同年 10 月から 2 万台船積みされたことが発覚したため，同社は差押仮処分を申請した[84)]。ソニーの類似品問題は再発し，1959 年に盛田昭夫専務が外国市場調査を兼ねて渡航した際に香港のラジオ店で同社と酷似した模造品を発見した。盛田自身が自社製品と間違えるほどに外観，形状，内部構造まで似ており，調査の結果，大阪市にある企業で製造されたもので，これまでに 6–7000 台が輸出されていたことが判明した。ソニーは大阪地方裁判所に証拠保全の申請を行ったところ，この企業は製品提示と工場見学を拒否したため，証拠保全措置は不能に終わった[85)]。ソニーは仮処分申請あるいは損害賠償告訴の手続きをとることになり，1960 年 8 月に本提訴し，1965 年に意匠侵害として同社に売上高の 3 % を支払う旨の判決が下った。しかしすでにソニーは同型のラジオ生産を終了しており，判決は効力をまったく伴わなかった[86)]。この他，スタンダード無線工業の模造品などもアメリカ市場で販売されていた。

そこで通産省では 1961 年 7 月から特別割当の承認基準として B 基準に合格していることに加え，国内のトランジスタラジオ製造業者，輸出業者および輸入業者が代理店契約を結ぶことを定めた。また輸出業者と輸入業者に取引実績があり，最終消費者のためのアフターサービス機関を備えていることも必要になった[87)]。さらに 1963 年からのブランド登録制度によって両者の対応関係がより明確化され[88)]，1965 年 1 月からは輸出業者は取引相手となる輸入業者をアメリカとカナダでは 5 社以内，その他の地域は 3 社以内に限定し，また出荷する製品には製造業者名を表示することが義務付けられた[89]。

同制度は1968年1月にトランジスタラジオが輸出貿易管理令の承認品目から除外された後においても，輸出入取引法にもとづく日本機械輸出組合の輸出協定において1972年12月末日まで継続された[90]。粗悪品や模造品を市場から駆逐するには製造業者とブランドの対応関係が流通過程において明確に把握されることが不可欠であり，以上のような優良系列取引が積極的に推進されたのである。

4）規制の効果

以上のような輸出数量規制は，アメリカの輸入業者から市場の秩序形成に貢献したと評価された。例えば1962年頃になると，東芝の製品を輸入していたトランジスタ・ワールドの社長は「数量割当は過剰輸出による市場混乱を避け，日本のトランジスタラジオの全体的なQuality Upのイメージを与え，インポーターのためにより良いサービスをもたらし，市場の健全な発達に貢献した」と述べ，またニューヨーク・トランジスタの社長は「原則的には数量割当には反対であるが，現実の問題として市場の安定と日本のラジオの性能向上に大きく寄与したことを認めている」と評価していた[91]。

ところで輸出数量割当方式のなかで，実績割当は過去に輸出量の大きかった企業が有利になるため，過去に実績をもたない企業が輸出拡大による成長を望む場合は特別割当枠を獲得するか，割当免除となる基準を満たす必要があった。表5-6は，1960年7月-62年6月の実績割当に占める「大企業」と「中小企業」の比重をみたものである。大変短い期間であり，また具体的な割当数量も不明であるが，企業数から考えて中小企業1社あたりの割当数量は非常に乏しい。ただし表5-7に示した1961年の特別割当枠では，「中小企業」が70％を占めており[92]，制度適用の主要な対象となっていたことを確認できる。

どのような企業が特別割当や割当免除の対象となったのかを把握することはできないが，1960年代以降の中小企業で急速に成長したトランジスタラジオメーカーは，既述のA基準や代理店制度などの条件を満たしていたであろう。大阪でミシンを生産していたニューホープ実業はトランジスタラジオの生産に

表 5-6　アメリカ・カナダ向け数量割当実績

（社，%）

期別		大企業		中小企業		過小実績者数
		実績者数	割当比	実績者数	割当比	
1960年	7-12月	17	46	141	54	206
1961年	1- 6月	19	51	175	49	144
	7-12月	17	52	172	48	354
1962年	1- 6月	17	51	170	49	194

出所）『電子』第2巻第9号，1962年9月，13頁。
注1）大企業についての具体名は不明だが，戦前よりあるメーカーおよび商社で戦後設立されたものはソニーと三洋電機だけという説明がある。
2）過小実績者数は過去に輸出実績がないため，実績外割当として，一定数量を限度に先着順に数量を割り当てている企業数である。

表 5-7　特別割当実績

（社，%）

期別		大企業		中小企業	
		実績者数	割当比率	実績者数	割当比率
1961年	1- 6月	7	30	45	70
	7-12月	9	29	28	71

出所）『電子』第2巻第9号，1962年9月，14頁。

着手し，1962年9月にアメリカの電気機器商社であるピアレス・テレラド・インコーポレーションと6-7石のトランジスタラジオについて年間20万ドル，約15万台で長期間の契約受注に成功した。製品はピアレス社のブランドで販売され，同社に納入したものと同型のトランジスタラジオを他社に販売することは禁止されていた。また天災などの理由以外で納期を変更することは認められなかった。この他，アメリカの別のメーカーとも6-9石のトランジスタラジオを年間約240万ドルで下請生産契約を結んだ。ニューホープ実業の新井実社長は「トランジスタラジオに進出して7年目にようやく長期でしかも大口の下請け生産契約に成功した」と述べていた[93]。また前述した旭無線電機は，アメリカに自社の販売子会社であるアメリカクラウンを1961年に設立し，月額1億5000万円のトランジスタラジオの輸出を開始した[94]。整備された安定的な輸出経路のもとで，中小企業がアメリカの輸入業者に技術力を認められ，大口取引の獲得に成功し，企業成長を遂げていったのである。

しかし他方では，1963-64年にかけて1-2石の玩具ラジオメーカーだけでなく，標準的な6石ラジオ専業メーカーの相当数が淘汰され，メーカー数が大きく減少したことが指摘されている[95)]。製品の高級化や品質の向上，安定的な輸出ルートの確保といった諸条件を満たすことのできなかった多数の企業は1960年代前半に市場から退出し，当該産業が大きく再編されることになったのである。

小　括

トランジスタラジオ産業の形成期には寡占的大企業の家電セットメーカーと中小企業のアセンブルメーカーが並存し，主力商品であった6石ラジオや玩具ラジオが低価格を武器にアメリカ市場を席捲した。1960年代に入るとアメリカ企業の対抗措置としての低価格品販売や香港・台湾の台頭によって日本企業が存立する余地は狭くなっていったが，再編を遂げながら技術水準を高め，やがて中小から中堅へと成長した企業群が少なからず存在したことが明らかになった。序章で述べたように，戦間期の雑貨工業や機械工業では「アセンブル生産」と呼ばれる中小零細業者の分業生産が幅広くみられ，そうした生産形態の系譜に属している軽機械工業が高度成長期に展開した。民生用エレクトロニクス産業では，戦前期に勃興したラジオ生産が，第I部で論じたラジオブームを経て，1950年代のトランジスタラジオ産業において開花し，再編を経ながら1960年代後半まで存続したのである。

最後に第4章と第5章から，1950年代から60年代初頭の時期における，電子部品の需要構造を総括すると，第1に寡占的大企業の家電セットメーカーと中小企業のアセンブルメーカーという，まったく異なる電子部品の買手が存在したこと，第2に前者が当該時期に進めていた下請専属化は，電子部品メーカーを含まない，もしくは電子部品メーカーの成長戦略とは相容れない方針であり，結果として市場取引に近いものとなっていたこと，第3にトランジスタラジオ向けに発生した巨大な部品需要の中心は部品メーカーと規模の違わない中小企業であったこと，という3点を特徴として挙げることができる。こうした需要構造の下では，カスタム化を必要としない部品が価格重視で取引されるであろう。それが電子部品に「市販部品」としての特徴を付与する歴史的条件となったのである。これに対して，電子部品産業の供給構造はどのようなものであったのだろうか。それを検討するのが次章の課題である。

第6章　電子部品の技術革新と「専門生産」の確立

はじめに

第4章と第5章の分析により，1950年代から60年代初頭にかけての電子部品の取引関係は，スポット的な特徴を色濃く帯びていることが明らかになった。こうした市場条件の下で，電子部品はいかにして供給され，また電子部品メーカーは発展の機会を捉えたのであろうか。本章では当該時期における電子部品産業の展開を実証的に跡付け，これらの課題に取り組みたい。

エレクトロニクス産業は民生用と産業用に大別されるが，前章まで考察したのはテレビ・ラジオといった民生用であった。しかし産業用電子機器の分野も電子部品市場の一角を占めており，電子部品メーカーの取引関係を考察するうえで無視することはできない。そこで，まず第1節では電子部品産業の展開を可能な限り網羅的に捉えるため，各種の工場名簿などを用いて，電子部品の供給構造を解明し，また電子部品メーカーの規模の動向や市場戦略を考察して，その類型化を試みたい。

続いて第2節では，電子部品メーカーの中でも急速な発展を遂げた企業を取り上げ，その要因について検討する。しかし，1950年代の中小企業の経営を考察することは資料的にかなり困難である。複数の電子部品メーカーが当該時期に中堅企業として発展を遂げ，1960年代になると株式市場に上場する企業も現れるが，それ以前の時期について知ることのできる資料は，後に刊行された『社史』の記述を頼りにするしかない。そこで本章では，電子部品メーカーの個別経営に立ち入って分析するというアプローチではなく，当該時期に技術革新を遂げた電子部品の開発プロセスを追跡することにより，そこに登場する電子部品メーカーの技術革新への貢献を検証することにしたい。具体的には，コンデンサやトランスなどである。開発プロセスにおいては，中小企業の電子部品メーカーのみならず，大手家電セットメーカーや逓信省電気通信研究所といった機関も関与している。こうした多様な主体が織りなす技術革新の流れのなかに，電子部品メーカーがどのように位置付けられるのかを明らかにすることで，ミクロな経営分析によって見落とされる，電子部品産業の社会的かつ歴史的なコンテクストの理解が深まると思われる。

1　電子部品の供給構造

1）セットメーカーの部品内製

電子部品メーカーの動向をみる前に，表 6-1 から 1950 年代におけるセットメーカーの電子部品内製品目を確認すると，ほぼすべての企業で何らかの部品が内製されていることがわかる。日本電気や沖電気は電話機用コンデンサの草分け的な存在であり[1]，同社が有線および無線電子機器の大手メーカーであることから，産業用電子機器部品を内製していたものと思われる。また戦後に創業した三洋電機では，1950 年 11 月からスピーカーやコイルの内製を開始した[2]。当時の主力商品であったプラスチックラジオの生産が急増するのにともなって部品需要量が著しく増加したため，1953 年から電解コンデンサの生産を本格的に開始した[3]。さらに日立製作所でも，1951 年から戸塚工場で通信機用コンデンサの内製を開始し，同社のコンデンサ生産部門は 1959 年に子会社である日立化工へ移管された[4]。この他，富士通では小型かつ高性能のコンデンサが必要となり，1952 年にジーメンスと技術提携して，回路部品の内製化を進めた。生産開始当初は同社内の電子機器に使用されていたが，生産体制が整備されると 1956 年頃から松下電器テレビ工場など関西のラジオおよびテレビセットメーカーへ外販を積極的に展開した[5]。

表6-1　セットメーカーの部品生産動向

	コンデンサ	抵抗器	トランス	スピーカー	その他
東京芝浦電気	●	●	●	●	●
日立製作所	●				
三菱電機			●	●	
松下電器	●	●	●	●	
三洋電機	●		●	●	
早川電機	●		●	●	
日本電気	●	●	●	●	●
八欧無線			●	●	●
日本ビクター	●		●		
日本コロンビア			●	●	
沖電気	●		●	●	●
富士通	●	●			●
ソニー					●

出所）通産大臣官房調査統計部『機械工業工場名簿』，および同『全国機械器具工場名簿』各年版；日本電子機械工業会コンデンサ研究会編『コンデンサ評論わが社の生い立ち』1983年，41頁および192頁。
注）その他には，プラグ・ジャック，リレー，テレビチューナー，無線部品，有線部品などが含まれる。

民生用電子部品をもっとも本格的に生産していたのは松下電器であった。同社では1931年に国道電機を買収して第7工場とし，ラジオ生産を開始した頃からトランス類を生産しており，1932年から33年にかけてスピーカー，抵抗器などの自社生産も開始した。その後，第7工場はラジオ部品工場となり，1935年にはコンデンサを生産する第10工場が建設された。戦時中には電解コンデンサの開発に成功し，1938年から同社の高級ラジオに使用され，さらに1939年以降は軍の要請によって航空機搭載用無線機に使用するための小型高性能の製品が量産された[6]。戦後は同社無線製造所においてラジオ部品生産を再開し，1952年からは抵抗器やコンデンサの生産拠点を三郷工場に移した[7]。外販も積極的に行っており，第2章でも述べたように，1951年8月には卸商への販売を促進するため「大阪ナショナルラジオパーツ普及会」を結成し，拡販戦略を展開した[8]。1957年からは他のセットメーカーへの外販を強化し，1959年頃からはテレビやラジオだけではなく通信機や測定器といった産業用電子機器メーカーにも納入し，部品事業全体での販売額は1959年に63億

8100万円，60年に82億5900万円，61年に100億8000万円と急増した[9]。こうして部品生産が拡大した結果，1958年にラジオ事業部内に部品部が発足し，翌年5月には部品事業部としてラジオ事業部から分離独立した[10]。このように同社はセットメーカーであると同時に多種の電子部品を生産し，また他企業にも供給する総合電子部品メーカーでもあった。以上のようなセットメーカーは電子部品の買手であるにとどまらず，電子部品供給構造の一角を占めていたのである。

2）電子部品メーカーの増加と規模格差の拡大

そこで次に，電子部品メーカーの分析に移ろう。表6-2は，コンデンサ，抵抗器，トランス，スピーカー，プラグ・ジャック，マイクロホン，イヤホン，

表6-2　従業員規模別電子部品メーカー数

<table>
<tr><th>従業員規模</th><th>1947</th><th>1949</th><th>1953</th><th>1956</th><th>1960</th><th>1962</th><th>1964</th><th>1966</th><th>1969</th></tr>
<tr><td>1000-</td><td>0</td><td>0</td><td>0</td><td>0</td><td>13</td><td>20</td><td>17</td><td>17</td><td>27</td></tr>
<tr><td>500-999</td><td>0</td><td rowspan="4">5</td><td>0</td><td>2</td><td>20</td><td>30</td><td>28</td><td>33</td><td>39</td></tr>
<tr><td>300-499</td><td rowspan="3">5</td><td>1</td><td>5</td><td>22</td><td>31</td><td>37</td><td>27</td><td>33</td></tr>
<tr><td>200-299</td><td>3</td><td>11</td><td>20</td><td>27</td><td>29</td><td>33</td><td>33</td></tr>
<tr><td>100-199</td><td rowspan="2">16</td><td>17</td><td>40</td><td>66</td><td>52</td><td>55</td><td>53</td><td>57</td></tr>
<tr><td>50-99</td><td rowspan="2">16</td><td>34</td><td>46</td><td>44</td><td>53</td><td>45</td><td>54</td><td>45</td></tr>
<tr><td>30-49</td><td rowspan="3">108</td><td rowspan="2">71</td><td>43</td><td>23</td><td>26</td><td>23</td><td>28</td><td>21</td></tr>
<tr><td>20-29</td><td rowspan="2">33</td><td>22</td><td>7</td><td>12</td><td>7</td><td>9</td><td>10</td></tr>
<tr><td>19以下</td><td>2</td><td>7</td><td>9</td><td>6</td><td>6</td><td>8</td><td>5</td></tr>
<tr><td>不明</td><td>3</td><td></td><td></td><td>17</td><td></td><td></td><td>2</td><td></td><td></td></tr>
<tr><td>計</td><td>57</td><td>129</td><td>128</td><td>193</td><td>224</td><td>258</td><td>250</td><td>263</td><td>271</td></tr>
</table>

出所）商工省『全国工場通覧』，通産大臣官房調査統計部『機械工業工場名簿』，『全国機械器具工場名簿』各年版；無線通信機械工業会編『無線通信機械工業会名簿』各年版；電子機械工業会編『電子機械工業会名簿』各年版。

注1）品目はコンデンサ，抵抗器，トランス，スピーカー，プラグ・ジャック，マイクロホン，イヤホン，テレビチューナー。

2）セットメーカーの内製は含まれていない。

3）同一企業の複数工場は1企業として数えている。

4）従業員規模は『無線通信機械工業会名簿』，『電子機械工業会名簿』で修正してある。

テレビチューナーの製造業者の数を示したものである。これによると，1947年から69年までの約20年間で企業数は5倍近くに増加している。時期ごとの増加数をみてみると，47年から49年のわずか2年間で2倍以上に増加しており，戦後復興期における市場参入が非常に活発であったことを示している。また1953年の128社から1962年の258社へと約10年間で倍増しており，復興期ほどではないが1950年代以降も積極的な市場参入が続いた。ところが1960年代になると1962–66年頃までは企業数はほとんど増加せず，とくに1962–64年にかけては減少しており，1960年代前半はそれまでの成長過程が一転して，停滞していることが確認できる。その後1960年代後半になると，企業数は約10社程度増加しているが，復興期や1950年代と比較すると明らかに部品メーカーの市場参入は低調であったといえるだろう。

また電子部品メーカーの規模についてみると，1960年代から従業員数1000人を超える企業が登場しており，その数は1966年頃まで20社弱で安定している。規模の経済性が追求され，大規模投資が進展したことで，一部の企業が規模を拡大させている。しかし，このことがかえって当該時期における電子部品市場の参入障壁を高め，上述のような企業数の伸びの停滞をもたらしたと推察される。

この点をもう少し詳しく観察するために表6-3をみよう。これは前掲表6-2で取り上げた個別企業の従業員数が，どのように変化したのかを示している。例えば1956年のBランク（従業員数500–999人層）には2社存在したが，1960年にはこのうちAランク（1000人以上層）への上向移動が1社，Dランク（200–299人層）への下向移動が1社となっている。また逆に1960年のAランク13社が56年のどの階層から移動してきたのかは，各階層Aの企業数（56-B：1社，56-C：2社，56-D：4社，56-E：3社，56-F：1社，※：残り2社）から確認できる。

これによると，1953年→1956年，1956年→1960年の2期間は，企業規模の拡大傾向が強い。1953年には多くの企業がGランク（従業員数20–49人層）に属していたが，そのなかからわずか3年後の1956年にB・Cランクまで上昇するものが存在した。また1956年には上述のようにC・D・E・Fの各階層

表 6-3　部品メーカーの階層移動

区分	企業数	A	B	C	D	E	F	G	H	※
53-A										
53-B										
53-C	1									1
53-D	3			2	1					0
53-E	17			2	3	10				2
53-F	34				2	16	11			5
53-G	71		1	1	1	3	16	14	7	28
56-A										
56-B	2	1			1					
56-C	5	2	*4*							0
56-D	11	4	3	1						3
56-E	40	3	8	11	5	3	1			9
56-F	46	1	1	4	5	13	9	1		12
56-G	43			1	1	12	6	7	1	16
60-A	13	13								0
60-B	20	4	13	1	1	1				0
60-C	22	2	12	5	1			1		1
60-D	20		1	12	6	1				0
60-E	66	1	1	3	12	34	10		2	3
60-F	44		1		1	8	24	5		5
60-G	23						6	12	3	2
62-A	20	16	2							2
62-B	30	1	20	8						1
62-C	31		1	5	12	3				10
62-D	27			4	9	9	1			4
62-E	52		1	2	5	26	6	4		8
62-F	53			1	1	6	29	3		13
62-G	26					1	2	14	2	7
64-A	17	14	2							1
64-B	28	2	20	2	1					3
64-C	37		4	18	8	2			1	4
64-D	29		1	3	12	4	1			8
64-E	55			1	9	26	5			14
64-F	45			2		7	23	6		7
64-G	23					1	4	6	4	8
66-A	17	16								1
66-B	33	9	19	2						3
66-C	27		9	11	3	2				2
66-D	33		4	9	10	2				8
66-E	53			5	10	22	5	1		10
66-F	54	1			2	7	23	2		19
66-G	28		1			1	5	10	3	8

出所）表 6-2 と同じ。
注 1）A：1000 人以上，B：500-999 人，C：300-499 人，D：200-299 人，E：100-199 人，F：50-99 人，G：30-49 人。ただし，1953 年の G ランクは 20-29 人層を含む。
2）斜体は分社化したものが含まれる。
3）※は不明。

から一気にAランクへと規模を拡大させる企業が登場した。したがって1950年代には，それまでの規模に関係なく大きく成長し得るようなビジネスチャンスが存在したものと思われる。

ところが1962年→1964年，1964年→1966年，1966年→1969年には，Cランク以下層からAランクへの上向移動はほぼ皆無である。また多くの階層では同一規模に留まっているものが多い。1966年Bランクのなかで9社が1969年でAランクへ上昇しており，1960年代前半よりも後半の方が企業成長の機会が存在したことを示しているが，全体的には1950年代後半にみられたような小規模からの急速な企業成長はもはや生じなかったといえるであろう。大企業へと成長し得るのは最低でもBランク以上に属しているような，すでに成長を遂げていた中堅企業に限られており，後発参入企業が容易には先発企業にキャッチアップできないような規模の経済性が発生していたのである。

3）電子部品メーカーの市場戦略と「専門生産」の確立

高度成長期に飛躍的に成長した電子部品メーカーはいかなる市場に向けて製品を供給していたのであろうか。まず電子機械工業会の1966年における名簿を用いて，そこに記載されている各社の取扱製品から，電子部品メーカーの兼業分野を集計したものが，表6-4である。これによると，音声周波装置（テープレコーダー・ステレオ・電気蓄音機など）との兼業企業が31社でもっとも多く，電子応用装置（X線装置・放射線測定器，測探機，電子レンジなど），通信機器（有線・無線通信装置）なども20社ほど存在した。音声周波装置では，トランスからステレオ生産に転じたトリオや山水電気，スピーカーから同じくステレオ生産に転じたパイオニアなどが事例として挙げられる。しかしながら同表の上段に示した兼業分野数の分布をみると，まったく兼業分野をもたない部品メーカーが圧倒的に多い。また同表下段に示した部品品種数をみると1品種のみの生産が圧倒的に多く，3品種までに大半の企業が含まれている。多くの部品メーカーは専業として，特定の市場を選択する成長戦略を採っていた。

次に，電子部品メーカーはどのような顧客企業と取引関係を結ぶことで発展したのであろうか。表6-5は1959年および61年における電子部品メーカーの

表 6-4　部品メーカーの兼業（1966 年）

従業員規模		1000人以上	500–999 人	300–499 人	200–299 人	100–199 人	50–99人	30–49人	20–29人	合計
兼業分野数	0	7	14	22	20	45	42	24	8	182
	1	6	13	3	9	4	7	2	1	45
	2	4	5	1	3	2	4	1		20
	3		1	1	1	2	1	1		7
ラジオ・テレビ		0	1	2	1	0	1	0	0	5
音声周波装置		5	11	2	5	3	4	0	1	31
通信機器		1	3	2	5	4	4	3	0	22
電子管		0	0	0	0	0	0	0	0	0
半導体素子		3	3	0	1	0	1	0	0	8
電子応用装置		4	4	1	4	3	5	2	0	23
計測器		1	4	1	2	4	3	2	0	17
部品の品種数	1	6	22	22	22	41	42	26	9	190
	2	3	10	3	9	6	10	2		43
	3	4	1		2	5	2			14
	4	3				1				4
	5			2						2
	6	1								1

出所）『電子機械工業会名簿 昭和 41 年』1966 年。
注）部品は，テレビチューナー，抵抗器，蓄電器，変成器，スピーカー，マイクロホン・イヤホン，コネクタ，プラグ・ジャック，スイッチ，複合部品，その他に分類した。

規模，創業年および主要な販売先を示したものである。すべての取引先を網羅できていない点や電子部品産業が急成長している時期であるため，1961 年のデータの方が企業規模が大きくなっているなどの点で問題があるが，大まかな動向を推測することは許されるであろう。

まず買手企業の動向からみると，電子部品は様々な企業によって購買されていることがわかる。上部に示した分類では東芝，日立，松下，三洋，ソニーなどのラジオ・テレビメーカーがもっとも多くの部品メーカーと取引関係にあり，民生用電子機器の発展の大きさを裏付ける結果となっている。ただし七欧通信機，不二家電機，スタンダード無線工業などのラジオ専業メーカーやオーディオメーカーの大阪音響は 10 社未満に留まっており，やや少ない。これに対して通信機器，精密機器，重電機などの産業用電子機器メーカーでは日本電気[11]，沖電気の取引先が多いが全体としては 10 社未満の企業が多く，テレビ・ラジオメーカーよりも少ない。他方で，官庁関係および大学等諸研究機関では防衛庁が20社の電子部品メーカーと取引関係にあり，NHKや電電公社も10社を超えており，ラジオ・テレビメーカーに匹敵していた。また秋葉原では1960年になっても廣瀬無線や山際電気といった老舗の問屋で電子部品が販売されていたため，数社が取引関係にあった。このように電子部品需要者は様々な企業や官庁などの諸機関によって構成されていたが，既述の民生用電子機器の成長を反映して，やはりテレビ・ラジオメーカーが最大の買手となっていた。これらの企業は上述のように部品を内製または外販していたが，それだけでは部品需要を賄うことはできず，多くの部品を他企業からの供給に依存していたのである。

次に電子部品メーカーの側から販売先の傾向をみてみると，単一の販売先にのみ依存している電子部品メーカーは日立化工（8，表6-5の番号，以下同じ），大阪音響（10），レックス電機（26），山野電機製造（37），富士産業（55），ワールド無線（58），新井電機製作所（61），太陽社電気（62），野里電機（78）の9社であり，このうち日立化工は日立，大阪音響は東芝，山野電機製造は三洋の資本参加を受けている子会社であった。これに対して，資本関係のない専属的な下請関係にある電子部品メーカーは6社足らずであった。これは第4章で確認した，寡占的大企業のセットメーカーが進める専属化に電子部品メーカーが含まれていないことを傍証しているといえよう。

ではどのような分野の企業との取引が多いのだろうか。各電子部品メーカーの取引先企業をA・B・C・Dの分野別に集計するとAのラジオ・テレビメーカーとだけ取引関係にある企業が上述の専属下請企業も含めて32社存在した。このなかで企業規模が大きいミツミ電機（1）[12]，片岡電気（2），東光ラジオコイル研究所（5），大和電気（7），大洋電機（15），釜屋電機（17）および既述の大阪音響は戦後に創業した企業であり，しかも1950年代の創業が多い。なかでもミツミ電機，東光ラジオコイル研究所，大洋電機，釜屋電機は1955年以降の創業から急激に成長した企業であった。これらの企業は市場をラジオ・テレビ部品に特化し，量産化を追求することで規模を急速に拡大させたと推察される。

表6-5　部品メーカーの企業規模・

番号	企業名	品目	企業規模		創業年				A：小計	B：小計	C：小計	D：小計
			資本金	従業員数	-36	37-44	45-50	51-				
1	ミツミ電機	バリコン，IFT	20,000	1,839				55	8	1	0	0
2	片岡電気	テレビチューナー，バリコン，ボリューム	10,000	1,723			48		4	0	0	0
3	北陸電気工業	炭素皮膜，ソリッド抵抗器	5,000	1,529		43			3	2	1	0
4	帝国通信工業	可変抵抗器	6,000	1,398		44			9	1	2	0
5	東光ラジオコイル研究所	バリコン	8,000	1,361				55	6	0	0	0
6	日本ケミカルコンデンサ	電解コンデンサ	5,000	1,235	33				6	0	1	1
7	大和電気	テレビチューナー	800	1,226				53	2	0	0	0
8	日立化工	MP コン，電解コン	50,000	1,200				52	1	0	0	0
9	村田製作所	磁器コンデンサ	6,000	1,113		44			7	4	2	0
10	大阪音響	スピーカー	2,160	1,031			46		1	0	0	0
11	東京電気化学工業	オキサイドコア，磁器コンデンサ	20,000	926		37			6	2	0	0
12	電気音響	トランス，スピーカー	960	783			48		11	0	3	1
13	東京電器	コンデンサ	8,000	755			50		6	0	0	0
14	興亜電工	固定抵抗器，コンデンサ	960	738		40			9	4	1	0
15	大洋電機	ソリッド抵抗器	600	668				55	6	0	0	0
16	日本抵抗器製作所	抵抗器	6,000	668		43			4	1	0	0
17	釜屋電機	ソリッド抵抗器	500	585				57	4	0	0	0
18	日本通信工業	電話機，コンデンサ	4,000	567		37			2	2	3	0
19	理研電具	抵抗器	800	552		37			6	0	1	0
20	指月電機製作所	油入コン，MP コン	7,500	533		39			4	1	0	0
21	関西二井製作所	コンデンサ	2,500	520			50		2	0	3	0
22	三光社製作所	コンデンサ	1,000	491	34				3	0	0	0
23	河端製作所	磁器コンデンサ	3,000	476	34				7	4	2	0
24	東京コスモス電機	可変抵抗器	3,000	476				57	1	3	0	0
25	ヤギシタ	抵抗器	990	462	35				7	2	2	0
26	レックス電機（巴電機）	トランス	600	443	23				1	0	0	0
27	朝日オーム	抵抗器	600	430		43			3	0	0	0
28	東和蓄電器	コンデンサ	750	429		40			3	1	0	0
29	福音電機	スピーカー	6,000	425		38			4	3	0	0
30	多摩電気工業	炭素皮膜固定抵抗器，ソリッド抵抗器	1,800	420		39			7	5	4	0
31	山水電気	トランス	720	384		44			6	2	2	2
32	長野日本無線	コンデンサ	3,000	329			49		0	2	2	0
33	フォックスケミコン	電解コンデンサ	455	323		37			7	0	0	0
34	富士測定器	トランス	5,000	322		43			2	1	0	0
35	神栄電機	コンデンサ	300	310	33				3	0	0	0
36	三開社	バリコン	400	307			47		6	0	0	0
37	山野電機製造	バリコン	1,000	307	16				1	0	0	0
38	タムラ製作所	トランス	3,000	306	24				6	2	4	0
39	東京セレン工業	電解コンデンサ，フィルムコンデンサ	100	305				52	3	0	0	0
40	田淵電機	トランス	1,600	280	25				4	0	0	0
41	中央無線	テレビ・ラジオ部品	3,000	255	34				6	1	1	0
42	臼井電機工業所	IFT，コイル	100	251		37			3	0	0	0
43	入一通信工業	トランス，抵抗器	400	240		43			0	1	3	0
44	鈴木無線工業	抵抗器，蓄電器	525	228		43			4	0	0	1
45	相模無線製作所	トランス	600	223			49		3	0	0	0
46	昭電社	スピーカー	950	220			46		2	0	0	0
47	松尾電機	コンデンサ	3,000	202			49		5	2	1	0
48	星電器製造	小物部品	950	200			50		6	0	0	0
49	二井蓄電器	コンデンサ	400	187				52	2	0	2	1
50	信濃音響	スピーカー	950	185			49		7	1	0	2
51	北陽無線工業	トランス，TR ラジオ	950	163				52	4	0	0	0
52	不二無線製作所	IFT，コイル	1,000	158				57	2	0	0	0
53	東洋特殊電器	トランス	16,000	146				56	2	2	0	0
54	淺川電機	トランス	1,000	140			46		3	0	0	0
55	富士産業	炭素皮膜固定抵抗器	200	129			49		1	0	0	0
56	安中電気	コンデンサ	3,000	125			49		3	4	2	0
57	富士バリコン（チバラジオ）	バリコン	19	118	25				0	0	0	2
58	ワールド無線	炭素皮膜固定抵抗器	90	110				53	1	0	0	0
59	帝国コンデンサ製作所	コンデンサ	800	109	36				1	1	1	0
60	高梨コンデンサ	コンデンサ	1,200	100	20				3	1	0	0
61	新井電機製作所	固定抵抗器	200	97		40			1	0	0	0
62	太陽社電気	炭素皮膜固定抵抗器	600	94	35				1	0	0	0
63	東亜特殊電機	スピーカー	300	85		44			1	0	2	0

創業年・主要販売先（1959・61年）

A：ラジオ・テレビセットメーカー															B：通信機・精密機械・重電機メーカー									C：官庁・大学等研究機関						D：秋葉原問屋街		出所
東芝	日立	三菱	松下	三洋	早川	ソニー	ビクター	コロンビア	八欧電機	神戸工業	七欧通信機	不二家電機	スタンダード	大阪音響	日本電気	沖電気	富士通	日本無線	東洋通信機	安立電気	横河電機	北辰電機	島津製作所	防衛庁	国鉄	NHK	電電公社	電力会社	大学	廣瀬無線	山際電気	
●		●	●	●	●	●			●				●		●																	61
	●			●		●		●																								61
				●				●						●		●		●						●								61
●	●	●		●	●	●	●	●	●						●									●	●							59
●	●		●	●		●	●																									61
	●	●		●	●	●	●																			●				●		61
●		●																														61
	○																															61
●	●	●	●	●	●					●					●	●	●	●						●			●					59
○																																59：61
●	●		●	●	●				●						●	●																59
●	●	●	●	●		●	●	●	●		●			●											●	●			●	●		59
○		●		●	●			●			●																					59
●	●	●		●	●	●	●	●	●						●	●			●			●					●					59
●		●		●	●			●		●																						61
●	●	●		●																			●									61
●	●			●	●																											61
●	●														●				●					●		●	●					59
●	●	●		●	●					●														●								59
	●	○	●	○																			●									61
	●									●															●		●	●				59
							●	●	●																							59
●	●	●	●		●				●	●					●			●	●	●				●			●					59
●															●		●				●											61
●	●	●	●		●	●	●								●		●							●		●						59
							●																									61
							●	●				●																				61
	●	●						●							●																	61
●	●	●								●					●				●	●												59
●	●	●				●	●	●	●						●	●		●			●		●	●		●	●		●			59
●	●		●	●	●	●									●							●				●			●	●	●	59
																		○			●			●	●							59
	●	●					●	●	●			●		●																		59
●	●														●																	61
●					●									●																		59
●					●			●	●			●	●																			59
				○																												59
●	●	●	●	●		●									●	●								●	●	●	●					59
					●		●				●																					61
			●	●	●									●																		59
●	●	●	●					●	●						●											●						61
	●	●					●																									59
															●									●			●	●				59
●						●			●			●																			●	61
							●	●				●																				61
	●							○																								59
		●		●	●	●				●											●	●				●						59
		●	●	●	●					●				●																		59
○	●																									●	●			●		59
●		●				○	●		●			●	●		●															●	●	59
		●	●	●	●																											59
	●								●																							61
●	●																●				●											59
	●					●		●																								61
						●																										59
●		●							●						●					○	●	●		●			●					59
																														●	●	59
			●																													59
●																●												○				61
●	●	●														●																59
			●																													59
									●																							59
			●																					●	●							59

番号	企業名	品目	企業規模		創業年				A：小計	B：小計	C：小計	D：小計
			資本金	従業員数	-36	37-44	45-50	51-				
64	大森電器製作所	電解蓄電器	300	81		40			0	0	3	0
65	光山電気工業	トランス，抵抗器	135	80		43			1	1	0	0
66	高橋電機	トランス	1,000	77			47		1	0	3	0
67	磐城無線研究所	抵抗器	240	71	39				0	4	3	0
68	興亜電機製作所	炭素皮膜抵抗器，マイラーコンデンサ	120	71	39				7	0	0	0
69	東立通信工業	トランス	320	70				52	0	1	2	0
70	錦水電機	トランス	300	68	25				0	0	4	0
71	双信電機	コンデンサ	400	60		43			7	4	4	0
72	太陽通信工業	蓄電器	160	60				51	3	0	0	0
73	双立電気	可変抵抗器，蓄電器，ラジオ組立	200	60				51	1	2	0	0
74	栄通信工業	精密巻線可変抵抗器	500	48			50		0	4	3	0
75	星電機製作所	トランス	50	44			47		2	2	0	0
76	モリ通信機	抵抗器	250	42	34				3	1	0	0
77	日本琺瑯抵抗器	琺瑯抵抗器	200	41				51	2	3	0	0
78	野里電機	トランス	50	24				52	1	0	0	0
79	日東蓄電器製作所	電解コンデンサ	300	?		41			3	0	0	0
	合計				18	24	18	18				

出所）『電子科学』第9巻第1-7号，1959年2-9月；日本経済新聞社編『会社総監』1961年版，1961年，および
注）●は主要取引先，○は大株主。

これに対して，残りの47社は他の分野の電子部品生産も手掛けていた。とくに企業規模が大きい，北陸電気工業（3），帝国通信工業（4），日本ケミカルコンデンサ（6），村田製作所（9），東京電気化学工業（11），電気音響（12），興亜電工（14），日本抵抗器製作所（16），日本通信工業（18），理研電具（19），指月電機製作所（20），では通信機・精密機械・重電機メーカーもしくは官庁・大学等研究機関との取引関係もみられ，多様な分野に電子部品を供給していたが，電気音響を除いて1945年以前の創業であり，大半が戦時期に創業している。したがってこれらの企業は戦前期もしくは戦時期以来の実績によって多様な販売先を確保する一方で，ラジオ・テレビ部品の生産も積極的に行って企業規模を拡大させていたと思われる。

また長野日本無線（32），入一通信工業（43），富士バリコン（57），大森電器製作所（64），東立通信工業（69），錦水電機（70），栄通信工業（74）の諸企業では，ラジオ・テレビメーカーとの取引は皆無であり，概して規模が小さかった。これらの電子部品メーカーは部品の大量生産を追求するのではなく，むしろ少量で高精度の産業用電子機器部品に市場を特化していた。

以上，電子部品メーカーの市場戦略を分類すると，第1にセットメーカーの部品内製または外販，第2に東光ラジオコイル研究所やミツミ電機のような

A：ラジオ・テレビセットメーカー															B：通信機・精密機械・重電機メーカー									C：官庁・大学等研究機関						D：秋葉原問屋街		出所
東芝	日立	三菱	松下	三洋	早川	ソニー	ビクター	コロンビア	八欧電機	神戸工業	七欧通信機	不二家電機	スタンダード	大阪音響	日本電気	沖電気	富士通	日本無線	東洋通信機	安立電気	横河電機	北辰電機	島津製作所	防衛庁	国鉄	NHK	電電公社	電力会社	大学	廣瀬無線	山際電気	
																								●		●	●					59
														●	●																	59
						●																		●	●			●				59
																●	●	●			●			●		●			●			61
●		●			●	●			●		●			●																		59
															●									●			●					59
																								●	●	●			●			59
●	●	●	●	●		●				●					●	●				●		●		●		●	●		●			59
●							●		●																							59
									●								●		●													61
															●	●					●		●	●		●			●			59
●			●													●	●															59
			●				●						●									●										59
			●				●								●	●				●												61
●																																59
						●		●	○																							59
38	33	29	21	24	21	19	18	17	19	9	4	6	4	8	24	13	7	6	5	5	8	6	4	20	8	15	13	4	7	6	4	

『会社総監』1961年版，1961年。

1950年代に民生用に特化して急激に発展した部品メーカー，第3に戦前期もしくは戦時期に創業して民生用と産業用の双方に部品を供給しながら発展した部品メーカー，第4に量産化を追求せず，防衛庁や産業用電子機器メーカーへの高精度な電子部品を少量供給する部品メーカーが存在した。基本的にはこれらを典型として様々な中間形態が存在した。例えば第3章で取り上げた松尾電機（47），東京コスモス電機（24）[13]，関西二井製作所（現，ニチコン，21），二井蓄電器（49）[14]などは戦後に創業しているものの戦前期に起源をもち，産業用電子機器の部品も生産していることから第3類型に含められると思われる。また大洋電機，釜屋電機はそれぞれ大洋化学，釜屋化学工業という化学製品メーカーから分社化された企業であるが，設立母体が電子部品メーカーではなく，民生用電子機器の部品に特化していることから，既述のように第2類型として分類してよいと思われる。さらに東京電器（13）は東芝堀川町工場の電解蓄電器課が1942年の長井工場を経て戦後の経済集中排除法によって分離独立した企業であった[15]。また日立化工も前述のように日立から1952年に分社化した企業で，日立で開発したコンデンサの生産移管を受けていた。したがって両社は部品メーカーでありながら，むしろ第1類型に近いと思われる。

最後に，冒頭で述べたセットメーカーの部品所要量と電子部品メーカーの生

表 6-6　セットメーカー各社の部品所要量と部品メーカーの生産量の比較（1959 年）

（千台，千個）

テレビ・ラジオ月産台数			テレビおよびトランジスタラジオの部品所要量						
			コンデンサ	バリコン	抵抗器	IFT	トランス	スピーカー	ボリューム
松下	ラジオ	200	2,000	200	2,000	800	400	200	200
	テレビ	35	3,500	140	3,500		315	70	315
	合計		5,500	340	5,500	800	715	270	515
早川	ラジオ	100	1,000	100	1,000	400	200	100	100
	テレビ	50	5,000	200	5,000		450	100	450
	合計		6,000	300	6,000	400	650	200	550
東芝	ラジオ								
	テレビ	40	4,000	160	4,000		360	80	360
	合計		4,000	160	4,000	0	360	80	360
三洋	ラジオ	120	1,200	120	1,200	480	240	120	120
	テレビ	55	5,500	220	5,500		495	110	495
	合計		6,700	340	6,700	480	735	230	615
日立	ラジオ	80	800	80	800	320	160	80	80
	テレビ	30	3,000	120	3,000		270	60	270
	合計		3,800	200	3,800	320	430	140	350
ビクター	ラジオ	50	500	50	500	200	100	50	50
	テレビ	15	1,500	60	1,500		135	30	135
	合計		2,000	110	2,000	200	235	80	185
部品メーカー	**製品名**	**番号**	**推定月産量**						
ミツミ電機	ポリバリコン	1		600					
帝国通信工業	ボリューム	4							2,300
東光ラジオコイル研究所	IFT	5				1,500			
村田製作所	磁器コンデンサ	9	10,000						
東京電気化学工業	磁器コンデンサ	11	7,000						
大洋電機	ソリッド抵抗器	15			15,000				
指月電機製作所	MP コンデンサ	20	500						
	紙コンデンサ		3,500						
福音電機	スピーカー	29						400	
昭電社	スピーカー	46						200	
信濃音響	スピーカー	50						300	
安中電気	MP コンデンサ	56	*8,000						
河端セラミックス	磁器コンデンサ		8,500						
太陽誘電	磁器コンデンサ		8,000						
田中電気化学	磁器コンデンサ		3,000						

出所）『電波新聞』各号；平本厚『日本のテレビ産業』ミネルヴァ書房，1994 年，41 頁；高野留八『抵抗器——電子回路用』日刊工業新聞社，1962 年，7-8 頁，より作成。

注 1）トランジスタラジオ 1 台あたりの部品数：コンデンサ 10，バリコン 1，抵抗器 10，IFT 4，トランス 2，ボリューム 1，テレビ 1 台あたりの部品数：コンデンサ 100，バリコン 4，抵抗器 100，トランス 9，ボリューム 9。以上の数値に各セットメーカーの月産台数を乗じて推定必要量を算出した。ただしテレビの IFT は不明。

2）* は 1958 年の数値。

3）部品メーカーの月産量はテレビ・ラジオの他，各種電子機器や家電製品に使用されるものを含む。

4）番号は表 6-5 の企業番号。

産規模を比較したものが表6-6である。あくまで推定の域を出ないが，電子部品メーカーの月産規模は，セットメーカーが必要とする月あたりの電子部品の数量をはるかに凌駕していることが確認できる。専属下請として特定の大企業にのみ部品を供給していたのならば，こうした生産規模を達成することは不可能であったはずである。本書では，セットメーカーの自家消費もしくは部品メーカーの専属下請生産では達成することのできないような大量生産によって，電子部品メーカーが存立と成長の基盤を構築することをもって「専門生産の確立」の指標としたい。すなわち表6-5に示されていたような多数の顧客と結びつく需給構造が所与となり，また電子部品メーカーが特定の製品市場を選択することで，表6-6に示したような「専門生産」が1950年代に確立したのである。

そこで，電子部品産業における「専門生産」の確立過程を考察するために，次節では，1950年代に展開した電子部品の技術革新のプロセスを実証的に跡付ける。多様な顧客を獲得した要因として，電子部品メーカーの技術力がもっとも重要だったからである。

2　電子部品の技術革新

1) 1950年代における技術発展の方向性

民生用エレクトロニクス産業の1950年代における展開は，これまで述べてきたように，ラジオのスーパー方式採用，ポータブル化，トランジスタ化，さらにテレビの登場といった矢継ぎ早な新製品の登場によって特徴づけられるが，これにともなって電子部品にも以下のような製品・品質面での向上が求められた。

第1にスーパー方式のラジオが登場することによって，新たな電子部品が必要になった。スーパーラジオの回路には，中間周波電流の発信器に必要な周波数変換管と呼ばれる新たな真空管，また発生した中間周波電流を一定に保つための同調コンデンサや発振コンデンサ，および中間周波トランスが必要であった[16]。なお中間周波トランスには円筒コンデンサが必要であった[17]。この他，ラジオに使用される既存のスピーカーは振動板をホーンに直接取り付けたマグネチック式で音質が極めて悪かったため，次第に低周波トランスを取り付けたダイナミックスピーカーへと転換した[18]。回路の複雑化にともなって電子部品の用途も多様になり，需要が増加するとともに性能の向上が求められたのである。

第2に，トランジスタ回路の採用によってラジオの駆動電圧が200–300ボルトから10ボルト以下へと低減し，消費電力が劇的に小さくなった。これによってあらゆる部品の小型化が急速に求められた[19]。またトランジスタラジオのイヤホン・ジャックの需要も高まった[20]。

第3に，テレビにも新たな電子部品が必要であった。ブラウン管の構成部品である偏向ヨークは水平偏向コイルと垂直偏向コイルという2種類のコイルによって組み立てられていた。またブラウン管に必要な電圧を作り出すフライバック・トランス，さらに番組を選局するためのチューナーなども新たに必要となった[21]。

また，テレビに使用される電子部品の数はラジオよりもはるかに多量であった。トランジスタラジオに必要とされる一般電子部品は，コンデンサおよび抵抗器が各10個，中間周波トランスが3–4個，トランスが2個，可変抵抗器（ボリューム）や可変コンデンサその他の部品が各1個程度であった。これに対して，テレビでは抵抗器が115個，コンデンサが100個，高周波コイルが24個，チョークコイルが19個，トランス9個，可変抵抗器が9個，可変コンデンサが4個であった[22]。電子部品の需要量はテレビの登場によって激増したのである。また電子回路はすべての部品が規定の性能を発揮しない限り正常に作動しないため，組付部品の数が増加すると部品不良に起因する故障の可能性が高まることになる。したがって，より高度な品質が求められた。さらに，トランジスタラジオと同様に，多量の部品を組み付けるためには小型化が必須であった。価格下落と同時に品質の向上や製品技術の革新も要求されたのである。

以上のような技術要件を備えた電子部品を開発することが，電子部品メーカーが専門生産を確立するための前提条件であった。そこで，コンデンサの事例を中心として，当該時期の部品開発プロセスを考察しよう。

2）独自技術の考案——紙コンデンサ

ⓐ電気通信研究所と大企業の共同研究

コンデンサは平行に並べた電極板の間に，誘電体と呼ばれる絶縁物を挟んだ構造になっており，そこに電気が蓄えられる原理を応用した部品である。したがってコンデンサに蓄えられる電気の容量（静電容量）や部品構造の大きさを決定するのは誘電体であり，コンデンサの種類は用いられる誘電体によって区分されている。平本厚によると戦前期においては誘電体に紙を用いた紙コンデンサ，雲母を用いたマイカコンデンサ，さらにアルミニウム箔に電解作用と呼ばれる化学的処理を施して酸化膜を作り，それを誘電体とするアルミニウム電解コンデンサなどの国内生産が進展していた[23)]。戦後はこれらのコンデンサの技術水準を先進国に近づける試みが開始された。

戦前期から1950年代にかけてもっとも多量に生産されていた紙コンデンサについてみると，1937年にドイツのイーゲーファルベン（以下，IG）から導入された含浸剤[24)]の耐湿性や誘電率が優れており，また小型化が容易であったため非常に注目されたが，使用中に与える人体への影響が明らかになっていなかったため，作業者に皮膚のかぶれなどの危害が及ぶ事故がたびたび起こり，また製品寿命が短いことが問題となっていた[25)]。戦後，この問題を解決するための情報を提供したのは1948年に来日し，GHQ/SCAP民間通信局（CCS）でラジオおよび通信関係の統制に携わったベル研究所員のポーキングホーン（Polkinghorn）であった。ポーキングホーンは日本の電子部品技術を「〔アメリカの〕1933年頃の水準」であると評価しており[26)]，技術水準の向上の必要性を説いていた。含浸剤として用いるクロールナフタリンに安定剤としてアンソラキノンを少量添加することによって製品品質が高まることが同氏によって示唆された[27)]。クロールナフタリンの有効性については，戦時中に駒形作次と堀尾正雄によって組織された研究隣組で注目されていたものの，ポーキングホーンの指摘により大きく研究が進展したのである。この他，ニトロ芳香剤の化合物やインジコを少量添加することでコンデンサの寿命を延長させることが可能になるといった技術情報も同氏によってもたらされた[28)]。中山茂は技術導入契約に頼らない外国技術の吸収過程について，GHQ/SCAP 民間情報教育局（CIE）が設置した図書館や PB レポート[29)]とともに，占領軍と日本の科学者による非公式な交流が重要であると指摘しているが[30)]，終戦直後から 1950 年代初頭にかけての紙コンデンサ開発においてポーキングホーンはアメリカの技術情報を日本にもたらす重要なチャネルとなったのである。

この技術情報をもとに研究を開始したのが電気通信研究所（以下，通研）であった。同所は逓信省所属の電気試験所が 1948 年 8 月に分割され，電力部門が商工省工業技術庁付設の新たな電気試験所に移管されるのにともない，無線通信および有線通信の研究を行うために逓信省に残された機関であった[31)]。同所では 1950–51 年頃からアンソラキノンを添加した含浸剤を用いた紙コンデンサの実用化が研究されるようになった。その後も紙コンデンサの研究は続けられ，1953 年頃から紙の微粒子の分布確率密度が紙の電圧破壊に及ぼす影響や，紙の不純物が混入する経過に関する研究を開始した。また日本は欧米諸国よりも高温多湿であるため電子部品の品質劣化が早いという地域条件を抱えているが，多湿時における実験が行われ，1954 年頃には寿命の長期化が図られた[32)]。

さらに通研を中心とした，紙コンデンサの共同研究も開始された。終戦直後から逓信省において通信設備の復旧のために逓信技術委員会が設けられ，1947 年 4 月にそのなかの材料部会に紙蓄電器分科会が設置された[33)]。設立当初は分割前の電気試験所の堀江澄音，逓信省調査課の神谷輝男を中心に少数のメーカーが参加し，逓信省へ納入する部品の仕様書を検討していたが，次第に紙コンデンサの品質向上を目指してコンデンサ紙，含浸剤および製造工程の研究発表なども行われるようになった。ただし同研究会はラジオよりはむしろ電話機に使用するコンデンサの研究開発が中心であり，研究試料となるコンデンサは東芝，日本電気，日立，富士通，日本無線，沖電気，岩崎通信機，安立電気といった通信機メーカー，もしくは日本通信工業，二井蓄電器，高梨製作所などの部品メーカーから提供され，それらの試験は通研の辻堂分室で行われていた[34)]。共同研究の成果を享受し得たのは，こうした一部の企業に限られていた。

ⓑ部品メーカーによる技術改良

一方，上述の共同研究に参加することのできなかった電子部品メーカーでも，独自に紙コンデンサの技術改良を進めていた。含浸剤として使用されるクロールナフタリンは，パラフィンなどとともにワックス系に分類されるが，これとは別に鉱物油，塩化ジフェニール，珪素油などを使用するオイル系含浸剤があった。オイルは液体であるため漏洩を防ぐための技術改良が必要であったが，性能が良いため戦前から住友電線，三陽社，日本コンデンサ製作所などで製品化が進められ，とくに通信機用としては日本コンデンサ製作所が1936年に販売を開始していた[35]。戦後はこのオイル系含浸剤を使用した，OF式紙コンデンサ（油入りコンデンサ，オイルコンデンサとも呼ばれる）が他の電子部品メーカーでも製品化され，また改良された。以下で，松尾電機（47）の事例をみてみよう。

同社では従来はワックス含浸の紙コンデンサを生産していたが，1950年4月にOF式紙コンデンサの製品化に成功し，販売した。第3章でも取り上げた創業者の松尾正夫は，上述の日本コンデンサ製作所の元技術者であり，OF式紙コンデンサの生産技術に長じていたものと推察される。しかし販売開始直後の1950–51年にかけては，オイル漏れによる製品不良が相次ぎ，生産の歩留りも悪かった。その原因は，オイルを充填したコンデンサを密封するために金属製のキャップをハンダ付けしている点にあった。そこで同社では樹脂を用いた密封法を模索し，スイスのチバ社が1946年から工業用に商品化していたエポキシ樹脂を使用することで問題を克服した。チバ社のエポキシ樹脂が日本国内に輸入および市販されたのは1951年からであったが，同社ではそれよりも早い1950年11月に他のコンデンサメーカーに先駆けて同商品を独自に輸入し，実用化を試みた[36]。松尾正夫が研究課長を兼務しており，同社の研究活動を実質的に指揮していた[37]。

松尾が勤務していた日本コンデンサ製作所が戦前期に他社に先駆けてOF式紙コンデンサを開発していたことは，平本厚によって「中小企業の多様な試みの成果」として評価されているが[38]，戦後においても，共同研究のような制度化された研究組織には依らない中小企業の独自の研究開発によって先駆的な製品が生み出された。戦時期までに国産化されていなかったエポキシ樹脂という原材料に関する技術情報へのアクセスの機会が，大企業や一部の研究機関だけでなく，松尾正夫のような個人にも開かれていたという客観的条件が前提となり，そこにOF式紙コンデンサについての技術的知見を有していた松尾がその有効性を認識するという主体的条件が加わって，独自の製品が生み出されたのである。

ただし創業間もない松尾電機には，含浸オイルやコンデンサ紙の特性，また振動に対する耐性などを試験するための装置がなかった。そこで同社では，大阪市立大学や専門会社に依頼し，特殊な検査については大阪市立工業研究所，大阪府立工業奨励館，通産省電気試験所大阪支所に依頼していた[39)]。研究開発指向の中小企業に対して，このような公設試験機関や学術機関の協力が与えられたことも重要であった[40)]。

「PH型」という商品名で発売された同社のOF式紙コンデンサは，ワックス系含浸剤を使用した既存製品と比較して耐寒および耐熱性に優れ，また品質の長期安定性を実現し，しかも小型であったため，発売当初は無線通信機やレーダーといった多数の産業用電子機器に使用されていた[41)]。ところが1953年になって，その品質の高さが東京通信工業（現，ソニー）に認められ，同社のテープレコーダー用コンデンサとして採用された[42)]。松尾電機はこれまでも神戸工業や三菱電機といったセットメーカーと取引していたが，PH型はテレビ用のコンデンサにも適していたため[43)]，他社に先駆けて1953年にテレビを商品化した早川電機へも同年から納入された[44)]。第1節で確認したように，松尾電機は産業用電子機器メーカーおよびラジオ・テレビメーカー双方と取引をする第3類型の市場戦略パターンの企業であった。PH型の発売を開始した段階では価格の安さや納入量の大きさではなく，製品性能の高さや品質を求められる産業用電子機器の部品として販売されており，1-2年の生産経験によって量産化が可能な段階になると，民生用電子機器メーカーとの取引へ移行した。当時はテープレコーダーやテレビといった新製品の登場によって，民生用といっても比較的高性能な部品の需要が拡大しており，同社が取引先を広げていく市場条件が形成されていたのである。

したがって発売開始当初におけるPH型の価格は，既存製品の1.5–2倍の高価格が設定されていた[45]。しかしテレビをはじめとした民生用電子機器の部品として販路を拡大するためには，量産化を進めて価格を引き下げることが不可避であった。生産工程の改善については詳らかにできないが，同社ではPH型を生産するために1951年から新たに第2工場を新設し，1953年には資本金を50万円から100万円に増資して製造機械を購入した結果，1953年から1954年にかけて同製品の生産規模は月産2万個から6万個へと拡大した。また同時にJIS規格表示許可工場となるべく検査制度を強化した。同社ではこれまで日本コンデンサ製作所から譲り受けた検査設備をそのまま使用していたが，それらを修理するとともに新たに測定試験機器を増設した[46]。

以上の事例において注目すべきは，同社の製品が産業用電子機器と民生用電子機器の双方に使用されており，多様な顧客に納入される汎用性を備えていた点である。すなわち不特定多数の顧客に対して販売が可能で，特定ユーザーとの関係に製品技術が制約されることのない市販部品だったのである。技術に汎用性がある場合，取引先企業数の増加は直ちに製品生産量の拡大によるスケールメリットをもたらすであろう。大阪に本社のある同社では，1953年に東京駐在所を設け，セットメーカーだけでなく当時まだ部品を扱っていた秋葉原問屋街にも売り込み，顧客の獲得に努めた[47]。製造機械の増設や検査器の更新だけでなく，こうした積極的な販売活動もPH型の量産化と価格引下げに重要な役割を果たしていたと思われる。その結果，松尾電機は1950年に500万円に満たなかった売上高が，1953年には2000万円を超え，従業員数も40名程度にまで増加した[48]。

他の電子部品メーカーにおいてもOF式コンデンサが開発された。関西二井製作所（21）でも1951年に油が漏洩せず，温度変化に対する性能劣化がJIS規格よりも厳格な紙コンデンサを発売した[49]。また神栄電機（35）でも生産を開始し，1956年には磁器コンデンサや炭素皮膜固定抵抗器などの生産を中止して，紙コンデンサに生産を集中した[50]。さらに1939年に創業した指月電機製作所（20）でも，含浸剤となるオイルの研究を戦中から進め，松尾電機と同じようにオイルを封入した密閉式の金属ケースやプラスチックケースを用いた

OF 式紙コンデンサを開発し，三菱電機（以下，三菱），三洋，東京三洋，日立といったセットメーカーからの受注を獲得した[51]。これらの企業はいずれも戦前・戦中期から電子部品生産の経験があり，ラジオ用だけでなく産業用電子機器や電力用の製品開発なども手掛けていた企業であった。そうした技術蓄積を基礎として，大企業に劣らない独自技術を蓄積していたのである。

3）外国技術の実用化――MP コンデンサ

ⓐ日立戸塚工場による国産化

紙コンデンサの技術革新はこれに留まらなかった。国外ではすでに戦時期から，OF 式紙コンデンサよりも小型でかつ高性能のコンデンサが実用化されていたのである。1940 年頃にドイツのボッシュが開発に成功したメタライズドペーパーコンデンサ（以下，MP コンデンサ）は，誘電体に紙を使用している点は既存の紙コンデンサと同じであるが，紙の表面に金属を蒸着して膜を形成させているため，誘電体である紙の一部が破損しても瞬時に性能を回復する作用があるという画期的なものであり，また部品の容積が約 70 % も小型化されるという利点もあった[52]。

日本では，1944 年頃に伊藤庸二が潜水艦を使ってドイツのジーメンスから MP コンデンサを取り寄せ，海軍技術研究所での調査を指示していた。また東京工業大学や日立でも研究が進められていた[53]。日立では電波関連産業へ進出するために，戦前から電解コンデンサの開発に着手しており，飛行機に装着されて飛揚した際の温度変化による性能劣化を解決するための研究を進めていた。しかし戦時期に軍の指示によってこの研究が他社に委ねられたため，同社は電解コンデンサの開発を中断し，その代わりに日立工場に設けられた日立研究所で MP コンデンサの研究を開始した。開発開始当初は，多賀工場で製造中のモーターに使用することを計画していたが，終戦後に戸塚工場が通信機の専門工場として再興されたのにともない，1949 年 9 月から通信機用 MP コンデンサの開発に方針転換し，研究拠点も日立研究所から戸塚工場へ移管された[54]。

MP コンデンサの開発において克服すべきもっとも重要な課題は，コンデンサ紙に金属を蒸着させる方法の解明，および蒸着装置の国産化であった。戦時中まではドイツから取り寄せた資料以外に製造方法を知る手がかりは存在しなかったが，戦後になるとコンデンサ紙にラッカーを塗布することで紙面の平滑性を得る方法がドイツの特許技術として存在することが明らかになり，日立は1951年にこれを採用して国産化に成功した。同社ではこれ以外の技術は独自に開発した。同年9月から戸塚工場で製造している電話機に試験的に取り入れ，1953年8月より量産化を開始した。1954年からは通研の指導の下で開発を続け，日本電信電話公社の仕様書に同社の技術が採用された。また防衛庁の仕様書を満たす製品も開発し，さらに米軍の野戦携帯電話機1万台にも採用された。1957年以降は同社の電子機器に採用して量産化を進め，前述のように1959年に子会社である日立化工（8）に生産が移管された[55]。

このように同社では他社に先駆けてMPコンデンサの国産化に成功した。既述のようなOF式紙コンデンサのオイル密閉技術といった漸進的な製品改良とは異なり，MPコンデンサでは金属蒸着装置という戦時期までに存在しない製造装置の国産化が必要であった。1950年における日立戸塚工場の研究人員は，大学もしくは専門学校卒の技術者が12名および研究補助者が11名の総勢23名で構成されており，818万円もの研究費を計上していた[56]。戦時期に海軍技術研究所が研究を開始したばかりのMPコンデンサの存在を知り，戦後はドイツで開発されていたラッカーを塗布する製法を採用した同社の製品開発体制は，中小企業の電子部品メーカーよりも優れていた。また電話機用として開発することによって，通研の指導を仰ぐことができたことも重要であった。

日立に遅れて他のセットメーカーでもMPコンデンサ開発が進められた。東芝ではマツダ研究所で研究開発が進められ，東芝から分離独立した東京電器（13）で1956年から生産を開始していた[57]。また富士通では1952年からジーメンスと技術導入契約を結び，MPコンデンサの製造装置一式を導入し，製造方法も習得して生産を開始していた[58]。このようにセットメーカーでは中小規模の電子部品メーカーが備えていないような大規模な研究開発体制や技術導入といった手法で金属蒸着技術を獲得し，MPコンデンサの生産を開始した。しかしこれらセットメーカーの製品は市場を独占するにはいたらなかった。なぜならばMPコンデンサの実用化にあたってもっとも重要な金属蒸着技術を利用する機会が，中小規模の電子部品メーカーにも開かれていたからである。

ⓑ**金属蒸着技術の普及**

電子部品メーカーのなかで，もっとも早い時期からMPコンデンサ開発に着手したのは安中電気（56）であった。安中電気は計測器，無線通信機，方向探知機などの専門メーカーである安立電気から企業再建整備によってコンデンサ部門が分社化され，1949年4月に資本金100万円で設立された企業である。また安立電気は1900年に創業された安中電機製作所を設立母体の一つとしていたが，同社は創業時から海軍省や逓信省の指定メーカーとして無線通信機用コンデンサの納入実績があった。したがって安中電気は戦後に創業された企業ではあったが，国内の電子部品メーカーのなかではもっとも長い研究および生産実績を有する企業の一つであった[59)]。同社がMPコンデンサの開発に着手した時期やそのプロセスについては詳らかにできないが，海軍省へのコンデンサ納入実績があることから推察して，日立とさほど変わらない時期からMPコンデンサの存在を認識していたものと思われる[60)]。

1956年に施行された機械工業振興臨時措置法の対象品目にコンデンサおよび抵抗器が指定された際，安中電気は合理化計画の実施対象企業として開銀特別融資の推薦を受けた。同社にMPコンデンサを集中生産させることが目的とされており，4500万円の開銀融資が計画されていた[61)]。なおコンデンサは，1957年に施行された電子工業振興臨時措置法（以下，電振法）の対象品目へと移行したが，電振法では主に品質面でMIL規格に劣らないレベルが想定されており，融資推薦の検討項目には生産実績や現行製品の性能や品質の評価が含まれていた[62)]。したがって同社は電子部品メーカーのなかでもMPコンデンサの分野で先進的な企業であったと思われる。

安中電気の動向で注目すべきは，MPコンデンサの製造技術を研究した後，MP蒸着装置を他企業に外販した点であった。1962年頃には「現在MP蓄電器の需要量の約半数は安中製MP装置によって生産されている現状」であった[63)]。

また電子部品メーカーではないが日曹製作所でも独自に金属蒸着技術の開発に努めていた。同社は三菱系の伸銅メーカーとして戦前から非鉄金属の圧延技術の蓄積があり，1953年から金属を蒸着させた紙（金属化紙）の量産化を開始した[64]。さらにこれより遅れて1959年には本州製紙でも金属化紙製造機を独自に開発し，金属化紙を販売した[65]。したがって他の電子部品メーカーは安中電気のMP蒸着装置を購入設置するか，もしくは日曹製作所や本州製紙から金属化紙を購入して，これを組み立てることによりMPコンデンサの生産が可能になったのである。とくに「日立製作所，安中電気，日曹製作所の功績は今日のMP蓄電器をかくあらしめたといっても差し支えない[66]」と評価されているように，安中電気と日曹製作所は他の電子部品メーカーがMPコンデンサ生産に参入する道を切り開いたという意味において極めて重要な役割を果たしていたのである。

ⓒMPコンデンサの量産化

こうしてMPコンデンサを生産する条件が整い，複数の電子部品メーカーが生産に乗り出した。松尾電機では金属化紙の国内生産が開始されると，1953年からMPコンデンサの開発に取り掛かった。金属化紙は他社から購入できたが，コンデンサ紙に蒸着した金属が湿気によって性能が劣化するので，製造中に湿気を取り除く乾燥工程や含浸処理を行い，また既述のPH型で開発した完全密封の独自技術をMPコンデンサに応用して，この技術課題を容易に克服した[67]。「MPT」型という商品名で販売された同社のMPコンデンサは，同等の性能をもつPH型コンデンサの4分の1の大きさにまで小型化された。1954年1月から量産化を開始したところ，その2カ月後には東京通信工業から月産3万個の大量注文を受けた。そこで1955年に資本金を倍額増資して200万円とし，長期借入金を増額して製造機械の増設に努めた。工程自動化の機械導入によって，1956年8月から製品価格を5-20％引き下げることが可能となり，その結果，年度末には受注量の約半分が未納となるほどの大量注文を獲得した。ただし「ロットの大きな民生用分野では価格面での折り合いがつかずに引き下がる場合もあった[68]」。すなわち技術革新によって大幅な小型化に成功したMPコンデンサは，早くも1950年代半ばになると複数メーカーの参入によって激しい価格競争が生じており，セットメーカーの価格引き下げ要求に応えられなければ受注が困難になっていた。そのためのコスト削減に努めなければならなかったのである。

コスト削減の対応を迫られたのは他社でも同様であった。指月電機製作所では1955年頃からMPコンデンサの生産に取り掛かった。生産開始当初は日曹製作所から金属化紙を購入して製造していたが，翌年からは一貫生産を目指して製造装置の購入に踏み切った。安中電気の真空蒸着装置や高速ラッカーリングマシン，自動巻取機[69]など1000万円以上の設備投資を行った。「売上高1億円そこそこの企業にとって，これはまさに大きな決断だった」[70]。同社は，JIS表示許可工場のなかでも，優れた生産技術や品質管理を実践している企業に与えられる工業技術院賞を1955年1月に受賞し，また翌年1月には中小企業庁のモデル工場にも指定され，高い生産管理能力を誇っていた[71]。

とはいえ，それが同社の安定的な受注を必ずしも保証したわけではなかった。この点について少し長くなるが，同社の社史から引用しよう。「昭和30年代，いかにテレビ生産が直線的に伸びたといっても，需給関係にはつねに小さな波は生じる。セットメーカーの量産体制にくらべ，人力に頼る部分の大きいコンデンサの供給が遅れ勝ちになるのは当然で，好況に向かうときには部品の不足が量産の足を引っ張ることは避けられない。そこで，セットメーカーは必要とする以上の量をコンデンサメーカーに発注し，その“仮需”が一層全体の“品不足感”あるいは“増産圧力”となってハネ返ってくる。それが，景気の下降局面になると，そのまま在庫となって，セットメーカーあるいは部品メーカーを苦しめることになる。当然，部品メーカーへの発注量も，現実の需要落ち込み以上に大きくならざるを得ない[72]」というものであった。第4章で論じたように，1950年代におけるセットメーカーの購買方針は，長期発注保証や育成を目的とした専属化ではなく，純然たる市場取引に近いものであった。好況期の過剰な増産はロットサイズの拡大をともなうから，松尾電機の事例にもあったようにセットメーカーは価格の引き下げを要求したであろう。また不況下で供給過剰になれば当然のことながら価格は下落し，しかも発注量は縮小したから電子部品メーカーの収益は圧迫されたと思われる。最大の顧客であるテレビ・ラジオセットメーカーとの取引を維持するためには，積極的な設備投資で増産体制を整えつつ，市場変動のリスクを吸収しなければならなかったのである[73]。

指月電機製作所ではこれに対処するために，もっとも労働集約的な工程であるエレメント巻取工程を家内労働に移した。同社の各工場に内職担当者を配置し，材料の供給および製造された半製品の回収を行った[74]。生産規模の拡大とともに従業員の数も増加していたが，労務コストの引き下げに加えて，不況下で発生する余剰人員の抑制が意図されていたと思われる。

反対に好況の際には労働力不足が問題となるが，兵庫県西宮市に本社のある同社のような都市部の中小企業は1950年代末頃になると新卒従業員の獲得が困難になり，人件費の高騰に苦慮した。そこで同社では下請工場を岡山県，兵庫県北部などの農山村に設立する分工場政策を採用した。専門分化した工程を各工場に任せ，品質を落とさないように指導を施すことによって製造技術の維持向上を図った。またそれまで指月電機製作所で使用していた設備を分工場に移設したが，これは同社自身の設備更新が促進されるという副次的な効果を生んだ。さらに同社では兵庫県金属機械協同組合に加入し，設備投資のための長期資金を商工中金からの融資に依存していたが，分工場を同組合に加入させて同様に資金の調達を行えるようにした[75]。これらの地方下請工場はセットメーカーからみると2次下請層に位置付けられるが，指月電機製作所と2次下請工場の取引関係は小宮山琢二の分類によれば「有機的下請」であり[76]，また指導育成，設備委譲，資金斡旋を行う「専属的」下請関係であった。したがって分工場政策については，市場変動リスクをこれらの2次下請層に転嫁してはいなかった。第4章の冒頭で紹介した，加賀見一彰が指摘したような1950年代における専属化工場の一部は，こうした工場群だったのである。

2次下請層にリスクを転嫁できない同社では，景気低迷にともなう受注量の減少を販路拡大によって埋め合わせるしかなかった。そこで同社も1952年から東京出張所，1958年には名古屋出張所を設置して販路拡大に努めた。同社も松尾電機と同じように民生用電子機器だけでなく産業用電子機器や電力用の部品を製造している第3類型の部品メーカーであったため，MPコンデンサをテレビ用以外に扇風機，洗濯機，自動車電装用としても販売し，テレビの需要変動を他の商品でカバーできるようにした。しかも1959年からは洗濯機用として，MPコンデンサを日立にも納入した。MPコンデンサ開発の先駆的存在である日立ではコンデンサ需要が増加し，日立化工のMPコンデンサ生産量も増加していた。しかし社内消費向けが中心であったため「〔市場シェアは〕3–4％ときわめて低く赤字部門として発展が遅れ[77]」ていた。そこで同社では品質や価格で優れている指月電機製作所のMPコンデンサを使用していた。つまり指月電機製作所では，セットメーカーよりも優れたMPコンデンサを市場に供給することに成功し，セットメーカーの量産規模を遥かに凌駕する専門生産体制を構築していたのである。

4）トランジスタラジオの部品開発——中間周波トランスとポリバリコン

次に1950年代半ばから民生用電子機器の部品に特化して急成長を遂げた第2類型の代表例として，トランジスタラジオ向けの電子部品開発に成功した，東光ラジオコイル研究所（5）とミツミ電機（1）の事例を検討しよう。

ⓐ東光ラジオコイル研究所の中間周波トランス開発

東光ラジオコイル研究所の創業者である前田久雄はテレビ送受信装置の開発を志し，1929年に浜松高等工業電気科に入学した。当時，同校では高柳健次郎が「無線研究会」を組織しており，前田も参加して周波数変調の実験などを行い，1931年には無線同時送受話装置を発明して商工省より9000円の補助が与えられた。1932年に卒業した後，前田はラジオメーカーの湯川製作所に入社したが，当時同社には松尾電機の松尾正夫や指月電機製作所の山本重雄も勤務しており，「机を並べて仕事をした」。翌年には真空管メーカーのケーオー真空管製作所（後に品川電機と改称）へ移り，真空管開発を手掛けて電気学会などに発表していた。なお同社は1939年に東京電燈の子会社となり，前田は東京電燈記念科学研究所の主任技術員を兼務し，また井深大とともに高等無線技術学校の講師も務めた。その後，品川電機は軍需指定工場となり電波兵器向けの真空管を生産した。敗戦後，品川電機は真空管の生産に取り組んだが，労働争議によって生産が困難になり，1949年に倒産した。そこで前田は東京通信工業が開発したバイアス録音方式とは異なる変調録音方式のテープレコーダーを開発し，東光通信機を設立した。しかし経営は芳しくなく，同社は新たな出資者を加えて，1955年に東光ラジオコイル研究所となり，前田は専務となった[78]。

ここで前田は同社の製品を中間周波トランスに特化することを決めた。テープレコーダーは不特定多数のアマチュアを顧客としなければならず，需要量が安定しないのに対して，ユーザーがセットメーカーである部品ならば「手堅い経営」が可能という判断からであった。またホームラジオは既述のように大規模セットメーカーによって生産されていたが，第5章でみたように，ポータブルラジオ専業メーカーは中小規模で部品の生産能力がないため，中間周波トランスならば専門メーカーが存立する余地があるという調査結果にもとづいた市場選択であった。創業当初は従業員10名程度であり，知人にポータブルラジオ工場の設立を薦めて，そこに同社の中間周波トランスを供給することから開始し，旭無線電機やスタンダード無線工業などのポータブルラジオメーカーに販売先を拡大していった[79]。

ポータブルラジオに続くトランジスタラジオ生産の興隆は同社が飛躍的に発展する契機となった。既述のように，トランジスタは必要電力量が真空管回路よりも圧倒的に小さいため，既存の中間周波トランスは不適合であった。前田はトランジスタラジオ用の中間周波トランスについて「2次線巻き込み型巻線方法」という技術を考案し，この独自技術を用いた製品を開発した[80]。

ところで，第5章で述べたように，1957年頃から次第にトランジスタの国内生産が軌道に乗るが，初期のトランジスタは性能が一定ではなかった。「辛うじてラジオに使えるものを選んでも，特性にかなりバラツキがあった。それを承知でラジオに組み入れたんですが，そうなると今度はラジオ工場がバンザイ。トランジスタに合わせて，ラジオ1個1個の回路修正をしなければならなくなったんです。回路を検討し対応する部品を変えるといった，大変わずらわしい作業をしなければいけなくなった。……特性が不揃いなために結局ラジオ一個一個が手作りになってしまった[81]」という状況であった。東光ラジオコイル研究所では中間周波トランスの分野で積極的に顧客のこうした要請に応えた結果[82]，大量の注文を獲得し，1957年6月の月産20万個から，同年9月には月産130万個，さらに同年12月には月産200万個へと劇的に拡大した。1959年には月産400万個に達した[83]。

しかし指月電機製作所の事例でも指摘したように，電子部品の発注量は増加傾向を保ちながらも短期的には市況に応じて増減した。したがって，同社のように生産能力をわずか半年間で10倍に増強することは，多大なリスクをともなったであろう。前田自身かつて品川電機で経営破綻を経験しており，短期的なブームに乗じて経営規模を拡大することに対しては慎重であった[84)]。そこで同社でも指月電機製作所と同様に，約10社の下請工場を活用していた。同社の従業員数が約450人であった時期に，下請工場の総従業員数は1000名を超えており[85)]，生産工程の多くの部分をこれらの工場群との分業に依存していた。このことは同時に生産コストの抑制も意図されていたと思われる。

トランジスタという新技術に対応した製品開発を行い，また下請工場の利用によって中小企業の規模の制約を超えて大規模な増産を試みた結果，同社の市場シェアは1959年には輸出向けを含む全需要の80％を占めるにいたり，トランジスタラジオ用中間周波トランスの分野では事実上の独占企業になった。他社では東芝が自社内製として生産しているに留まっており[86)]，中小のトランジスタラジオ専業メーカーはもちろんのこと，日立，松下，ソニー，日本ビクター，神戸工業，日本電気，早川，三洋，三菱，日本コロンビアなどのセットメーカーも同社からの調達に依存しなければならなかった。また前掲表6-5によれば，1961年における同社の販売先企業は以上の各社に加えて自社内製している東芝にも販売していることが確認できる。複数の顧客に販売して大増産を続けている同社の方が，東芝の部品内製よりもスケールメリットを享受できた結果であると思われる。

浜松高等工業を卒業した前田は，東光ラジオコイル研究所を設立する以前からテレビ開発や真空管開発に携わり，電子技術分野において優れた業績を残していた。同社設立時の製品開発は前田の技術蓄積に負うところが大きかったと思われる。また選択された製品は1950年代になって新たに必要とされた中間周波トランスであった。部品の生産能力をもたない中小ポータブルラジオ専業メーカーとの取引に商機を見出し，完成品であるテープレコーダーから電子部品に市場戦略を転じたのである。さらにトランジスタ時代が到来することを認識して，他社に先駆けて新たな中間周波トランスの開発に成功した結果，需要が同社に集中した。同社の従業員数も増加したが，それ以上に複数の下請工場を活用して増産に努め，セットメーカーの自社内製を超えるスケールメリットを達成するにいたったのである。

ⓑミツミ電機のポリバリコン開発

ミツミ電機の創業者である森部一は，1944年3月に九州工業学校電気科を卒業後，九州帝国大学滑空研究所の技術補に採用された。敗戦後はラジオ修理業やトランスの生産販売も行った。しかしトランスは主要材料が不足し，製品デザインなどの面で東京や大阪のメーカーに対して劣っていたため経営は芳しくなかった[87)]。その後，森部は安川電機，可変コンデンサの有力メーカーであった吉永電機，ダイヤルメーカーの菊水電波といった企業で工員として勤務した[88)]。

森部は1954年に三美製作所を創業したが，創業資金は50万円で借家を住宅兼工場にした零細工場であった。製品はトリマ，ダイヤル，コネクタ，ソケットなどの小物部品であり，とくに真空管を取り付けるソケットの生産が中心であった。森部は前田のような研究の経験はなく，工員として製造方法を修得した後にスピンオフするという創業形態であった。こうした部品生産を選択した理由は，「きわめてむずかしい部品，たとえばトランジスタや真空管などは，大企業のセットメーカーで作っている。しかし大企業はライバル同士であるから，敵方のものはこちらはかわない。そこで第3者のパーツならいいということになる。それならみな同じように作るであろう。ここに専門メーカーとしての一つの道がある[89)]」というものであった。つまりセットメーカーが手掛けない電子部品に生産を特化し，複数の顧客と取引することによって，スケールメリットを追求する余地が残されているという市場認識であった。そこで東光ラジオコイル研究所と同様に，トランジスタラジオ用の電子部品開発を目指すこととなり，可変コンデンサ（バリコン）の開発に取り掛かった。

ところで可変コンデンサは，電極の向かい合う面積を変化させることによって静電容量を増減させることのできるコンデンサである。ラジオには電波を共振させる同調回路が必要であるが，同調回路は可変コンデンサとコイルによって構成されている。戦中までは誘電体として空気を利用したエアバリコンが主流で，戦後も片岡電気（2）や吉永電機，渡辺，三開社（36），菊名電波，山野電機製造（37），日東蓄電器などで生産されていた[90]。しかしより小型化するためには，絶縁物として空気以外の素材を使用しなければならなかった。開発には森部一以外に原口高，高橋誠悦という 2 名のエンジニアが加わった。原口は小倉工業学校で電気工学を学んだ後，1946 年に九州機械伸鉄に入社し，同社自家発電所の主任技術者であった。また高橋は 1950 年に東海通信高等工業を卒業し，ラジオメーカーの菊水電波に入社してラジオ技術に長じていた[91]。森部は様々な絶縁物で試作を試みたが実用化は難航した。また OF 式のオイルバリコンを製作したがオイルを密封する技術課題を克服することができなかった。

こうした試行錯誤の結果，ポリエチレンフィルムを絶縁体として使用し，またフィルムを支持棒によって固定することで回転による容量変化が大きくなるという部品構造上の問題を解決して製品化に成功し，1955 年 3 月に「ポリバリコン（PVC）」という商品名で上市するとともに，実用新案および意匠登録を申請した。製品が 25 ミリ角，厚さ 15 ミリで世界最小の可変コンデンサであり，また 1959 年には 16 ミリ角，厚さ 10 ミリの製品を開発した[92]。同社の技術は高く評価され，1960 年 10 月に電子部品メーカーで初めて科学技術庁長官賞を受賞した[93]。

発売開始当初，国内での評価は必ずしも芳しくなかったが，アメリカのラジオメーカーであるラファイエットに月間 500–2000 個ずつ納入され，海外市場で高い評価を受けたことを契機に，ソニーおよびスタンダード無線などの国内トランジスタラジオメーカーが採用し始めた[94]。ソニーでは，1957 年から発売して世界で 60 万台を売り上げたトランジスタラジオ「TR–63 型」に，ミツミ電機のポリバリコンを採用し，その後もソニーで生産するトランジスタラジオの 90 % をミツミ電機の部品供給に依存した[95]。また国内のトランジスタラジオメーカーだけでなく，フィリップス，GE，RCA にも供給された[96]。前述の東光ラジオコイル研究所と同じく，同社の発展の契機はトランジスタラジオメーカーとの取引であり，次第に大手セットメーカーへと取引が拡大していったのである。

ポリバリコンの売上が増加するのにともない，生産設備の拡充が急務となり，「利益のほとんど，借りた金の全部を設備，工程の改善に使った[97]」。ポリバリコンは絶縁体として電極の間に挟んだフィルムを傷つけることがないように電極を加工組立しなければならず，そのため精密な金属加工技術が必要であった[98]。同社では，1959年に自動プレス，自動旋盤，特殊放電加工機などを輸入して一貫体制の生産工場を建設した[99]。同社の従業者数は1958年9月の約500名から半年で倍増し[100]，生産規模は1959年初頭の月産20万個から半年で60万個へと拡大した[101]。

以上，1950年代半ばに創業し，数年間で従業員数1000人を超えるまでに成長した2つの電子部品メーカーの発展過程をみた。両社は独自技術によるトランジスタラジオの部品開発に成功して，成長の機会を捉えた。大規模な研究所を擁する大手セットメーカーとは異なり，少数のエンジニアだけで製品開発を行ったにもかかわらず大きく飛躍することができた背景には，ソニーのように電子部品を外部からの供給に依存しているトランジスタラジオメーカーの存在が重要であったと思われる。さらに第5章でみた多数の中小アセンブルメーカーに対して電子部品を独占的に供給することで，大きなスケールメリットが生み出された。それが先行者利益となり，大手セットメーカーに対してコストの比較優位を獲得したのである。

小　括

本章では，1950年代における電子部品の技術革新を考察し，電子部品メーカーが専門生産を確立する過程を明らかにした。

第1節で分類した電子部品メーカーの市場戦略のなかで，まず注目すべきは，民生用だけでなく産業用電子機器にも使用される電子部品を生産する第3類型であった。新たな製品の開発に成功して商品化した段階では高性能な部品を必要とする産業用電子機器メーカーに販路を見出し，次第に量産化を進めて民生用電子機器として取引先を拡大した。これは産業用と民生用で求められる性能や価格に差があっても電子部品は基本的に双方で使用可能であり，デザイン・インのような特定ユーザーとの間で研究開発を進める必要がなかったことを意味しよう。1950年代の電子部品開発は，先進的な外国技術の実用化を主眼としており，また克服すべき技術的課題は，オイル漏洩防止や金属蒸着など明確かつ汎用的であった。こうした技術の汎用性は不特定多数の買手への積極的な拡販政策を梃子として，電子部品メーカーがスケールメリットを享受しうる前提条件となった。こうした市場条件や技術的条件が整うことにより，1950年代の電子部品は市販部品としての性格を付与されたのである。

しかし特定ユーザーとの結びつきを必要としない市販部品取引は，スポット的な特徴を帯びており，電子部品メーカーが長期的かつ安定的な受注量を確保することはできなかった。また同業他社が同様の技術を実用化すると，その技術に関係特定性がないため，直ちに価格競争が激化した。そこで指月電機製作所の事例では，労働集約的な生産工程の一部を家内労働に求めるなどして従業員増加を抑制し，市況変動のリスクを低減した。また地方に下請工場を設けて労務コストの引き下げを図る一方で，自社工場の生産設備を積極的に更新した。こうした経営努力によって，電子部品メーカーの生産コストは低減し，セットメーカーとの分業関係が成立したのである。

続いて，民生用の電子部品市場に特化することで発展を遂げた第2類型の部品メーカーの事例として，東光ラジオコイル研究所とミツミ電機の事例を取り上げた。両社とも発展の契機となったのはトランジスタラジオ用の電子部品開発であった。第5章で明らかにしたように，アセンブルに特化した中小のラジオメーカーの簇生によって巨大な新市場が形成され，電子部品メーカーに市場機会を提供した。

中小ラジオメーカーは電子部品の知識をもたないために，電子部品メーカーの研究開発に対して影響力を行使できる存在ではなかったであろう。関係特定性の強い部品開発が行われる条件は，ここにも存在しなかった。あるいは大規模な研究開発組織を擁するセットメーカーが，中間周波トランスやポリバリコンなどの部品を，独自に開発することは可能であったかもしれない。しかしトランジスタラジオ生産が中小アセンブルメーカーによって先駆的に開始されたことにより，上記の2社は大企業が部品内製を開始するよりも早くに量産体制を整え，先行者利益としてのスケールメリットを享受していたのである。

本章では検討できなかったが，表6-5からも明らかなように，コンデンサでは磁器コンデンサ，電解コンデンサ，フィルムコンデンサ，また抵抗器ではソリッド抵抗器などの分野で同様に量産体制を構築して発展する電子部品メーカーが相次いだ。これらは市販部品の独自開発および大量生産を通じて，セットメーカーが容易には内製し得ない「専門生産」としての分野を当該産業に確立したのである。

第7章　業界団体による電子部品の規格化

——電子部品産業発展の社会的基盤（1）——

はじめに

前章では，電子部品メーカーがセットメーカーの部品内製を凌駕するスケールメリットを達成し，1950年代末までに専門生産を確立したことを明らかにした。こうしたスケールメリットの追求が可能となった背景には，電子部品がセットメーカーの特定用途に向けて開発されたのではなく，市販部品としての汎用性を備えていたという1950年代固有の条件が存在した。

しかし1960年代に入り，それまでの発展を支えてきた汎用的な市販部品取引という条件は揺らぎ始める。つまりセットメーカーから特殊な仕様の部品（いわゆる特注品）の注文が増加し，そのことが電子部品メーカーにおける生産品種の増加という問題を惹起したのである。こうした事態に対する，電子部品メーカーの具体的な経営動向については第9章で検討するが，それに先立ち，まず本章および次の第8章では，こうした個別経営を支える産業の社会的基盤として，業界団体，公設試験研究機関，学術機関などの組織間連携が果たした役割を検証したい。

まず本章では，1960年代に業界を挙げて品種増問題の解決に取り組んだ，電子機械工業会（無線通信機械工業会が1958年に改称，以下，工業会）の活動を考察する。第3章で述べたように，無線通信機械工業会が1948年に創設された際に部品部会が設けられ，部品業界の地位向上のための意思統一を図ることとなった。1960年代における電子部品の標準化もしくは規格化は，電子部品業界が自らの利益を守るために展開した活動であった。まず第1節では，1960年代において電子部品の品種が増加した要因と，それが電子部品メーカーの経営に与えた影響について検討する。また第2節では，こうした事態に対する工業会部品部会の議論や規格制定のプロセスを検証し，そこで定められた業界規格の特徴を考察する。さらに第3節では，電子部品メーカーの生産活動における業界規格の意義と限界を明らかにしたい。

1　部品標準化問題の発生

1）1960年代における電子部品の市況動向

1960年代に電子部品産業の生産規模は急拡大したが[1]，それは決して右肩上がりの一本調子ではなく，たび重なる市況の変動に電子部品メーカーの生産活動は影響された。最初の停滞期は1962年であった。電子部品需要の中心を占めるテレビ産業が金融引締による不況に陥り，また1950年代の主力製品であった14型テレビの普及が飽和状態に達したため[2]，セットメーカーがテレビを減産し，それにともなって電子部品生産も低調に推移した[3]。しかしその後，テレビ産業がブラウン管の大型化による製品差別化やアメリカ市場の開拓などによって再び成長過程に入り[4]，またトランジスタラジオ輸出の伸長や部品単体輸出の増加が貢献して電子部品生産は再び増加した[5]。とくに1964年のオリンピック開催へ向けたカラーテレビ需要の急増は，電子部品市場に活況をもたらした[6]。ところが，早くも同年8月にはオリンピック後の需要停滞を見越したテレビセットメーカーによる部品発注の削減が相次ぎ，年内の発注を差し止めるセットメーカーまで出てきた。これは同年春にセットメーカーが部品を過剰に買い付けた結果，それらが在庫として残ったことによるものであった[7]。セットメーカーは1965年5月に入っても需要停滞が短期的には改善されないという判断から減産し，部品生産も停滞した[8]。

1965年下期になると，カラーテレビが本格的な普及期に入り，またトランジスタラジオやトランジスタ式テープレコーダーの対米輸出が大きく伸び，さらにラジオ付電蓄やステレオセットなど新規の民生用電子機器の登場によって，電子部品市場は再び拡大した[9]。1967年上期には，アメリカのカラーテレビ需要の停滞および部品の単体輸出の伸び悩みによって電子部品生産量も一時的に横ばいとなったが[10]，下期からは民生用電子機器全般の大幅な生産拡大に支えられて需要は急増した。1968年8月になると「一般部品部門はのきなみ受注に追われており生産能力の限界に達している」といった状況であり[11]，1969年以降は「部品企業の大部分は能力的に需要に追いつかず供給力不足を来たしている。各社とも生産能力の強化を図るため設備投資に踏み切っているものの本年度中は現在の逼迫の状況が解決する見込みはない」と指摘される状況が続いた[12]。

このように1960年代の電子部品生産は，1950年代と同様にテレビなどの民生用エレクトロニクス産業の市場動向に強く制約されていた[13]。1960年代前半は拡大基調にありながらも2度の停滞期を経験する不安定な展開であったが，1960年代後半に入ると一転してカラーテレビの普及による大量の部品受注が発生し，とくに1968年以降は電子部品メーカーの生産能力が受注量に追いつかない未曾有の好景気となったのである。

2）部品価格と利益率の推移

1960年代初頭に14型テレビの普及が一巡すると，テレビ産業は激しい価格競争に陥った。これにともなってセットメーカーは電子部品の発注量を増やしつつも，価格の引下を厳しく要求した[14]。例えば抵抗器のなかでもっとも安価な炭素皮膜固定抵抗器の市場平均単価は，1960年4月に5円80-90銭で推移していたが，同年11月に4円88銭となり[15]，さらに1962年の不況によって同年7月には2円90銭，11月には2円70銭まで落ち込んだ[16]。1963年には需要が回復したものの，それを牽引したアメリカ向けテレビ輸出の伸長が，ソニーのトランジスタテレビなど特殊な例を除けば，主として相対的な低価格を武器としていたため[17]，部品価格が不況で下落した水準から引き上げられることはなかった[18]。

こうした電子部品価格の下落を食い止めるために，一部の部品メーカーではセットメーカーに対する価格引上運動を行った。抵抗器業界では受注価格の下落だけでなく，金融引締にともなうセットメーカーの現金支払の減少や手形割引期間の長期化が問題となり，抵抗器メーカー18社が加盟する抵抗器工業振興会が，1961年10月に支払条件の改善を求めた要望書を通産省へ提出し[19]，また同年12月にはセットメーカーを中心とした取引先企業60社に対して同様の要望書を送付した[20]。また工業会部品部会でも，部品発注価格の妥当な水準への是正を1963年5月にセットメーカーに対して申し入れた[21]。

業種によっては，セットメーカーへの申し入れに留まらず，価格の引上を目的とした電子部品メーカー間の価格調整や数量調整が実施された。例えばスピーカーメーカー24社が加盟している関東高声器工業協同組合では，供給過剰によって価格が下落しているトランジスタラジオ用小型スピーカーについて，1962年9月に加盟メーカーの原価データを相互に公開して適正価格の設定を試みた[22]。しかしスピーカー業界には同組合に加入していないアウトサイダーが多数存在し，同年11月にいたっても「対策に決め手を欠く[23]」状況であった。またトランス業界でも使用材料である電気銅の高騰を受け，1964年に製品価格の引上を工業会低周波業務委員会で検討した。しかし各メーカーが製造販売しているトランスの種類は多岐にわたり，それぞれの価格や取引条件が異なっていたため，一律の価格設定や数量調整を行うことは難しく，結果的に部品メーカーとセットメーカーとの個別的な折衝に任されることとなった[24]。戦後の業界団体は統制機能をもつことを許されず，業界相互の親睦を図る組織であり[25]，こうしたカルテル活動が実効性をもつことはなかった。1964年11月頃になると「現有設備での稼働率を下げられない関係からいきおい需要量の確保が先行している[26]」ため，価格競争は激しさを増していた。

セットメーカーの絶え間ない価格引下要求によって部品価格が低落する一方で，生産コストは上昇していた。表7-1は，1960年代における生産労働者の平均賃金の推移をみたものである。労働市場の逼迫による賃金水準の上昇が電気機械産業全体で確認されるなか，とりわけ電子部品産業の賃金上昇率が高い。また銅やマグネットなどの材料価格も上昇した。表7-2に示した，主要な電子部品メーカーの損益分岐点の推移をみると，1962年や1965年の不況期に若干

表 7-1　生産労働者の平均賃金

（円）

年	電子部品		通信機械器具		電気機械器具	
1961	9,338	(100)	10,966	(100)	12,714	(100)
62	10,760	(115)	13,014	(119)	14,304	(113)
63	13,071	(140)	14,006	(128)	14,962	(118)
64	15,371	(165)	15,360	(140)	16,935	(133)
65	17,208	(184)	17,190	(157)	19,205	(151)
66	20,778	(223)	19,582	(179)	21,497	(169)
67	22,582	(242)	20,799	(190)	23,705	(186)
68	25,193	(270)	25,115	(229)	26,720	(210)
69	27,726	(297)	29,540	(269)	30,809	(242)

出所）電子部品は日本経済新聞社編『会社年鑑』各年版。通信機械器具および電気機械器具については，労働省編『毎月勤労統計調査報告』各号。
注 1）カッコ内の数値は名目賃金指数。
2）電子部品メーカーの平均給与＝{(男子労務者数×男子平均給与)＋(女子労務者数×女子平均給与)}÷(男女労務者合計)。
3）通信機械器具および電気機械器具は従業員数 30 名以上の企業について各年 1 月の「生産労働者」における「決まって支給する給与」。電子部品は各メーカーの決算時の数値。

の停滞はあるものの一貫して上昇していることがわかる。これは固定費の大半を占める人件費や変動費の大半を占める材料費などの諸コストが上昇していたことを反映していると思われる。

また電子部品産業の売上高営業利益率を確認したものが表 7-3 であるが，1962 年まで漸次的に低落した後，1963 年から 1966 年にかけては 10％ を下回っている。生産コストの上昇が部品メーカーの経営状況を悪化させており，1965 年不況による売上高の下落がそれに拍車をかけていた。このように 1960 年代前半における部品価格の下落は，市況停滞期の薄利多売によってもたらされていた。それに加えて，電子部品メーカーが 1950 年代のような大量生産体制の構築によるスケールメリットを享受できない条件が存在したことも重要であった。

3) 特注品取引の弊害

電子部品が市販部品として販売される際には，各部品メーカーによってカタ

表 7-2　損益分岐点の推移

（千円）

決算期		アルプス電気		日本コンデンサ		ミツミ電機		興亜電工		帝国通信工業		パイオニア		村田製作所	
1961	上														
	下											1,884,316	(100)		
62	上	976,502	(100)	971,629	(100)			388,151	(100)	911,282	(100)			380,049	(100)
	下	1,138,009	(117)	978,555	(101)	1,163,857	(100)	411,201	(106)	1,039,254	(114)	2,666,882	(142)	780,670	(205)
63	上	1,096,106	(112)	940,411	(97)	1,168,465	(100)	404,497	(104)	947,960	(104)			831,421	(219)
	下	1,220,625	(125)	1,017,408	(105)	1,273,569	(109)	484,506	(125)	994,682	(109)	2,951,039	(157)	931,143	(245)
64	上	1,602,388	(164)	1,346,795	(139)	1,435,084	(123)	614,197	(158)	1,032,958	(113)			1,011,872	(266)
	下	2,185,964	(224)	1,324,710	(136)	1,752,557	(151)	568,424	(146)	1,193,730	(131)	3,702,666	(196)	1,140,814	(300)
65	上	2,196,930	(225)	1,407,646	(145)	1,620,057	(139)	508,551	(131)	1,173,581	(129)			1,269,005	(334)
	下	2,124,993	(218)	1,475,724	(152)	1,865,614	(160)	451,026	(116)	1,085,442	(119)	4,492,069	(238)	1,216,465	(320)
66	上	2,107,978	(216)	1,713,346	(176)	2,083,178	(179)			1,197,456	(131)			1,450,138	(382)
	下	2,394,784	(245)	2,464,573	(254)	2,497,575	(215)	648,903	(167)	1,570,010	(172)	6,013,874	(319)	1,825,910	(480)
67	上	3,311,929	(339)	2,216,765	(228)	2,761,704	(237)	680,000	(175)	1,801,794	(198)			2,181,568	(574)
	下	3,492,854	(358)	2,330,988	(240)	3,071,026	(264)	658,958	(170)	2,024,382	(222)	8,487,600	(450)	2,043,906	(538)
68	上	3,527,778	(361)	2,405,765	(248)	3,010,359	(259)	803,867	(207)	2,230,213	(245)			2,672,069	(703)
	下	4,543,812	(465)	3,062,212	(315)	3,373,054	(290)	938,466	(242)	2,827,549	(310)	12,366,220	(656)	3,301,713	(869)
69	上	6,314,493	(647)	3,582,762	(369)	4,459,516	(383)	1,107,610	(285)	3,158,143	(347)			4,011,306	(1055)
	下	7,613,222	(780)	4,127,874	(425)	5,860,595	(504)	1,403,197	(362)	4,068,849	(446)	20,264,618	(1075)	4,948,355	(1302)

出所）各社『有価証券報告書』各期。
注1）右欄カッコ内は指数。
　2）興亜電工の66年上期は不明。

表 7-3　売上高営業利益率の推移

(%，社)

年	電子部品		通信機械器具		電気機械器具	
1959	15.6	(11)	11.5	(13)	12.3	(38)
60	12.7	(23)	11.1	(13)	12.7	(38)
61	11.3	(25)	10.7	(13)	11.8	(39)
62	11.1	(27)	10.6	(13)	11.1	(38)
63	8.6	(28)	10.6	(20)	9.8	(40)
64	9.7	(28)	9.7	(20)	9.5	(41)
65	8.4	(28)	8.3	(20)	8.2	(41)
66	8.7	(28)	10.0	(20)	8.4	(41)
67	10.3	(27)	10.6	(20)	10.7	(40)
68	10.6	(28)	10.5	(19)	11.1	(39)
69	11.4	(28)	11.1	(18)	10.9	(38)

出所）電子部品メーカーについては，日本経済新聞社編『会社年鑑』各年版，および同編『会社総鑑』各年版。通信機械器具および電気機械器具については，三菱経済研究所編『本邦事業成績分析』各年版，および『企業経営の分析』各年版。

注 1）売上高営業利益率＝{売上高－(売上原価＋販売費および一般管理費)}÷売上高。

2）電子部品は各社の決算期，通信機械器具・電気機械器具は各年上期の数値。またカッコ内の数値は集計企業数。

3）電子部品メーカーの 5 社については販売費および一般管理費が不明であるため，差し引いていない。そのため売上高営業利益率は実際よりもやや高めになっている。

ログが作成され，そこに掲載されている性能，形状および寸法の系列から特定の部品を顧客が選択して購入する方法が一般的である。またカタログは電子部品メーカーが作成するだけでなく，パーツ屋などの卸商が取り扱う商品について自ら作成し，配布することもあった。ところが 1960 年頃のカタログには「特殊規格の御註文に応じます」，「特殊規格の場合には規格及形状をご指定ください」，「一般市販品では満足できない時，特別な形が必要な時……ピタリマッチした御註文通りのものを短期間に安価で，お手許にお届け致しております……形状及び寸法のご指定の場合にも……図面又は詳細にご説明ください」，「各種の用向により仕様書通り近日中に作成いたします」といった但し書きが添えられていた[27)]。つまり電子部品メーカーがあらかじめ用意した製品系列に則さない寸法や性能についても，セットメーカーの要求に応じて製造販売する意向が記されていたのである。例えば片岡電気では，ロータリースイッチ[28]について「標準品以外の特注品のスイッチも御必要の節にはたとえ1個でも可能な限り，ご仕様書に依り喜んで製作いたします。この場合御指定事項は段数，全回路数，接点数，短絡回路の有無，切替時の断，続，シールド板の大きさ，軸長，格段の間隔，取付方，回転角度……ウェハー図面をできるだけ詳細に渡って御指定ください[29]」と顧客であるセットメーカーが開発している電子回路に応じて，非常に詳細な性能，形状，構造の部品仕様の指定を受け入れていた。また関西二井製作所でも，同社で製造販売している電解コンデンサについて，「上記表以外の容量，使用電圧もご要望により製作いたしております[30]」と性能面での詳細な仕様変更を受け入れており，さらにミツミ電機でも1958年から製造を開始していた中間周波トランスについて，「インピーダンスは指定により自由に変えられます[31]」とカタログに明記されていた。

片岡電気の例にあるように，セットメーカーが作成した仕様書によって製造される部品は「特注品」と呼ばれており，電子部品メーカー側が作成している独自の製品系列である「標準品」とは区別されていた。特注品の開発過程については第9章で検討するが，1960年のカタログに特注品についての記述がみられる点から判断して，1950年代末頃には電子部品メーカーはセットメーカーの特注品需要に応じていたと推察される。とりわけ1960年代前半になると，セットメーカーはテレビ普及率の停滞を改善するためにテレビのモデルチェンジを頻繁に行うことで販売促進を試みるようになり，部品発注の際には新しい形状や寸法を仕様書に盛り込んだ特注品を購買するようになった[32]。またトランジスタラジオについても既述のように小型化，低電力化が進展するなかで，各セットメーカーが多様な品種の部品を購買していた。特注品需要が増大するのにともない電子部品の品種は著しく増加し，1961年頃に販売されていたスピーカー，コンデンサ，トランス，抵抗器，イヤホンなどのトランジスタラジオ部品は，外形寸法，部品に付属するシャフト寸法および性能の違いなどを考慮すると少ないもので約50種，多いものでは数百種類に達し，テレビ部品においても同様に品種数が増加した[33]。

特注品は取引量が特定顧客からの受注量に限定されるため，電子部品メーカーがスケールメリットを享受することは困難になった。例えばコイルメーカーの北陽無線工業では1964年に月間20万個のコイルを製造していたが，その月あたり製造品種数は300を超え，多品種生産を余儀なくされていた。同社は生産自動化のためにドイツから1台800万円の製造機械を輸入したが，セットメーカーが発注するロットのサイズは小さく，「この機械を今の受注状態で使うとすれば，機械を動かすまでの調節に時間をとられて，かえってコスト高になる」状況であったため，工程のほとんどは手作業に委ねられていた。手作業は10名程度の工員が一つの班を構成して1ロットの生産に従事していたが，ロットサイズが小さいために「中途半端な時間で作業を打ち切らなければならないケースが多く，どうしても手待ち時間が多くなりがち」であった[34)]。また日本ケミカルコンデンサ（現，日本ケミコン）でも1960年頃に「当時受注拡大作戦の一環として，各ユーザーの要求をほとんど鵜呑みにするあまり，当社の製品が多様化し……機械化についてもさまざまな苦心がはらわれたが，製品が多岐にわたったままでは，機械化は一歩といえども進まないのであった」という状況であり，同社内に品質管理委員会で標準化が検討されていた[35)]。さらにスピーカーメーカーのパイオニアでも，セットメーカー仕様の製品を製造し続けた結果，やはり1964年頃には寸法や形状が微妙に異なる約400種のスピーカーを自社製品として抱えることになり，量産化のネックとなるだけでなく在庫管理などの面でも問題視されるようになっていた[36)]。

他方で，特注品の発注者であるセットメーカーにおいても，購買管理業務の複雑化や生産コスト高が問題となっており，特注品として発注していた部品の一部を整理統合する必要が生じていた。例えば，日立横浜工場では価格が5万円を下回る16型テレビを市場に投入するため，1962年8月頃に工場長が次期の購買関係で10％のコストダウンを実現するように指示を出し，購買部品の標準化に着手した[37)]。また早川電機では，1964年頃より品質管理部標準課において部品在庫の削減，購買業務の効率化を目的として，発注部品の標準化に着手し，スピーカー，ボリューム，トランス，コンデンサなどの品種を半分程度にまで整理統合したうえで，それらを社内規格とした[38)]。東芝，松下，ソニーなどでも，1965年の不況時には標準品の採用によって互換性を高め，また補修用部品の在庫を削減しようとしており，複数種類の部品を単一の品種で代用できるような購買を指向していた[39]。

さらに家電小売店からは，補修用部品の互換性がないためにアフターサービスに支障をきたすという苦情が頻出し，1963 年に東京都電機小売商組合がセットメーカーに対して部品仕様の統一を要求する申し入れを行った[40]。また 1965 年には通産省産業構造審議会流通委員会家庭電気分科会において，販売サービス業務の視点からこの問題が取り上げられ，補修用部品の在庫確保および規格統一が図られるべきであるとの指摘がなされた[41]。このように特注品の取引増加による電子部品の品種増は，産業全体において深刻な問題を惹起しており，標準化による解決が喫緊の課題となっていたのである。

ところで標準化には，市場競争の結果として寡占化に成功した企業の製品が事実上の標準品となるデファクトスタンダード（de facto standard）と，公的機関における審議を経て決定されるデジュ－レスタンダード（de jure standard）がある[42]。次節以降では，工業会によるデジューレスタンダードの試み，すなわち電子部品の規格化について考察し，その成果と限界について検討してみよう。

2　電子機械工業会の規格化活動

1）規格化をめぐる分析視角

部品規格化の成果と限界を検討するにあたり，本節では以下の諸点に留意しながら分析を進めていきたい。第 1 に規格の役割を，標準化の進展，部品精度の向上という 2 点に求める。前者については前節で述べたような品種増を抑制できたのかどうかを確認するが，後者については若干の説明が必要であろう。戦前および戦時期の工作機械工業を事例に規格化問題を分析した石川滋・清川雪彦の研究によると，戦時中の臨時 JES はドイツの DIN 規格に劣らない精度であったため，技術水準が劣る中小企業にとっては品種削減のための標準値というよりも，むしろ将来にクリアすべき目標値としての意義があった[43]。このように規格にはメーカーの技術水準の向上を促す「精度規格」としての機能が含まれることがある。そこで電子部品の業界規格についても，1960 年代の電子部品メーカーの目標値になり得るような高い精度を規定できたのかどうかを吟味したい。

第 2 に，業界規格と他の諸規格との比較検討が行われなければならない。すなわち石川・清川の整理によれば，規格は国家規格，業界規格，社内規格に分類され，日本のような後発工業国では政府の強力な政策によって国家規格が作られた後に，業界や企業レベルでの規格化が進む「上からの規格化（Standardization from Above)」が生じるとされている。電子部品においても国家規格である日本工業規格（JIS 規格）が多数制定されており，他方で部品メーカーは自社独自の社内規格で生産する場合があった。本節では，これら三者の関係がどのように展開していったのかを明確にしたい。とりわけ業界規格と社内規格の関係については企業間競争の影響を考慮する必要がある。規格は利害調整の産物であり[44)]，企業間の共通性よりも独自性が高い価値をもつとみなされる場合，規格化へ向けた業界での調整は困難であり，社内規格が優先される。1960 年代の電子部品産業では相次ぐ技術革新によって激しい製品開発競争が繰り広げられており，業界規格もこうした競争に大きく制約されたと考えられる。

第 3 に，部品メーカーが業界規格を採用するか否かは顧客であるセットメーカーの発注態度に大きく委ねられているという点に留意しなければならない。セットメーカーが特注品に固執すれば，部品メーカーによる業界規格の採用も限定的となり，特殊な形状や寸法が採用されるであろう。そこでセットメーカーが部品標準化に対して，どのような態度を示し，またかかわっていったのかを考察しなければならない。

以下では，第 2 項で規格化の開始段階における，工業会部品運営委員会エンジニアリング研究会の役割に注目し，業界規格が JIS 規格の抱える諸問題を克服するものとして登場したことが確認される。第 3 項では工業会部品技術委員会における規格化審議過程を具体的に検討し，セットメーカーも含めた様々な関連主体によって合意が形成された反面，規格化が非常に限定的な領域にのみ設定される結果となったことを明らかにする。

2）1960年代における業界規格の検討

ⓐJIS 規格の限界

電子部品の寸法や電気性能について標準値を定めた規格としては，1960年までに48のJIS規格が制定されていた[45]。しかし電子部品の品種が増加した結果，部品メーカーが既存のJIS規格にもとづいて部品の生産を行うことは困難な状況となっていた。

まずJIS規格が定める寸法とは異なる多種の部品が，市場で取引されるようになっていた。例えば時期は少し後になるが，1966年頃のテレビの音量調節に使用される抵抗器は，接続部分のシャフトの寸法がJIS規格によって10ミリから80ミリまで12種類定められていた。しかし実際には，1ミリ間隔で80種を超える寸法が市場で取引されており，JIS規格にもとづいた部品を使用しているセットメーカーは皆無であった[46]。また対米輸出が大半を占めるトランジスタラジオに組み込まれる部品については，電子部品に対しても国外での使用に耐え得る技術が求められた。例えばコンデンサの最高使用温度は，国内向けの基準では摂氏65度であったが，アメリカで使用される場合は摂氏85度まで引き上げる必要があり，環境変化に対する電気性能の劣化率の基準について高水準のものが求められていた。しかしJIS規格では，これに対応する内容は定められていなかった[47]。片岡電気専務の内海金吾は「従来のもの〔JIS規格〕がカタログ収録的で標準化には程遠いものとされた。このため各セットメーカーともJISを根拠にして部品を購入する場合は少なく，T社（不明）の例でも17％程度JISに依存の規格で購入しているだけで，ほかは社内規格など別途の規格によって購入しているという。したがってセットメーカー各社からそれぞれ，バラバラに別途の規格に基づいて受注する部品メーカーは品種の統制難に陥り生産合理化を妨げられてコスト低下の狙いからいっても明らかにマイナスになっている[48]」と述べていた。1960年代における電子部品市場の変化に，JIS規格は対応していなかったのである。

JIS規格の制定機関である通産省工業技術院（以下，工技院）標準部では，工業標準化法第15条にもとづき，上で述べたようなJIS規格の不備を改善するために，規格制定の3年後にその規格が現状に合致したものであるかの検討を行い，必要であれば改正もしくは廃止の措置を講じていた[49]。しかし技術革新が進行する1960年代において，3年に1度のペースで規格を改正することは，明らかに敏速性を欠いていた。またJIS規格の制定や改正において審議すべき技術項目が増えており，それまで2–3回で終了していた審議が6回以上となるケースが増え，審議期間が長期化していた[50]。工技院では審議期間を短縮するために，これまでの委員会方式を改め，国際電気規格会議が採用している文書審議方式を採用したものの[51]，大きな効果を挙げるにはいたらなかった。第6章で取り上げた東光ラジオコイル研究所の前田久雄社長は，「現行のJISの内には標準品と称しながら沢山の非標準的性格の品種が混在しているので，その価値を失っているものが多く，信用を失ってしまう実例もある[52]」，「JISの設定は遅すぎるんです。……エレクトロニクスの部品のようにスピードの速いものをうる（ママ）には遅すぎた。……なんとかできるだけの標準化をしなければコストダウンもできないし……〔JISが〕決まったときには過去のものではないかというふうに思われがちなんです[53]」と，JIS規格の対応の遅れを批判しており，市場変化に迅速な対応が可能な規格が求められるようになっていた。それが工業会規格であるCES規格（Component Engineering Standard）だったのである。

第3章でも述べたように，CES規格は終戦直後に設立された日本通信機械工業会（以下，日通工）が定めたラジオおよび部品関係の規格をもって嚆矢とする[54]。1948年4月に日通工を引き継いで，有線通信機械工業会，無線通信機械工業会，通信電線会の3団体が設立されると[55]，CES規格は通信電線会を除く2団体の定める規格となり，官公庁からの発注仕様書などに盛り込まれた[56]。民生用電子部品のCES規格は無線通信機械工業会で検討され，工業会部品部会に設置された部品別の技術委員会で原案作成および審議が行われた。しかし1950年代に制定された電子部品のCES規格はわずかに3件のみであり[57]，規格化活動は低調であった。本格的な活動は，前節でみた標準化問題が発生した1960年代前半からであった。

ⓑ工業会エンジニアリング研究会の活動

1961年5月に工業会部品運営委員会の研究会として，エンジニアリング研究会，マーケティング研究会，マネージメント研究会が設けられた。これらは当時の不安定な市況変動および部品単価下落の問題を検討し，電子部品産業における経営合理化もしくは生産合理化を推進するための研究会であった。マーケティング研究会では，需要観測などの市場分析を担当した。またマネージメント研究会では，セットメーカーの過度な価格引下要求に対抗すべく，電子部品メーカーが適切な生産コスト計算を行えるような原価計算方式を確立し，それを普及させることを目標としていた[58)]。さらにエンジニアリング研究会では，生産能率や生産技術の向上を目的に，主として部品標準化を積極的に推し進めることとなった[59)]。

エンジニアリング研究会を統括する主査には，前田久雄が着任した。前田が目指したのは，JIS 規格の問題を克服できる業界規格であった。また業界規格が「ユーザーから信頼をかちとる」ことも基本理念に掲げられており，電子部品メーカーだけでなく，セットメーカーも含めた業界全体の合意形成を重視していた[60)]。具体的には，研究会の下に設けられた部品別の小委員会において，早急に標準化が必要なものを調査し，基本案を作成した。小委員会に参加した企業は，迅速な意見調整が可能となるように最大でも 4-5 社程度に抑えられており，例えば可変抵抗器小委員会は帝国通信工業，松下，東京コスモス電機，ツバメ無線の 4 社，可変コンデンサ（エアバリコン）小委員会は片岡電気，三開社，富士バリコン，菊名製作所の 4 社，トランス小委員会は山水電気，三立電機，タムラ製作所の 3 社で構成されていた。以上の小委員会で規格化の取り纏めを担当する委員長は，帝国通信工業，片岡電気，山水電気であり，また他の委員会ではパイオニア（スピーカー小委員会），ミツミ電機（ポリバリコン小委員会），村田製作所（セラミックコンデンサ小委員会），日本ケミカルコンデンサ（電解コンデンサ小委員会），東光ラジオコイル研究所（中間周波トランス小委員会），松下（ソリッド抵抗器小委員会），日本通信工業（紙コンデンサ小委員会，マイカコンデンサ小委員会）などの電子部品メーカーであった[61)]。電子部品市場に大きな影響力をもつこれらの有力部品メーカーが規格化を担うことで，CES 規格の普及を図ったものと思われる。

エンジニアリング研究会では，まずトランジスタラジオに組み込まれる部品 6 品目の市場を調査し，品種を整理するための規格案を作成した[62)]。それらの多くは部品の形状や寸法に関するもので，JIS 規格の限界を補ったものであった。例えばラジオの音量調節に使われる可変抵抗器では，JIS 規格で 16 ミリから 35 ミリの外形寸法が規定されていたが，トランジスタラジオ用はこれよりも大幅に小型化されていたため，JIS 規格の規定範囲から外れる製品が多数出回っていた。そこでエンジニアリング研究会では，16 ミリ以下の寸法の部品について標準品種案を作成し，部品技術委員会に CES 規格化を提案した[63)]。上記 6 品目は部品技術委員会の審議にかけられた後，ラジオ技術委員会においても検討され，1963 年に CES 規格として制定された。

CES 規格の原案作成と審議の実質的な機関は，次にみる部品別の技術委員会であり，エンジニアリング研究会はあくまで CES 規格化を部品技術委員会に提案する立場に留まったが，同研究会の以上のような活動によって規格化の問題提起がなされたことは重要であった。1960 年代における業界レベルでの規格化を「軌道にのせた[64)]」同研究会の存在意義は大きかったといえるだろう。

3) 電子機械工業会部品技術委員会の CES 制定作業

ⓐメーカー間の合意形成

上述したように，CES 規格の審議は部品別に組織された技術委員会で行われた。委員会での審議内容についてやや詳しくわかる，1966 年度の第 1 回コネクタ技術委員会（7 月 18 日開催）の事例を検討しよう。まず委員会に参加した企業を確認すると，ヒロセ電機，昭和無線工業，サトーパーツ，穂高電子工業，多治見無線電機といった部品メーカー，および東芝，沖電気，新日本電気，富士通，日本電気などのセットメーカーであった[65)]。

議事内容についてみると，CES 規格，JIS 規格，NDS 規格（防衛庁規格）の原案作成について議論されており，CES 規格は「外部電源プラグ」の規格案について資料 7-1 に示された点が議論されていた。

［資料 7-1］

第 1 回コネクタ技術委員会議事録

外部電源プラグ CES 案の件（関西機構部品技術委員会依頼）

1）配布資料ソニーの使用状況につき下記の通り説明
　イ）関西からの依頼状
　ロ）機構部品技術委員会議事録（電子工業会関西支部）
　ハ）外部電源プラグ案
2）関東側メーカー（佐藤部品，昭和無線，穂高 etc.）との調整がとられていなかった。
　イ）寸法が違う
　　a）輸出向（inch 系列）6.9.12V の 3 種類
　　b）国内向も 3 種類あるが原案寸法と相違する。
　　〔中略〕
4）関東側としての原案をプラグ・ジャック小委員会（[委員長］星電・松岡氏［副委員長］アシダ・宮崎氏）にて作成し，コネクタ技術委員会にて両者の調整を計る。
以上

すなわち工業会関西支部の機構部品技術委員会で作成された，輸出向け電源プラグの CES 原案を，関東の部品メーカーが検討した結果，すでに生産されている国内向けのものと寸法面で相違がみられるため，関東の部品メーカーでも同様に原案を作成し，同委員会で再び意見調整を行うというものであった。電子部品メーカーは主として関東と関西に分散していたが[66]，コネクタ技術委員会は双方の意見を調整する役割を果たしていた。他の部品においても同様の意見調整が行われていた。筆者が入手した複数の CES 規格には，末尾の解説欄に審議経過の説明があり，各部品メーカーの実情を調査したことが記されている[67]。

ではセットメーカーの意向は，どのように反映されていたのであろうか。関東の企業で構成されているプラグ・ジャック技術小委員会には，上述のコネクタ技術委員会に参加している部品メーカーに加え，東海通信工業，星電器製造(現，ホシデン)，アシダ音響，日本圧電気，本多通信工業などのプラグ・ジャックメーカーも参加し，またセットメーカーではソニーと東芝柳町工場が加わっていた[68]。資料 7-2 に示した第 9 回委員会（1966 年 11 月 2 日）の議事録によると，セットメーカーの意見が重視されていることが確認できる。

［資料 7-2］
第 9 回プラグジャック技術小委員会議事録
外部電源プラグの件
1）ソニーの使用状況につき下記の通り説明
　イ）B 寸法 5.6 φ　A 寸法 2.1 φのものを 4.5V，6V，9V，12V 用として使用
　ロ）C，D，E，F 寸法は原案通りである
　〔中略〕
2）東芝柳町における使用状況につき下記の通り説明
　イ）A 寸法 2.1 φ，B 寸法 5.0 φのものが多い。現在 A2.5 φ　B5.5 φのものを採用企画中
　〔中略〕
3）今後の方針
　イ）1 形一本にしぼる。 この方針については日立およびコロンビアの確認を要する
　ロ）次回にジャックの見本を持ちかえり検討する
以上

原案では，A から F まで区分されたプラグの各部分について，1 形および 2 形という 2 種類の寸法案が作成され，それに対してソニーと東芝柳町工場での使用実績を比較検討しており，結果として 1 形の案が採択されたことを示している。また日立や日本コロンビアとの意見調整を行うことが明記されている。

こうしたセットメーカーとの調整は上の事例にとどまらない。例えば炭素皮膜固定抵抗器は抵抗値の種類が増加し，所要の抵抗値に適合しないものが部品メーカーだけでなくセットメーカーでもデッドストックとなっていた。そこで抵抗器技術委員会では，双方の約 150 社からアンケートを集め，標準抵抗値の系列を定めた[69]。この他，部品技術委員会で審議した後にセットメーカーが所

属するラジオ技術委員会に原案を提示して意見調整を行うこともあり[70]，また原案作成の段階でセットメーカーから使用頻度の高い部品の寸法を提示してもらい，それらを原案に盛り込むこともあった[71]。関西の部品技術委員会では規格原案の作成段階から松下や早川の技術者が参加し，CES 規格に意見を述べており，とくに松下はラジオ事業部やテレビ事業部だけでなく，標準化担当の技術者まで出席していた[72]。このように部品技術委員会では，セットメーカーの意向にも配慮しながら，業界における合意形成に努めていたのである。

なお規格原案の作成にあたっては，輸出を見越して国外の電子部品メーカーのカタログやアメリカの MIL 規格，ドイツの DIN 規格および国際電気標準会議の IEC 規格なども参考にしていた[73]。またテレビチューナーはミリ単位で設計されていたものを輸出向けにインチ単位とする必要があり，インチ基準での標準化が検討されていた[74]。

ⓑ限定された規格化の領域

以上のような合意形成への努力は，しかしながら，部品技術委員会での審議に多大な負担をもたらした。例えば，審議されている CES 規格案について，工業会の加盟部品メーカーが無理なく生産可能かどうか，規格化は時期尚早ではないか，といった意見が取り交わされた結果，合意が形成されずに規格化が見送られることも少なくなかった[75]。また部品の構造全体については合意が得られず，限定された領域にのみ規格が制定されることもあった。例えば，電解コンデンサでは，部品を梱包するケース部分について規格化すると，当時の製品開発における最重要課題であった小型化に支障が出るため，各社は独自の寸法や形状を優先させた。その結果，電解コンデンサの CES 規格は，最低限の互換性を保てるように，接続部分のリード線の太さや長さのみが定められた[76]。またスピーカーでも同様の理由で規格が定められたのは口径部分および取付穴部分に限定されていた[77]。したがって規格化から外れた部分については，各社が独自の仕様を設けており，その意味で「CES は貧弱である」という指摘もあった[78]。

規格化を審議する部品技術委員会としても，規格化の領域を無理に拡大する方針は採らず，「設計製作に支障をきたさない程度に……外形寸法および接続

表 7-4　CES 規格制定件数

年	コンデンサ	抵抗器	変成器	スピーカー	スイッチ	プラグ・ジャック	その他	不明	合計	累計
1956							1		1	1
57	1					1			2	3
58									0	3
59									0	3
60									0	3
61	1		1						2	5
62	2								2	7
63	1	2	2	1		1			7	14
64	3	2		3					8	22
65		2					1		3	25
66	5	2	3		4		1		15	40
67	10	1	5				3		19	59
68		2	5			1	2		10	69
69	1	2				5	2		10	79
不明	1							2	3	82
合計	25	13	16	4	4	8	10		82	
廃止	5	3	1			1	1	2	13	

出所）電子機械工業会編『電子』第 5 巻第 5 号，1965 年 5 月，75 頁，第 8 巻第 5 号，1968 年 5 月，38-39 頁，第 10 巻第 5 号，1970 年 5 月，35-36 頁。
注）既存規格の改正が 3 件，追加が 1 件あったが制定数に加えてある。

の種類を限定することにより少種多量生産によるユーザーおよびメーカー相互の利益を計ろう[79]」とすることが規格化方針に謳われていた。また部品技術委員会では部品メーカーの過去の生産実績に鑑みて，CES 規格の採用が困難であると判断した場合には，将来的に漸次 CES 規格へと切り替えることを容認しており，規格値から外れている現状の製造品種を「準標準品」と称して特注品と区別していた。これは「実質的に優れたものは将来量産実績が向上することが考えられる」ためであり，「したがって準標準品種のうち合理性のあるものについては次期改定時に標準に繰り込むことを考慮し，また量産実績の低調なものについては準標準からも外す[80]」とされていた。

このように CES 規格は，あくまで企業間の製品開発競争を阻害しない範囲内において量産化を最大限に促進させることを基本理念としていた。部品全体の構造を規格化して大量生産を追求する方法は，小型部品開発による製品差別

表 7-5　CES 規格一覧

制定年	規格番号	規格名		分類
1956	601	シャフトのローレットの加工寸法	廃	個
1957	602	イヤホーンプラグの寸法	廃	個
	603	プロング形電解コンデンサ用ベース		個・試・通
1961	606	トランジスタ回路用固定磁器コンデンサ	廃	個・試・通
	621	電子機器用小型トランス鉄心寸法		個
1962	607	電解コンデンサ用タンタル焼結素子の試験法		試
	608	タンタル固定電解コンデンサ	廃	個・試・通
1963	611	トランジスタラジオ用中間周波変成器および発振コイルの寸法と接続		個
	621	電子機器用小形低周波トランス寸法（片側3端子横形）	廃	個
	631	トランジスタラジオ用ポリバリコンの寸法		個
	641	2孔取付方式小形炭素系可変抵抗器の標準寸法		個
	651	コーンスピーカーの寸法		個
	701	小形単頭プラグおよび超小形単頭プラグ寸法		個
	609	固定抵抗器用磁器棒の寸法		個
1964	632	トランジスタラジオ用ポリバリコン通則		通
	633	トランジスタラジオ用ポリバリコン試験方法		試
	642	金属皮膜固定抵抗器（高安定性）		個・試・通
	643	固定抵抗器の推奨寸法	廃	個
	652	コーンスピーカーの定格インピーダンス標準値		個
	653	コーンスピーカーの入力の標準値		個
	654	コーンスピーカーの形名		その他
	661	高周波利用設備用プラスチックコンデンサ		個・試・通
1965	609A	固定抵抗器用磁器棒の寸法（改正）		個
	644	絶縁シャフト形および簡易形炭素系可変抵抗器		個・試・通
	681	電子機器部品の製造年月日表示の略号		その他
1966	612	トランジスタラジオ用中間周波変成器の試験法		試
	622	電子機器用トランス鉄心積層板の寸法		個
	623	電子機器用中形低周波トランス横形の寸法		個
	655	ターンオーバー形スタライタス		個・試・通
	671	波形スイッチ		個・試・通
	672	スライドスイッチ（リード配線用）		個・試・通
	673	プリント配線用スライドスイッチの寸法		個
	674	押釦スイッチの寸法		個
	691	低電圧用小形回定磁器コンデンサ（温度補償用）の通則		通
	692	低電圧用小形回定磁器コンデンサ（温度補償用）の試験方法		試
	693	低電圧用小形回定磁器コンデンサ（温度補償用）の個別規格		個
	803	分割・路網用無極性アルミニウムはく形乾式電解コンデンサ		個・試・通
	804	連続定格交流電解コンデンサ		個・試・通
	643	炭素皮膜固定抵抗器の推奨寸法（追加）	廃	個
	645	電力形金属皮膜抵抗器		個・試・通
1967	613	ラジオ用中間周波変成器（真空管FM用）の通則		通
	614	ラジオ用中間周波変成器（真空管FM用）の試験法		試
	615	トランジスタラジオ用中間周波変成器のQ，標準巻数比および標準インピーダンス		個
	624	E形フェライト磁心試験法		試
	625	電子機器用大形低周波トランスの寸法		個
	626	電子機器用大形低周波トランス用カバーの寸法		個
	646	取付具付電力皮膜抵抗器		個・試・通
	662	コンデンサ用ガラス端子		個・試・通
	682	可変抵抗器，ロータリースイッチおよびエアバリコンのシャフトの標準		個
	683	可変抵抗器，ロータリースイッチ，トグルスイッチおよびジャック用取付け六角ナットの標準		個
	691	低電圧用小形回定磁器コンデンサ（高誘電率）の通則		通
	692	低電圧用小形回定磁器コンデンサ（高誘電率）の試験方法		試
	693	低電圧用小形回定磁器コンデンサ（高誘電率）の個別規格		個
	697	小形固定磁器コンデンサの表示方法		その他
	805	アルミニウム電解コンデンサ		個・試・通
	807	普通級アルミニウムはく形乾式電解コンデンサ		個・試・通
	808	電解コンデンサの表示方法		その他
	802A	特殊級アルミニウムはく形乾式電解コンデンサ JISC6440 の標準品種（改正）	廃	個
	806	トランジスタ回路用アルミニウムはく形乾式電解コンデンサの標準品種	廃	個
1968	616	ラジオ用中間周波変成器（真空管AM用）の通則		通

	617	ラジオ用中間周波変成器（真空管 AM 用）の試験法		試
	618	トランジスタラジオ用 FM 中間周波変成器の Qu，同調容量，寸法，および接続		個
	619	ネジ形フェライト磁心の寸法		個
	621	電子機器用小形トランス鉄心積層板の寸法		個
	622	電子機器用小形低周波トランスの寸法		個
	645A	電力形金属皮膜抵抗器（改正）		個・試・通
	684	二重軸可変抵抗器のシャフトの標準		個
	685	カラーテレビジョン受信機用偏向ヨーク試験方法		試
	702	小形ジャック		個・試・通
1969	647	中間タップ付可変抵抗器の標準		個
	648	スライド形可変抵抗器の標準寸法		個
	686	テレビ用チューナーのシャフトの標準		個
	703	ピンプラグ		個・試・通
	704	ピンジャック		個・試・通
	705	外部電源プラグ		個・試・通
	706	外部電源ジャック		個・試・通
	707	大形単頭プラグ		個・試・通
	709	音響機器丸型コネクタ規格		個・試・通
	809	印刷回路用端子付き自立形電解コンデンサの標準寸法		個・試・通
	802	特殊級アルミニウムはく形乾式電解コンデンサ JISC6440 の標準品種	廃	個
	605		廃	
	708		廃	

出所）表 7-4 と同じ。
注 1）廃は 1970 年時点で廃止されているもの。
　2）分類において個は個別規格，試は試験方法，通は通則，その他は部品の表示記号などを定めたもの。
　3）規格番号 802 の制定年は不明，また 605，708 は規格の連番から過去に存在したものと判断したが，廃止されたため資料に記載がなかった。

化が市場競争において重視される局面においては必ずしも適切ではなく，部品技術委員会による慎重な規格化領域の限定が求められたのである。

表 7-4 に示したように，CES 規格は 1960 年代末までに約 80 件定められた。部品別では，コンデンサが 25，変成器が 16，抵抗器が 13，プラグ・ジャックが 8 となっており，スピーカーやスイッチなども若干数制定されている。その他，複数種類の電子部品に共通のシャフトの長さや，電子部品の製造年月日の略式表示方法を定めたものなどが規格化された。

CES 規格は，通則，個別規格，試験方法に分類される。通則は製品・用語の定義，形状・寸法の分類方法，性能の基本的な内容，また個別規格は性能や形状・寸法，およびその許容値を定めていた。さらに試験方法は，自社製品が CES 規格を満たしているかを判定するための，試験環境，使用道具や装置の規定，それらの操作手順などについて定めていた。この中で，表 7-5 に示したように個別規格について定めたものが 62 件で大半を占めていた[81]。審議期間については，判明する 15 の CES 規格のなかで，1 年を超えるものがわずかに 3 件であり，最短で 2 カ月，最長で 19 カ月であった[82]，迅速な規格制定が行われていたと評価してよいだろう。

3　CES規格の効果

1）JIS規格の変容

CES規格は，変化に即応できないJIS規格の欠点を補うことを目的の一つとしていた。工業会での規格化活動を踏まえ，工技院ではJIS規格とCES規格の補完関係が検討されるようになった。1965年当時，工技院標準部電気規格課長であった矢川豊は「従来のJISは既存品種の交通整理に追われていたため……十分な単純化もできず，さらに規格に指導性がないため現存製品の進歩に追随し得ず，規格が陳腐化しがちであった」と述べ，JIS規格は主として総則的なものを定めるに留め，短期的に変更される個別規格は業界規格に任せるのが望ましいという考えを表明していた[83]。

1966年度のJIS規格制度計画では，個別規格を業界規格に委譲し，JIS規格では主として通則および試験方法の規格化に重点を置くという方針が出され[84]，1967年に工技院電気規格課がJIS規格制定方針の改正原案を作成した際に，JIS規格として取り上げるべきものは環境性能，信頼度水準，寸法・定格の基準など通則的事項とし，個別規格は重要なものについてのみ取り上げることとされた[85]。また1967年3月には，日本工業標準調査会電子部品通則専門委員会が電子部品通則の原案を作成し，電子部品を標準化する際の基準となる用語，定格，寸法，性能の総則を定めたが[86]，個々の電子部品の通則については，工業会の各部品技術委員会が中心となって作成した[87]。1950–60年代に制定された電子部品関連のJIS規格を表7-6から確認すると，1967年以降，電子部品全体に関係する試験方法および通則が次々と制定されている。当該時期に，国家規格と業界規格の棲み分けと補完が実現したのである。

2）CES規格の活用

次に，CES規格がどのように活用されたのかを確認しよう。工業会が1964

表 7-6　電子部品関係の JIS 規格

制定年	規格番号	規格名
1950	5501	コーンスピーカー
	6421	放送聴取受信機用中間周波変成器
	6422	小形固定磁器コンデンサ
1951	5503	ピックアップ
	6411	電解コンデンサ
	6412	電解コンデンサ試験方法
	6413	無線用筒形紙コンデンサ
	6414	無線用密閉箱形紙コンデンサ
	6415	無線用紙コンデンサ試験方法
1952	5502	マイクロホン
	6431	通信機器用変圧器鉄心積層板の寸法
	6432	通信機器用変圧器の取付穴の寸法
	6501	単頭プラグ
	6402	炭素皮膜固定抵抗器
	6403	炭素系抵抗体の雑音測定方法
	6416	無線用箱詰マイカコンデンサ
	6417	鋳込マイカコンデンサ
	6418	マイカコンデンサ試験方法
1953	6401	ホウロウ抵抗器
	6425	放送聴取受信機用可変空気コンデンサ
	6434	電話用中継線輪
	6435	通信機用変成器試験方法
	6502	電気通信用ジャック
1954	6423	小形筒形磁器コンデンサ
	6424	輸出筒形紙コンデンサ
	6404	炭素系回転形可変抵抗器
	6405	炭素系開閉器付回転形可変抵抗器
	5504	ホーンスピーカー
	6406	固定体抵抗器
	6407	絶縁形炭素皮膜固定抵抗器
1955	6426	輸出炭素系回転形可変抵抗器
	6427	輸出炭素皮膜固定抵抗器
	6428	放送聴取受信機用輸出可変空気コンデンサ
1956	6440	特殊級アルミニウム箔形乾式電解コンデンサ
	6438	直流用紙コンデンサ
1957	5505	輸出コーンスピーカー
	6436	電子機器用小形変圧器
	6437	電子機器用ロータリースイッチ
	6439	マイカコンデンサ
1958	6503	高周波コード用コネクタの種別と形名
	6504	N 形同軸コード用コネクタ
	6506	M 形同軸コード用コネクタ
	6441	直流用金属化紙コンデンサ
	6442	電子機器用カットコア
1959	5508	小形イヤホン
	6443	普通級炭素系可変抵抗器
	6444	特殊級炭素系可変抵抗器
1960	6445	巻線形可変抵抗器
1961	6449	チョッパ
1962	6451	小形電解コンデンサ
	6447	可変磁器コンデンサ
1963	6450	電力形巻線可変抵抗器
	6507	C 形コネクタ通則
	6508	C 形コネクタ
1964	5101	電子機器用固定コンデンサに関する通則
	5110	直流用プラスチックフィルムコンデンサ通則
	5112	直流用プラスチックフィルムコンデンサ試験方法
	5113	直流用プラスチックフィルムコンデンサ特性 M および N
1966	6571	電子機器用トグルスイッチ
1967	5114	直流用プラスチックフィルムコンデンサ特性 S
	5001	電子機器用部品に関する通則
	5020	電子部品の耐候性および機械強度試験方法通則
	5021	電子部品の耐寒性試験方法
	5022	電子部品の耐熱性試験方法
	5023	電子部品の耐湿性（定常状態）試験方法
	5024	電子部品の耐湿性（温湿度サイクル）試験方法
	5027	電子部品の低温貯蔵方法
	5028	電子部品の塩水噴霧試験方法
	5029	電子部品の減圧試験方法
	5030	電子部品の温度サイクル試験方法
1968	6560	小形単頭プラグ
	5032	電子部品の浸せきサイクル試験方法
	5401	電子機器用コネクタに関する通則
	5025	電子部品の振動試験方法
	5031	電子部品の気密性試験方法
	5035	電子部品の端子強度試験方法
	5036	電子部品の長時間電気的動作試験方法
	5037	電子部品の機械的繰返し動作試験方法
	5201	電子機器用固定抵抗器に関する通則
	5130	電子機器用固定磁器コンデンサに関する通則
	5260	電子機器用可変抵抗器に関する通則
1969	5530	コーンスピーカー通則
	5531	コーンスピーカー試験方法
	5002	電子機器用部品の環境分類
	5003	電子部品の故障率試験方法通則
	5202	電子機器用固定抵抗器の試験方法
	5301	電子機器用低周波変成器通則
	5102	電子機器用固定コンデンサの試験方法

出所）日本規格協会『JIS 規格総目録 1956 年 8 月 31 日現在』1956 年 9 月；同『JIS 総目録 1976 年 3 月 31 日現在』1976 年 6 月；官報各号。

年に部品メーカー 18 社の全受注額に占める CES 規格準拠品の割合を調査したところ，トランジスタ用中間周波変成器が 42 %，小形低周波トランスが 64 %，小形ボリュームが 95 %，小形単頭プラグが 97 % という結果であった[88]。部品によって普及状況に差があり，また調査対象の部品メーカー数が計 18 社と少ないものの，おおむねセットメーカーが CES 規格にもとづいた仕様で発注していることが確認できる。

三洋電機では，1967年にテレビのボリュームとして使用している可変抵抗器が50種類あり，補修用の在庫を含めると240種類に上った。そこで同社では，1967年に定められた抵抗器のCES規格にもとづいて，小型トランジスタテレビ用を6種，その他の製品向けを18種までに削減し，またボリュームのツマミや取付部品も標準化したことにより，材料費の削減に成功した[89]。また日本ビクター横浜工場でも，1963年頃から品質管理部標準課でコンデンサおよびトランスなどの部品60種について各事業部の使用実績を調査し，CES規格を参考にしつつ，部品メーカーと協議して標準品種を定めた。例えば，コンデンサでは電気性能および取付位置の標準化を図り，新製品開発で標準値と異なる部品が必要となった場合には標準課に申請することを義務付けた[90]。他社の動向については判然としないが，東芝テレビ事業部においても1965年頃から部品の購入仕様書や製造図面のなかで標準図面もしくは技術資料として再利用できるものを取り上げ，新しいテレビを設計する際にも部品の7割から8割は既存のものを利用し，残りについては別途仕様書を発行した。同社テレビ事業部技師長の岡秀一郎は「ラジオで決められたCESでもテレビに使えるものはあるでしょうし，テレビ独特の部品の中でも標準化できるものがたくさんあるはずです」と述べており，CES規格の活用に好意的な態度を表明していた[91]。また松下では，社内標準としてMIS規格を定めていたが，これにはCES規格の内容が盛り込まれていたという[92]。

電子部品メーカーでも，CES規格に準拠した部品を積極的に商品化した。パイオニアでは約400に達した品種を削減するため，スピーカーのCES規格に準拠した50品種の製品を新たに販売した[93]。ミツミ電機でも同様にコンデンサの品種が500に達しており，CES規格にもとづいて1964年頃に7種，1966年に15種を標準品として販売し，セットメーカーに採用を求めた[94]。星電器製造では，こうした標準化によって生産量が拡大し，生産設備の合理化が進んだという[95]。

しかし標準化によるコスト削減よりも，小型化や多機能化といった製品差別化がセットメーカーの戦略において優先された場合，CES規格は採用されなかった。例えば，ソニーでは製品に独自性を追求する傾向があったため，設計部門の技術者がCES規格の採用に対して抵抗していた[96]。電子部品メーカーの側でも，セットメーカーから受注を獲得するためには，特注品の要請に応える必要があった。上述したパイオニアでも，全社的に100種程度の部品生産を行える生産ラインを用意し，そのうち30種程度はセットメーカーの特注品の要請に対応するために整備された[97]。またアルプス電気でも金型変更や製造工程の大きな変更がなければ，特注品の受注を受け入れていた[98]。

このようにCES規格は，業界団体の推奨規格としての地位を超えるものではなく，利用されるかどうかの決定は個々の企業に委ねられていた。民生用電子機器の相次ぐモデルチェンジや小型化をめぐる激しい製品開発競争のなかで特殊な仕様が必要になった場合，CES規格は採用されなかった。各企業は競争戦略において標準化を通じた低価格品販売が製品差別化よりも優先された場合にのみ，CES規格を活用していたのである。

3）精度規格としてのCES規格

最後に，CES規格が精度規格としての意義をもっていたのかを確認しよう。第2節で確認したように，CES規格はJIS規格と補完関係にあり，また部品技術委員会でもJIS規格の改定に際してはCES規格をそのまま移行させることを議論していた[99]。したがってCES規格の精度は，JIS規格と同じ程度の水準にあったと推察される。そこでJIS規格の表示許可工場を表7-7から確認すると[100]，電子部品メーカーだけでなく松下，三洋，三菱，東芝，富士通，日本ビクターといったセットメーカーがJIS表示許可工場となっている。第6章で述べたように，これらの企業では1950年代から電子部品を内製しており，品質水準はJIS規格レベルに達していた。したがって電子部品メーカーがセットメーカーから受注を獲得するためには，最低でもJIS表示許可を取得できる程度の品質管理水準が必要だったであろう。同表に掲げられた部品メーカーはそうした水準に達していた企業であった。つまりCES規格はセットメーカーからの受注を獲得するための技術水準の下限を設定していたと思われる。

しかし，こうしたJIS規格の品質水準は，1950年代末になると，電子部品メーカーがセットメーカーからの受注を獲得するための十分な条件とはみなさ

表 7-7　JIS 表示許可工場

許可年	工場名	規格名
1953	指月電機製作所　本社工場	JIS　C6438　直流用紙コンデンサ
1954	東京電器	JIS　C6440　電解コンデンサ
	三光社製作所　辻堂工場	JIS　C6440　電解コンデンサ
	東和蓄電器	JIS　C6440　電解コンデンサ
1955	パイオニア　音響事業部音羽工場	JIS　C5501　コーンスピーカー
	松下電器産業　部品事業本部　電響事業部工場　*	JIS　C5501　コーンスピーカー
	三洋電機　住道製造所精器工場　*	JIS　C5501　コーンスピーカー
	三菱電機　無線機製作所　*	JIS　C5501　コーンスピーカー
	松下電器産業　部品事業本部　電響事業部工場　*	JIS　C6421　放送聴取受信機用中間周波変成器
	三洋電機　住道製造所精器工場　*	JIS　C6421　放送聴取受信機用中間周波変成器
	神栄電機　綾部工場	JIS　C6438　直流用紙コンデンサ
1956	ノボル電機製作所	JIS　C5504　ホーンスピーカー
	パイオニア　音響事業部音羽工場	JIS　C5504　ホーンスピーカー
	日東電気製作所	JIS　C6425　放送聴取用可変空気コンデンサ
	興亜電工	JIS　C6438　直流用紙コンデンサ
	帝国通信工業　本社工場	JIS　C6443　炭素回転形可変抵抗器
	東京芝浦電気　柳田工場　*	JIS　C5501　コーンスピーカー
1958	戸根源電機製作所	JIS　C5501　コーンスピーカー
	興亜電工	JIS　C6402　炭素皮膜固定抵抗器
	松下電器産業　部品事業本部　回路部品事業部工場　*	JIS　C6402　炭素皮膜固定抵抗器
	北陸電気工業　本社工場	JIS　C6402　炭素皮膜固定抵抗器
	狐崎電機　目黒工場	JIS　C6402　炭素皮膜固定抵抗器
	多摩電気工業	JIS　C6402　炭素皮膜固定抵抗器
	富士通信機製造　須坂工場　*	JIS　C6402　炭素皮膜固定抵抗器
	東京電気化学　琴浦工場	JIS　C6422　小型固定磁器コンデンサ
	サンエス電子（旧三開社）	JIS　C6425　放送聴取用可変空気コンデンサ
	松下電器産業　部品事業本部　電響事業部工場　*	JIS　C6436　電気通信用小形電源変圧器
	タムラ製作所　大泉工場	JIS　C6436　電気通信用小形電源変圧器
	松下電器産業　部品事業本部　チューナー事業部工場　*	JIS　C6437　電気通信用ロータリスイッチ
	富士通信機製造　須坂工場　*	JIS　C6437　電気通信用ロータリスイッチ
	日本通信工業	JIS　C6438　直流用紙コンデンサ
	松下電器産業　配電器事業部工場	JIS　C6438　直流用紙コンデンサ
	三洋電機　住道製造所精器工場　*	JIS　C6440　電解コンデンサ
	フォックス電子工業	JIS　C6440　電解コンデンサ
	松下電器産業　部品事業本部　回路部品事業部工場　*	JIS　C6440　電解コンデンサ
	日本通信工業	JIS　C6440　電解コンデンサ
	日本ケミカルコンデンサー　青梅工場	JIS　C6440　電解コンデンサ
	日東蓄電器製作所	JIS　C6440　電解コンデンサ
1959	東京光音電波　渋谷工場	JIS　C6402　炭素皮膜固定抵抗器
	山水電気	JIS　C6436　電気通信用小形電源変圧器
	富士通信機製造　須坂工場　*	JIS　C6439　マイカコンデンサ
	日本通信工業	JIS　C6439　マイカコンデンサ
	信英通信工業	JIS　C6440　電解コンデンサ
1960	理研電具　京都工場	JIS　C6402　炭素皮膜固定抵抗器
	安中電気精機　横浜工場	JIS　C6439　マイカコンデンサ
	帝国通信工業　赤穂工場	JIS　C6443　炭素回転形可変抵抗器
	松下電器産業　部品事業本部　回路部品事業部工場　*	JIS　C6443　炭素回転形可変抵抗器
1961	大阪音響　番里工場	JIS　C5501　コーンスピーカー
	片岡電気　横浜工場	JIS　C6425　放送聴取用可変空気コンデンサ
	片岡電気　横浜工場	JIS　C6437　電気通信用ロータリスイッチ
	指月電機製作所　本社工場	JIS　C6441　直流用金属化紙コンデンサ
	東京コスモス電機　堀之内工場	JIS　C6443　炭素回転形可変抵抗器
	片岡電気　東京工場	JIS　C6443　炭素回転形可変抵抗器
1962	昭電社　大倉山工場	JIS　C5501　コーンスピーカー

	福井村田製作所　武生工場		JIS　C6422　小型固定磁器コンデンサ
	福井村田製作所　小曽原工場		JIS　C6422　小型固定磁器コンデンサ
	松下電器産業　部品事業本部　回路部品事業部工場	*	JIS　C6422　小型固定磁器コンデンサ
	日本コンデンサ工業（旧，関西二井製作所）　草津工場		JIS　C6438　直流用紙コンデンサ
	長野日特電機　須坂工場		JIS　C6439　マイカコンデンサ
	富士通信機製造　須坂工場	*	JIS　C6441　直流用金属化紙コンデンサ
	日本コンデンサ工業　草津工場		JIS　C6441　直流用金属化紙コンデンサ
1963	東亜特殊電機　宝塚工場		JIS　C5504　ホーンスピーカー
	日本電音		JIS　C5504　ホーンスピーカー
	光山電気工業		JIS　C6402　炭素皮膜固定抵抗器
	松尾電機		JIS　C6438　直流用紙コンデンサ
	エバーソン電機　下妻工場		JIS　C6440　電解コンデンサ
1964	日本ビクター　部品製造部	*	JIS　C5501　コーンスピーカー
	東和電気		JIS　C6438　直流用紙コンデンサ
	安中電気精機　横浜工場		JIS　C6438　直流用紙コンデンサ
	信英通信工業		JIS　C6438　直流用紙コンデンサ
	富士通信機製造　須坂工場	*	JIS　C6438　直流用紙コンデンサ
	エバーソン電機　本社工場		JIS　C6440　電解コンデンサ
	大森電器製作所		JIS　C6440　電解コンデンサ
	松尾電機		JIS　C6441　直流用金属化紙コンデンサ
1966	東北アルプス電気（旧，片岡電気）　古川工場		JIS　C6425　放送聴取用可変空気コンデンサ
	加美電子工業		JIS　C6436　電気通信用小形電源変圧器
	田淵電機		JIS　C6436　電気通信用小形電源変圧器
	双立電機		JIS　C6438　直流用紙コンデンサ
	長野日本無線　本社工場	*	JIS　C6438　直流用紙コンデンサ
	白河電子		JIS　C6440　電解コンデンサ
	エルナー電子（旧，三光社製作所）　辻堂工場		JIS　C6440　電解コンデンサ
1967	宮崎松下電器	*	JIS　C6422　小型固定磁器コンデンサ
	長野日本無線　部品工場	*	JIS　C6436　電気通信用小形電源変圧器
	松江松下電器	*	JIS　C6438　直流用紙コンデンサ
	長野日特電機　長野工場		JIS　C6439　マイカコンデンサ
	東京コスモス電機　神奈川工場		JIS　C6443　炭素回転形可変抵抗器
	東亜特殊電機　宝塚工場		JIS　C5501　コーンスピーカー

出所）通産省工業技術院編『JIS 工場通覧 1965 年版』日刊工業新聞社，1964 年，103-106 頁；『官報』各号。
注）＊印はセットメーカー。

れなくなった。例えば，1959 年に JIS 表示許可を取得した山水電気では，これが自社技術の優位性を証明することにはならないと認識しており[101]，また片岡電気でも，JIS 規格への対応はセットメーカーからの信頼獲得にはあまり関係なかったと認識されていた[102]。橋本寿朗によると，松下では 1965 年不況において品質問題が生じ，仕入先への品質管理の徹底が試みられ，長期相対的取引によって達成されるべき具体的目標として無検査納入が求められたが[103]，電子部品メーカーはそうした高水準の生産技術獲得をめぐって激しく競争していたのである。

工業会部品技術委員会では，CES 規格を高水準な内容にする試みもあったが，その際には精度を緩めるような要望が寄せられたという[104)]。つまり無検査納入といった高水準の品質管理能力をもつ電子部品メーカーにとって，業界調和の所産であるCES規格を遵守することは，競争戦略上において必ずしも得策ではなかった。規格には通常，規格値から許容される誤差を記した「公差」が定められるが，部品メーカーは標準化された規格値についてはCES規格を採用しながらも，公差についてはより厳正な基準を社内規格として整備していたと推察される[105)]。このようにCES規格は，JIS規格表示許可に達していない劣位の工場群にとっては到達目標としての意義を有していたものの，技術的に優位な電子部品メーカーに対しては，もはや精度規格としての意味はなかったと思われる。

小　括

本書第3章第1節で取り上げた戦後復興期のCES規格は，日本通信機械工業会によって定められた後に商工省に引き継がれ，部品試験制度の検査規定として使用されていた。これ対して1960年代に電子機械工業会が定めたCES規格は，柔軟性に欠ける国家規格のJIS規格に代替するものとして登場した。石川と清川の研究では，日本の規格化は国家規格から業界規格さらに社内規格へと進展していくことが指摘されているが，CES規格の事例を踏まえると，必ずしもそうした段階的な移行を遂げるものではなく，ときには国家規格の内実を業界規格が形成し，また両者の間に補完的な関係が存在することもあった。

CES規格の制定プロセスにおいて注目すべきは，互換性の向上による量産規模の拡大を第一義とし，規格化の領域を慎重に検討したことであろう。これによって，セットメーカーからの「特注品」の要請と齟齬をきたすことなく，部品相互のインターフェイスが統一され，結果的に電子部品はモジュールとしての独立性を高めることができた。序章で述べたように，電子部品はアーキテクチャ論ではモジュール型としての性質が強く，またサプライヤーシステム論ではスポット的な市場取引のタイプに近いとみなされている。それは第4章と

第5章で考察した1950年代の市場構造と，本章でみた1960年代における業界団体の規格化活動を踏まえて成立した特質であった。つまり電子部品の「市販部品」としての特質は，技術の面から一義的に決められるものではなく，歴史性を帯びた社会的基盤の上に存在すると考えるべきだろう。

このようにCES規格は，業界関係者の幅広い利害調整を踏まえたにもかかわらず，製品開発などの企業間競争を制限するものとはならなかった。インターフェイスが整備されて部品間の互換性が高まれば，部品メーカー間の代替可能性が高まることにもなる。つまりCES規格は競争促進的であった。小型化をめぐる技術開発は電子部品メーカーの競争優位を決定する重要な要因となり，部品精度においてはCES規格を超越した水準で鎬を削ることが求められたのである。

こうした厳しい競争条件の下で，電子部品メーカーは独自技術による製品開発と絶え間ない生産合理化を進め，専門生産を高度化させていく。その具体的な過程については第9章でみるが，その前に，本章で論じた業界団体の規格化活動と同様に当該産業の発展を支えた，もう一つの社会的基盤について次章で考察する。

第 8 章　電子部品産業振興と試験研究機関

——電子部品産業発展の社会的基盤（2）——

はじめに

本章では，業界団体の規格化活動を考察した前章に続いて，電子部品産業の発展を支えた組織間連携の意義を明らかにすべく，とりわけ地域社会を基盤とした研究開発のネットワークに注目したい。産業発展を側面から支える制度的基盤となるのは，まずは政府が実施する産業振興政策であろう。高度成長期の電子工業振興政策の代表的なものは，1957 年に制定された電子工業振興臨時措置法（以下，電振法）[1]であるが，その政策方針はラジオやテレビといった民生用電子機器に偏向して発展してきた日本の電子工業を，産業用電子機器を中心としたものへと変化させていくことを狙いとしていた。電子部品もそうした産業政策の対象にいくつかの製品が指定され，品質向上や生産合理化を目的とした新設備の整備が推進された。しかし同法が対象とした範囲は電子部品産業を振興するにはあまりに狭く，また 1960 年代の電子工業が政策意図とは裏腹に民生用電子機器の急速な発展に支えられていたことを考えると，その効果は少なくとも高度成長期の電子部品産業については限定的であったと思われる。

しかし通産省では，電振法では網羅できない中小の電子部品メーカーにも開かれた試験研究機関の設立と運営にかかわることで，より広範な振興施策を展開していた。その中心となったのが，日本電子工業振興協会基礎電子部品センター，関西電子工業振興センター，および中部電子工業技術センターであった。本章では，これら 3 つのセンターの設立過程と 1960 年代の活動内容を明らかにし，当該時期の電子部品産業の発展における意義を検討したい。とりわけ大阪府に設立された関西電子工業振興センターは試験検査サービスを会員企業に提供するにとどまらず，同時代の先進的な共同研究開発にも取り組み，関西地域の産・官・学連携の拠点となった。

まず第1節では，通産省重工業局電子工業課（以下，電子工業課）が実施した「電子工業合理化進捗状況調査」から，1950年代末における電子部品メーカーの設備投資と資金調達の状況を検討し，また電振法の制定とともに設立された日本電子工業振興協会において1961年度から67年度まで運営された，基礎電子部品センターの役割を明らかにする。第2節では，同じく1961年度から本格的活動を開始した，関西電子工業振興センターの運営組織や各種専門委員会の活動を考察し，その意義を評価する。第3節で考察する中部電子工業技術センターについては，資料の制約から主として設立経緯について触れるにとどめ，前述の2つのセンターが同センターの設立に影響を与えたこと，また地元企業や長野県の意向に対して通産省の構想が合致したことなどを明らかにする。

1　電子工業振興臨時措置法による電子部品産業の育成

1）開銀融資

電子工業の振興を目的として1957年に制定された電振法では，振興対象が第1号から第3号に分類された。電子部品については「生産の合理化をとくに促進する必要のあるもの」を対象とする第3号に指定され，電子工業審議会での審議を経て策定される電子工業振興基本計画についてみると，抵抗器とコンデンサが1957年9月，水晶振動子が1958年2月，チョッパーとテープレコーダー用テープ関係が同年11月，マイクロスイッチとサーボモーターが同年12月，ブラウン管陰極が1959年3月，トランジスタおよびダイオードとフェライトが同年11月，コネクタ，高周波測定器，pHメーター用電子が1960年12月に策定された[2]。

また電振法では，計画実現のための補助金，融資斡旋，優遇税制といった一連の施策が講じられ，本章で取り上げる3号機種については日本開発銀行（以下，開銀）の融資と，企業合理化促進法にもとづく合理化機械特別償却制度の適用という方法が講じられた[3]。三重野文晴は，電振法にもとづく開銀融資の効果を検証し，企業の設備投資に対して開銀融資は正，また機種指定の終了は負の効果をもつこと，また開銀新規融資および融資経験が長期借入金新規増加に正の効果を与えていることなどを確認した。これを踏まえ，三重野は開銀が貸し手と借り手の間に存在する情報の非対称性を解消する情報生産機能だけでなく，これとは明確に区別されるべき，政策意志の形成・伝達機能（シグナリング機能）をもっていたこと，とりわけ後者は電振法の運営に関与する業界代表者によって構成される電子工業審議会からも遮断されており，その影響を開銀が免れていたため，レントシーキングの可能性を引き下げ，「政府の失敗」を小さくすることに貢献したことを指摘している[4]。本章では電振法を総括する材料をもたないため，さしあたり電振法の制定からそれほど時間が経過していない1959年度に通産省電子工業課が実施した「電子工業合理化進捗状況調査」から，開銀融資の一端を明らかにしておきたい。

同調査は1959年以前に基本計画が策定された8機種を対象とし，開銀融資を受けた企業を含めた主要な電子部品メーカーの設備投資の状況を明らかにしている。その結果をまとめた表8-1から，各機種について定められた指定機械設備の設置実績（1956-58年度）および計画（1959-60年度）を確認できる。台数ベースでは1958年度までの投資実績の累計で，炭素体固定抵抗器，紙および金属化紙コンデンサ，磁器コンデンサ，電解コンデンサ，サーボモーター，テープレコーダー用テープが基本計画を達成している。また計画ではあるが，1959年度は投資規模が急拡大しており，基本計画をすべての機種で達成することが予定されていた。なお投資額は指定機械の購入費に加えて，設置にともなう附帯工事費が発生するため，その総額は基本計画を大きく上回った。橋本によると，1958年7月に省議決定された電子工業振興5カ年計画では，1957年度実績に対して1962年度までに3.07倍の生産拡大が見込まれたが，早くも1959年度にはその78.1％が達成された[5]。こうした状況が同表からも確認で

表 8-1　電子工業臨時措置法 3 号機種の設備基本計画と着工実績および計画

（台，千円）

区分		基本計画	着工実績			着工計画	
			1956	1957	1958	1959	1960
抵抗器	炭素皮膜	136		5	28	179	10
	固定抵抗器	118,400		16,134	36,652	156,972	29,560
	炭素体	78		79	103	163	16
	固定抵抗器	85,000		23,627	69,329	112,552	28,220
	炭素系	102		37	45	90	6
	可変抵抗器	113,000		20,734	78,829	142,321	73,488
蓄電器	紙および金属化	144	51	102	218	267	90
	紙蓄電器	710,400	33,920	82,033	134,932	184,313	50,298
	磁器蓄電器	95	57	116	285	689	1,047
		79,600	60,726	102,793	221,442	392,337	390,674
	電解蓄電器	117	116	99	284	259	136
		190,300	95,549	217,663	202,371	285,027	157,938
水晶振動子		326	46	102	61	229	218
		249,000	41,252	48,210	37,031	328,893	186,216
チョッパー		138	28	53	31	241	17
		131,000	6,239	21,075	42,648	284,460	28,190
サーボモーター		104	33	44	38	83	52
		134,000	45,296	62,640	31,785	105,809	66,835
テープレコーダー用テープ		218	66	88	109	144	52
		365,000	26,831	137,020	79,806	318,902	188,670
マイクロスイッチ							
		138,000	5,509	25,659	310,438	314,148	92,000

出所）電子工業課「電子工業合理化進捗状況調査〔I〕」『電子工業振興協会会報』第 2 号，1959 年 7 月，6-13 頁；同「電子工業合理化進捗状況調査〔II〕」『電子工業振興協会会報』第 3 号，1959 年 9 月，13-19 頁。
注 1）マイクロスイッチの設備台数は不明。
2）投資額は基本計画の指定機械に附帯工事費を加えたもの。
3）本書では蓄電器をコンデンサと表記しているが，本表は元資料に従って蓄電器としている。
4）上段が台数，下段が金額。

きる。

個別にみると，抵抗器[6]ではラジオやテレビを除いた高度な電子機器に使用される 3 つの品種が指定され，品質面では MIL 規格や IEC 規格に該当する水準が目指された[7]。電子工業課によると抵抗器は「古くから中小専門企業の生産分野に属していたため，メーカーは設備投資の面においても，かなりの制約を受けつつ，永くそして古い因習とたたかいながら今日まで続いてきたのである。それらが一大決意のもとに設備投資がおこなわれたその陰にはラジオ，テレビなどのいわゆる耐久消費財の予想外の伸長があった」と述べている[8)]。コンデンサ[9)]も同様に MIL 規格の品質が目標とされ，その急速な設備投資の背景には「昨今のラジオ，テレビのブームによって，ここしばらく好況を呈しており，資金的にも余裕ができたため設備に力を入れ始めた」[10)]。平本厚は，テレビ産業の急成長に牽引されて，1950 年代後半に電子部品の生産単価が大きく下落したことを指摘しているが[11)]，それは同表から確認できるような旺盛な設備投資によるものであった。電振法は産業用電子応用装置の産業振興を目的としており，民生用電子機器に牽引される投資拡大は施策の方向性に沿ったものではなかったが，結果的に電子部品メーカーによる高精度な設備への投資意欲が高まり，基本計画の早期達成が実現したと推察される。

次に，こうした設備投資を可能とした資金調達について，抵抗器メーカーと蓄電器メーカーの状況を確認しよう。表 8-2 は抵抗器メーカーについてみたものである。橋本が依拠している『電子工業年鑑』1962 年度版によると[12)]，1957 年度における抵抗器の開銀融資は 5 件 7000 万円とされているが，同調査によると推薦金額 1 億 500 万円に対して 8600 万円の融資が決定され，融資を受けた 5 社は，炭素皮膜抵抗器では北陸電気工業と興亜電工，炭素体抵抗器では多摩電気と大洋電機，可変抵抗器では帝国通信工業であった[13)]。この融資額が表 8-2 に反映されていない理由が判然としないが，当該年度の設備投資に充てられた資金の調達元を記載していることから，融資の受入と投資の間に時間差があったのではないかと思われる。開銀融資が実施されなかった 1959 年度に総額 1 億 8890 万円が計上されているのもそのためと考えられる。また前述のように 1959–60 年度はあくまで計画であり，実態を正確に反映したものではない。

こうした問題を認めたうえで大まかな傾向だけを確認すると，まず自己資金の比重の高さが注目される。前述したラジオやテレビのブームは電子部品メーカーの投資意欲を高めただけでなく，電子部品の売上増加，およびそれによって獲得された利益の蓄積によって自己資金での設備投資を可能にした。とはい

表 8-2　抵抗器製造業における資金調達

（千円）

年度	区分	設備資金支払額	調達内容					自己資金
			株式	借入金				
				開銀	中小公庫	市銀	小計	
1957年度（実績）	炭素皮膜固定抵抗器	11,134				5,926	7,226	10,208
	炭素体固定抵抗器	23,627				1,300	1,300	22,327
	炭素系可変抵抗器	20,284	930					19,354
1958年度（実績）	炭素皮膜固定抵抗器	36,652		4,000		11,960	15,960	20,692
	炭素体固定抵抗器	57,764	6,300	6,500		13,150	19,650	31,814
	炭素系可変抵抗器	64,655	30,100	3,300			3,300	31,255
1959年度（計画）	炭素皮膜固定抵抗器	156,972	5,000	109,700	1,130	13,575	124,405	27,567
	炭素体固定抵抗器	123,117		22,500		17,800	40,300	82,817
	炭素系可変抵抗器	151,197	26,859	56,700		28,000	84,700	39,638
1960年度（計画）	炭素皮膜固定抵抗器	29,560	10,000			5,200	5,200	14,360
	炭素体固定抵抗器	29,220			5,000	1,000	6,000	23,220
	炭素系可変抵抗器	79,238						79,238
合計		783,420	79,189	202,700	6,130	97,911	308,041	402,490
構成比（%）			10	26	1	12	39	51

出所）表 8-1 に同じ。

え開銀融資は全体の 26 %，外部資金の 66 % を占めており，電子部品メーカーの資金調達に少なからず貢献していた。とりわけ 1959 年度の設備投資支払が大幅に増額されており，その主要な原資として開銀融資が充てられている。計画値とはいえ同年度中に実施された調査であり，現に進行しつつある実態を捉えているので，実績が大きくこれから外れてはいないと想定するならば，少なくとも当該年度における開銀融資の意義は大きかったと評価できるだろう。「今回の調査に回答を寄せた会社のうち，皮膜抵抗器では 7 社のうち 3 社，可変では 5 社のうち 1 社が〔開銀〕融資の期待をして設備計画を樹てているのである」[14]。

次に表 8-3 から蓄電器メーカーの資金調達を確認すると，やはり自己資金の比重が高く，4 割を超えている。また抵抗器に比べると開銀融資の比重は 9 % と低く，他方で市中銀行からの借入が大きい。設備投資が大きい 1959 年度についても同様である。開銀融資についてみると，1957 年度は 1 億 5400 万円の

表 8-3　蓄電器製造業における資金調達

（千円）

年度	区分	設備資金支払額	調達内容						自己資金
			株式	借入金					
				開銀	中小公庫	市銀	小計		
1956年度（実績）	紙および金属化紙蓄電器	33,920	800		10,969	13,528	39,497		8,623
	磁器蓄電器	60,726	17,543			15,000	33,000		28,183
	電解蓄電器	92,249	19,191	11,000		18,000			44,058
1957年度（実績）	紙および金属化紙蓄電器	76,924	10,000	25,600	3,755	12,424	46,779		25,145
	磁器蓄電器	97,943	18,304	25,000	20,000	5,000	82,000		29,639
	電解蓄電器	178,234	36,000	14,000		32,000			96,234
1958年度（実績）	紙および金属化紙蓄電器	136,882	16,146	13,400	28,000	26,782	68,182		52,554
	磁器蓄電器	221,192	62,000		2,500	45,000	47,500		111,692
	電解蓄電器	164,494	10,000	16,000	8,000	48,000	72,000		82,494
1959年度（計画）	紙および金属化紙蓄電器	187,472	13,000	51,000	6,500	79,380	136,880		37,592
	磁器蓄電器	373,267	91,780	35,000	29,000	91,500	155,500		125,987
	電解蓄電器	351,025	5,982	35,000		165,000	200,000		145,043
1960年度（計画）	紙および金属化紙蓄電器	50,298			15,000	26,628	41,628		8,670
	磁器蓄電器	414,844	110,000		90,000	90,000	180,000		124,844
	電解蓄電器	160,938			15,000	15,000	30,000		130,938
合計		2,413,513	373,212	215,000	217,755	636,714	1,060,469		970,832
構成比（%）			15	9	9	26	44		40

出所）表 8-1 に同じ。
注）本書では，蓄電器をコンデンサと表記しているが，本表は元資料に従って蓄電器としている。

融資推薦があり，1 億 1000 万円の融資が決定された。融資先は紙および金属化紙蓄電器（MP コンデンサ）では安中電気と日本通信工業，磁器蓄電器では河端製作所，電解蓄電器では東京電器の計 4 件であった。1958 年度は紙および金属化紙蓄電器では指月電機製作所，磁器蓄電器では村田製作所，電解蓄電器では日本ケミカルコンデンサと関西二井製作所（現，ニチコン）の計 4 件に対して 1 億 500 万円の融資推薦があり[15]，融資決定額は 8000 万円であった[16]。

電振法が施行された 1957 年度から 1971 年度までの総計で，抵抗器には 24

件6億800万円，蓄電器には28件13億500万円の開銀融資が実施された[17)]。全体的な評価について橋本は抵抗器を引き合いに出しながら，基本計画で想定された新設備設置の資金量に対して開銀融資額は十分でなかったとし，「電振法に基づく開銀の融資は，その融資額においても，件数についても，機振法のケースに比べればはるかに小規模であった」と指摘している[18)]。また三重野も前述のシグナリング機能は確認されたものの「その直接効果は産業全体でみた場合それほど大きくはなかった……広義の補助金としての実質効果はかなり限定的であった」と指摘している[19)]。本章では，少なくとも主要な電子部品メーカーが1950年代末において，内部留保を設備投資の重要な財源としていたことを確認した。ただし抵抗器については1959年度の開銀融資額の大きさの意義をより詳細に吟味すべきであり，また設備投資の規模が飛躍的に拡大した1960年代には外部資金への依存が増したと思われるので，本章で明らかにした開銀融資対象企業の個別ケースについて検討を深める必要があろう。

とはいえ，以上の橋本や三重野の評価はおおむね妥当なものと考える。とりわけ電子部品産業が多数の中小企業や中堅企業によって構成されていることを考えると，電子工業課の調査から漏れた企業も含めた産業全体の底上げという点に鑑みて，開銀融資の件数が過少であることは否定しがたい。より重要なこととして，電振法が目標とするMIL規格レベルの達成には生産設備だけではなく検査設備も必要であり，基本計画においても設置に着手すべきものとして掲げられていたが，開銀融資によって電子部品業界の一部企業が整備するだけでは，産業全体の発展という観点からは到底不十分であった。次にみる日本電子工業振興協会基礎部品センターの設立は，こうした政策的産業金融を補う試みといえる。

2）電振法と連携した試験研究機関の設立

ⓐ日本電子工業振興協会の設立

電振法の施行と同時に，その運営をサポートするための団体設立の機運が高まり，1958年3月に電子工業審議会のメーカー側のメンバーを中心に「業界有志が相寄り，日本工業倶楽部において日本電子工業振興協会（以下，電振協）

の設立総会を開催した」[20]。創立時の電振協が定款に掲げた目的は，電振法の方針に沿って産業用電子機器の国産化や開発を総合的に推進していくことであり，具体的には「1. 計算機センターの運営およびこれに対する啓発，2. 電子工業に係る特許権の取得および再実施権の許諾，3. 電子部品等の部品材料の共同販売および共同購入の斡旋，4. 電子工業に関する技術の共同研究の斡旋，5. 電子工業の輸出振興」などであった。また翌年には「オートメーションセンターの運営およびこれに対する啓発」が，さらに1961年には「基礎電子部品センターの運営およびこれに対する啓発」が追加された[21]。

本章とのかかわりでは，基礎電子部品センターの設置が重要であった。民生用電子機器の生産拡大によって発展してきた日本の電子工業は，軍需に大きく依存してきたアメリカに比べて電子部品や材料の性能や品質が劣っているため，これを向上させるための施策が必要であるとの問題意識から，電振協では高性能部品材料の研究開発の促進，マイクロミニチュアリゼーション，信頼性の確立，対応する電子材料の研究開発の促進，標準化の促進といった諸テーマを課題に挙げ，取り組むことになった[22]。同センターでは部品や材料の機器分析に必要な装置を設置し，高性能部品の研究開発，生産計画，検査などに分析装置を活用する方法の調査研究を進め，またこれらの機器を用いて分析する要員を養成すると同時に，部品メーカーや材料メーカーにも設備を開放して利用に供し，さらに委託分析なども実施することになった[23]。センターの開設に向けて機器設置などの準備を実施した1960年度の事業費は2050万円であり，そのうち1000万円が機械工業振興補助金より支出された[24]。

同センターの運営方針，および設置機器の活用に関する技術的事項については，1961年7月に発足した部品センター運営委員会および部品材料技術委員会において審議されることとなり，前者については村田製作所社長の村田昭が，後者については東京大学教授の高木昇が委員長に就任した[25]。また判明する1965年の委員は，帝国通信工業（委員長），日本ケミカルコンデンサ（副委員長），村田製作所，安中電気精機，指月電機製作所，山水電気，日本通信工業，アルプス電気（片岡電気から1964年に社名変更），日本サーボ，理研電具製造，北陸電気工業，東光（東光ラジオコイル研究所から1964年に社名変更），パイオニア，東北金属工業の各社に加え，電子機械工業会であった[26)]。真空管やトランジスタなどの能動部品を主力とする大企業ではなく，抵抗器，コンデンサなどの受動部品を生産している中堅規模のメーカー，もしくは山水やパイオニアのようにオーディオ機器へと製品転換を遂げつつある民生用電子機器メーカーが委員に名を連ねている。つまり民生用電子機器の部品生産で発展してきた企業であった。したがって，電振協が産業用電子機器の振興を目標に掲げていたとはいえ，その活動の成果は民生用電子部品の分野においても享受されたと考えるのが自然であろう。

ⓑ基礎電子部品センターの活動

明らかになる範囲で同センターの活動を挙げると以下の通りである。まず電子顕微鏡やX線分析装置の整備が完了し，本格的運営を開始した1962年9月に，電子部品や材料の解析方法の習得を目的とした，5日間の講習会および2週間の実習を行った。日立製作所，島津製作所などの企業，また東京工業試験所，国立衛生試験所などの公設試験研究機関，東京大学，東京都立大学，早稲田大学などの学術機関から講師が招かれ，講習会には16名，実習には15名が参加した[27)]。

また翌年10月から委託分析や装置使用の業務を開始した。同月にそれぞれ7件ずつの利用があり[28)]，1963年度は委託分析58件，装置使用26件[29)]，1964年度は委託分析63件（47万8780円），装置使用30件（15万990円）と順調に増加した[30)]。

電子顕微鏡は日立製で「現在最もすぐれたものの一つ」であり，抵抗器やコンデンサといった電子部品の材料，また製品化の際のエッチングやカーボングラファイト化の微細な状態を研究するのに利用された。またX線分析装置は島津製作所製で，「無機，有機物質，金属および高分子物質の結合構造，定性や定量が可能」であり，電子部品の材料解析に利用された[31)]。さらに島津製作所製の発光分光分析装置によって，金属材料やコンデンサに使用するセラミックのような無機材料の微量な不純物の検出が可能となった[32)]。

また同センターの設備を使用したものではないが，1962年4月から12月にかけて，アメリカ製電子部品の性能や信頼性に関する調査を実施した。これは各種の抵抗器やコンデンサ，マイクロモジュールなどの超小型部品，サーボモーターなどの自動制御機器用部品，磁気テープなどの材料をアメリカから輸入し，電気試験所[33]などの試験研究機関や企業に依頼して，MIL規格にもとづく総合的な試験検査を実施した事業で[34]，機械工業振興補助金の360万円を含む総額720万円が費やされた[35]。

さらに電子部品の小型化への関心が高まったことを受けて，前述の部品材料技術委員会に超小形回路分科会が設置され，1962年度より機械工業振興補助金による事業として「超小形電子回路の調査研究」が開始された。分科会は16名で構成され，海外文献を抄訳して外国の動向を調査するグループと，米国7社（テキサス・インスツルメント，モトローラ，シルバニア，フェアチャイルド，RCA，ウェスティングハウス，Varo）の超小形回路を入手して，材料，製造技術，回路特性などを解析するグループに分かれて研究が進められた[36]。1965年度には「超小形電子回路の応用に関する試作研究」の研究テーマで鉱工業技術試験研究補助金に採択され，これまでの文献調査や解析結果を踏まえた試作研究へと進展した[37]。

以上のような活動を続けてきた同センターであったが，1967年度をもって閉鎖されることとなった。主な理由は，部品メーカーや材料メーカーによる分析装置の導入が進展し，1967年には機械振興協会機械技術研究所に同種の新鋭機が設置されたことから，「基礎電子部品センターは一応の目的を達成した」というものであったが[38]，むしろコンピュータなど産業用電子応用装置の開発を主眼とする電振法との連携に存在意義を見出す電振協にとって，同センターの位置づけが困難になっていったものと推察される。他方で，電振法の政策的枠組にとらわれない，電子機器および部品の産業振興の受け皿となったのが，次に考察する関西電子工業振興センターと中部電子工業技術センターであった。

2　関西電子工業振興センターの活動

1）関西における官・民の関係構築

関西電子工業振興センター（以下，KEC）の設立が検討されはじめたのは，

1960年4月頃であった。電子機械工業会関西支部において，関西地区の電子部品産業がコンデンサを除いて，地盤沈下しつつあるという認識が共有されていた。セットメーカーからの指摘により，関西に拠点を置く電子部品メーカーの製品に対する品質面での信頼が十分に形成されていないことが一因であると判明し，早急に改善策が検討された。その結論として提案されたのが，品質の信頼性を保持するための，第三者機関の設立であった[39]。

1960年9月にKECの設立総会が開催され，翌年1月に社団法人の認可を受けた。設立時の会員数は65社で，初代会長には松下幸之助，また副会長にはセットメーカーから井植歳男と早川徳次，さらにチョークコイルのメーカーである三岡電機製作所の岡上新太郎と村田製作所の村田昭が就任した。設立発起人となった24社を確認すると，松下電器，三洋電器，シャープといった関西系セットメーカー，また新日本電気，神戸工業，三菱電機といった通信機や重電機器メーカーが名を連ねる一方で，村田製作所，北陽無線工業，フォックスケミコン，ハイペック音響，田淵電機，戸根源電機，関西二井製作所，松尾電機，指月電機製作所といった関西の電子部品メーカーが多く参加していた[40]。また創設後，約1年が経過した1961年秋における，KECの役員を表8-4から確認すると，顧問や参与には大阪通産局，大阪府商工部といった地方官庁，さらに大阪大学工学部，電気試験所大阪支所，大阪府立工業奨励館といった試験研究機関も加盟している。まさにKECは大阪を中心に，電子工業にかかわる産・官・学を広く糾合して設立された機関だったのである。

表8-5は，創設当初における，試験検査機器の購入資金の調達先をみたものである。創設時には通産省から日本自転車振興会補助金2000万円，大阪府予算3000万円の助成を得ており，1964年までの合計においても業界関係者による拠出額を上回っている。このようにKECの整備は，通産省および大阪府からの助成金獲得を前提としており，これが役員にとっての重大な関心事であった。例えば，1962年4月20日に開催されたKECの第8回運営部会において，通産省補助金についての説明があり，大阪府や業界からの資金供出が補助金交付の条件であるが，現段階では大阪府予算が未確定であるにもかかわらず，通産省電子工業課の有働亨課長の配慮で500万円の交付が確定したこと，ただし

表 8-4　関西電子工業振興センター役員

役職	氏名	所属
会長	松下幸之助	松下電器
副会長	井植歳男	三洋電機
	岡上新太郎	三岡電機製作所
	早川徳次	早川電機
	村田昭	村田製作所
常任理事	木村恵	事務局
理事	相田長平	神戸工業
	新井実	ニューホープ実業
	稲盛良夫	三菱電機
	北村栄三	北陽無線
	河野広水	電子機械工業会
	小林珪一郎	新日本電気
	斉藤有	日本電子工業振興協会
	上西亮二	島津製作所
	竹林俊久	フォックスケミコン
	田中松雄	ハイペックス音響
	田淵三郎	田淵電機
	戸根源輔	戸根源電機
	平井嘉一郎	関西二井製作所
	古橋了	星電器製造
	増井松次郎	日東電器
	松尾正夫	松尾電機
	矢口金次	指月電機製作所
	矢野敏男	矢野金属
	山野一郎	山野電器
監事	五代武	大阪音響
	鉄林浩	新音電機
顧問	佐東義詮	大阪府知事
	出雲井正雄	大阪通産局
参与	若林茂信	大阪通産局（商工部）
	新井真一	大阪府商工部
	青柳健次	大阪大学工学部教授
	熊谷三郎	大阪大学工学部教授
	菅田栄治	大阪大学工学部教授
	岡田喜義	電気試験所大阪支所長
	三浜義俊	大阪通産局
幹事	飯塚史郎	大阪府工業課
	高瀬孝夫	大阪府立工業奨励館
	諏訪英俊	電子機械工業会

出所）『KEC 情報』第 1 号，1961 年（発行月不詳），5 頁。
注）元資料で一部の企業名が略称となっているが，そのまま掲載した。以下の表も同じ。

表 8-5　設備購入資金の調達先

（万円）

年度	1960	1962	1963	1964	合計
日本自転車振興会	2,000	1,000	820	1,000	4,820
業界	1,500	700	820	1,000	4,020
大阪府	3,000	1,500		1,000	5,500
合計	6,500	3,200	1,640	3,000	14,340

出所）『KEC 情報』第 26 号，1965 年 10 月，2 頁。

大阪府予算からの補助が得られない場合は通産省からの補助金も交付されないため，役員会が大阪府に対する予算折衝を強化する旨が報告されている[41]。

したがって KEC の運営においても，通産省および大阪府との連携がみられた。とりわけ大阪府との関係においては助成金だけでなく，大阪府立工業奨励館（以下，工業奨励館）の施設を増設のうえ，そこに KEC が電子工業技術センターを開設することになった。当時，工業奨励館においても事業分野を電子工業に広げる方針を採っていたため[42]，KEC との連携は工業奨励館の事業拡張にともなう資金負担を軽減したと考えられる。

通産省については，重工業局長や電子工業課長との懇談会を頻繁に行った。例えば，島田喜仁重工業局長，出雲井正雄大阪通産局長，有働亨電子工業課長が 1961 年 11 月に，工業奨励館に開設された KEC の技術センターを視察した際，KEC からは事業報告と援助の申請が文書で伝えられている。その際に島田重工業局長は，電振法の趣旨に沿って，これまでの電子工業はラジオとテレビの生産拡大によって発展してきたが，今後は電子応用機器が柱となること，また貿易自由化により世界的な競争が激しくなる基礎的技術の研究に力を入れるべきであること，さらに電子工業は部品工業が基礎になるから組立工業と部品工業の協力体制の構築に向け対策を講じてほしいことなどを提言した[43]。これに対して KEC からは助成金の継続を訴えるなかで，「中小企業設備近代化資金などの助成策が手続き上の関係で，東京以外の地方の必要な所へスムーズに流れないおそれがある。権限委譲や保証方法などについての配慮を願いたい」と述べ，具体的問題について大阪通産局へ申し出るようにとの返答を受けている[44]。1962 年 2 月にも大阪で酒造工場のオートメーション化を視察した有働電子工業課長を招いて，大阪通産局，大阪府との懇談会を開き，次年度の設備拡充にかかわる資金計画について説明している。これに対して，有働課長は鉱工業技術試験研究補助金の申請を積極的に行うべきであり，研究テーマについては電子工業振興 5 カ年計画の 3 年目を参照するようにと返答している[45]。また同年 7 月の懇談会では，電振法が延長の方針であることが伝えられ[46]，さらに 12 月の懇親会では，電振法にもとづく開銀融資実績についての説明とともに，今後の補助金交付のあり方として KEC の経常費は対象としないが，近代化設備の融資斡旋は財源的にも余裕があるから申請すべきであること，といった情報が提供された[47]。民生用電子機器の業界団体としては電子機械工業会がすでに存在し，セットメーカーと部品メーカーの多くが加盟していたにもかかわらず，関西地区を中心とする業界団体として KEC は，独自に通産省との関係を構築していたのである。

2）専門委員会の活動

ⓐ専門委員会制度

KEC の事業活動を実質的に担っていたのは，運営部会に設置された，計測，研究，訓練，情報にかかわる 4 つの専門委員会であった[48]。表 8-6 は，1961 年秋頃の各委員会の構成である。すべての専門委員会にセットメーカーと部品メーカーの双方が参加しており，主査や幹事に部品メーカーが名を連ねている。こうした企業の技術者たちは情報専門委員会の取り計らいで，大阪大学の宮脇一男教授が幹事となり 1962 年 7 月から「技術者クラブ」を組織し，親睦を深めた[49]。また同委員会では，セットメーカーの部品外注[50]，電子部品の信頼性[51]，製造合理化[52] などテーマについてアンケート調査を実施し，業界の現状に関する情報共有に努めていた。

訓練専門委員会では，工業奨励館に開設された既述の電子工業技術センターの先端的な設備を活用して，高度な技術者を養成する「技術者委託制度」を設けた。これは主として電子部品や材料などの信頼性や特性に関する測定方法を 6 カ月で教育するプログラムであるが，受講者は日常業務を離れて，平日午前 9 時から午後 5 時 15 分まで受講する必要があるため，所属企業経営者の斡旋

表 8-6　専門委員会の構成

[研究専門委員会]

役職	氏名	所属
主査	佐藤賢吉	フォックスケミコン
幹事	松田寧	三菱電機
	福慶泰一	大阪府立工業奨励館
	宮脇一男	大阪大学
	城坂俊吉	松下電器
	佐々木正	神戸工業
	鉄林浩	新音電機
	鍵本善男	通産省
	山本博通	大阪府
	木村成一	電子機械工業会
	木村恵	事務局
	川崎正彦	事務局

[計測専門委員]

役職	氏名	所属
主査	富平徳雄	松下電器
幹事	三谷一雄	日東電器
	小寺正暁	大阪府立工業奨励館
	佐々木正己	松尾電機
	室谷政弘	村田製作所
	大久保良三	島津製作所
	松本博	指月電機製作所
	原文雄	大洋電機
	田淵三郎	田淵電機
	山本博通	大阪府
	鍵本善男	通産省
	木村成一	電子機械工業会
	木村恵	事務局
	川崎正彦	事務局

[情報専門委員会]

役職	氏名	所属
主査	古橋了	星電器製造
幹事	稲田謙三	三洋電機
	鍵本善男	通産省
	長屋暢夫	三菱電機
	仲島昤三	三岡電機製作所
	佐々木克己	松尾電機
	福井淳一	大阪音響
	山本博通	大阪府
	小寺正暁	大阪府立工業奨励館
	木村成一	電子機械工業会
	木村恵	事務局
	守屋春彦	事務局

[訓練専門委員会]

役職	氏名	所属
主査	山野幸男	山野電機
幹事	河崎門太郎	早川電機
	山本博通	大阪府
	森田重之	新日本電気
	田淵三郎	田淵電機
	奥村巌	日本コンデンサ工業
	榊原稔	北陽無線工業
	鍵本善男	通産省
	小寺正暁	大阪府立工業奨励館
	木村成一	電子機械工業会
	木村恵	事務局
	守屋春彦	事務局

出所）『KEC 情報』第 1 号，1961 年（発行月不詳），6 頁。

が条件となっていた[53]。また各種の研修会や講習会も訓練専門委員会の活動の一環として開催された。表 8-7 は，判明する 1960 年代の講習会や研修会に参加した企業と参加者数の一覧である。全体を通して，松下電器が突出しており，三洋電機，早川電機，三菱電機，大阪音響といった大手家電メーカーの積極的

表 8-7　KEC が開催した講習会・研修会の参加企業と人数

（人）

企業	第 1 回計測技術研修会	電子装置の信頼性講習会	第 2 回電子材料技術講座	電子機器の表面処理講習会	第 3 回電子材料技術講座	第 4 回計測技術研修会	高分子材料の講習会	電子技術者のための機構設計教室	集積回路の民生機器への応用講習会	合計
	1962 年 2 月	1962 年 3 月	1962 年 10 月	1963 年 3 月	1963 年 10 月	1963 年 11 月	1963 年 12 月	1965 年 3 月	1967 年 7 月	
松下電器	3	14	8	11	16	8	3	2	13	78
三洋電機	2	5	6	3	4	2	1	1	5	29
早川電機		4	2	3	4	2	4	4	5	28
三菱電機		2	1	3	3	1	2	3	12	27
大阪音響	2	1	3	2		2			5	15
北陽無線工業	1	2	2	2	3	2	1	1	1	15
日本コンデンサ工業	1	1	2		2			2	3	11
日東電器製作所	1	2	2	2	1		1	1		10
新日本電気	1	2	1	2	1			1	2	10
神戸工業	1	2	2	1				2	1	9
神栄電機	1	1	3	1	1			1		8
村田製作所	1	2	2	1	1		1			8
新コスモス電機	1	2	1	2	2					8
日硝電子工業	1			2		1			4	8
星電器製造	1	2	1				1	2		7
田淵電機	1	1	1	1			1	1		6
指月電機製作所	1	1	1	1		1	1			6
山野電機	1	1	1	1	1					5
島津製作所	1	2			1		1			5
松尾電機		3							2	5
大洋電機			3				1			4
東京芝浦電気			1						3	4
立石電機					4					4
ソニー									4	4
東亜特殊電機			2					1		3
フォックス電子	1	1	1							3
マクセル電気	1		1	1						3
三和電器					1				2	3
ラックス		1			1			1		3
豊中電気	1	1						1		3
日立製作所									3	3
日本電子科学									3	3
パイオニア									3	3
日本電気			2							2
敷島電機			2							2
新音電機	1		1							2
田葉井製作所				1				1		2
日響電子工業					1	1				2
三洋精工								2		2
大阪光舎								2		2
古野電気									2	2
蒼電舎									2	2
東洋電具製作所									2	2
戸根源電機	1								1	2
DX アンテナ									2	2
日本コロンビア									2	2
東京三洋電機									2	2
日本精密電気									2	2
協同電子研究所									2	2
堀野電機			1							1
パール電機				1						1
豊国工機				1						1
安藤電気					1					1

八欧電機					1					1
橘金属					1					1
関西テレビ工業						1				1
電子機械工業会						1				1
三和電気									1	1
船井電機									1	1
ミノルタカメラ									1	1
日本電気									1	1
トリオ									1	1
ゼネラル									1	1
岩崎通信機									1	1
釜谷電機									1	1
アルプス電気									1	1
日本抵抗器									1	1
中日電子									1	1
三岡電機製作所		1								1
正和電機	1									1
ニューホープ実業	1									1
不　明								5		5
非会員企業	0	6	20	40	17	0	0	0	3	86
合計	28	60	73	82	67	22	18	34	102	486

出所）『KEC 情報』第 4 号，1962 年 5 月，2-5 頁；第 7 号，1962 年 12 月，10 頁；第 8 号，1963 年 6 月，7 頁；第 11 号，1964 年 1 月，9-11 頁；第 22 号，1965 年 6 月，24 頁；第 52 号，1968 年 8 月，34 頁。

な参加が確認できる。これに続いて，北陽無線工業，日本コンデンサ工業（関西二井製作所が 1961 年に社名変更），日東電器製作所，神栄電機，村田製作所，新コスモス電機，星電器製造，田淵電機，指月電機製作所，山野電機製造，松尾電機などの電子部品メーカーが参加している。

具体的な内容についてみると，例えば「電子技術者のための機構設計教室」は，全 6 回のうち 5 回は，1．数学の基礎（講師：榊原稔，北陽無線工業事業内職業訓練所），2．力学の基礎（講師：稲田謙三，三洋電機テレビ事業部技術部長），3．設計製図の見方（講師：斉藤房好，川村工業次長），4．機構設計の基礎（講師：津和秀夫，大阪大学），5．生産性向上のための各種機構（講師：安富茂，工業奨励館機械加工部長）という内容の講義が実施され，最終回の第 6 回では実例解説（講師：佐藤安敬，太陽鉄工）が行われた。これは会員の技術者が「日常現場において，設計上当面されている問題点を例示的にとりあげ，解明することを狙いとする」ものであった[54)]。

ⓑ計測専門委員会

関西地域の電子工業における部品の品質改善は，KEC が創設される際に最重要視された目標であり，前述のように通産省や大阪府からの補助金は試験検

表 8-8　試験機器の購入（1960-64 年）

（万円）

年度	1960		1962		1963		1964		合計	
用途	金額	機種	金額	機種	金額	機種	金額	機種	金額	機種
電子部品の性能測定用機器類	3,940	141	1,550	15			353	3	5,843	159
環境試験用装置	2,560	13	780	3			75	2	3,415	18
超小型部品開発装置			870	1			1,000	8	1,870	9
UHF 関係機器					1,070	11	1,050	7	2,120	18
自動計測機器					570	2	522	3	1,092	5
合計	6,500	154	3,200	19	1,640	13	3,000	23	14,340	209

出所）『KEC 情報』第 26 号，1965 年 10 月，2 頁。

査機能の整備に充てられた。工業奨励館に KEC の設備を設置することとなり，創設前の 1960 年 9 月から購入機器の選定が開始された。同年 11 月に正式に機器選定委員会が設けられ，十数回にわたって検討されたが，この業務は計測専門委員会に引き継がれ，同委員会が購入計測機器の技術研修を実施するとともに，施設を会員企業が使用する際の機器貸借契約の方法や手数料などの諸方針の検討にあたった[55)]。

KEC の設立当初に購入された試験機器の大別をみたものが表 8-8 である。電子部品の性能測定用機器の機種数および金額がもっとも大きい。また 1963 年から翌年にかけては新たに UHF 関係および自動計測機器が購入されており，KEC の試験検査の対象範囲が広がっていったことがわかる。

これらの試験機器を利用した会員企業については，やや時期が異なるが，1967 年から 69 年までの状況を表 8-9 から確認できる。大手セットメーカーの利用が多いので，KEC が整備している試験機器はこれらの企業においても自社では調達できないものであったと推察される。また多数の電子部品メーカーの利用が確認できるが，とりわけ松尾電機，村田製作所，日本コンデンサ工業，指月電機製作所など，KEC の活動に積極的に参加している企業の利用時間が多い。さらに会員外企業や工業奨励館としての利用も確認できる。

同委員会の主要な役割は上記の試験検査機器に関するものであったが，他方で，前掲表 8-7 に示した「計測技術研修会」も計測専門委員会の主催によるものと思われる。同研修会の受講者が中心となり，訓練専門委員会も協力して，

表 8-9　企業別施設利用数

年度	1967		1968		1969		合計	
会員企業	件	時間	件	時間	件	時間	件	時間
古野電気	52	532	102	1,596			154	2,128
松下電器	60	532	63	622	104	882	227	2,036
松尾電機	25	133	68	709	20	147	113	989
三菱電機	9	70	22	417	37	500	68	987
三洋電機	60	672	39	314			99	986
船井電機					51	892	51	892
村田製作所	38	408	22	155	22	171	82	734
大阪音響	29	467	17	133	9	72	55	672
DX アンテナ			26	516			26	516
日本コンデンサ工業	23	382	7	44	13	80	43	506
島津製作所					38	460	38	460
新音電機	23	403	3	22			26	425
多摩川精機	15	246	11	75	12	96	38	417
田淵電機	22	262	14	146	1	8	37	416
東亜特殊電機	5	32	16	272	8	52	29	356
新コスモス	14	241	4	39	3	19	21	299
早川電機	12	122	2	13	20	158	34	293
京都セラミック			2	16	13	259	15	275
戸根源電機製作所	13	228					13	228
指月電機製作所	14	66	13	103	7	56	34	225
進工業	8	53	7	51	14	92	29	196
三和電気	5	36			15	120	20	156
星電器製造	1	4	8	64	5	88	14	156
橘金属工業			8	150			8	150
豊中電気	10	61	11	72			21	133
蒼電舎			27	114	2	16	29	130
新日本電気	1	8			13	104	14	112
日硝電子工業	4	32	9	72	1	8	14	112
ミナト医科学	7	35	1	1	15	57	23	93
東洋電具製作所			11	92			11	92
日東電器製作所	5	24	5	33	2	16	12	73
野里電機	9	60			1	8	10	68
倉毛エレクト工業					9	61	9	61
三岡電機製作所	1	1	5	50			6	51
三洋精工					6	48	6	48
富士通					6	43	6	43
北陽無線工業	5	16	3	19	1	8	9	43
川西航空機器工業					5	40	5	40
田葉井製作所	2	6			4	32	6	38
大洋電機	7	36					7	36
コーンスアンドカンパニー	1	4	4	29			5	33
山野電機製造			2	16	2	11	4	27
豊国工機			1	24			1	24
神栄電機	1	5	2	11			3	16
矢野金属	1	15					1	15
日本電子科学	2	15					2	15
三和電器製作所	1	3	1	8			2	11
国際機械振動研究所	1	3	1	8			2	11
立石電機	1	8					1	8
日響電子工業	2	8					2	8
松下電子工業					1	8	1	8
長田電機製作所					1	8	1	8
フォックス電子工業	1	7					1	7
昌新商事	2	5					2	5
神戸工業	1	3					1	3

沖電気工業			1	3			1	3
計測技術懇話会	48	448					48	448
大学・官公庁	3	8					3	8
電子機械工業会	6	24					6	24
会員合計	550	5,724	538	6,009	461	4,620	1,549	16,353
会員外	173	2,403	82	1,211	8	62	263	3,676
工業奨励館	654	11,330	1,144	24,714	1,106	20,703	2,904	56,747
館内使用	51	1,137	4	32	1	8	56	1,177
事務局			85	1,781	242	21,126	327	22,907
関連団体					2	12	2	12
総計	1,428	20,594	1,853	33,747	1,820	46,531	5,101	100,872

出所）『KEC 情報』第 50 号，1968 年 3 月，15-16 頁；第 56 号，1969 年 3 月，19-20 頁；第 63 号，1970 年 5 月，12-15 頁。

計測技術懇話会が 1963 年 4 月に発足した。同会は親睦会というよりは，むしろ試験・計測に関する研究会とみなすべき組織であった。第 1 回の例会では工業奨励館電子工業部の課長より，MIL 規格の環境試験法ついて，塩水噴霧試験，低周波振動試験，耐湿試験の説明があり，その後は 3 つのグループに分かれて，実験計画などを議論した。参加企業は松下電器，早川電機，三洋電機，大阪音響などのセットメーカーに加え，神戸工業[56]，村田製作所，日本コンデンサ工業，フォックス電子，神栄電機，日東電器，星電器製造，指月電機製作所，田淵電機，北洋無線工業，豊中電気といった電子部品メーカーであった。これは後述の研究専門委員会に設置された環境試験法研究分科会とも深いつながりがあったものと思われる[57]。

実験活動の具体例についてみると，例えば 1964 年 3 月から 7 月にかけて工業奨励館電子工業部電子部品課の田中恒久，黒田寧，高津徹の指導を受けて実施された，「耐湿試験の槽内温度及び試験時間がその劣化特性に及ぼす影響」というテーマの実験結果が同年秋に報告されており，報告会には松下電器，三洋電機，神栄電機，田淵電機，北陽無線工業，新音電機，日響電子，大洋電機の各社，および電子機械工業会から出席者があった[58]。また同年 11 月には工業奨励館に設置された島津製作所製の装置を用いて，「各種塗装による試料の耐候性を試験するとともに，試験装置についての操作を習熟することを目的として」実験が行われ，大阪音響，早川電機，北陽無線工業，日響電子，田淵電機が参加した[59]。さらに，やはり工業奨励館の指導の下で試料を作成し，適当な試験条件を設定したうえで腐食特性を測定する実験が複数回実施された。これは三洋電機が中心となり，早川電機，大阪音響，田淵電機，大洋電機，松尾電機，神栄電機，日響電子工業などの企業が参加した[60]。

ⓒ研究専門委員会

研究専門委員会にはテーマ別に研究分科会が設置され，そこに研究会が組織された。まず1961年9月に設置された環境試験法研究分科会では，MIL規格の内容を検討する研究会が組織され，その成果として規格の翻訳を日本規格協会から出版した。また1963年度には，鉱工業技術試験研究補助金の交付を得て，塵埃試験機[61]，塗膜付着性試験装置[62]，ランダム振動試験機[63]の共同研究が組織された。

また1963年に，加工技術研究分科会，電子材料研究分科会，薄膜部品研究分科会，UHF研究分科会，電子回路研究分科会が新設されたが[64]，このなかで判明するものについて参加企業・機関と参加者数をみたものが表8-10である。上述のように設立時の正会員が65社であるから，各研究会に半数程度の企業や機関が参加しており，とくにセットメーカーからはおおむねすべての研究会に参加者を出している。

部品メーカーは各社の専門領域に特化して参加していたと思われるが，村田製作所，三岡電機製作所，北陽無線工業の3社はUHF，電子回路，電子材料のすべてに参加している。このなかで村田製作所からは，佐分利治が電子材料研究会の主査として参加した。佐分利は京都大学工学部電気工学科で同社とチタン酸バリウム開発の共同研究をしていた田中哲郎の下で学び，1950年に入社した後はNHK放送機器用パワーコンデンサの開発などを手掛けてきた。1956年に同社が研究開発組織を拡充した際には，第1研究室長としてチタン酸バリウムを用いた半導体開発に取り組み，1959年には世界初のセラミック半導体の製品化に成功した[65]。電子材料研究会では主として試験方法について検討され，後にセラミックも含まれる高分子材料を対象に，構造や機械強度の向上について研究が進められた[66]。その結果，「会員会社の取り組みをみると，アッセンブル事業部門は材料専門担当部門を設けて積極的にコンポーネント，マテリアルメーカーとの共同研究，開発，調査，解析がなされていった。また，部品事業部門ではアッセンブルメーカーのニーズを受けて研究と開発を推進し，

表 8-10　研究専門委員会の研究会構成

（人）

参加企業・機関	UHF	電子回路	電子材料
工業奨励館	1		1
大阪大学	2	2	
大阪市立大学		1	
大阪通産局	1	1	1
NHK 大阪放送局	1		
三菱電機	2	1	
早川電機	3	1	1
松下電器	3	3	3
三岡電機製作所	3	3	1
矢野金属	2	1	
日東電器	1		
北陽無線工業	2	1	1
ラックス	1		
ゼネラル商事	1	1	
日硝電子	1	2	1
フォックス電子	2	2	
村田製作所	2	2	3
比良野電機	1	1	
関西テレビ工業	1		
指月電機製作所	2	1	
三洋電機	2	2	2
神栄電機	1	1	1
コーンス商会	1		
大阪音響	1	2	
大阪光音電気		1	
新音電機		1	
東亜特殊電機		1	
星電器製造		1	1
マクセル電気		1	1
松尾電機		1	1
日本電気		1	
立石電機		1	1
神戸工業		2	
日本コンデンサ工業		1	2
豊中電気			1
新コスモス電機			1
大洋電機			1
戸根源電機			1
日東電器			1
田淵電機			1
合計	36	39	27

出所）『KEC 情報』第 10 号，1963 年 11 月，22-24 頁。

その技術基盤を確立していった」[67)]。

またUHF研究会では，テレビ放送のUHF帯域の実用化に対応した部品生産が関西の民生用電子機器関連企業で課題となっていたため，この目的に適った各種の測定が可能な機器類を整備することとなり，また試験測定方法などの基礎的な研究を進めた[68)]。薄膜部品研究会では，当時急速に進展していた薄膜部品を中心とする超小型部品研究の動向を正確に把握し，それを会員企業に提供することを目的としていた。研究会が組織される前年にKECでは，工業奨励館を通じて大阪府総合科学技術委員会に電子薄膜部品の研究を依頼し，同委員会内に設置された電子薄膜部品研究専門部会にKECの会員企業18社22名を部会員として派遣した[69)]。

沢井実によれば，大阪府総合科学技術委員会は大阪府が戦後復興を目的として1947年9月に設けた共同研究組織であり，その運営は工業奨励館の最重要業務に位置づけられていた。専門部会長には多くの大阪大学教授が就任しており，電子工業関係では「テレビジョン部品」(1952-54年，部会長：熊谷三郎大阪大学教授)，「トランジスタの工業的応用」(1959-60年，部会長：山口次郎大阪大学教授）に続いて「電子部品薄膜」の研究が3件目であった[70)]。このようにKECの活動は通産省の電子工業振興だけでなく，大阪府が主導する産業振興の枠組みにも沿ったものであり，とりわけ工業奨励館や大阪大学といった地域の研究拠点に支えられていた。

1960年代後半になると，民生用電子機器のIC化が研究課題として注目され，「民生機器IC化共同研究委員会」が発足した。表8-11に示すように，委員長には大阪大学工学部長の菅田栄治が選任され，その下に測定（受入検査規格の検討)，情報（特許収集と評価)，回路（回路試作)，部品（部品試作）の各分科会が組織された。業界からはセットメーカー5社と部品メーカー5社が参加し，大阪大学工学部を中心とした研究機関との産学連携の体制が構築された。上述した，京都大学の田中哲郎も指導者として参加した。

同委員会で最初に取り組んだのが，白黒テレビのIC化であった。1966年度に鉱工業技術試験研究補助金から試作研究補助金1530万円の交付を受け[71)]，総額4295万円を投じて[72)]，低価格かつ高信頼度の白黒テレビの試作を進めた

表 8-11　民生機器 IC 化委員会（1967 年）

役職		氏名・企業	所属
委員長		菅田栄治	大阪大学工学部（学部長）
指導者		横田穰	電気試験所
		本　忠博	NHK
		田中哲郎	京都大学
		塙　輝雄	神戸大学
		吉田洪二	大阪府立大学
主査	回路分科会	宮脇一男	大阪大学工学部
	部品分科会	中井順吉	大阪大学工学部
	情報分科会	滑川敏彦	大阪大学工学部
	測定分科会	小寺正暁	大阪府立工業奨励館
幹事	回路分科会	三洋電機	
	部品分科会	早川電機	
	情報分科会	松下電器	
	測定分科会	松下電器	
	部品分科会	村田製作所	
委員	セットメーカー	三菱電機	
		大阪音響	
	部品メーカー	神戸工業	
		日本コンデンサ工業	
		フォックス電子	
		松尾電機	

出所）『KEC 情報』第 41 号，1967 年 1 月，6 頁。
注）セットメーカーはすべての分科会に参加。部品メーカーは部品分科会と情報分科会に参加。

結果，「現在知る限り最も広範囲の IC 化に成功したものであり，この研究グループはテレビの IC 化に関する限り世界で強力なグループであると自認することができる」といった成果を収めた[73)]。

1967 年 1 月に行われた中間報告から具体的な研究内容をみると，テレビの 12 回路を IC 化すべく，特注 IC や周辺部品を分担して開発したが，各企業には個別に明確なミッションが与えられていた。まず三洋電機は「共通 IC の多数使用と信頼性向上」を目標としていた。IC の生産コストを引き下げるためには，同一種類の IC を大量生産および消費することが前提となるため，音声中間周波，音声検波，低周波電圧増幅，同期分離，水平発振，垂直発振，AFC，映像電圧増幅の各回路を同一パターンによる2種類のICで置き換えることが目標とされ，これに成功した結果，従来部品79個（トランジスタ8個，ダイオード7個，抵抗器41個，コンデンサ20個，その他3個）がICに置換された。また早川電機は，「性能の向上と組立工程の簡素化」を目標とし，従来部品を107個使用していた7つの回路を4つのICに置換した。松下電器は「組立工程の簡素化と小形化」を研究課題とし，回路の消費電力，温度上昇，複雑性やコストの低減を図りつつ，必要特性を得るための小型化開発を進めた。三菱電機は「組立工程の簡素化と最適集積度をいかに選ぶか」を研究課題とし，従来部品46個を2つの薄膜ハイブリッドICに置換することに成功した。大阪音響は回路分科会の要請に応じた数種の回路をIC化した[74)]。

以上の成果を受けて，1967年度は研究費総額9700万円（補助金3500万円を含む）を投じて，「カラーテレビのIC化」に着手した[75)]。セットメーカー5社に変更はなかったが，部品メーカーは新たに，蒼電舎と星電器製造が加わり，7社となった。また分科会は回路（幹事：松下電器・大阪音響），部品（早川電機・村田製作所[76)]），情報（三洋電機・三菱電機）の3つで構成され，セットメーカーと部品メーカーが各回路をブロックごとに分担した。第1号の試作では，19インチ型カラーテレビを構成している24回路のうち16回路についてIC化を実現し，従来部品219個を20個のICに置換した[77)]。

さらに1968年度は研究費総額6193万円（補助金2690万円を含む）を投じて，「16インチカラーテレビの全IC化」の共同研究を進めることになった[78)]。新たに富士通が加わって参加企業は13社となり，セットメーカーと部品メーカーが一組となって，高周波回路（幹事：三菱電機），音声周波回路（大阪音響），映像増巾回路（三洋電機），色信号回路（早川電機），水平垂直偏向回路（松下電器），電源回路その他（大阪音響）の6つの班に分かれて，開発が進められたものを，松下電器が総括して取りまとめた。表8-12は，判明する，セットメーカーと部品メーカーの組み合わせである。結果として22個のICが開発され，16インチ型の全IC化カラーテレビの試作に成功した。トランジスタと真空管を使用した同型カラーテレビと比較すると，使用部品数が594個から174個に，またハンダ付けが1250カ所から600カ所に削減された[79)]。

表 8-12　全 IC カラーテレビ開発の分担

班名	回路・部品	担当
三菱電機班	チューナー部 映像中間周波部 AFT	新日本電気 日本コンデンサ工業 三菱電機
三洋電機班	映像増巾部	新日本電気
大阪音響班	音声部 電源部	村田製作所 大阪音響
早川電機班	クロマ回路部 マトリックス出力部	早川電機 松尾電機
松下電器班	垂直同期部 水平同期部 高圧回路部	日本コンデンサ工業 新日本電気 松下電器
その他	線間結合部品 電解コンデンサ 多層プリント板	蒼電舎 エルナーフォックス電子 松下電器

出所）『KEC 情報』第 56 号，1969 年 3 月，5 頁。

テレビの IC 化について研究した平本厚はこの共同研究について触れ，開発過程で出願された多数の特許がすべての参加メーカーに公開され，それによって各社が実用化を進めていったことを指摘している[80]。同委員会では参加企業の枠を超えて，「今後参加企業が指導者となり，本研究に直接参加されない企業に対し十分な指導性を発揮され，ひいては関西全企業のレベルアップに実際を通して大いに役立つ」ことを期待していた[81]。同研究は 1968 年度で終了したが，翌年度の共同研究テーマは「テレビの汎用組立装置の基礎研究」としてカラーテレビの開発は継続された[82]。また IC についても，1975 年度から開始される「ハイブリッド IC 開発技術の調査研究」（主査：日本コンデンサ工業）へと受け継がれていった[83]。

以上みてきたように，KEC は個別企業では整備することが困難な最新鋭の試験研究設備を駆使して，電子工業の技術水準の向上に努めてきた。その資金の過半は通産省と大阪府からの補助金によって賄われており，また通産省，大阪府，工業奨励館，大阪大学，電気試験所などとの積極的な連携がみられた。つまり政府や地方自治体の産業政策と一体的に運営されていたのである。したがって設置当初の研究専門委員会でMIL規格の研究が行われるなど，その活動は電振法の目指す方向性と重なるところがあったが，開銀融資ではカバーできない企業を振興対象としていたことが，各種講習会や施設利用の状況から確認できる。高度成長期のKECは電子部品産業の底上げを担っていたのであり，通産省もその役割に期待するところが大きかったと思われる。

設立当初における関西業界の関心は電子部品の品質向上であったが，次第に電子機器や回路を含めた幅広い分野へと活動領域は拡大していった。その代表的なものはカラーテレビのIC化，つまり民生用電子機器の技術開発であった。この点においてKECの活動は電振法に即したものではないが，高度成長期の電子工業が民生用電子機器の生産拡大によって支えられていたことを考えると，民間主導の組織運営により，現状に適った柔軟な活動が可能になったと評価できる。その際の資金調達には，鉱工業技術試験研究補助金の活用が多くみられた。

また各種の委員会や研究会には，関西の家電メーカーと電子部品メーカーが対等な関係で参加しており，まさに関西業界の総力を結集していた。前述の技術者クラブは，関西在住の技術者が企業や大学の立場を超えて交流をもつ場となり，組織運営を円滑にするための素地を作っていたと推察される。共同研究によって生じた機器メーカーと部品メーカーの関係が，各社の実用化段階における部品購買にどのような影響を与えたのかについては判然としないが，参加者が相互に研究開発能力や生産能力についての情報を把握することで，これらの能力に係る情報の非対称性が緩和されたものと思われる。

関西の企業を中心に創設されたKECであったが，1967年に実施された「集積回路の民生機器への応用講習会」には，日立製作所，パイオニア，ソニー，トリオ，ミノルタカメラ，ゼネラル，東京三洋電機，日本コロンビア，アルプス電気，釜谷電機など関東の機器メーカーや部品メーカーが多数参加していた。また1980年6月時点でKECの会員数122社のうち，関東地区の会員が41社に達した[84)]。1970年代以降，KECは地域の枠を越えて，全国的な電子工業振興の担い手として活動を展開していったのである。ところで，KECを強く意識して長野県および近隣地域の電子工業を育成すべく創設されたのが，次にみる中部電子工業技術センターであった。

3　中部電子工業技術センターの活動

1）中部電子工業技術センターの設立経緯

長野県南信地区における電子部品産業の発展を論じた中瀬哲史は，中部電子工業技術センター（以下，CEC）が，電子部品メーカーの技術力向上やコスト削減能力を高めるための企業連携を目指すべく設立されたと指摘している[85)]。また 1963 年時点の名簿および 1976 年時点での設備利用実績を検討したうえで，同地域の企業によって CEC が盛んに利用されたことを確認し，これによって成立した精密機械と電子工業の連携が 1980 年代以降の発展に結びついたと指摘している[86)]。以上の指摘をふまえ，本節では本章の問題設定とかかわる範囲で，CEC の設立経緯と 1960 年代における活動内容を概観しておきたい[87)]。

CEC の設立経緯についてみると，1961 年 6 月に長野県商工部工業課が主催する講演に訪れた通産省の有働電子工業課長と，同地域の抵抗器メーカーである興亜電工（現，KOA）の向山一人の会談が重要であった。当時，向山は長野県議会議員で商工委員長を務めており，彼の発言は自治体としての意向を含んでいたものと思われるが，会談の内容は有働と同席した長野県工業課技師から西沢権一郎長野県知事に伝えられ，知事もこれを了承した[88)]。この時，向山は有働に「課長さん，長野県にも東京（日本電子工業振興協会）や関西（関西電子工業振興センター）と同じものをつくってもらえないか」と切り出したが，同席した工業課技師の回想によると「有働課長さんは，電子工業の盛んな地域の中心地を選び，全国の数ヶ所にセンターを作られる方針であったように見受けられました。直ちに設立についての要件といいますか，内容をすらすらとよどみなく次のように提案され……有働課長さんがかなり以前から頭のなかに画かれていたのではないかと思わせるような素早さ」だったという[89)]。

電子協や KEC という先行事例に則した試験研究機関の開設を希望した向山の発言は，通産省電子工業課が進める電子工業振興政策を十分に把握したうえでのことだったと推察される。またこれに即応した有働も，同地域にセンターを設立する構想をもっていたと思われる。つまり通産省では電子工業の重要拠点に試験研究機関を開設することで電子工業を振興する政策方針を検討しており，その対象として関西地域と長野県を中心とした中部地域が選ばれたのである。ただし電振協は特定の地域を振興対象としたものではないため，有働は「東京は例外で，関西をモデルとすること」と提案していた。設立準備に必要な予算総額は3500万円であり，KECと同様に日本自転車振興会と長野県から補助金が1500万円ずつ交付された[90]。CECは1962年10月に社団法人としての許可が下り，翌年2月に試験研究法人に認定された。実質的な活動は，設備の設置が完了した翌月から開始された。

2）CECの活動

1960年代のCECの活動を詳らかにすることはできないが，その運営枠組はモデルとするKECを踏襲していたと思われる。まずCECの事務局と試験機器は長野県精密試験場に置かれることになり，整備する機器を選定する技術委員長には同試験場長が就任した。また技術・情報・訓練にかかわる3つの委員会が設置され（情報委員会と訓練委員会は1966年6月に廃止），1963年10月以降，抵抗器，コンデンサ，環境試験，計測の4分野で研究会が組織された[91]。

やがてIC化時代を迎えると，一般電子部品がICに代替されることを懸念した地域の電子部品メーカーを中心に，1966年6月にIC研究会が設置された。また長野県精密試験場内には県の予算で試験場内にIC設備一式を備えた「IC開放試験室」が開設された。同研究会では1969年にカーステレオのIC化実験が行われるなど活発な活動が続けられたが，やがてIC化による一般部品の代替という懸念が杞憂に終わったため，次第に参加企業は減少し，1973年をもって同研究会は廃止された[92]。

創設時から1990年頃までの試験研究施設の利用実績をみると，利用件数では年間2000件弱から1万件弱へ，利用企業数は年間約50件から約170件へと増加しており[93]，CECが試験研究機能をもつことで，中部地域の電子部品の品質向上に貢献したと思われる。また1964年から76年の12年間における上位企業を調べた中瀬によると，向山が経営する興亜電工が1887件でもっとも多い[94)]。関西の大手家電メーカーが運営に積極的に関与したKECと比較して，CECでは電子部品メーカーである同社が主導的な役割を果たした点にその特徴を見出すことができる。

小　括

1950年代の電子部品工業がラジオやテレビの「ブーム」とも称されるような市場拡大に牽引されて発展したのに対し，1960年代前半は前章でも述べたように，好不況を繰り返す不安定な展開となり，また人件費や材料費が上昇する「利益なき繁忙」の時代となった。電振法は電子工業を民生用から産業用へと引き上げることを目的としていたが，当該時期は民生用電子機器の範囲内でも技術改善や生産合理化の様々な試みがあり，電子機械工業会の規格化もその一つであった。

本章で取り上げた，東京，大阪，長野に開設された試験研究機関も同様に，1960年代の電子部品工業がかつての勢いを失いつつあり，さらなる飛躍のためには何らかの施策を講じなければならないという業界関係者の強い問題意識が発端となって設立された。高度成長期の電子部品メーカーの多くは中小企業であり，また一部のメーカーが中堅企業として成長を遂げつつあったものの，これらの企業群は生産規模や研究開発の拡大にともなう資金的もしくは人的な不足を補う必要があり，そうした要請に各地の試験研究機関が応えたのである。

沢井は，戦前の大阪ではじまった中小企業診断制度が戦後に中小企業庁の施策として全国的に展開されたこと，また大阪の公設試験研究機関による中小企業支援のあり方が他の大都市に影響を与えたことを指摘している[95)]。本章で詳細に考察したKECの活動は，CECが設立される際のモデルとなり，沢井が指摘した歴史的展開が電子工業においてもみられたことを示している。一方で，沢井は1960年代の工業奨励館が予算や人材の問題に直面するようになったことを指摘している[96)]。KECと連携することで当時成長しつつあった電子工業の試験研究機能をもつことは，工業奨励館の存在意義を保つためにも必要なことだったのかもしれない。

本章で取り上げた3つのセンターは通産省の補助金と地方自治体の予算，および民間出資によって運営されており，都道府県立の「公設」試験研究機関ではないが，業界を広く糾合した機関として公的役割を果たしてきた。こうした産業振興の社会的基盤のうえに，個別企業の経営発展が展開するのである。

第9章　承認図部品開発と専門生産の高度化

——帝国通信工業の事例——

はじめに

特注品受注の増大によって惹起された品種増問題は，業界レベルでの積極的な部品規格化活動によって解決が図られたものの，電子部品の小型化や品質水準の向上をめぐる激しい市場競争と齟齬が生じないように，規格化の領域が限定されていたことが，第7章で明らかになった。つまり1960年代以降の電子部品は，セットメーカーの個別の仕様にもとづく「特注品」として取引され，その比重は次第に高まっていった。そこで本章では，当該時期の電子部品を特徴づけた「特注品」の開発と生産の実態を考察し，電子部品メーカーとセットメーカーの関係が，市販部品の取引を中心としていた1950年代から，いかなる変容を遂げたのかを明らかにしたい。

ところで「特注品」は1960年代に入って業界で注目された取引のあり方であったが，サプライヤーシステム論の枠組みでは，顧客の要求に則って部品開発が行われることに鑑みて，いわゆる「承認図部品」とみなすことができるだろう。つまり電子部品は，市販部品から承認図部品へと転成したのである。そこで本章でも，電子部品産業における特注品が，承認図部品としてどのような特徴をもっていたのかを検討するが，従来の研究で承認図部品を論じる際には，自動車部品取引の事例が注目されてきた。そこで本章でも自動車産業との対比で，電子部品産業における承認図取引の特徴を明確にしたい。

もう少し具体的に，承認図部品についての論点を整理しよう。自動車産業における承認図部品の開発過程では，まず車輌計画やレイアウトにもとづいて基本設計が自動車メーカーによって作成される。部品メーカーはそれを受けて詳細設計図を作成し，承認を受けた後に製造する[1)]。これに対して，浅沼萬里は市販部品の承認図化について，すべての買手企業に共通であった部品仕様の上に特定のニーズに対応して，特別な「部分的変更」を加えると述べており，部品の基礎構造にかかわる部分については部品メーカー側で設計されていることを示唆している[2)]。そこで本章では，特注品＝承認図部品における基礎部分と詳細部分が開発される過程を検討して，電子部品メーカーが担う領域を明確化したい。

また承認図部品は，特定のセットメーカーの要請に応えてカスタム化されたものであるため，複数のセットメーカーを相手に取引することはできない。したがって承認図部品の開発によって発生した費用は，本来ならば買手となるセットメーカーへの売上によって回収されなければならない。しかし植田浩史によれば，自動車産業における承認図部品の設計開発費用は，納入される部品の単価に明示的に反映されているわけではなく，部品メーカーから完成車メーカーへの売上総額のなかで回収されているという「曖昧性」がある[3)]。自動車のモデルチェンジは約4年ごとに行われるため，完成車メーカーから承認を受けて，部品納入を認められた部品メーカーは，その期間においてサプライヤーとしての地位を保証されることが指摘されている[4)]。このように部品メーカーが承認図部品開発を行うためには，開発投資を回収するだけの取引期間が保証されなければならない。

浅沼萬里も市販部品が承認図化するためには，部品のカスタム化に必要な開発投資を回収できるだけの取引量が必要であることを指摘している。ただしここで留意すべきは，市販部品から承認図部品への転成において，買手のセットメーカーが指定する部品仕様は上述のように「部分的変更」に留まるのではないかという点である。特定の取引相手のために投資される部品開発の規模はカスタム化の程度に規定されるであろうし，それに応じて開発投資を回収するための取引量や取引期間も決まるであろう。

さらに植田は，承認図部品開発における部品メーカーの独自開発の意義に注目し，部品メーカーに蓄積された研究成果が，自動車メーカーから示された漠然とした要求を具現化するのに貢献していることを指摘する[5)]。これまでみてきたように，電子部品メーカーは製品開発の長い経験をもつため，特注品を開発するようになっても自社の研究蓄積を活かした先取研究を維持継続していたものと思われる。こうした研究開発の意義についても吟味したい。

以上のような諸論点について，本章では可変抵抗器（ボリューム）の有力メーカーである帝国通信工業の事例から検討する。まず第1節では同社の設立経緯および1950年代までの発展過程を説明し，第2節では1960年代の経営動向について概観する。続いて第3節では，帝国通信工業の電子部品開発体制を検討し，特注品開発の特徴を明らかにする。さらに第4節では，同社の標準化活動，生産の機械化および自動化，さらに品質改善活動などを考察する。

1　帝国通信工業の設立経緯と1950年代までの展開

帝国通信工業（以下，帝通と略称）が設立されたのは，戦中の1944年8月であるが，同社の起源は大正期まで遡ることができる。1915年に施行された無線電信法によって，船舶に私設無線電信を備える企業が増え，無線通信機の需要が急増したのにともない，専門メーカー数社が設立された。そのなかで1920年創業の東京無線電信電話製作所と，陸軍用通信機の製作および修理を専門に行う帝国無線電信製作所が1922年に合併して，東京無線電機が設立された[6)]。同社は主に軍用通信機と船舶用無線通信機を生産していたが，それまで内製していたコンデンサなどの部品類について「無線機器用部品は一社の自給自足に留まるべきではなく，広く各業者に供給すべき」という井上守義社長の考えにより，1939年1月に部品部門を分離独立させて，東京無線機材製造が設立された[7)]。同社は1941年に設立母体である東京無線電機に機材工場として合併されたが，工場長の村上丈二を発起人として新会社設立の計画が進められ，資本金1500万円で帝国通信工業が設立された。生産設備はすべて旧機材工場のものを引き継ぎ，コンデンサ，トランス，バリコン，スイッチ，マイクロホン，コネクタといった多種の電子部品を生産していた。創業3カ月後の1944年12月には軍需省，陸軍省，海軍省から軍需会社に指定され，長野県の須坂工場，岩村田工場，福井県の福井工場，東京都の瑞穂工場が相次いで建設されて生産規模は拡大し，設立時からの1年間でコンデンサの生産量は346万個に達した[8)]。

終戦とともに軍需を喪失した帝通は，第3章でも述べたように，ラジオ，スピーカー，ボリュームの生産を再開したが業績は芳しくなく，1949年4月には企業再建整備法にもとづく整備計画により，従業員の約半数となる200余名を解雇し，同年9月には資本金を500万円に減資した。しかし朝鮮特需による日本経済の回復とともに同社の経営状況も改善し，1950年代はテレビ用の可変抵抗器（ボリューム）の受注が拡大した。一方，スピーカーの受注は減少したため，1957年に撤退するなど，事業の選択と集中を進めた。1959年には売上高が前期比72％増を達成し，同社は急成長した[9)]。前掲表6-5によると，帝通は1959年に1400人近い従業員を擁し，家電セットメーカーだけでなく，産業用電子機器メーカー，防衛庁，国鉄などとも取引する有力部品メーカーであった。また1959年当時の可変抵抗器の生産量は月産230万個に達しており[10)]，セットメーカーの内製規模をはるかに凌駕していた。以上の経緯からも窺えるように，同社は第6章で試みた市場戦略の分類では，民生用と産業用の双方に部品を供給して成長する，第3類型の典型であり，可変抵抗器の専門生産を確立している企業であった。

2　1960年代の経営動向

次に帝通の1960年代における経営動向を概観しよう。まず表9-1は，同社で生産している製品の販売実績である。同社では1957年にスピーカー生産を停止した際，新たに転換器（スイッチ）課を社内に設置し，1956年末に開発に成功したロータリースイッチを事業化した[11)]。また1961年に子会社の飯田帝通を設立して固定抵抗器の生産に着手し，さらにコンデンサメーカーに資本参

表 9-1　帝国通信工業の製品販売

（個，千円）

製品	可変抵抗器		固定抵抗器		コンデンサ		転換器（スイッチ）		その他	合計	
営業期末	数量	金額	数量	金額	数量	金額	数量	金額	金額	金額	
1962. 3	22,093,757	1,334,215	4,448,337	15,418	0	0	1,721,509	142,483	30,644	1,522,760	(100)
9	21,599,018	1,223,108	8,379,344	28,578	4,767,206	25,406	1,938,654	143,075	28,264	1,448,431	(95)
1963. 3	18,249,755	972,252	9,918,857	32,381	4,933,356	30,097	1,552,092	111,838	31,747	1,178,315	(77)
9	20,469,716	1,075,025	11,679,625	38,219	3,168,035	29,282	1,691,204	115,775	29,559	1,287,860	(85)
1964. 3	22,159,457	1,174,397	19,056,674	65,548	5,316,310	43,559	2,125,860	140,707	47,840	1,472,051	(97)
9	21,870,966	1,132,828	26,818,438	95,968	4,978,596	43,623	2,478,400	143,272	34,650	1,450,341	(95)
1965. 3	18,942,552	977,337	18,155,869	69,727	7,499,638	57,771	2,817,378	164,441	138,654	1,407,930	(92)
9	16,432,708	821,710	12,925,721	49,136	7,226,072	54,832	2,124,429	132,997	127,580	1,186,255	(78)
1966. 3	19,828,211	982,265	18,221,775	72,171	9,279,551	64,123	2,419,993	149,667	157,556	1,425,782	(94)
9	28,277,064	1,333,528	29,001,631	111,364	12,662,286	81,619	2,184,013	141,817	190,830	1,859,158	(122)
1967. 3	34,945,590	1,684,170	34,103,183	149,460	12,438,551	89,313	2,556,546	178,897	255,973	2,357,813	(155)
9	37,442,780	1,788,676	28,636,527	134,683	12,120,165	85,312	2,800,967	187,488	327,292	2,523,451	(166)
1968. 3	50,278,219	2,292,069	29,001,326	124,291	17,882,874	117,595	3,361,759	225,326	309,364	3,068,645	(202)
9	60,210,323	2,723,096	25,593,937	117,552	16,447,318	111,145	4,786,294	303,817	431,027	3,686,637	(242)
1969. 3	77,228,000	3,466,010	30,799,000	137,931	23,021,000	155,487	5,509,000	393,020	598,689	4,751,137	(312)
9	110,592,000	4,451,704	30,768,000	156,536	28,250,000	196,935	7,085,000	474,130	620,669	5,899,974	(387)

出所）帝国通信工業『有価証券報告書』各期。
注１）その他は超音波機器，コイルなど。
　２）カッコ内は 1962 年 3 月期を 100 としたときの名目指数。

表 9-2　可変抵抗器のシェア

（千円，%）

年次	総生産額	帝国通信工業		東京コスモス電機		アルプス電気		3社合計
1960	3,324	2,357	70.9	459	13.8	137	4.1	88.8
1961	4,507	2,630	58.4	632	14.0	192	4.3	76.6
1962	4,727	2,195	46.4	600	12.7	266	5.6	64.8
1963	6,061	2,249	37.1	820	13.5	407	6.7	57.4
1964	7,434	2,109	28.4	1,467	19.7	467	6.3	54.4
1965	6,948	1,803	25.9	1,517	21.8	577	8.3	56.1
1966	9,518	3,017	31.7	1,201	12.6	1,096	11.5	55.8
1967	12,360	4,080	33.0	1,493	12.1	1,415	11.4	56.5
1968	16,136	6,189	38.4	1,722	10.7	2,253	14.0	63.0
1969	25,307	9,075	35.9	2,341	9.3	3,628	14.3	59.4
1970	27,544	8,149	29.6	2,379	8.6	4,067	14.8	53.0

出所）通産大臣官房調査統計部編『機械統計年報』各年版；日本経済新聞社編『会社年鑑』各年版。

注）総生産額は年次集計であるが，部品メーカーの販売実績は各営業期末での販売実績を合計したものであるため集計期間が各社一致しない。

加することで市場参入した。1962年には，アメリカのスイッチおよびチューナーメーカーであるオークマニュファクチュアリングと合弁で，ノーブルオークを資本金5400万円で設立し（出資比率51%），オークマニュファクチュアリング向けのテレビチューナー生産を開始した[12]。このように同社では積極的に多角化を進めたが，販売実績では数量および金額ともに可変抵抗器のシェアが圧倒的に高く，同社の主力商品であり続けた。

そこで可変抵抗器の販売額をみると，1962年3月期における約13億円から次第に減少し，1964年にいったん回復したものの1965年の不況時には約8億円程度にまで落ち込んでいる。また総額でもほぼ同様の傾向がみられる。1964年度に同社で販売した可変抵抗器の37%がテレビ用として受注していたため[13]，当該時期のテレビ産業の停滞が及ぼす影響は甚大であった。

売上高の減少は市場の収縮だけでなく，激しさを増す市場競争にも起因していた。表9-2は，可変抵抗器の各社シェアである。1960年に帝通のシェアは70%に達し，隔絶した地位にあった。しかし他社の成長によって，1965年には約25%にまで落ち込んでいる。可変抵抗器の主要な専門メーカーとしては，同表に示した東京コスモス電機やアルプス電気が挙げられる。アルプス電気で

表 9-3　原材料使用量

(kg)

	黄銅棒	黄銅板	燐青銅板	洋白板	ベークライト板	ベークライト粉	ジュラ棒	鋼材	銀板
1962. 3	267,318	38,255	29,209	18,489	87,038	44,541	37,386	192,978	1,290
1963. 3	293,775	42,201	21,414	15,569	73,941	40,932	37,735	248,624	664
1964. 3	286,472	36,272	19,303	11,887	65,034	31,556	38,150	238,936	1,300
1965. 3	212,325	28,807	18,051	9,625	51,521	26,039	24,757	181,840	425
1966. 3	256,097	58,414	32,590	19,882	107,792	58,561	61,356	280,552	619
1967. 3	211,751		37,062		129,889		58,202		
1968. 3	237,717		51,064		180,469		96,032		
1969. 3	235,348		69,470		261,594		130,119		

出所）帝国通信工業『有価証券報告書』各期。
注 1 ）使用期間はすべて前年 10 月からの 6 カ月間。
　2 ）空欄は不明。

は，1958 年に可変抵抗器の商品化に成功し，1962 年からは横浜工場で本格的な量産を開始した[14]。また東京コスモス電機は，家電事業への多角化に失敗して 1957 年に倒産した，可変抵抗器メーカーの福島電機製作所の東京工場が独立したもので[15]，製造経験の豊富な可変抵抗器で再起を図り，次第に生産を拡大していた。

さらに同表における 3 社合計のシェアが下落傾向にあることから，新規の市場参入が相次いだと推察される。例えば固定抵抗器の有力メーカーである興亜電工では，終戦直後から可変抵抗器を生産しており，1962 年 10 月には他企業を買収して上田興亜電工を設立し，テレビ・ラジオ用の可変抵抗器の生産を本格化した[16]。また同じく抵抗器メーカーの北陸電気工業でも，1958 年から可変抵抗器の本格的な量産化に入っていた[17]。いずれも 1950 年代に急成長を遂げた電子部品メーカーであり，高い製品開発力と専門生産能力を備えていた。こうした電子部品メーカーとの激しい競合関係に陥ることで，同社の市場シェアは急速に低落したのである[18]。

次に表 9-3 は同社で使用している原材料を示したものである。1968 年までもっとも多量に使用されている黄銅は，炭素皮膜可変抵抗器の軸（シャフト），軸受け，端子といった構成部品の材料として，また青燐銅は同じくバネ部分に使用されている[19]。1960 年代の購入量が把握できる，黄銅棒，燐青銅板，

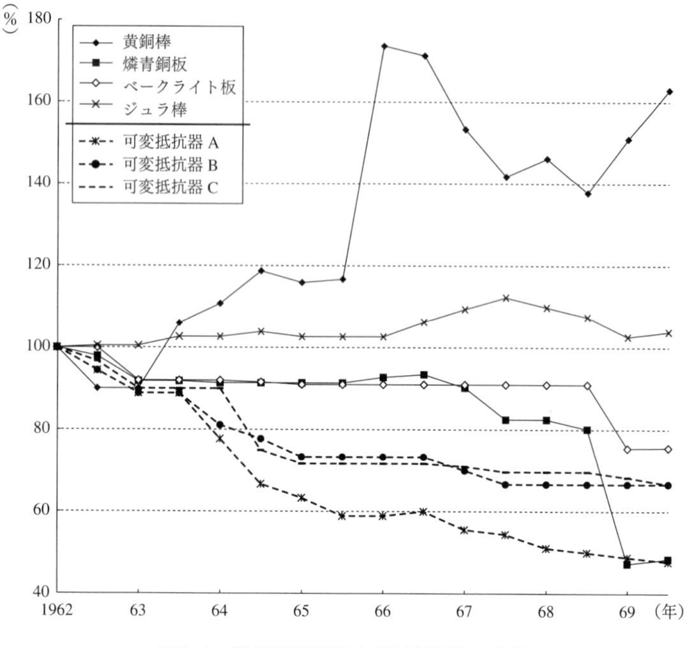

図 9-1　製品販売価格と原材料価格の推移

出所）帝国通信工業『有価証券報告書』各期。
注）可変抵抗器の製品名は以下の通り，A：16VS，B：30VS，C：30DRN。

ベークライト板，ジュラ棒の価格水準について，1962 年を 100 とした場合の名目指数の変化を示したのが図 9-1 である。燐青銅板，ベークライト板は 1968 年半ばまでおよそ 80-90 で推移し，1969 年に大きく値下がりしている。これに対して黄銅棒とジュラ棒は値上がりしており，とりわけもっとも多量に使用している黄銅棒の価格が 1965 年に急騰している。前掲表 7-2 で帝通の損益分岐点が上昇していたことを確認したが，材料面では黄銅棒の値上がりがもっとも大きく影響していた。また同図に，帝通で販売している可変抵抗器 3 種（A-C）の価格の動向も示した。これによると可変抵抗器の価格は一貫して低落し，とくに 1964 年から 65 年にかけて大きく値下がりしている。このように原材料費の高騰と販売価格の低落によって利益が圧迫される状況が続いていたのである。

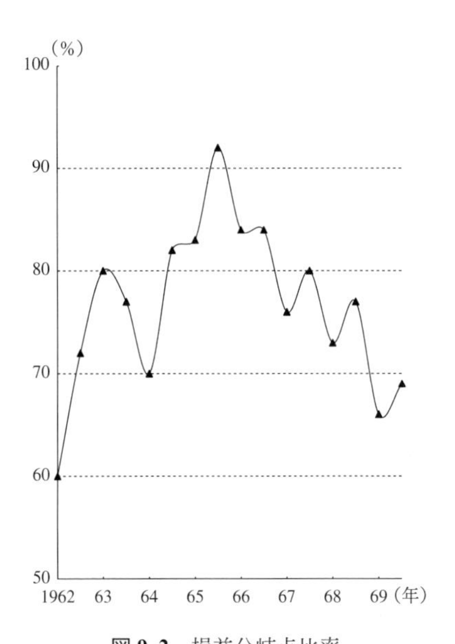

図 9-2　損益分岐点比率

出所）帝国通信工業『有価証券報告書』各期。

表 9-4　売上高営業利益率の推移

（千円，%）

営業期末	1960. 3	1961. 3	1962. 3	1963. 3	1964. 3	1965. 3	1966. 3	1967. 3	1968. 3	1969. 3
売上高	1,164,015	1,459,679	1,522,760	1,178,314	1,472,050	1,407,929	1,420,441	2,357,813	3,068,644	4,751,136
売上原価	870,871	1,092,286	1,025,306	915,372	1,121,786	1,157,568	1,158,365	1,955,848	2,437,260	3,779,129
一般管理販売費			137,170	128,514	160,168	136,103	129,871	156,241	223,002	257,243
営業利益	293,144	367,393	360,284	134,428	190,096	114,258	132,205	245,724	408,382	714,764
営業利益率	25.2	25.2	23.7	11.4	12.9	8.1	9.3	10.4	13.3	15.0

出所）『会社年鑑』各年版。
注）1960 年と 61 年の一般管理販売費は売上原価に含まれる。

製品単位あたりの利潤が小さくなれば，販売量によって利益を確保するしかないが，前述のように 1960 年代前半の売上は減少傾向にあった。図 9-2 は同社の損益分岐点比率（損益分岐点÷売上高）をみたものであるが，売上高が下落した 1963 年 3 月期および 1965 年 9 月期に上昇しており，コスト構造の悪化を販売量の拡大で賄うことができなかったことを示している。これと同様のことを表 9-4 に示した売上高利益率で確認するとやはり 1960 年代前半に利益率は低下している。当該時期の同社経営は苦境に陥っていた。

表 9-5　可変抵抗器の労働生産性

（人，個）

営業期末	工員数			可変抵抗器生産量	
	男	女	合計＝A	総生産量＝B	B÷A
1962. 3	291	1,931	2,222	22,093,757	9,943
1963. 3	249	1,653	1,902	18,249,755	9,595
1964. 3	223	1,516	1,739	22,159,457	12,743
1965. 3	218	985	1,203	18,942,552	15,746
1966. 3	184	1,394	1,578	19,828,211	12,565
1967. 3	220	832	1,052	34,945,590	33,218
1968. 3	228	777	1,005	50,278,219	50,028
1969. 3	435	874	1,309	77,228,000	58,998

出所）『会社年鑑』各年版；帝国通信工業『有価証券報告書』各期。
注）工員数は可変抵抗器以外の製品の作業員も含む。

ところが1960年代後半になると，一転して製品販売は増加基調となった。前掲表9-1によれば，1966年3月期の販売量が2000万個弱であったのに対し，1969年9月期に1億1000万個と5倍以上の伸びをみせている。白黒テレビの3倍以上となる，1台あたり約30個の可変抵抗器を搭載する[20]カラーテレビが本格的な普及期に入り[21]，巨大な需要が発生したのである。また市場シェアも30％台に上昇し，帝通が再び競争力を回復したことがわかる。売上高営業利益率も好転し，製品の高付加価値化もしくは生産コストの削減に成功している。表9-5は可変抵抗器の物的労働生産性を示したものであるが，1960年代後半に著しく伸びており，既述のような原材料費の上昇を吸収して余りあったと思われる。つまり，こうした労働生産性の向上が実現するような生産合理化が進展したプロセスも注視する必要がある。そこで続いて，第3節では製品開発を，第4節では生産活動を検討する。

3　特注品開発の承認プロセス

1）金属皮膜可変抵抗器

既述のように，1960年代における同社の可変抵抗器受注の中心はテレビ向けであったが，当該時期のテレビにおける技術革新の一つとして，チャンネル選択の電子化が進んだ。これには可変抵抗器を8–12個使用したモジュールが必要であり，高い信頼性や性能の均一性が求められていた[22]。また産業用電子機器にも高度な可変抵抗器が求められるようになっていた。可変抵抗器は抵抗体に用いられる材料で「炭素系」と「金属系」に大きく区分される。炭素系のなかでも炭素皮膜抵抗器は戦前から開発されており，1960年代には民生用を中心に広く使用されていた[23]。これに対して航空機，船舶，通信機あるいは測定器といった極めて高い信頼性を要する回路に向けて，金属系の可変抵抗器の開発が進展し[24]，とりわけ磁器やガラスのような物質に金属を膜状に蒸着させた，金属皮膜可変抵抗器の実用化が試みられた。

同社でもこうした需要に応えるべく，金属皮膜可変抵抗器の開発に取り組んだ。真空蒸着法，陰極飛沫法，熱分解析出法，燃焼法，腐食法および還元法といった複数の製造方法のなかから，同社は真空蒸着法を採用し，開発部で研究を開始した。1959年からは東京工業大学に研究員を派遣し，1963年には東京大学工学部物理工学科と生産技術研究所に，また1964年からは電気試験所にも派遣して，薄膜蒸着技術の習得に努めた[25]。産学連携によって，基礎研究の充実化を図っていたのである。

また1960年代初頭までの，鉱工業技術試験研究補助金の交付状況を示した表9–6によると，同社は1962年に290万円の応用研究補助金交付を受けていることが確認できる。応用研究補助金とは，基礎研究で蓄積された技術を実際の生産技術に適用するための研究に対して交付されるもので，帝通の他に東京コスモス電機，多摩電気工業，島田理化工業が同様の研究助成を受けていた。1960–64年を計画期間とする通産省の電子工業振興5カ年計画では，ラジオやテレビの生産増加を低めに見積もり，工業計器や電子計算機などの産業用電子機器に重点を置いた内容が策定されていたが[26]，電子部品メーカーでも，これらの分野が将来の主要な市場として拡大していくことを期待していたものと思われる。

帝通では，研究助成を受けた1962年7月には蒸着金属皮膜抵抗体の試作に成功し，それから3年を経た1965年5月に，金属皮膜可変抵抗器の量産化が

表 9-6　抵抗器に対する鉱工業技術試験研究補助金の交付状況

（千円）

交付年	交付額	企業名	種別	研究題目
1951	400	多摩電気工業	応	ソリッド抵抗器の製造研究
1951	400	福島電機製作所	応	体抵抗型可変抵抗器
1951	600	多摩電気工業	応	超小型抵抗器
1951	700	釜屋化学工業	応	高性能コンポジションレジスター
1952	10,000	釜屋化学工業	工	コンポジションレジスターの量産化
1952	500	多摩電気工業	応	ボロン抵抗器
1953	400	帝国通信工業	応	ヴィオランスロンを用いた新個体抵抗器の研究
1953	1,000	松下電器産業	応	無線機用印刷式可変抵抗器部品の研究
1955	700	多摩電気工業	応	低電圧並びに高電圧用超高抵抗器の研究
1957	1,100	北陸電気工業	応	特殊磁気および弗素樹脂による炭素皮膜抵抗器の研究
1959	1,200	東京コスモス電機	応	金属皮膜可変抵抗器の量産化
1959	1,300	多摩電気工業	応	高安定度精密金属皮膜抵抗器の試作研究
1959	5,200	島田理化工業	応	金属皮膜抵抗器の量産化
1960	3,000	ヤギシタ電機	工	導電性合成物質利用による抵抗体の工業試験
1960	2,400	興亜電工	応	超小型抵抗器の試作に関する研究
1961	4,000	興亜電工	応	セラミックの抵抗器の研究
1961	2,100	北陸電気工業	応	体抵抗器用樹脂の研究
1961	1,400	愛媛硝子	応	膨張性耐熱磁気質ボビンの生産に関する研究
1962	4,200	松下電器産業	応	耐熱性ガラス体抵抗器に関する研究
1962	2,900	帝国通信工業	応	高抵抗値をもつ金属系薄膜可変抵抗器の研究

出所）広田慶次郎「鉱工業技術試験研究補助金の成果」『電子』第2巻第2号，1962年10月，18-19頁。
注）応：応用研究補助金，工：工業化試験補助金。

実現した。国内では，東京コスモス電機が商品化に成功していた他は，2-3社が実験中の段階であり，真空蒸着法を採用した企業としては同社が唯一の存在であった。当初の使用用途としては，時計，カメラの露出計，鉄道の制御装置，工業計器などが想定されており，同社の製品系列のなかでは高級品種に位置付けられていたため，価格は既存の通信機用炭素皮膜可変抵抗器の2-4倍に設定されていた。しかし量産化が進めば値下げは可能であると考えられており，1965年6月に5000個，7月に1万個，8月に1万5000個，9月に2万個という急速なペースで生産規模を拡大する計画であった[27]。

1970年代になると，金属皮膜可変抵抗器はテレビや音響機器にも幅広く使用されるようになったことから[28]，第6章で紹介した松尾電機の事例と同じように，産業用電子機器から民生用電子機器へと市場が拡大していく可能性を帝通では認識していたものと思われる。これに対して，鉱工業技術試験研究補助金交付の対象となっていた，炭素系のソリッド（体）抵抗器は[29]，生産性の高さや断線などの故障が少ないという利点が注目されて 1950 年代から 60 年代半ばまで民生用電子機器部品の中心的存在であったが，抵抗値の電気的安定性などの問題から 1960 年代後半には生産が停滞した[30]。

このような先見的な判断にもとづいた製品技術の選択は，電子部品メーカーの発展を左右した。そこで帝通では，将来にむけた製品開発の方向性について全社的な意思疎通を図るべく，1964 年 4 月に製品開発審議会を設置した。審議会では 1 年ないし数年後に販売すべき商品について，市場性（需要動向，将来的な消費者との適合性），需要数量（販売数量，販売期間，占有率），製作能力（現有設備での製造可能性），販売能力・ルート・売上回収（販売代金の現金化の期間），売上比率（新製品の比重）などが検討され，社長以下，営業，品質管理，研究部門の部長や工場長などの責任者が参加し，多角的な視点から議論した[31]。例えば 1964 年 5 月に開催された第 2 回会議では，電子研究所長[32]が外国文献をもとに電子機器回路構成や製品構造の将来動向について報告し，トランジスタ回路への転換による部品小型化が進展すること，半導体を利用した複合部品が注目に値することなどを指摘した。また各参加者は 1–5 年後に開発すべき部品や製造方法の向上といった点について，各々の分野から意見を提出していた[33]。さらに 1964 年 6 月 29 日に開催された第 3 回会議では，新製品 3 種を想定したうえで，それらの売れ行き予測，現有設備の使用可否，技術的課題，その他経営面での諸問題について評価基準を定め，点数方式で検討を加えるという試みを開始した。検討時期は開発初期と量産化段階の 2 時点で行うべきとの意見もあり，研究部長の中津川功が検討項目を調整した[34]。こうした議論の具体的な成果については詳らかにし得ないものの，製品の市場動向や技術課題などについて，社内各部門の情報共有が進展したものと思われる。

金属皮膜可変抵抗器の国産化に成功した企業としては，帝通と東京コスモス電機がもっとも早く，セットメーカーはもはやこれらの部品メーカーと競うべくもなかった。1950 年代末までに実現したスケールメリットに留まらず，研究開発においても電子部品メーカーは専門領域の確立に成功していたのである。

2）特注品の開発

以上のような電子部品メーカーの研究開発によって実用化された可変抵抗器は，しかしながら，特注品として取引されることになる。帝通でも，セットメーカーの個別的な開発要請に対応することが避けられなくなった。図 9-3 は，同社が特注品を受注するまでの一連のプロセスを示したものである。1968 年頃の可変抵抗器の事例を中心に，他の部品の事例なども参考にして，その概要を説明しよう[35)]。

まず①営業部員がセットメーカーを訪れ，②セットメーカーの技術者が帝通に対して「試作依頼」をする。③帝通の仕様書係で試作品の設計製作が開始さ

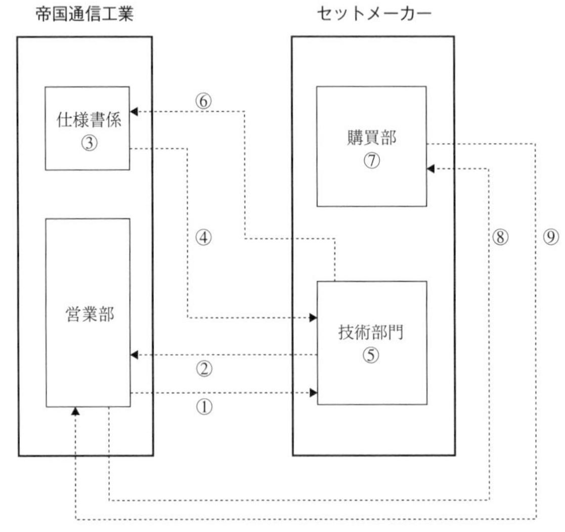

①営業部員がセットメーカーの技術者に接触を試みる
②試作依頼
③試作品設計・製作，サンプルデータの作成
④「承認願い図」の提出
⑤仕様の確定
⑥承認
⑦発注先・発注量の選定開始
⑧見積書提出
⑨発注

図 9-3　帝国通信工業における「特注品」受注までの流れ

出所）『帝通だより』1966 年 2 月 15 日，2 頁；1966 年 3 月 5 日，2 頁；1968 年 8 月 25 日，1 頁；1968 年 9 月 5 日，1 頁から作成。

れる。④「承認願い図」・試作品・サンプルデータがセットメーカーに提出される。⑤提出された試作品をもとにセットメーカーで発注部品の仕様が具体化し，⑥最終的に仕様が確定すると帝通に「承認」が与えられた。

③④⑤⑥のプロセスは，仕様が確定するまで数回繰り返されていた。例えば1965年3月頃に生産されたスイッチの開発過程では，「試作依頼」を受けて仕様書係の設計者がセットメーカーの要求事項に応じて設計し，試作品とサンプルデータをセットメーカーに提出して一度目の承認を受けた。しかしその後，セットメーカーから突然の仕様変更の連絡があり，ケースとツマミの寸法が変更されるのに合わせて試作品を製作し直し，再提出した。ところが提出した試作品は部品動作と電気的な接触に問題があることが判明したため，構成部品を2カ所変更して3度目の試作品を製作し，これがセットメーカーによって承認されるにともない最終案となって「仕様書」が確定した[36)]。仕様書には動作寿命，電圧・電流値・絶縁抵抗，家庭用を想定しての最低保証性能，テレビ電源スイッチや音量調整用として利用する際の必要条件，使用するJIS規格番号などが記されていた。

ラジオやテレビのようにモデルチェンジが比較的早い製品では，「試作依頼」の獲得が部品受注の決め手となった[37)]。試作品の納期は非常に短い場合が多かったが[38)]，帝通の営業部員は「試作の発注を受けなければ将来量産になったとき注文をもらえない[39)]」と認識していた。また「試作依頼」を獲得するうえで，セットメーカーの技術者から製品開発の動向に関する情報を入手し，帝通の設計技術者に正確に伝達する営業活動が重視されていた。1965年頃には，セットメーカーから寄せられる質問に対しての回答や反応が遅れていると社内で指摘され，セールスエンジニアの増強が検討された[40)]。セールスエンジニアとは，営業活動に従事する技術者であり，1960年代に入ると同社に限らず様々な電子部品メーカーで導入されていた[41)]。表9-7は，電子部品メーカーにおける技術者の配属先を示したものである。概して1963年から68年にかけて，営業業務に従事する技術者の比率が上昇傾向にある。①で試作依頼を獲得する営業部員には，こうした技術者が少なからず含まれていたであろう。電子部品メーカーの製品開発体制は，顧客ニーズへの対応を強く志向していたのである。

表 9-7　電子部品メーカーにおける技術者の配属先

（人，%）

部品		1963 年 12 月末現在				1968 年 3 月末現在			
		製造業務	研究業務	営業業務	その他	製造業務	研究業務	営業業務	その他
回路部品	抵抗器	2,657（55.4）	1,356（28.3）	369（7.7）	416（8.7）	903（65.0）	256（18.4）	144（10.4）	86（6.2）
	コンデンサ					1,091（41.3）	345（13.0）	89（3.4）	1,119（42.3）
	変成器					637（60.3）	252（23.9）	130（12.3）	37（3.5）
音響部品		429（55.2）	228（29.3）	71（9.1）	49（6.3）	373（54.5）	164（24.0）	65（9.5）	82（12.0）
機構部品		991（58.6）	267（15.8）	137（8.1）	297（17.6）	1,429（66.0）	429（19.8）	225（10.4）	82（3.8）

出所）日本電子工業振興協会「電子部品工業基礎調査報告」『電子』第 5 巻第 3 号，1965 年 3 月，33 頁；同「電子部品工業基礎調査報告」『電子』第 9 巻第 7 号，1969 年 7 月，12 頁。

続いて，⑦セットメーカーの購買部では，過去の実績などから発注先や発注量を決定する。ここで注目すべきは，電子部品メーカーが「承認」を受けた段階ではセットメーカーからの受注，およびその数量が確定していないという点である。「セットメーカーで承認されたのです。こうしてセットメーカーでは量産計画にそった発注がはじまり，ここから競合部品メーカーの激しい受注合戦が展開されたのです[42]」と述べられている，帝通の社内報の記事から推察すると，「試作依頼」は複数の部品メーカーに対して要請され，セットメーカーが確定した仕様書も「承認」を与えた複数の部品メーカーに対して提示されていたものと思われる。

⑧部品メーカーの営業部員は，この段階になって初めてセットメーカーの購買部門に見積書を提出し，受注獲得のための営業活動を展開した。仕様書を具体化する過程で「承認」を受けた部品メーカーが受注を獲得できないということは考えにくいが，数量や期間という点においてライバル企業よりも有利な条件で受注するためには価格競争力が重要であった。

最後に，⑨セットメーカーから部品メーカーへの発注となる。あるセットメーカーは，帝通と他の部品メーカーの 2 社からテレビボリュームを調達しており，両社からの納入量を月単位で調整していた[43]。これは両社が納入しているボリュームが，代替可能な同一仕様で生産されていることを意味しており，セットメーカーが複数の部品メーカーを相手に，試作・承認の手続きを行っていたことを傍証している。複数購買によって，セットメーカーは電子部品メーカーに対する価格交渉力を高めたであろう。なお発注期間は，テレビやラジオのモデルが存続する期間に規定されており，長くても6カ月程度であった[44]。

以上を整理すると，特注品は「承認図部品」としての性格を備えていた。ただし仕様書係の設計技術者が，すでに開発済みの電子部品に対して，セットメーカーの要求にもとづいて寸法もしくは形状の改良を施すという程度のものであり，浅沼萬里が指摘する「市販品タイプの部品からの派生物として，一つの承認図の部品が現われる」パターンと一致していた[45]。金属皮膜可変抵抗器の例でみたような基礎技術の上に，セットメーカーの要請に対応する形で関係的技能[46]が上乗せされたのである。また浅沼によれば，承認図部品のサプライヤーが顧客である中核企業から高い評価を受けるには，限られた時間内で与えられた仕様に応えながら首尾よく開発することが必要であった[47]。帝通のような電子部品メーカーは，セールスエンジニアを増強することで，これに対応した。

しかし帝通がサプライヤーとしての地位を保持できたのは，次のモデルチェンジが行われるまでの最大6カ月程度であり，自動車産業と比較して短期間であった。受注総量もこれに規定され，電子部品生産のスケールメリットを阻む要因になったと思われる。しかもセットメーカーは複数購買を志向していたから，特注品の受注価格は十分な利益を保証するものではなかった。生産合理化によるコスト削減が特注品の受注においても不可欠だったのである。

4　生産管理能力の彫琢

1)　部品標準化の限界

特注品の受注による品種の増大，もしくは取引期間の短期化によって量産化が阻まれるという問題を解決するために，部品メーカーが最初に試みたのはやはり標準化であった。第7章で検討したCES規格について，今一度確認しておこう。可変抵抗器について定められたCES規格は，前掲表7-5によると，1963年に1件（規格番号641），1965年に1件（644），1967年に2件（682, 683），1968年に1件（684），1969年に2件（647, 648）の計7件で，そのうち

6件は帝通の量産化が進展した1965年以降に制定されている。

ただし，このなかでCES：682，683，684は規格名からもわかるとおり，シャフトやナットといった接続部分に限定されており，部品の互換性を高めることが目的とされていた。また部品全体の標準寸法を規定したCES：647では「小型のものでは製造上の問題があり……除いた[48]」とされており，CES：648でも「取付寸法については明確に規定し，外形寸法については最大寸法を規定するに留めた。今後，小型化を期待するためである」と但し書きされていた。第7章で確認したように，小型化競争を阻害しないよう留意しながら，互換性を高める接続部分を中心に，規格値が定められていたのである。

そこで帝通では，自社独自の標準部品を製品化することになった。1963年頃にはセットメーカーから標準部品についての問い合わせが寄せられていたが[49]，帝通ではそれより早い1962年3月には社内に標準化会議を設置し，検討を開始していた。会議の設立主旨は「当社製品の形式およびパーツについて標準化することによって原価引き下げ管理の徹底に寄与したい」というもので，本社品質管理部次長，研究部長，製品設計課長，営業部長，販売課長，特販課長および各工場の関係者などが出席し，過去3–6カ月間の受注状況から需要の多いもの，および将来的に需要が増加すると思われるものを選定した。選定された製品は「推奨品」として価格を引き下げ，同社の技術誌『テクニカルニュース』を通じてセットメーカーへ購買を呼びかけた[50]。

例えば帝通の川崎工場で生産していた通信機用の炭素皮膜可変抵抗器は，テレビ・ラジオ用に比べて非常に種類が多く，1種類あたりの生産数量が少ないため，1964年に過去6カ月間の受注に関する調査を実施し，それを標準化会議で吟味して，同年10月に標準品種を選定した。また同年半ばまでに，スイッチやコンデンサなど6種の同社製品についても，標準品種が設けられた[51]。このように標準化会議では，既存品種を受注実績にもとづきながら整理していた。

しかしながら標準部品を求めていたはずの顧客は，必ずしもそれらの発注に積極的ではなかった。1965年頃には，「帝通の標準品が，得意先の要求するものと合わないで営業行為の障害となることがある[52]」という社内意見もあり，

1966年にも「この前もあるメーカーの人が来て話されたのだが，ラジオはデザインが半年で変わる。帝通だけが規格化しても最終需要者に受け入れられないこともでてくる。しかしあきらめると困るんで……ボリュームは相当共通する部分があるので，そういう部分はできるだけ規格化していくようにもっていきたい[53]」と標準化の重要性を主張しながらもセットメーカーには受け入れられていない実態が指摘されていた。さらに同社の生産が急増した1968年においても「小型ボリュームの推奨品はあったが，ユーザーの要求に応じて品種を増やした結果，16型が73種類，12型が43種類，10型が18種類と大幅に増えており，この状態が続けば管理能力の面でも，また増産をはかっていくためにも問題が多い」として再度，標準品種を定めることになった[54]。この小型ボリュームの推奨品は，1964年に発表された前述の6種の標準品の一つであったが，それらはセットメーカーから採用されなかったのである。

1970年になって同社は新たに標準化委員会を設置し，民生用の可変抵抗器について7種の標準品を発表し[55]，翌年2月にはスライド式可変抵抗器についてCES規格に準拠した標準品種16種を発表するなどの標準化活動を継続していた[56]。また1971年年頭に社長の菊池国雄が発表した年間目標は「標準化の推進」であり[57]，製品開発と部品標準化を検討する機関として，製品審議会が設置された[58]。こうして定められた標準品種は1973年の石油ショックによって同社の受注額が月額約10億円から2億円へと激減した際に，工場稼働率を維持するために生産され続け，後に受注が回復すると大量販売されるといった成果をもたらしたという[59]。しかしながら，少なくとも1960年代末までについては，同社の標準品販売が十分な成果を得たとはいえなかった。こうした状況は同社に留まるものではなく，1969年頃には「コンデンサでも抵抗器でも，機構部品も，一品種で数百種類のオーダーに留まっているものは少ない。ほとんどの部品が一品種で数千，数万種類も生産され……数年前から多くの電子部品メーカーが標準化運動を開始しているのにほとんど実があがっていない[60]」と指摘されていた。つまり特注品は不可避であり，多種少量生産とコスト削減の両立が求められたのである。

2) 生産工程の自動化

そこで帝通における生産工程の合理化について検討しよう。材料費については，先に確認したように，黄銅の値上がりが著しかった。そこで同社では1966年から仕様書係の技術者が黄銅の代替品を検討し，また下請工場に支給していた黄銅棒の屑を1キログラムあたり300円で回収して再利用した[61)]。先進国では，シャフトや抵抗体保護ケースに黄銅ではなくプラスチックを用いたプラスチックボリュームの生産が主流となっていたが[62)]，同社でも前掲表9-3に示したようにプラスチックの一種であるベークライトの使用量が急増して1969年に黄銅を凌駕していることから，使用材料の転換が進展したものと思われる。他方で人件費についてみると，表9-8に示したとおり，一貫して平均給与は男女とも上昇している。労働力不足により，同社では中卒採用が困難になっていた。同社の本社がある神奈川県川崎地区では，1965年度の中卒就職希望者約800人に対して電気機械産業全体での求人はその10倍に達しており，帝通の受験者はわずかに11名であった。また民生用部品の主力工場である長野県の赤穂工場でも同様に就職希望者は次第に減少していた[63)]。こうした労働力不足と賃金の高騰にともなう人件費の増大を抑制するために，生産工程の「機械化」や複数工程を一度に処理する「自動化」を進め，人員を削減することが急務となった。

表9-8　帝国通信工業の賃金

（円）

年	工員の平均賃金		賃金総額
	男	女	
1961	10,960	7,145	17,548,675
1962	14,266	9,628	22,743,074
1963	13,910	9,935	19,886,145
1964	15,643	11,162	20,409,981
1965	17,057	13,652	17,165,646
1966	18,888	14,617	23,851,490
1967	24,106	18,545	20,732,760
1968	28,073	21,529	23,128,677
1969	32,878	24,803	35,979,752

出所）『会社年鑑』各年版。
注）賃金総額は男女とも平均賃金に表9-5の工員数を乗じて算出。

可変抵抗器は図9-4に示した流れで受注・生産・納品されるが，このなかのA：抵抗体生産工程では，素体課もしくは抵抗体課で黄銅もしくはベークライトの本体基盤に炭素粉末を吹き付けて乾燥し，検査の後に機械で打ち抜いていた。また，B：部品生産工程では成型係・自動機係・プレス係で構成部品（ピースパーツ）が生産されていたが，とくに自動機課ではネジやシャフトを生産するための約10の工程がすべて自動化された。プレス係でもスイッチ端子，アース板，ケース，本体基盤，摺動子などを

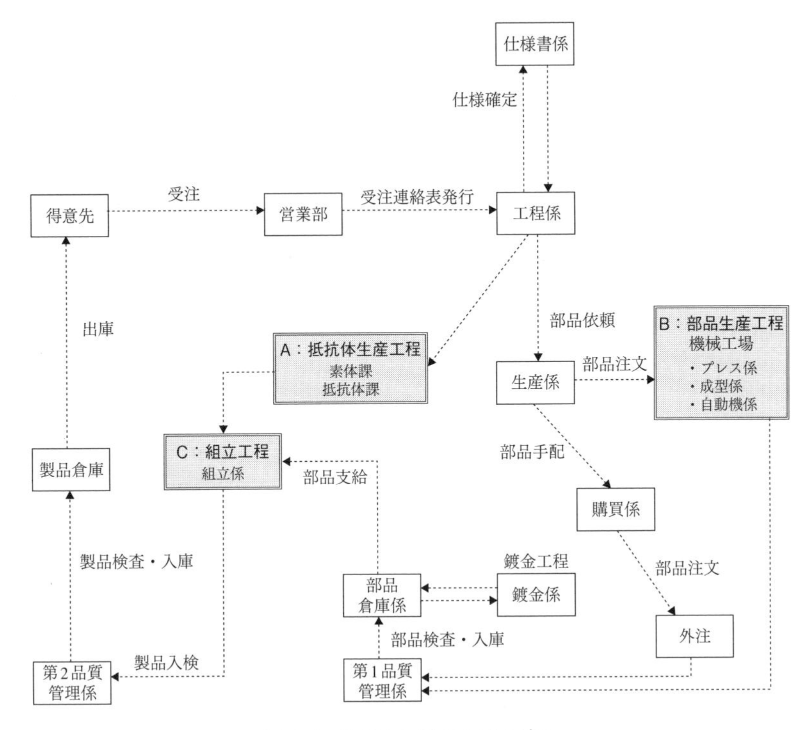

図 9-4　受注から納品までの流れ

出所）図 9-3 と同じ。

45 トンプレスで打ち抜いていたが，これらの作業も自動化され，1968 年末までに「ピース（部片）の自動化が一段落した[64]」。また鍍金工程では 1969 年末に赤穂工場のメッキ係に亜鉛メッキおよび黒メード処理と呼ばれる工程をすべて自動的に行う，自動バレルという機械が導入され稼働を開始した。従来の方法では，鍍金する部品を一個ずつ手作業で装置に取り付けていたが，自動バレルによってカゴのなかに一定量の部品を入れておけば自動的に鍍金作業が完了し，能率は数倍向上した[65]。

このように従来手作業で行われていた工程が次第に機械によって置き換えられ，また自動機係，プレス係および鍍金係では自動化が進展した。A：抵抗体製造工程では，特注品の仕様で決められた外形寸法の如何にかかわらず，「A

カーブ」と呼ばれる抵抗値の変化特性で 500 キロオームの同一品を製造していたため，機械生産へ移行することは容易であった[66]。一方，B：部品生産工程では，仕様によって寸法が異なる部品を生産していたため，例えば自動機係においてもバイトの取替えは熟練工に依存しなければならなかった[67]。そこで 1968 年に川崎工場長が数種類の可変抵抗器に共用できる構成部品を増やしていく方針を掲げ，ロットの拡大を図った[68]。特注品受注による品種の増大は同一製品の生産規模の拡大を阻んでいたが，帝通では構成部品の共用化によってそれを克服していたのである。

C：組立工程でも作業能率の悪い手作業を機械化する試みが行われていた。例えばボリューム組立の「爪曲げ」と呼ばれる工程では，ヤットコを使用して鉄板を 4 カ所 45 度に折り曲げる作業が行われていたが，工員が 2–3 時間の作業を行うと手にマメができるほどの重労働であり，また品質のバラツキも大きく問題があった。そこで赤穂工場の組立係で 1966 年に作業機械を製作し，作業員が 16 人編成から 14 人編成へと削減され，品質も安定した[69]。しかしこうした部分的な工程の機械化は可能であったものの，可変抵抗器は約 30 のピースパーツから成り立つ複雑な構造をしており，一貫した組立生産の自動化は困難であった[70]。

そこで帝通は，自動化機械の開発製造を専門的に行う子会社として，技術者 20 名で 1968 年 4 月に，ミクロエンジニアリングを設立した[71]。またミクロエンジニアリング，帝通，および帝通の子会社で構成される「自動化プロジェクト会議」を発足させ，グループ全体での生産自動化を進めた[72]。1969 年には日本経営コンサルタンツ主催の「自動化研究調査団」に社長の菊池国雄と赤穂工場生産技術課長が加わり，アメリカの自動車産業，電機産業，機械産業のメーカーや自動組立研究を行っている大学および諸研究所機関を視察した[73]。ミクロエンジニアリングの自動機開発については詳らかにし得ないものの，同社は帝通や子会社に自動機械を供給しており，1971 年からは帝通を通じて外販を開始していたことから[74]，一定の成果をあげていたと推察される。「爪曲げ」のような，一部の工程を機械に置き換えることは，社内の組立係における生産現場での対応が可能であったが，自動化機械の開発には外国技術の動向も含めた専門的な知識が必要であり，同社では自動化機械を専門的に開発する研究グループを組織することで，これに対応したのである。

3）品質管理活動の展開

帝通の品質管理部次長である鎌田正元は，1965年に「社の内外の不良率が合計5％とし，不良品の材料は回収できないと仮定すると，これを1.5％に低減すると原価を6％，もし0％なら原価は13％引き下げられる[75]」と見積もっていた。すなわち品質管理の向上による不良品の削減は，発注企業への信頼が高められるだけでなく，部品メーカーの生産原価を引き下げる有効な手段だったのである。

帝通では，1956年に本社川崎工場が，また1960年に赤穂工場がJIS：C6443（炭素回転形可変抵抗器）の表示許可を取得しており[76]，1950年代までに品質管理法を導入していた。またラジオ・テレビ用ボリューム（可変抵抗器）6種について，1964年7月にUL規格の取得申請を行い，1965年11月に認可された。UL規格はアメリカ・デラウェア州法にもとづいて，器具ならびに材料の試験検査を行うために設立された非営利団体であるUnderwriter's Laboratories, Inc.が設定した規格であり，火災や事故に対する安全性を重視した点に特徴がある。アメリカではUL規格を取得していない家電製品は販売できない州があるため，日本からの輸出品についてもUL規格取得が求められる場合があり，可変抵抗器では帝通が日本で最初に取得した[77]。

1965年2月に，帝通は日立横浜工場に納入していたラジオ・テレビ用ボリューム，ロータリースイッチ，固定抵抗器の不良率が0.005％で，日立の外注先企業118社中4位となり，また納期や価格についても他社と比較して優れた成績を残したため日立から表彰された。帝通以外の電子部品メーカーでは，興亜電工が0.017％で努力賞を獲得していた[78]。これは橋本寿朗が長期相対取引の形成において重視していた，品質面での信頼を同社が獲得していたことを示している。セットメーカーは帝通に対して，納入部品の不良率を通知するようになっていた[79]。第7章の最後に指摘した，JIS規格やCES規格を超えた品質面での激しい競争とは，こうしたセットメーカーによる外注企業の不良品率のランキングにおいて優れた成績を残すことであり，同社は電子部品メーカーのなかでもトップランクに位置していたのである。

しかし1960年代後半になると，こうした品質管理水準をさらに向上させなければならなかった。1965年3月に行われた川崎工場の組立係班長会では，製品不良の内容として製品混入や部品相違が多く，「多品種少量生産のため作業者の品質管理の教育期間がない，もっと準備期間が欲しい」「第一組立係は民生機器から産業機器へと移っていく典型的な職場，最近は品種が増大し，流れ作業も次々と種類が変わるために確立仕事でないために悩みは大きい」といった特注品生産に起因する問題が指摘された[80]。

そこで同社では，1966年から「ロット返品調査結果表」を作成し，不良原因の徹底的な調査を開始したところ，「指示のミス」が63％を占めていることが明らかになった。これは生産拡大によって新たに補充された工員に対する説明不足に起因するもので，組立係と仕様書係および品質管理係が緊密に連絡し，作業者が注意すべき点を仕様書に盛り込むといった対策が講じられた[81]。こうした活動の成果として，1967年1月より川崎工場のプレス係では，製造しているピースパーツの90％を第1品質管理係で検査せずに直接組立工程に支給する「ノー検査」体制に移行した。これによって検査工程が短縮され，生産能率が向上するとともに検査員2名が組立工程に配属されることになり，人件費の節約にもつながった[82]。

1967年以降は職場単位で品質向上に取り組むこととなり，同年9月に川崎工場の第3組立係で，同社第1号のQCサークルが結成された。課題としてボリュームの回転不良の撲滅が掲げられ，分解して不良原因について討論した結果，キャップに塗布するボンドがシャフト部分に付着することが原因であることが判明し，作業員から製品不良を発見しやすいようにボンドに色をつけることが考案された[83]。また赤穂工場の第1組立係では，課題を設定するために過去3週間の不良件数を調査した結果，「グリースの付着」が50％以上に達していることが明らかになった。その後サークルでの討論の結果，カシメ作業で使用する治具が長すぎるために，メタルと呼ばれる別の構成部品に塗布していたグリースが治具に付着し，さらにこれが他の構成部品に付着していたことが判明し，治具の長さを2ミリ短くすることによってロット不良率を2.5%から1%へと減らすことができた[84]。この他，シャフト製造工程の職場では，寸法を規格の誤差内に抑えるための活動を行い，特性要因図から，切断の位置決め部分にアルミ屑が付着していることや素材の性質が異なるためにスムーズな材料送りができていないなどの問題が明らかになり，素材メーカーへ改良を求めるといった諸策が講じられ，ロット返品原因の80%を占めていた全長不良が10%にまで減少した[85]。

セットメーカーは1968年頃には一様に無検査納入方式を採用しており[86]，不良品が発見された場合には部品だけでなく，ラジオ・テレビセットの取り替え費用，さらにセットメーカーの人件費の補償まで帝通に要求するようになっていた[87]。同社は1969年に三菱電機京都製作所からも優良協栄会社として表彰され[88]，また子会社の新正電子工業が生産し，帝通が一手販売しているコンデンサの品質が長期に安定していると認められ，日立東海工場から無検査納入の条件となる優良品質認定書交付を受けた[89]。こうした厳しい要求に応えた帝通のような部品メーカーだけが，セットメーカーとの取引を長期に継続できたのである。

小　括

電子部品の承認図部品開発において，基本設計は市販部品の場合と同じく，部品メーカーが担っていた。それらは従来は市販部品としてカタログ販売されていたが，浅沼が指摘するように買手企業が求める「部分的変更」によって承認図化したのであった。また帝通ではセットメーカーから短期間での試作品納入や，突然の仕様変更に対応することを求められていた。自動車のように承認図部品が新型車種デザインとの十分な擦り合わせによって開発される場合には，比較的長期にわたってゲストエンジニアが部品メーカーから派遣され，部品設計は基礎構造から特定の買手企業（自動車メーカー）の求めるカスタム仕様となる。これに対して市販部品から転成した承認図部品の開発では，完成品デザインとの擦り合わせをめぐる調整が小さく，市販部品のモジュール的な要素を色濃く残していた。その結果，電子部品メーカーが特定のセットメーカーとの取引で回収すべき開発費用の規模は小さくなるであろうし，必要取引量は小さくなり，また取引期間は短期化する。電子部品が承認図化しているにもかかわらず，サプライヤーとしての期間がわずかに6カ月程度であり，自動車部品と比較して極めて短期間であるのは，こうした要因によるものと思われる。

早いサイクルでラジオ・テレビがモデルチェンジするなかで，次の受注を獲得するためには，「試作依頼」を獲得することが重要であった。電子部品メーカーではセールスエンジニアを増強してセットメーカーのニーズを的確に把握し，それを製品開発に活かしていた。とはいえセールスエンジニアは，セットメーカーと定期的な打合せは行うものの，自動車産業のゲストエンジニアのように特定の完成車メーカーに常駐することはなかった。製品開発をめぐるセットメーカーとの具体的なコミュニケーションにおいても，企業間の相互調整はそれほど濃密ではなかったのである。

1950年代までのような，汎用的な市販部品の生産販売によるスケールメリットの追求が特注品の受注増加によって困難になり，また競合他社が近接分野から参入し，さらに材料費や人件費が高騰するという悪条件が加わったことで，同社の経営は1960年代前半に悪化した。同社では量産規模の拡大を阻む特注品の受注をなるべく抑制し，自社独自の標準部品の普及を試みたが，成果をあげたとはいえなかった。

特注品の受注獲得においては，セットメーカーが求める技術要件に対して柔軟かつ迅速に対応することが重要であり，帝通が独自に設けた標準部品に固執することは得策ではなかった。標準部品を特注品よりも割安に設定したことに対するセットメーカーの反応は，むしろ特注品の発注価格を引き下げるような複数購買への指向であった。結果として，帝通では個別の仕様書にもとづいた多種の部品生産を継続しつつ，生産コストを削減するという二重の課題を背負うことになった。

そこで同社は生産工程の機械化や自動化を進め，また高水準の品質管理による生産能率の向上によって課題克服に成功した。その結果，1960年代後半になるとセットメーカーとの間に，開発や品質における信頼関係が形成されることとなった。電子部品メーカー間の激しい受注獲得競争が展開される中で，同社はセットメーカーとの長期継続的な取引関係を形成する能力を構築したのであった。こうして電子部品の専門生産は 1960 年代に高度化し，新たな特徴を備えることとなったのである。

第 III 部

国際競争優位の確立

第10章　電子部品市場の多様化と技術革新

——1970-89年——

はじめに

第II部では，高度成長期に展開した民生用電子機器の大量生産と社会的分業の広がりによって，電子部品メーカーが専門生産を確立する機会を得たことを明らかにした。電子部品メーカーは，セットメーカーの内製規模を凌駕する大量生産により，スケールメリットを享受した。また独自技術の開発や生産管理の彫琢によって専門生産能力を高度化し，セットメーカーとの信頼関係を形成した。こうした産業発展の前提として，電子部品を市販部品たらしめる市場構造や社会的基盤の存在が重要であり，それらは高度成長期に固有の歴史性を帯びていた。

しかし，こうした高度成長期のエレクトロニクス産業発展は，1970年代以降に大きく変容する。一般的な経済要因としては，石油ショックに象徴される生産コストの上昇および省資源化への社会的要請があり，また電子工業に固有のものとして集積回路（IC）の登場，幅広い産業分野にエレクトロニクス技術が浸透する「メカトロニクス」などが重要であった。本章では，こうした大きな変革期を迎えた1970年代から80年代の電子部品産業の展開を実証的に跡づける。

結論を先取りすると，当該時期の技術革新により，電子部品の劇的な小型化（微小化）が進展する。それは多方面に展開する市場からの要請でもあり，また部品が小さくなることによって新たな用途が開拓されるプロセスでもあった。

まず第 1 節で当該時期の動向を大づかみに把握し，第 2 節では 1970 年代初頭における不安定な市場が電子部品産業の経営に与えた影響を確認する。続いて第 3 節では不況から回復する過程で生じた電子部品市場の多様化を検討し，また第 4 節では新市場の開拓と不可分であった電子部品の小型化をめぐる技術開発を取り上げる。

1　概　　観

本章での分析に先がけて，まず同時期の当該産業における国際化の状況について確認しておきたい。入手可能な資料で唯一判明する 1987 年における電子部品の海外生産比率を表 10-1 から確認すると，海外生産がもっとも進展しているトランスが 35.4 % に達しているものの，全体では 14.4 % に留まっていたことが確認できる。これが 1996 年になると 44.7 % へと急上昇するが[1)]，ひとまず本章では，1980 年代末までは国内生産が当該産業の中心を成していることを確認したうえで議論を進めていきたい。

そこで国内生産を対象とした『機械統計年報』から，対象時期における電子機器および部品の国内生産額の推移を示したものが図 10-1 である。民生用電子機器と産業用電子機器が 1980 年代前半まで歩調を合わせて増加しているものの，1980 年代後半以降は民生用電子機器が停滞局面に入っている。これは急激な円高を一因として，セットメーカーの生産拠点が海外へ移転したことが大きいと思われる[2)]。それに対して産業用電子機器は 1990 年頃まで急激な勢いで生産が拡大している。その主力となったのは，コンピュータ本体（パソコン），また外部記憶装置や磁気ディスク装置などの関連機器，および通信機器などであった。

こうした変化は電子部品の用途の変化にも影響を与えた。表 10-2 は，海外生産も含めた，1970 年代末から 1990 年代前半までの電子部品の主要な用途別出荷の構成をみたものである。まず民生用についてみると，1970 年代末に大勢を占めていたテレビとオーディオ向けの出荷が大きく減少し，それに代わっ

表 10-1　電子部品別海外生産比率（1987 年）

（百万ドル，%）

部品	A 国内生産額	B 海外生産額	B/（A+B） 海外生産比率
可変抵抗器	947	168	15.1
固定抵抗器	792	127	13.8
アルミ電解コンデンサ	1,110	433	28.1
タンタル電解コンデンサ	359	0	0.0
セラミックコンデンサ	1,129	150	11.7
フィルムコンデンサ	359	89	19.9
コイル	319	132	29.3
トランス	845	464	35.4
スイッチ	1,458	213	12.7
コネクタ	2,083	109	5.0
小型モーター	2,801	325	10.4
磁気ヘッド	1,329	352	20.9
プリンタ回路基盤	5,208	406	7.2
スイッチング電源	1,424	151	9.6
ハイブリッド IC	1,263	471	27.2
合計	21,426	3,590	14.4

出所）片岡勝太郎「電子工業技術大会――特別講演から　部品企業の海外進出」『電子』第 30 巻第 11 号，1990 年 11 月，12 頁，表 2 より作成。

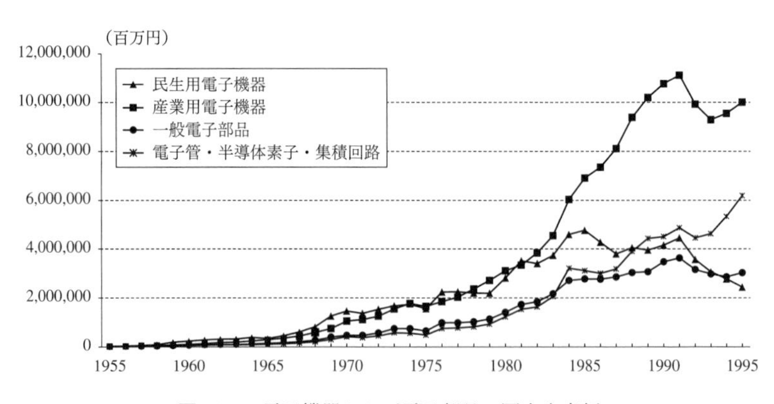

図 10-1　電子機器および電子部品の国内生産額

出所）通商産業省大臣官房調査統計部編『機械統計年報』各年版。
注）産業用電子機器は，電子応用装置，電気計測器，有線・無線通信機器，事務機器の合計。

表 10-2　電子部品用途別出荷構成の推移

(%)

<table>
<tr><th>用途</th><th>1977</th><th>1980</th><th>1988</th><th>1990</th><th>1991</th><th>1992</th><th>1993</th><th>1994</th></tr>
<tr><td>テレビ</td><td>25.4</td><td>20.2</td><td>10.3</td><td>7.0</td><td>6.7</td><td>6.3</td><td>6.3</td><td>5.6</td></tr>
<tr><td>ビデオ</td><td>1.5</td><td>9.4</td><td>15.8</td><td>14.0</td><td>13.2</td><td>11.1</td><td>9.9</td><td>9.1</td></tr>
<tr><td>オーディオ</td><td>31.0</td><td>26.4</td><td>13.0</td><td>11.2</td><td>11.4</td><td>10.7</td><td>11.1</td><td>10.4</td></tr>
<tr><td>家電</td><td>2.7</td><td>5.0</td><td>4.7</td><td>4.1</td><td>4.9</td><td>4.6</td><td>4.2</td><td>4.5</td></tr>
<tr><td>民生用その他</td><td></td><td>3.0</td><td>5.4</td><td>5.2</td><td>5.4</td><td>5.5</td><td>4.1</td><td>3.5</td></tr>
<tr><td rowspan="2">電子応用装置
（コンピュータ）</td><td rowspan="2">2.2</td><td rowspan="2">2.9</td><td rowspan="2">8.5</td><td>2.1</td><td>2.0</td><td>2.1</td><td>2.2</td><td>2.3</td></tr>
<tr><td>10.2</td><td>10.2</td><td>10.3</td><td>9.6</td><td>9.5</td></tr>
<tr><td>通信機械</td><td rowspan="2">5.9</td><td rowspan="2">6.4</td><td>6.8</td><td>8.5</td><td>8.6</td><td>9.2</td><td>10.3</td><td>10.2</td></tr>
<tr><td>電気計測器</td><td>1.6</td><td>1.6</td><td>1.7</td><td>1.5</td><td>1.6</td><td>1.7</td></tr>
<tr><td>事務機械</td><td></td><td>4.4</td><td>3.3</td><td>5.2</td><td>5.2</td><td>5.0</td><td>4.9</td><td>4.6</td></tr>
<tr><td>自動車</td><td>1.4</td><td>1.8</td><td>3.9</td><td>4.1</td><td>5.5</td><td>4.7</td><td>5.3</td><td>5.3</td></tr>
<tr><td>産業機械</td><td></td><td></td><td>2.3</td><td>4.5</td><td>3.4</td><td>3.0</td><td>3.2</td><td>3.7</td></tr>
<tr><td>産業用その他</td><td></td><td>7.0</td><td>7.9</td><td>7.5</td><td>7.5</td><td>8.9</td><td>9.5</td><td>9.3</td></tr>
<tr><td>輸出</td><td>12.7</td><td>13.5</td><td>16.5</td><td>14.8</td><td>14.5</td><td>17.2</td><td>17.6</td><td>20.3</td></tr>
<tr><td>その他</td><td>17.2</td><td></td><td></td><td></td><td></td><td></td><td></td><td></td></tr>
</table>

出所）日本電子機械工業会部品部「一般電子部品の用途別出荷動向」『電子』第 21 巻第 2 号，1980 年 2 月，22 頁，表 1；科学新聞社電子機器市場調査会編『電子部品・材料市場要覧』1991 年，67 頁；中日社編『電子部品年鑑』1995 年版，1995 年，13 頁；同，1997 年版，1997 年，17 頁。
注 1）1977 年は 4-9 月期，1980 年以降は年度集計。
2）空欄は当該年度に分類がない。

てビデオ（VTR）向けが伸びている。1980 年代中頃における日本の VTR 産業は世界市場の約 9 割を占有しており[3)]，民生用電子機器の中心的存在であった。ただし VTR 向けの増加分は上記 2 製品の下落分を補うにはいたらず，民生用電子機器への出荷は全体としてはやや減少傾向にあった。これに対して，コンピュータが含まれる電子応用装置向けの出荷が 1980 年代に大きく伸びて 1990 年には 12％に達しており，また通信機械，自動車，産業用といった分野も次第に増加している。当該時期は機械制御に電子技術を応用した，いわゆるメカトロニクスの普及が様々な産業分野で注目されていた[4)]。これにともなって電子部品市場は広義の産業用分野へと拡大していったのである。それは電子部品ユーザー，すなわち電子部品メーカーにとっての顧客が多様化したことを意味する。

そこで電子部品の生産動向を製品別に確認したものが，表 10-3 である。高度成長期までに専門生産が確立した，抵抗器，コンデンサ，トランス・コイルは 1970–80 年代においても順調に生産額を伸ばしている。それを大きく凌駕して著しい成長を遂げているのが，水晶振動子，複合部品，コネクタ，スイッチ，磁気ヘッドといった部品である。また能動部品ではあるが，後述のように一般電子部品メーカーが兼業分野に選んだ，混成集積回路（ハイブリッド IC）も大きく生産額を伸ばしている。産業用電子機器の生産が拡大するのにともなって，こうした電子部品に新たな市場が開かれた。

最後にこうした電子部品産業の発展を牽引した企業群について確認しておこう。表 10-4 は 1971 年度（コネクタは 1974 年度）における，各電子部品の売上高が大きい企業の一覧である。各企業の総売上高に占める当該製品の比率は総じて高く，多くの電子部品メーカーが特定の市場セグメントで寡占的な地位を獲得する成長戦略を選択してきたことがわかる。そのなかで，アルプス電気はコンデンサ，抵抗器およびスイッチ，また村田製作所はコンデンサと抵抗器，ミツミ電機はコンデンサとトランス・コイルで上位に入っており，電子部品産業の内部で多角化を進めている。

また一部の企業が大手の機器メーカーの系列下に入っているものの，多くは独立系として発展していた。ただし，同表に含まれていない松下電器は抵抗

表 10-3　電子部品別国内生産額の推移

（百万円）

年	抵抗器	コンデンサ	トランス／コイル	水晶振動子	複合部品	コネクタ	スイッチ	磁気ヘッド	混成集積回路
1970	69,121（100）	110,186（100）	90,422（100）	4,486（100）	5,017（100）	16,620（100）	13,679（100）	9,386（100）	5,572（100）
1975	77,246（112）	125,373（114）	116,979（129）	15,475（345）	8,933（178）	16,889（102）	34,271（251）	13,183（140）	12,903（232）
1980	170,191（246）	271,020（246）	195,892（217）	25,286（564）	21,106（421）	69,701（419）	66,635（487）	42,613（454）	54,621（980）
1985	270,860（392）	437,504（397）	343,633（380）	49,627（1,106）	25,367（506）	181,233（1,090）	159,983（1,170）	182,597（1,945）	164,417（2,951）
1990	277,298（401）	521,725（473）	322,651（357）	77,366（1,725）	55,053（1,097）	290,861（1,750）	188,255（1,376）	214,026（2,280）	240,953（4,324）

出所）日本電子機械工業会『電子工業 50 年史 資料編』日経 BP 社（元資料は通産省編『機械統計年報』各年版）。

表10-4　電子部品売上高上位企業

[コンデンサ]

（百万円，%，人）

順位	企業名	売上高	総売上高	専業率	人員	系列
1	日本コンデンサ工業	10,867	10,867	100.0	2,783	
2	エルナー	6,102	7,402	82.4	1,458	ゼネラル（東芝）
3	日本ケミカルコンデンサ	6,100	6,100	100.0	2,018	
4	マルコン電子	5,395	6,743	80.0	1,620	東芝
5	村田製作所	5,368	12,183	44.1	1,287	
6	東京電気化学工業	5,267	27,892	18.9	5,453	
7	太陽誘電	5,226	7,848	66.6	2,761	
8	日本通信工業	4,274	10,495	40.7	1,645	日本電気
9	松尾電機	4,000	4,000	100.0	400	
10	指月電機製作所	3,972	3,972	100.0	560	三菱
11	信英通信工業	3,566	3,566	100.0	620	
12	ミツミ電機	3,223	15,230	21.2	3,528	
13	東和蓄電器	2,364	2,500	94.6	522	
14	日立コンデンサ	2,306	2,996	77.0	472	日立
15	アルプス電気	2,222	29,040	7.7	6,949	

[抵抗器]

（百万円，%，人）

順位	企業名	売上高	総売上高	専業率	人員	系列
1	帝国通信工業	8,592	10,840	79.3	2,208	
2	東洋電具製作所	7,000			900	
3	アルプス電気	4,066	29,040	14.0	6,949	
4	釜屋電機	3,911	3,911	100.0	1,317	
5	北陸電気工業	3,572	3,572	100.0	1,507	
6	興亜電工	3,042	3,519	86.4	1,360	
7	日本抵抗器製作所	2,500	2,500	100.0	784	
8	東京コスモス電機	2,379	2,773	85.8		
9	村田製作所	1,620	12,183	13.3	1,617	
10	多摩電気工業	1,433	1,433	100.0	600	日本電気

[トランス・コイル]

（百万円，%，人）

順位	企業名	売上高	総売上高	専業率	人員	系列
1	東光	8,390	12,601	66.6	2,200	
2	タムラ製作所	6,310	6,310	100.0	1,311	日本電気
3	田淵電機	5,230	5,230	100.0	547	
4	ミツミ電機	4,054	152,300	2.7	3,528	
5	東京軽電機	2,886	2,886	100.0	2,000	
6	東京特殊電線	2,701	10,304	26.2	1,055	
7	ウスイ電機	2,175	2,175	100.0	450	
8	スミダ電機	1,414	1,414	100.0	249	

順位	企業名	売上高	総売上高	専業率	人員	系列
9	ユース電機	1,193	1,193	100.0	201	
10	浅川電機	1,100	1,100	100.0	287	

[スイッチ]

（百万円，%，人）

順位	企業名	売上高	総売上高	専業率	人員	系列
1	アルプス電気	4,564	29,050	15.7	6,949	
2	山武ハネウエル	3,524	27,053	13.0	2,927	
3	フジソク	2,059	3,072	67.0	687	
4	東洋無線	1,314	2,850	46.1	807	
5	昭和無線工業	908	6,069	15.0	1,296	
6	三省電機	700	700	100.0	100	
7	ミヤマ電器	680	1,260	54.0	192	
8	星電器製造	600	3,742	16.0		
9	日本スイッチ	500	500	100.0		
10	サン電業社	486	486	100.0	230	

[コネクタ]

（百万円，%，人）

順位	企業名	売上高	総売上高	専業率	人員	系列
1	日本航空電子工業	8,000	13,000	61.5	1,750	日本電気
2	ヒロセ電機	5,600	5,600	100.0	750	
3	第一電子工業	5,000	5,000	100.0	600	
4	本多通信工業	1,700	1,800	94.4	480	
5	ケル	1,400	1,900	73.7	120	
6	昭和無線工業	1,500	11,500	13.0	1,150	

出所）電気機器市場調査会編『電子機器部品市場要覧』1971 年版，科学新聞社，1971 年，137，209，269 頁；同，1975 年版，1975 年，628 頁。
注 1）空欄は不明。
2）1971 年度の決算期の売上高による。ただしコネクタは 1974 年度。
3）専業率は総売上高に占める，当該製品の売上高。

器，コンデンサ，スピーカー，コイル，トランス，チューナー，スイッチ，磁器ヘッドなどほぼ全種にわたる電子部品を手がけており，おおむね「60 % が社内で 40 % が市販」であった[5)]。つまり同社は機器メーカーであると同時に，市場に影響を与え得る，巨大な総合電子部品メーカーでもあった。こうした部品兼業の機器メーカーと競合しながらも，多くの電子部品メーカーが経営の独立性を保ちつつ発展したことを，ここでは確認しておきたい。

そこで当該時期の景況を確認するために，同表に登場した電子部品メーカーのなかで，判明する約 20 余社について，1960 年代後半から 1980 年代末にいたる時期の売上高営業利益率（単体決算[6)]）を調べ，それらの売上高と営業利

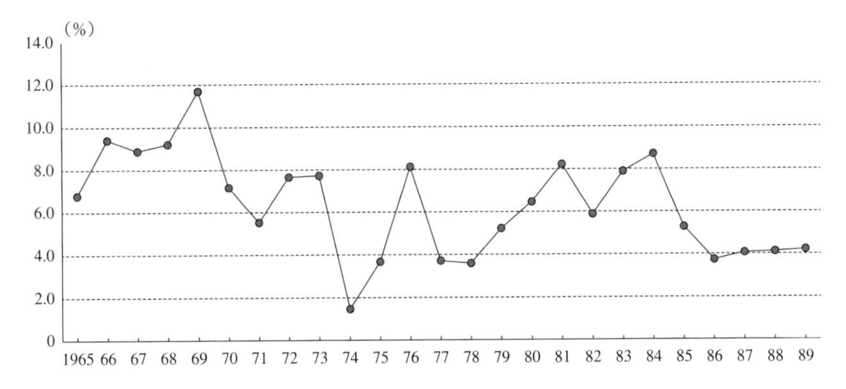

図10-2　電子部品メーカーの売上高営業利益率（単独決算，1965-89年度）

出所）各社『有価証券報告書』；日本経済新聞社編『会社年鑑』各年版；同編『会社総鑑』各年版。
注）対象となった企業は，帝国通信工業，ミツミ電機，タムラ製作所，アルプス電気，東京コスモス電機，フォスター電機，昭和無線工業，東光，星電器製造，松尾電機，太陽誘電，エルナー，日本抵抗器製作所，日立コンデンサ，村田製作所，東和蓄電器，北陸電気工業，指月電機製作所，日本コンデンサ工業，日本ケミカルコンデンサ，興亜電工，日本航空電子工業，田淵電機。ただし一部の企業のデータが欠けているため，対象企業数が一定ではない。

益を別々に積み上げたうえで，対象企業全体の売上高営業利益率として算出したものが図10-2である[7)]。1960年代末に11％を超えた利益率が1970年代初頭には7％を下回り，1974年度に1.5％に急落した。これは石油ショックによる景気の悪化が原因であると思われる。そこから次第に回復し，1980年代前半には8％台となったが，後半には再び4％近辺へと下落した。なお以上は各分野における売上高の上位企業のみを対象とした動向であり，より経営規模の小さい下位企業を含めた産業全体の利益率はこれを下回るものと思われる。そこで，次節では電子部品産業の経営が急速に悪化した1970年代初頭の状況について詳しく検討しよう。

2　石油ショックへの対応

1）1970年代初頭の不安定な電子部品需要

1970年から1971年にかけての利益率の低下要因を検討するために，電子部品需要の中心であった民生用電子機器について，『機械統計年報』から生産額を確認すると，約1兆4565億円から約1兆3710億円に減少している。最大の輸出市場であるアメリカでは，1968年3月に電子工業の業界団体であるElectronic Industries Alliance（EIA）が日本製テレビの対米輸出に対してダンピング提訴し，アメリカ商務省は1970年9月に同製品の関税評価差し止め命令を下した[8)]。また国内では，公正取引委員会の委託で全国地域婦人団体連絡協議会が「カラーテレビの二重価格問題」について調査し，同年8月に発表された調査結果が不買運動を惹起した[9)]。これによって機器メーカーの1971年3月期決算は減収減益となり，カラーテレビやラジオ部門の減産によるレイオフや職場配置転換が実施された。その余波が電子部品産業にも及んだことが推察されるが，それに先んじて機器メーカーは1969年末頃から1970年初頭にかけての好況期に，電子部品価格の上昇を見越して部品を大量発注していた。これが1970年秋に過剰在庫を生み，1971年前半まで電子部品の発注停止が相次ぐ事態となり，状況の悪化を招いたのである[10)]。

一方，帝国通信工業，アルプス電気，興亜電工，北陸電気工業，東京コスモス電機，釜屋電機，多摩電気工業など，前掲表10-4に登場する企業は1969年から翌年にかけて軒並み増資しており，旺盛な電子部品需要に応えるべく生産能力の拡充に努めていたために，経営への影響は大きかったものと思われる。こうした上位企業における利益率低下にとどまらず「弱小メーカーは倒産の止むなきに至るものが続出」という状況が起こっていた[11)]。さらにテレビチューナーがテレビ受像機本体よりも早い1970年4月に，アメリカ財務省のアンチダンピング法適用により関税評価差し止めを受けるなど，部品単体での輸出にも影響が出ていた[12)]。

ようやく1972年夏頃から電子部品需要は回復し，翌年にかけては一転して「民生用から計測，制御用にいたるすべての電子産業分野で部品需要が旺盛」という状況になった。その中心はテレビに代わる，ステレオ，テープレコーダーといった音響機器であった。電子部品メーカーの多くは前年までの受注減少の経験から，目先の需要増に応じた生産拡大には及び腰で，受注を断るケースまであった[13)]。同年6月頃には機器メーカーの「資材担当者が頭を下げて来社するようになってきた」が，電子部品メーカーでは「実需要はもっと少ないのではと受注量の多いことに警戒の目を向けて」いた[14]。しかし既存設備では受注量をこなしきれなくなると，1973 年度からは積極的な設備投資に着手した。例えば，アルプス電気は時価発行増資で 30 億円，東京電気化学工業（現，TDK）も同様に 60 億円を調達して設備投資に充て，また京都セラミックは 40 億円を投じて川内工場と国分工場を増強した。また規模は小さいが，東京コスモス電機が前期比倍増の 2 億円，ヒロセ電機は前年度 1 億円に対して 5 億円，日本抵抗器製作所が 1 億円，北陸電気工業が 2 億円といった規模で投資を行った。さらにミツミ電機，タムラ製作所，フォスター電機，東光，太陽誘電などが海外の工場建設に着手した。これらの生産設備が本格的に稼動するのは 1974 年春頃の予定であった[15]。

2）資材高騰による収益の圧迫

1972 年以降の市況回復により，電子部品メーカーの収益性も改善される期待が高まったが，その足枷となったのが部品材料の価格上昇，製品の包装および輸送といった関連経費の高騰であった。石油化学製品については 1973 年夏頃からナフサや ABS 樹脂などが国内で入手難となり，また電子部品に必要なビニール線，ツマミ，およびキャップなどに使われる熱可塑性樹脂，さらに電源トランスに使用する珪素鋼板，銅線，真鍮といった素材の不足が深刻化した。これに拍車をかけたのが公害問題への対応であった。フェライトに使用される酸化鉄，セラミックコンデンサに使用する酸化チタンや炭酸バリウムは公害対策への費用が発生した。例えば炭酸バリウムはソーダ灰法から炭酸ガス法へと製法が変更されることによって品質の安定化に課題が残り，要求水準に見合った品質の原材料を確保することが難しくなった。「もともと電子工業向けは需要も少なく専用に作るには設備がかかりすぎると原材料メーカーは消極的」であり，また電子部品メーカーの入手先は 2 次以下の取次ぎ店が中心であり，メーカーとの直接的な取引関係がなかったことで，調達においては不利な立場に置かれた。さらに家電製品にポリ塩化ビフェニル（PCB）入りコンデンサなどの電子部品を使用することが行政指導により 1972 年 8 月末で禁止されたことで，対応を迫られた[16]。

電子部品メーカーは増大する資材調達コストを，製品価格に反映させようと試みた。例えば，昭和無線工業，ヒロセ電機，本多通信工業などコネクタメーカー 10 社が加盟する E・C・M 懇談会は，コネクタの主材料であるフェノール樹脂，塩化ビニール，ABS 樹脂，非鉄金属メッキ処理，ダイカスト，鉄鋼などの値上がりによって収益性が悪化したことから，平均して約 30％の値上げを申し合わせた。ただしフィルムコンデンサ業界では「値上げの幅は 15–20％といったところであったが，最近の情勢では，とても 10％台では材料費の値上がりをカバーできないのが実情」であった[17]。そして 1973 年 10 月以降はアラブ石油輸出国機構による重油供給削減措置により，電子部品産業では紙コンデンサに使用されるコンデンサペーパーの減産と値上げが問題化した。またコンデンサに使用される石油化学系材料の「ポリエステルが 12 月から 30％カット，ポリエチレンが 25–30％カット，ものによっては 40–50％カット」という供給不足に乗じて，資材メーカーが提示する「見積もりには金額が入っていない」状況まで生じた。ただし，まだこの時点ではアルプス電気社長の片岡勝太郎が電子部品の価格について「長期的にみれば，値上げは当分つづき，高値安定となる」，また松下電器常務の国信太郎が電子部品の「需要はまだまだ旺盛」と述べ，受注価格の引上によって資材高騰の影響をある程度は緩和できると期待していた[18]。例えば，本多通信工業では素材の黄銅が値上がりしたことを受け，1974 年 1 月から納入価格を最大で 70％引き上げた。またミツミ電機は，1974 年 1 月における生産資材の購入費が前年同月比で，鉄板が 45％，亜鉛が 81％，ABS 樹脂やスチロール樹脂が 60％以上，鋼銅やフェノール樹脂が 2 倍以上も増大しており，同社の森部一社長が「昨年秋以来の大幅な値上がりで経営努力だけではどうにもならなくなった」と述べ，同年 2 月から顧客企業と価格交渉に入った。さらに太陽誘電でも酸化チタンやチタン酸バリウムといったセラミックコンデンサの原料が平均して 50％以上値上がりしたことから，製品価格の 25％値上げを機器メーカーに要請した[19]。

しかし，同じ時期に外国為替市場では円高・ドル安が急速に進行していた。1972 年に 1 ドル 300 円台，1973 年 2 月以降は 1 ドル 260 円台に達し，その後は 1974 年にかけて 300 円近辺にまで円安に戻したものの，対米輸出の回復に活路を求めた民生用電子機器メーカーにとって，電子部品価格の引上要請は論外であった。1974 年春には石油ショックの影響で需要減退が顕在化し，「値上げの話はもはや相手にもしてもらえない」どころか，一部の機器メーカーから値下げの要求を受けるようになった[20)]。ここに 1973 年度前半の投資によって拡充した生産設備の稼働開始時期が重なり，電子部品メーカーの価格交渉力をさらに弱めることになった。

ところで第 II 部第 9 章では，電子部品のサプライヤーシステムにおいてセットメーカーと電子部品メーカーの間に，承認図部品開発や品質に対する能力への信頼が形成されていたことを，1960 年代の帝国通信工業のケースから確認した。しかし以上のように，好況期の部品大量発注と不況期の発注停止という取引行動を繰り返していることに鑑みて，セットメーカーは市場リスクの一部を部品メーカーに転嫁していたと考えられる。また部品メーカーは川上の資材メーカーと川下の完成品メーカーの狭間に置かれ，材料費の高騰を製品価格に十分転嫁することができなかった。これが石油ショックという一般的な経営条件のみには帰せない，電子部品メーカーの利益圧迫要因となっていたのである。

3）人員整理と減量経営

表 10-5 は日本電子機械工業会（電子機械工業会が 1974 年に名称変更）が 53 社を対象に，1974 年における電子部品の受注，生産，および製品在庫の状況について前年同月と比較したものである。受注と生産はおおむね前年を下回り，製品在庫が過剰となっていることが確認できる。とくに 7–9 月にかけては受注水準に比べて生産水準の比率が 10–20 ポイント高く，前年度の積極的な設備増強が生産調整を難しくしていたものと思われるが，やがて日本コンデンサ工業，村田製作所，東京電気化学工業，太陽誘電，日本ケミカルコンデンサ，エルナー，日本通信工業など「ほとんどのメーカーが操業率 6 割前後[21)]」という状況に陥った。こうしたなか，ソニー傘下のスイッチメーカーである穂高電子工業，ソリッド抵抗器の大手メーカーである大洋電機などが倒産した[22)]。通産省

表 10-5　電子部品各実績の前年同月比（1974 年）

(%)

		7 月	8 月	9 月	10 月	11 月	12 月
受注	抵抗器	66.3	64.7	65.8	67.1	61.7	69.3
	コンデンサ	79.2	78.9	61.9	65.9	65.1	65.3
	トランス	102.9	100.1	92.9	83.7	77.1	77.4
	機構部品	89.9	65.8	67.3	70.3	73.5	78.3
生産	抵抗器	88.8	79.2	78.8	72.7	70.8	65.6
	コンデンサ	114.1	98.9	83.1	70.0	63.2	57.0
	トランス	114.2	107.3	89.0	81.0	74.1	74.2
	機構部品	99.9	95.1	84.5	75.6	68.8	68.0
製品在庫	抵抗器	112.9	117.3	144.4	127.7	125.6	98.0
	コンデンサ	220.2	237.5	244.8	237.4	206.6	191.9
	トランス	157.1	159.5	159.6	158.1	146.1	145.1
	機構部品	149.1	152.4	140.4	136.2	122.7	166.3

出所）『電波新聞』1974 年 12 月 21 日（元資料は日本電子機械工業会調べ）。

では，1974 年 9 月と 1975 年 1 月に中小企業信用保険法第 2 条に定める倒産関連業種に電子部品製造業を定め，信用保証協会による保証枠の拡大の特例を認めた[23]。

大手の電子部品メーカーでも人員整理への着手を余儀なくされた。例えば，東洋電具製作所では従業員 2500 名のうち 1000 名を整理し[24]，昭和無線工業では 1974 年秋から 2 回にわたって希望退職者を募り，350 名を整理した[25]。また日本ケミカルコンデンサでも希望退職者を募った結果，従業員数は 1892 名から 993 名へと半減した[26]。アルプス電気でも同年 12 月にグループ全体の従業員の約 2 割にあたる 2250 名の希望退職者を募ることを決め，結果として 2413 名を整理した[27]。

村田製作所では 1974 年 11 月から一時帰休制を実施し，70 名の希望退職者を募ることとなったが，これに労働組合が反発して同月末にストライキが発生した。同社では希望退職者を 1 年 3 カ月後に再雇用する条件を提示することでストライキは収束したが，この過程で全面的な労使闘争によって共倒れになることを危惧する労働者が現れ，組合運動が協調路線へと転換する契機になった。なお同社労組は 1976 年に総評化学同盟から脱退し，1978 年に電機労連に加盟した。また経営側より 1977 年に労使協議会の設置が提案され，1982 年に労使間の協定が締結された[28]。

同様に指月電機製作所でも 1975 年 3 月に 130 名の希望退職者募集を決定し，労使間の対立が生じた。その際，会社側の案を拒絶する労組執行部とは意見を異にする構成員が離反して新組合を結成する動きがあり，こうしたなかで同社は人員整理を当初の計画に沿って実施することができた[29]。多くの企業では協調的労使関係が円滑な余剰人員削減の前提となったが，村田製作所や指月電機製作所のように石油ショックへの対応過程において労使で危機感が共有され，むしろこれが協調化の契機となる企業もあった。

以上のような応急措置によって経営危機を回避すると，やがて電子部品メーカーは，削減した人員を維持しながら受注回復に対応する方法を模索した。その一つが海外への生産拠点の移転であった。例えば，コンデンサメーカーの双信電機では従業員数が 1260 名から 650 名に減少したが，市況が回復してきた 1975 年夏以降の経営方針として，生産拠点を国内からインドでの合弁会社サハ・ソーシンに移すことにした。同様にマルコン電子でも 300 名の人員を削減したが，当分は国内で増員する意向はなく，海外子会社である大韓マルコンとマレーシア工場からの供給にシフトした[30]。

ただし冒頭で述べたように，この当時の電子部品メーカーは生産拠点の中心を国内に残しており，むしろ生産工程の改善による生産性の向上に努めた。例えば，帝国通信工業では 1975 年 3 月から「作業効率化プロジェクト」を立ち上げた。従来の社内組織では，生産本部もしくは各工場の生産技術の開発担当者が中心となって検討していた。これに対して同プロジェクトでは工場生産ラインの監督者が生産設備，器具，装置類の優れた使用法やノウハウを共有することを目的に検討会に参加した。またノウハウを同社のグループ会社である帝通エンヂニアリングを通じて販売していくことも計画された[31]。

昭和無線工業（現，SMK）では，小ロット化や納期短縮によって「小回りのきく体制で短い時間にニーズを的確につかむ企業体質」への転換を目指し[32]，1976 年 9 月の部課長会において社長の池田彰孝は，協力会社の設立を梃子に専門生産体制を強化する方針を提示した。同社には当時 2 つの協力会社が存在したが，新たに富山工場のプレス部門の人員を独立させて新会社を設立した。

プレス，成形，メッキなどの基礎部門から順次進め，組立部門まで含めた社内工場の各工程を一つの協力会社が担当する分業体制を整えた。また同社の技術者が協力会社に出向することで生産技術の移転が図られた。例えば協力会社の一つである八尾電子工業では当初赤字経営に陥っていたが，昭和無線工業の工作事業部で取り組んでいた管理会計の手法などを用いて黒字に転換した。専門生産体制を重視した背景には，社内における「管理の甘さ」が石油ショック時の不良在庫を大きくしたという認識があり，暖簾分けによって「自主的に行動せざるを得ない環境を与える」ことで従業員の意識改革を図った。他方では，「管理職のステップを登りつめるのは難しいだろうと思っていました。ですから 35 歳で独立できるというチャンスに思い切って飛びついたのです」と考える独立志向の強い社員のスピンオフを支援する制度でもあった[33)]。

これと同様の事例として，日本ケミカルコンデンサでも石油ショック直後から社内全部門の効率性を 30 % 改善する「サンマル運動」を展開する一方，企業グループの拡大を推進し，既存の 6 つの子会社に加えて，1974 年に 2 社，翌年に 5 社を設立した。その一つであるケミコン精機は，同社機械部の業務課と工務課から機械製作部門を分離したもので，コンデンサ製造設備の製造販売を業務とした。1979 年度までは日本ケミカルコンデンサへの納入が 9 割を超えたが，次第に外販の比率を上げていった[34)]。上述の双信電機でも「経営合理化策の一環として」1974 年 12 月に 1 社，翌年には販売流通の効率化のために 2 社を設立した[35)]。社内部門のスピンオフや企業グループの拡大が経営減量化の重要な手段だったのである。

社内組織の改編による経営管理の強化も進められた。前述の昭和無線工業では，1971 年に音響部品事業本部と特機部品事業本部を設置し，その下に各 3 つの事業部を置く組織体制を整えたが，石油ショックという緊急事態に対処することを目的として，1975 年 6 月に事業本部を廃して，それぞれを音響部品事業部，特機事業部とした。これによって事業本部の下に置かれていた既存の事業部が新事業部内で集権的に管理されるようになったと推察される。同様に，これまで各事業本部の下にあった製造部を分離して生産本部として，社内で一元的に管理した。さらに各事業所が調達する部品資材の倉庫管理を総務課の下で統括した。その後，第 2 次石油ショックを経た 1979 年にも大規模な組織改編を実施し，営業，海外事業，開発，生産という機能別の 4 本部制へと移行した。1983 年の組織改編では再び製品別の事業部制へと回帰するが，経営環境が大きく変化した 1970 年代には，経営トップによる上意下達型の集権的組織構造を選択したのである[36)]。

また太陽誘電では 1974 年度の売上高が前年比で 75 % 下落し，約 4 億 7000 万円の営業損失を計上した。翌年度以降は売上高が回復したものの，セットメーカーからの厳しい値下げ圧力で，1977 年度の営業利益率は 0.4 % に留まった。そこで同社は 1978 年 5 月に組織のスリム化を図るため，各事業部の中間管理職を大幅に削減した。また同年 12 月には事業部制が廃止され，研究開発，製造，海外事業，営業，管理，資材という機能別の本部制へと改組された。さらに資材本部は翌年 8 月に新設された商品開発本部に吸収され，「ニーズとシーズの双方向からの営業展開を強化・支援する体制」が整備された。同社が再び製品別事業部へと回帰したのは昭和無線工業と同じ 1983 年であり[37)]，それまでは集権的な機能別組織を採用することでトップダウンの改革を推進し，1970 年代の危機的な経営状況に対処した。

これと反対の方向で組織を改編したのが村田製作所であった。同社は 1972 年の組織改編に際して，「(通称) 商品事業部」を導入した。これは組織図には現れないものの，実質的には商品単位で生産と販売を管理する事業部制の採用を意味し，石油ショック後の 1974 年 10 月に組織運用方針が制定された。同社が対外的に事業部制の採用を公表したのは 1983 年であったが，実質的な転機は 1970 年代初頭から石油ショックにいたる不況期であった。同社では事業部を単位とした分権的な組織構造を採用したが，変動的な市況に対応するうえで有効であると判断したものと思われる[38)]。

この他，情報システムへの大規模投資によって社内の製販プロセスを統合し，経営効率化を図ったのがアルプス電気であった。同社は 1975 年 6 月頃に東芝の大型電算機 TOSBAC5600/160 をレンタルし，またソフトウェアを東芝と共同開発して，AIMS（アルプス・インフォメーション・マネジメント・システム）を社内に整備した。同社は本社に設置されたミニコン（TK70）と熊谷支店，大阪支店，勝田営業所（茨城），浜松営業所の端末装置をオンラインで接続し，全社の営業情報を一体的に管理していた。これに生産部門の情報を TOSBAC で管理し，販売情報と統合することで全社的なオンラインシステムが完成した。これによって各営業所の売上高が翌朝には本社に集まり，それを踏まえた迅速な工場の稼動や資材発注が可能となり，約 20 日を要した納期を 3-4 日短縮することが可能となった[39]。

1970 年代初頭の市況変動は，電子部品メーカーにとって経営体質改善の契機となった。大幅な人員削減に加えて社内組織のスリム化が進展し，それぞれが直面する経営環境に適応するための組織改編が実施された。それは次にみる，電子部品需要の回復と急激な市場拡大への対応過程でもあった。

3　電子部品市場の多様化

1）市場戦略の転換

石油ショックによって低迷した電子部品市場は，1975 年夏頃から回復に向かった。アメリカで突如ブームとなった，いわゆる市民バンド（Citizen Band : CB）トランシーバーには，多数の電子部品が使用されるため，「カラーテレビ用の市場が新しくできたのと同じ結果になり極端な品不足[40]」が生じ，とりわけセラミックコンデンサは CB トランシーバー 1 台につき 100-120 個使用されるため，村田製作所では「旱天の慈雨にも似た，まさに“神風”[41]」となった。しかし，このブームは一過性で，1976 年にアメリカ政府が同製品の技術基準を厳格化し，輸入制限を実施すると需要は急減した。日本国内のトランシーバー生産量は 1974 年次の 84 万 8000 台から 1975 年 176 万 4000 台，1976 年 430 万 5000 台へと急増した後，1977 年には 283 万 1000 台へと急減し，「市場はまさに悲劇そのもの」となり，約 100 社あった中小規模のアセンブラーや輸出業者の倒産が相次いだ[42]。

本格的な市況回復と電子部品市場の拡大を牽引したのは，新しく登場した民生用電子機器である VTR であった。冒頭でも述べたように，日本の VTR 産業は1980年代に世界市場を席捲したが，同製品には既存の民生用電子機器を大きく上回る電子部品が必要であり，例えば1980年頃に普及していた16インチ以上の大型カラーテレビには各種コンデンサが合計305個搭載されているのに対し，VTR（据置型）には549個搭載されていた[43]。前掲表10-2で示したように，電子部品の出荷先として同製品が大きく伸びていったことが，1970年代後半から1980年代末の当該産業の発展に大きく貢献した。

しかし前節で確認したように，電子部品の需要はセットメーカーの過剰発注およびそれによって生じた余剰在庫を消化するための発注停止によって変動が増幅されており，完成品市場のリスクが部品メーカーに転嫁されていた。このことは電子部品メーカーが負担する市場リスクを自力でヘッジすることへのインセンティブを与えたものと思われる。高度成長期までの電子部品市場はラジオやテレビといった民生用電子機器の需要に大きく依存してきたが，石油ショックを経験することにより，電子部品メーカーは市場の多様化を志向するようになったのである。それは電子部品の用途が民生用から産業用へと広がることを意味した。例えば石油ショックの最中である1974年夏頃に，松下電器では自社生産している電子部品の外販先として，「多様なマーケットの拡大に力を入れ広範囲の用途に対応する体制を整える。従来の民生用でも産業用に適合できることから必然的に現在の民生用6，産業用4の比率を近い将来は5対5の比率にする[44]」と産業用途への拡大を目指した。また東京電気化学工業の素野福次郎社長は「わが国部品産業は切れ目なく続いたセットの需要を背景に成長・発展してきており，こういった動きの延長で物事を考えてきた。しかしこういうものは一通り終わってしまった。今後は電子業界という限られたマーケットでなく極めて広い分野にエレクトロニクスが広がっていくわけで，この拡大に合わせた新製品の開発に力を入れている[45]」と述べ，従来方針の転換が必要との認識を示した。

とはいえ，上の松下電器の引用において「従来の民生用でも産業用に適合できる」とあるように，電子部品は民生用と産業用の区別がそれほど厳密ではなかった。例えば，松尾電機が1970年に開発したコンデンサは「産業用志向の強い品種であったにもかかわらず，最初にテレビ用として使用され，以後，各種機器に広範な用途をひらいていった」[46]。第II部で繰り返し指摘したように，電子部品には市販部品としての特質が付与されており，松尾電機や帝国通信工業の事例からも明らかなように，高精度の電子部品を産業用に上市した後に，量産規模が拡大してくると民生用に販路を拡大していた。また電子部品は特定の完成品に限定的に使用されるのではなく，特注品であっても基本的な設計開発は部品メーカーが担っており，それゆえに広範な用途へ展開し得る汎用性を強く備えていた。したがって，上述のような市場戦略の転換において電子部品メーカーが意図したことは，民生用電子機器市場からの「離脱」ではなく，むしろ民生用と産業用の双方を網羅する汎用性を前提とした，新しい用途の開拓であったと思われる。

2）自動車用電子部品の開発と製品化

そうした新分野として注目されたのが，自動車であった。例えば，日本ケミカルコンデンサではアメリカの電子部品市場について「現在の自動車エレクトロニクスのコンデンサーマーケットは現地でのカラーテレビに対するマーケットの数倍と思われる」と展望していたが[47]，1970 年にはそれまで兼松江商に依存していた米国市場の開拓を自力で行うために，現地販社のユナイテッドケミコンを設立した[48]。

同社が設立された当初の営業目標は民生用電子機器メーカーであったが，次第に自動車用電装機器にも対象を拡大し，1972 年にフォード，1975 年にクライスラーへの納入を実現した。またユナイテッドケミコンを通じてアメリカの顧客から寄せられる技術課題に迅速に応じるため，1974 年に研究機関としてユナイテッドケミコン R&D ラボラトリーをマサチューセッツ州に設立し，アメリカ最大のコンデンサメーカーであるスプラーグの開発部長をスカウトした。その成果として 1975 年に開発した電解コンデンサは高い評価を得て，東芝，日本電気，GE などの情報機器や計測器に採用され，1977 年には同社の悲願であったゼネラルモーターズへの納入を達成した[49]。

国内の自動車産業でも電子部品に対する潜在需要が存在した。自動車用コンデンサ開発に先駆けて取り組んだ松尾電機では，「浮き沈みの激しい民生用分野を 3 割以下に抑え」，産業用分野へと軸足を移すことを構想していた。1970 年代の自動車産業では，排ガス規制への対応が重要な技術課題となっており[50]，排気浄化や省燃費のためにエンジン燃焼効率を改善することが求められていた。そのため電子制御による燃料噴射装置の実用化が喫緊の課題となっており，1967 年にフォルクスワーゲンとボッシュがトランジスタ式の燃料噴射装置を共同開発し，回路の基本特許を取得したボッシュと日本国内の自動車メーカーがライセンス契約を結んで国産化を図った。しかし自動車に搭載するエレクトロニクス機器に適合したコンデンサは使用温度が−40–100℃と極めて広範囲であり，外国製コンデンサは実用不可能であった[51]。

松尾電機はこうした厳しい環境に耐えるコンデンサの開発を 1972 年に依頼された。自動車産業の成長は衆目の一致するところではあったものの，エンジン制御にかかわる電子部品は事故のリスクがあり，「10 円のコンデンサで 200 万円の車をストップさせるな。納入段階で不良率を 5 ppm[52] に，そして走り出したら 0 ppm に」と高い品質を要求された。しかも，開発したコンデンサが技術認定を受けたのが 1974 年というタイミングでもあったことから，将来的な発注保証は与えられなかった。本格的な量産化に対して消極的な意見が社内で優勢となるなか，「手づくりでもいいから生産してみよ」と決断を下したのは，同社の松尾正夫社長であった。開発当初は月産 30 万個の予定であったが，1976 年の生産開始時は月産 1000 個にとどまった。結果的に同社が開発したコンデンサは高い評価を受け，1978 年に月産 30 万個を達成し，顧客からの要請によって翌年には月産 100 万個の生産体制となった。1979 年に納入された製品の不良率は 200–300 ppm であったが，1982 年までに 10 ppm となり，1984 年に目標の 5 ppm を達成した。この過程で彫琢された品質管理手法は他の製品の生産工程へと導入され，全社的な品質水準の向上をもたらした。外国製コンデンサが自動車の実用に耐えなかったことから判断して，同社の技術水準は世界最高レベルに達していたと推察される。こうした高い技術力に加えて，松尾社長による果断な経営判断が決め手となり，新市場が開拓されたのである[53]。

アルプス電気においても，1975 年に開催した新製品展示会のテーマを「家電市場から社会用電子機器市場へ」とした[54]。自動車用としては電装部品メーカーが事業として扱っていないリードスイッチ，プリント基板，マイクロモーターなどに潜在的な需要があり，またパワーステアリングの普及などから電子回路が不可欠になるため「自動車は部品メーカーから見るとエレクトロニクス製品になろうとしている」と注目していた[55]。また同じ時期に同社の古川工場では，主力製品のスイッチが電子化によって市場縮小に直面しており，新市場の開拓が課題となっていた。そこで，まず 1978 年にホンダ・シビック向けスイッチの納入を開始し，1980 年には日産・セドリック向けにエアコン用スイッチが採用された。しかし自動車メーカーへの納入は「顧客ごとに異なる外観基準，各種帳簿票類による膨大なデータの提出」など，これまでに経験したことのない要求事項に応えることが求められ，また，「これまでの民生機器とは違い，車載電装機器では，『系列』体制による排他的」な取引環境の下で，「販売台数が多い大衆車の分野では，系列が優先されるという壁があった」。それでも同社は自動車電装品の開発を継続し，1987 年にはエアバッグ・システムの主要部品を涌谷工場で，また電波式リモート・キーレス・エントリーを角田工場で生産開始した。さらに古川工場で 1993 年に開発された，パワーウィンドウスイッチを構成する部品「スイッチセル」が飛躍の契機となり，同年に車載電装事業部が誕生した[56]。民生用電子部品メーカーの最大手として同社はすでに確固たる地位を築いていたが，自動車産業では長い間，後発のサプライヤーとして不利な取引条件の下に甘んじた。当該産業の長期相対取引に欠かせない品質，納期，開発といった能力への信頼を確立するのに 10 年以上を要したのである。

3）急成長市場における民生用と産業用セグメントの曖昧化

前掲表 10-3 に示したように，1970 年代から 1980 年代かけてコネクタ，スイッチ，磁気ヘッド，水晶振動子などの生産規模が著しく拡大した。以下では，コネクタを取り上げ，生産拡大を牽引した需要の動向を確認しよう。コネクタは 1966 年に電電公社がボタン電話機に採用したことが市場拡大の契機となり，1970 年代前半にはヒロセ電機，本多通信工業および三和電気が納入業者に指定されていた。また電電公社は 1969 年に牛込局で電子交換器 DEX-2 を開通

表10-6　コネクタの機器別需要（1980年）
（単位：百万円）

製品	プリント基板用	その他	合計
電算機・端末	20,000	15,000	35,000
有線通信機器	15,000	5,000	20,000
カラーテレビ	9,000	6,000	15,000
VTR	8,000	2,000	10,000
電子複写機	4,000	6,000	10,000
無線通信機器	5,000	3,000	8,000
電子計測器	5,000	3,000	8,000
白黒テレビ	2,000	3,000	5,000
カーステレオ	3,000	2,000	5,000
その他	35,535	18,610	54,145
合計	106,535	63,610	170,145

出所）電気機器市場調査会『電子機器（民生用）部品市場要覧』1983年版，1983年，594頁，第2表。

して以降，1970年代初頭から電話交換業務に電子交換機を順次導入したが[57]，これは「電算機とプリント配線板とコネクタの固まりのような装置」であり，コネクタの一大市場が創出された[58]。

他方，産業用とカラーテレビなどの民生用機器の中間的な領域として，電卓用のコネクタ市場が開かれた。沼上幹によると，1964年にシャープが世界初の電卓を上市した後，1971年頃に電卓用チップの標準品が供給されたことで，日本の電卓産業には回路設計能力をもたない，いわゆる「四畳半メーカー」が簇生した[59]。激しい競争の下で電卓価格は急速に下落し，搭載されるコネクタにも安価なものが求められた。そこで，これまで使用されてきた精密かつ高価な産業用コネクタに代わって民生用コネクタが採用されたのである[60]。ただし，これは一過性のものであり，1970年代中頃になると「パーソナル電卓には現在ほとんど使用されなくなった」[61]。

1980年の機器別コネクタ需要を示した表10-6によると，「電算機及び端末」や「有線通信機器」といった産業用機器が最大の市場であり，それに続いた大規模市場が「カラーテレビ」や「VTR」といった民生用機器であった。そこで需要拡大の中心となったのは従来型の同軸コネクタではなく，電子回路にプリ

表 10-7　主要コネクタメーカーの年商（1979-80 年）

（百万円）

企業名	資本金	系列	年商
日本 AMP	2,600	AMP	20,800
日本航空電子	2,073	日本電気	14,513
ヒロセ電機	863		10,900
昭和無線工業	2,046		8,839
日本モレックス	1,320	モレックス	8,100
第一電子工業	375	藤倉電線，岩崎通信機，バンカーレイモ	6,050
日本バーンディ	150	バーンディ，住友電工	5,000
本多通信工業	100		4,994
山一電機工業	57		4,600
大宏電機	52		4,000
エルコ・インターナショナル	106	ガルフ & ウエスタン	1,900
ミツミ・シンチ	100	ミツミ電機	1,470
七星科学研究所	40		1,400
ケル	45		1,140
大島電機	100		1,086
多治見無線電機	20		1,031

出所）『電子機器（民生用）部品市場要覧』1981 年版，1980 年，527 頁。
注 1）各社 1978-80 年にかけての決算期をもとにしている。
　2）日本バーンディ，大宏電機は推計。

ント配線基板が使用されたことによって必要となった専用コネクタであった。民生用としては，米ゼニスが生産工程の合理化を目的として，テレビ回路を複数のプリント配線基板に分割して生産し，それを最終組立工程でアセンブルするという生産システムを導入した。また同じくアメリカのテレビメーカーであるクエーザーでは，テレビのチューニング回路を 14 枚のプリント配線基板にブロック化し，修理の際にはブロック単位で交換することができるように設計した。コネクタは，こうしたプリント基板同士をつなぐために必要であった[62]。さらに上述した自動車部品市場においても，各種の電装品を接続するために不可欠であるため有望であった[63]。

しかし従来，日本のメーカーは同軸用コネクタを中心に生産してきたため，プリント配線基板用コネクタの実用化に際しては，外国技術の導入を必要とする企業が少なくなかった。表 10-7 に示した 1970 年代末のコネクタの年商の上位企業を，前掲表 10-4 に示した 1974 年時点のものと比べると，この間の外資系メーカーの参入が確認できる。年商第1位の日本AMPは米AMPの100％子会社であり[64]，第2位の日本航空電子は日本電気系列であったが，同社は米ITT系列のキャノンエレクトリック（以下，キャノン社）の技術を導入していた。同社の精密コネクタは日本に駐留している米軍や航空自衛隊の航空機に採用され，キャノン社からの製品輸入と技術導入によって国内の航空機関連コネクタ市場を独占した他，電算機，通信機，制御機器などの産業用機器のコネクタを生産した。また藤倉電線と岩崎通信機の合弁企業である第一電子工業は米バンカーレイモと技術提携し，電算機用向けプリント基板用コネクタで高いシェアを獲得した。さらに米バーンディが50％を出資し，古河電気工業，住友電気工業との合弁企業として設立された日本バーンディ，米モレックス・プロダクトの100％子会社である日本モレックスなどが上位に並んだ。この他，ミツミ電機と米TRWシンチとの合弁会社であるミツミ・シンチ，スイスのコネクタメーカーで，原子力，宇宙機器などの産業用機器に使用されるレモの製品を輸入販売するコーディックスといった企業が日本市場への参入を試みていた[65]。

一方，国内独立系の最大手であるヒロセ電機は，産業用機器コネクタ市場で多種の製品を開発した。創業当初は発注元が作成した図面を受け取って製作する貸与図メーカーであったが，やがて警察庁や電電公社からの受注獲得に成功し，1959年に防衛庁規格（NDS）の認定を受けたことが同社の「地位向上をもたらすと同時に，コネクタメーカーとしての揺るぎない存立基盤を確立」した[66]。1960年代中頃から自社独自の製品開発にも着手し，1970年代初頭には日本電気との共同研究によって宇宙関連機器向けコネクタの開発など高付加価値製品への志向を強めたが[67]，1980年代には民生用にも市場を拡大し，「従来からの強い分野に加え，VTR市場に対して着々と実績をあげ」た[68]。また独立系としてヒロセ電機や昭和無線工業に次ぐ本多通信工業は，電電公社指定の専門メーカーとして売上の約6割を依存していたが，1974年に電電公社の発注が低下したため，「これを機に従来の公社一辺倒な営業を改め，一般市場へ強力な基盤を築くための方針を打ち出し」，松下電器のカラーテレビ用コネクタ分野に進出した[69]。

以上の 2 社は官公需から民需へと市場を広げた事例であるが，これに対して昭和無線工業は，当初よりテレビメーカーである「T 社の要請を受けて」，カラーテレビ向け圧着コネクタを主力製品に位置づけた。1970 年 6 月に上述の米モレックスと合弁で昭和モレックスを設立し，同社から端子などの部品の提供を受けたが，1973 年に合弁を解消してからは独自技術で製品開発および製造装置の内製化を進めた。それ以後も同社は民生用部品市場を戦略的に選択し，VTR やオーディオ製品向けコネクタ需要の伸びに牽引されて「コネクタ業界 4 位，民生分野ではトップシェアを握る」までになった[70]。

1980 年頃には「民生用のメーカーが産業用を，産業用のメーカーが民生用を手がけるなど，“相互乗り入れ”による競争が激化」していると指摘され[71]，コネクタ市場における民生用と産業用の厳密な区分は難しくなった。コネクタと同様に生産が急拡大したスイッチ業界においても，1983 年に「最近のスイッチ市場における特徴的な動きは，従来は比較的はっきりしていた民生用と産業用の境目が判然としなくなってきた[72]」ことと指摘され，民生用市場を主体としてきたメーカーが産業用市場に販路を広げ，その反対の市場開拓も盛んに行われた。その背景には，様々な産業用電子機器が広く普及するのにともなって価格競争が厳しさを増し，使用される電子部品に対して「いまや低価格品を求めるユーザー志向は民生用のそれと大差ない」という状況になり，「本来は産業分野に入るであろうパソコンやマイコンも需要の在り方や使用部品などからみれば，民生用分野の製品とみることもできる[73]」ようになった。産業用電子機器の大衆化が急速に進展したことにより，民生用との市場セグメントが曖昧化し，電子部品メーカーの市場選択の幅が広がったのである。

4　電子部品の「微小化」技術開発

1）ハイブリッド IC の開発

前節でみたように，電子部品は 1970 年代中頃から多方面に用途が生まれ，市場が急速に拡大した。しかし，それに先立つ 1960 年代中頃から 1970 年代初頭にかけての電子部品業界では，高度成長の最中であるにもかかわらず，集積回路（以下，IC）の登場によって，将来的には電子部品が不要になるのではないかという懸念が広がっていた。例えば，東洋電具製作所（現，ローム）社長の佐藤研一郎はアメリカの経済誌にそうした内容の記事が掲載されていることを知り，また同社の技術担当責任者が1964年に通産省主催の会議に出席した際にも，同様のことが語られていたことを聞かされ，抵抗器に代わる主力製品としてICの開発を決意した[74]。また日本電子工業振興協会が1968年に刊行した米国電子部品産業の将来展望に関する報告書によると，ICの普及によって1975年までに抵抗器は20％，コンデンサは23％，コネクタは8％の売上減になると予測していた[75]。

第II部第8章で考察した，関西電子工業振興センターの開発事例からも明らかなように，カラーテレビの回路にICが採用され，電子部品の使用量を大幅に削減することが可能となった。例えば，日立製作所が1971年に発売した20型ICカラーテレビCT-707はバイポーラ型モノリシックICを9個，ハイブリッドICを1個使用することによって，トランジスタ258個，ダイオード73個，抵抗器371個，コンデンサ16個が削減され，また東芝が発表した20型カラーテレビIC-1は，バイポーラ型モノリシックICを13個，ハイブリッドICを2個使用することにより，同社製品比で固定抵抗器40％，コンデンサ30％，小型コイル50％，ダイオード30％を削減した[76]。

結果的にみると，半導体ICの普及はエレクトロニクスの裾野を広げ，これに牽引されて一般電子部品の市場も拡大したが，それは当時の電子部品業界がこの事態に対応する過程で進めた，混成集積回路（ハイブリッドIC）の開発を触媒としていた。ハイブリッドICとは，セラミックやガラスなどの絶縁基板の上に抵抗器，コンデンサ，トランジスタなどの半導体素子，および回路配線などを実装した集積回路であり，LSIのような半導体（モノリシック）ICと区別される。当初，両者は競合関係にあったが，1960年代中頃に半導体ICチップをハイブリッドICに搭載することで大規模回路を小型化する技術が開発され，相補的な関係へと変化した[77]。

電子部品メーカーによるハイブリッドICの研究開発は1960年代初頭から始

まっており，コンデンサメーカーと抵抗器メーカーが中心となって 1962 年 10 月に設立された電子部品微小化技術研究会が拠点の一つとなった。同研究会の 1960 年代の状況について詳しく知ることはできないが，1971 年時点で同研究会に参加しているコンデンサメーカーは，日本コンデンサ工業，日本ケミカルコンデンサ，村田製作所，太陽誘電，東京電気化学工業，エルナー，マルコン電子，ミツミ電機，アルプス電気，指月電機製作所，松尾電機，日立コンデンサ，日本通信工業，信英通信工業，東光，ケーシーケーの 16 社であり，これに抵抗器メーカーを加えると 31 社にのぼった。半導体 IC を手がける大手電子機器メーカーは参加しておらず，電子部品の専門メーカーのみによって構成されていた。同研究会では，研究期間を 1 年と定めて開発テーマを選定し，1970 年から 1972 年にかけて機械振興協会から 2580 万円の補助金を獲得した[78]。1974 年には第 22 分科会で「ハイブリッド IC の試作研究」，第 23 分科会で「半導体製造装置の研究」，第 24 分科会で「国際ハイブリッドマイクロエレクトロニクス協会のハイブリッド IC 規格案の検討」といった課題を取り上げた[79]。

その他の共同研究組織としては，1963 年に東光，日本ケミカルコンデンサ，光電製作所，アルプス電気の共同出資によって設立された協同電子技術研究所が，米国 GIC (General Instruments, Corp.) 社の IC 関連技術をもとにトランジスタや IC を開発した。また北陸電気工業社長の野村正雄が理事長を務める，抵抗器工業振興協会でも 1970 年度の事業項目に IC 化への対策を掲げた[80]。

1970 年にハイブリッド IC を兼業しているコンデンサメーカーは，村田製作所，エルナー，東京電気化学工業，太陽誘電，日本通信工業，指月電機製作所，ミツミ電機，日本コンデンサ工業，日本ケミカルコンデンサの 9 社，抵抗器メーカーは東洋電具製作所，北陸電気工業，興亜電工，多摩電気工業，帝国通信工業，釜屋電機，日本抵抗器，ヤギシタ電機，島田理化工業の 9 社，この他にトランスメーカーの東光，タムラ製作所，スイッチメーカーの立石電機などを確認できる[81]。おおむね，上述の研究会に参加している電子部品メーカーであった。

例えば，太陽誘電では 1964 年に設立した技術研究所において半導体 IC への対応を検討した結果，同社がこの分野に参入することは不可能との結論に達した。一方，コンデンサ，抵抗器，コイルなどを社内で調達できるため，ハイブリッドICは有利であると判断して1965年から開発に着手し，同年末に薄膜増幅回路のハイブリッドIC，また1969年に厚膜ハイブリッドICの開発に成功した。技術研究所の人員は1966年に15名であったが，1968年にハイブリッドICの製造工場を付設して総員40名となり，1970年には100名へと増員した。この間，1967年に同社でも通産省電子工業課から，モノリシックICの登場によって抵抗器やコンデンサの市場が失われるという展望を聞かされ，「その内容はかなりの衝撃をもって受け止められ」たことが開発を急ぐ契機となった[82]。同社で開発されたハイブリッドICは，1976年から日本ビクターや松下など複数のセットメーカーのVTRに採用され，本格的な量産段階に入った。また同時期にカーステレオ用にも，セットメーカーと共同でハイブリッドICを開発した。その結果，ハイブリッドICは1980年に同社の売上の18％に達し，主力商品の一つへと成長した[83]。

東洋電具製作所では1968年にIC技術のエンジニアの募集広告を出したが集まらず，社内人材のみでIC開発に着手したが，まずは同社の主力製品である抵抗器を搭載することで需要を生み出すことが可能なハイブリッドICの開発を目標に定め，そこで回路設計技術を蓄積してから半導体ICへと展開する計画を立てた[84]。

コンデンサメーカーの双信電機では1967年に開発に着手したものの，石油ショックの影響で開発規模の縮小を余儀なくされ，ようやく1982年にハイブリッドICの本格的生産を実現した。同社の製品は通信機，計測器，制御機器，オーディオ機器，ME機器，NC機器など幅広い分野に採用された[85]。なお1986年におけるハイブリッドIC市場は産業用が67％を占めており，自動車，通信機器，電算機といった分野が中心であった[86]。

これに対して，ハイブリッドICの分野に参入しながらも撤退したのが松尾電機であった。同社は1967年に試作開発を開始し，翌年から市販に移ったものの，やがて製造を打ち切った。その理由として「回路自体がユーザーとの共同開発であり，したがって付加価値も高くはなかった」ことが指摘されている。

同社の強みはコンデンサ技術にあり，ハイブリッド IC の回路設計においてはユーザーに依存する領域が大きかったのではないかと推察される。同社は製品戦略を転換して，ハイブリッド IC に搭載される超小型チップコンデンサを 1971 年に開発した。これが 1970 年代後半のハイブリッド IC 生産の拡大とともに販売を大きく伸ばし，その後における同社最大の成長分野となった[87]。

ところで伊丹敬之等が同時代に行った VTR 産業の調査では，ハイブリッド IC が製品価格の引き下げや小型化に果たした役割を評価しており，またサプライヤーの中には独立系の部品メーカーが少なからず存在したことに注目している。さらに当時 VTR 業界を 2 分したベータと VHS の規格対立に「とらわれない，多角的な部品納入がなされてきたことは重要」であり，「極端にいえば，機器における規格間の競争関係が成立する以前の部品レベルにおいては，技術は同一であったとも考えられる」と指摘している。そして，これらセットメーカーと部品メーカーによる共同開発体制が日本の VTR 産業を成長させたと論じている[88]。

上述の太陽誘電や松尾電機の事例からもわかるように，ハイブリッド IC は用途に応じてユーザーと共同で開発する「カスタム製品[89]」であり，ここにセットメーカーと部品メーカーが共同開発体制を築く素地があった。一方，回路を構成するコンデンサ，抵抗器といった素子はこれまでも指摘してきたように汎用性を備えており，これが基盤となって伊丹等が指摘するような VTR 規格を超えたサプライヤー関係を形成することが可能であった。つまりハイブリッド IC は電子部品メーカーにとって有望な成長市場ではあったが，他方で松尾電機が選択したコンデンサの専門生産への回帰という市場戦略も，汎用性の高い自社技術を深化させる意味において妥当性を有していた。むしろ当該時期の同社におけるハイブリッド IC の意義は，これに載せられる微細なチップ部品の開発が進展したことにあったと思われる。このような電子部品の微細化，チップ化こそが当該時期における最大の技術革新であり，電子機器の小型化に大きなインパクトを与えることになる。その過程を次にみていこう。

2）抵抗器とコンデンサのチップ化

ⓐ表面実装技術の発展

電子部品の小型化はこれまでも常に主要な技術課題であったが，1970 年代は部品をプリント基板上に搭載する「表面実装技術[90]」の進歩と相まって展開した点において画期的であった。

1970 年代中頃のハイブリッド IC は製造工程において高温の焼成を繰り返すため，それに耐える基板素材にセラミックを使用していた。しかしセラミック基板は樹脂基板と比較して高価で，また基板面積の拡大に限度があった。こうした中で，1973 年に松下電子部品のハイブリッド IC 開発部門が，樹脂基板に電子部品を面実装した混成微小素子回路「ハイミック」を開発し，1975 年 3 月から本格的な生産を開始した[91]。ハイミックの画期性は，ハイブリッド IC などで培われた表面実装技術をプリント樹脂基板に応用したことで，両者の「厳然としてあった区別が解消されること」にある。電子機器を組み立てる際，従来の工程ではプリント配線基板に開けられた穴に電子部品のリード線を挿入する「リードスルー実装」の方法が採られていたが，ハイミックを嚆矢とする新しい表面実装技術によって，電子部品の「マザーボードへの直づけ」が可能となった。これによって電子部品のリード線が不要となり，小型化を阻む大きな制約要因が取り除かれたのである。また基盤に部品を挿入する穴を作る必要がないため，装着する電子部品の間隔を極端に狭めることが可能となり，さらに基板の両面を使用できることから，回路基板の面積が従来比で 4 分の 1 から 5 分の 1 に縮小された。余裕ができた空間には別の回路を増設できるため，電子機器の多機能化というメリットも生まれ，工程の自動化が容易で大量生産に向いていた[92]。

こうした表面実装技術の革新によって，チップ部品の採用範囲がハイブリッド IC を超えて，電子機器に全面的に採用される道が開かれた。表 10-8 は主要な電子部品におけるチップ化の動向をみたものであるが，セラミックコンデンサ，タンタル電解コンデンサ，固定抵抗器が突出している。

1985 年におけるチップ抵抗器とチップコンデンサの市場は，テレビ，VTR，音響機器がそれぞれ 75.6 % と 38.5 %[93]，1989 年には 63 % と 48 % を占めてい

表 10-8　主要な電子部品におけるチップ部品の比率

(%)

電子部品	1985 年	1989 年
セラミックコンデンサ	36.4	75.0
タンタル電解コンデンサ	25.3	67.9
トリマコンデンサ	9.9	28.0
アルミ電解コンデンサ	0.3	13.8
固定抵抗器	24.9	71.9
半固定抵抗器	4.2	31.6
コイル	3.9	37.7
コネクタ	0.4	10.4
スイッチ	0.0	10.0
セラミックフィルタ	0.1	5.0

出所）編集部「チップ部品の市場と主なメーカー」『電子技術』1991 年 7 月号，25 頁。

た[94]。これはハイブリッド IC を含まないので，やや過少な数値である。チップ部品の寸法は 1970 年代初頭に 3.2 mm×1.6 mm であったが，1990 年代には 1.0 mm×0.5 mm にまで微小化が進展し[95]，カメラ一体型 VTR，携帯電話などに採用された[96]。これに対して自動車，計測器，電算機などの産業用電子機器におけるタンタルコンデンサのチップ化率は最大で 30 % 程度に留まっていた[97]。積層セラミックコンデンサは米国においては産業用として発達してきたが，日本では 1977 年に松下電器がハイミックを製品化した超薄型ラジオ「ペッパー」の発表により，民生用を中心として本格的に普及した[98]。つまり 1980 年代において，チップ部品がもたらす機器の小型化やコストダウンというメリットを強く求めたのは，「軽薄短小」の付加価値を追求していた民生用電子機器の分野であり，上述の松尾電機が開発した超小型チップコンデンサが獲得したのはこうした市場であった。

ⓑチップ部品の標準化と「角丸戦争」

このように電子部品のチップ化は表面実装技術の発展と対を成しており，「チップ受動部品の発展のカギは自動装着が可能であることが大前提[99]」であったため，部品の形状や寸法の統一が，実装機の装着速度や安定性を高めるうえでの重要な条件となったが，電子部品の形状は，主として「角形」と「丸形」という 2 つの系列に集約された[100]。例えば，村田製作所の主力製品である積層セラミックコンデンサは角形であり，上述した松下のペッパーは角形を採用していた。一方，太陽誘電は「ペッパー」に積層セラミックコンデンサが採用されたことに刺激を受け，これと寸法が同じで形状が円筒形のチップコンデンサをペッパーの発売と同じ 1977 年に開発し，テレビチューナー部品に採用された。また同社は MELF (Metal Electrode Face-bonding，以下，メルフ) 形と呼ばれる丸形チップコンデンサを 1978 年に開発し，オーディオ機器に採用されたが，この開発を 1973 年に同社に提案したのはソニーだった[101]。

ソニーは松下の「ハイミック」と同様の新しい表面実装技術「ユニバーサル混成集積回路（UHIC）」を開発していた。UHIC はメルフ形電子部品の搭載を前提としており，330 ミリ角の基板に 600 点の部品を同時に装着できる経済性の高さや，UL 規格に沿った安全性の高さを謳っていた[102]。ソニーは太陽誘電に加えて，抵抗器メーカーの興亜電工に対しても 1973 年にメルフ型の円筒形炭素皮膜抵抗機の共同開発を提案した。それまで興亜電工はソニーへの納入実績はなく，同社の「技術力を評価しての要請であると判断し，抵抗器技術部を中心に総力をあげて対応することを約束した」。ソニーは形状寸法や塗装工程などに厳しい要求を出したが，同社は 1977 年にソニーの正式承認を得た[103]。つまり角形と丸形というチップ部品形状の対立の背後には，松下とソニーによって開発された表面実装技術の主導権争いが存在したのである。丸形がコスト面において優れている一方，角形は複数サプライヤーによる供給の安定性があった。一時期は丸形のシェアが伸びたものの，角形も製造方法の改良などによって漸次コスト面での不利を解消していった[104]。

1980 年代の電子部品業界で「角丸戦争」とまで呼ばれた，チップ部品形状をめぐる激しい競争は，松下を中心とした角形がソニーの丸形を制した。周知の通り，VTR の規格間競争においても日本ビクターと松下を中心とする VHS 方式がソニーのベータ方式を制したが[105]，チップ部品が VTR に多数使用されていることからも，これが角形と丸形の趨勢に大きな影響を与えたものと推察される。表面実装技術と相まった両陣営のチップ部品開発は「いずれが生き残るかをかけた技術競争[106]」であり，それゆえに電子部品の微小化技術の水準向上に大きな刺激を与えたのである。

ソニーが独自の集積回路である UHIC を開発し，これと適合的なメルフ形電子部品の開発を太陽誘電と興亜電工に求めたことは，セットメーカーと部品メーカーの間にインテグラルな技術開発が志向されていたことを意味し，前述の伊丹等による「機器における規格間の競争関係が成立する以前の部品レベルにおいては，技術は同一であった」という指摘は留保が必要になる。しかし，結果的に角形が業界標準として定着したことは，複数のセットメーカーに採用される汎用性の高い形状・技術が選択されたことを意味する。しかも太陽誘電の事例では，ソニーの要請でメルフ型コンデンサを開発する一方，自社開発したハイブリッド IC が日本ビクターや松下の VTR 向けに採用されていた。異なる開発要件に対応可能な基盤的な技術力を構築していたことが同社の競争力の源泉であり，これを梃子として市場と顧客の多様化が展開したのである。

小　括

上述の 1.0 mm×0.5 mm サイズのチップ部品は，1995 年頃から携帯電話やポケベルなどに採用され，2000 年頃には 0.6 mm×0.3 mm となり，さらに 2010 年代には 0.4 mm×0.2 mm にまで小さくなり，現在はデジタルカメラやスマートフォンに採用されている[107)]。また積層セラミックコンデンサのシート厚の縮小技術において，2008 年頃に台湾企業はシート厚 2 μm（マイクロメートル），また韓国企業は 1 μm の製品を主力としていたが，これに対して村田製作所などの日本企業はすでに 0.5 μm や 0.7 μm の量産段階に入っていた。「電子部品はノウハウの塊で製造装置も内製比率が高いから，DRAM のように簡単に海外勢に追いつかれるとは考えにくい」との指摘もあり，製造設備や実装装置との一体的な開発が 2000 年代以降の国際競争優位の一要因として評価されている[108)]。こうした世界最先端の技術水準に到達するうえで，1970 年代から 80 年代にかけての経験が極めて重要だったことは，本章の考察から明らかである。日本の電子部品産業は長期的な産業史の展開を通して，市場と顧客の多様化プロセスを歩んでおり，それが当該産業の競争優位を支えているのである。

戦後の電子部品産業史において，当該時期を特徴付けたのは「電子部品市場における民産セグメントの融解」と呼び得るような，市場環境の変化であった。カラーテレビなど既存の民生用市場が行き詰まり，一方で産業用電子機器の市場がテイクオフしたが，それはパソコンや通信機器といった製品の価格が下がることを意味し，電子部品はこれまでのような高信頼性だけではユーザーの要件を満たさなくなった。一方，民生用電子機器の分野で松下やソニーが革新的な表面実装技術を開発し，ハイブリッド IC やチップ部品の技術が進歩した。コスト削減や生産効率化が競争優位の源泉となる民生用市場が技術革新の土壌ともなったのである。民生用と産業用の区分が曖昧化するなかで，電子部品メーカーは新たな用途に向けた新市場の開拓に努めた。それは事後的には誰の目にも明らかな市場の急成長であったが，自動車用コンデンサを他社に先駆けて量産化した松尾電機のケースにみられるように，経営者の果断な意思決定を必要とするものでもあった。

そうした意思決定の背景には，1970 年代初頭の不安定な市況の下，資材メーカーと機器メーカーの狭間で低利益率に甘んじるしかない，厳しい取引環境が存在した。民生用市場の拡大に牽引されることで順調に成長した高度成長期が終わり，安定成長期には市場変動リスクが顕在化したが，これが電子部品メーカーに顧客多様化への戦略転換を促したのである。

しかし，こうした画期的な技術が多様な市場を切り開いたにもかかわらず，第 1 節で述べたように，1980 年代の後半になると電子部品メーカーの売上高営業利益率は低落し始める。他方で 1990 年代以降には，海外生産の比率が大きく上昇した。日本の電子部品産業は再び大きな経営環境の変化を経験し，それへの対応を模索することになるのである。

第11章　グローバルサプライヤーの誕生

——1985-2017年——

はじめに

本章では，1980年代後半から2010年代までの電子部品産業を考察する[1)]。当該時期における日本のエレクトロニクス産業については，1980年代末までの高い評価から一転して，1990年代以降は国際競争力の低下や低収益性が指摘されている。とりわけ1990年代における産業構造の歴史的な転換に着目した研究として，新宅純二郎が挙げられる。新宅は半導体，パソコン，通信機などの分野で日本企業のシェアが低落したこと，また海外生産が進展したにもかかわらず収益性が回復していないことなどを明らかにしたうえで，製品アーキテクチャ論の視点から，エレクトロニクス産業における「オープン化・モジュール化」がその理解の鍵であると指摘している。インターフェイスのルール化が進んだことにより，製品レベルでの設計技術，もしくは設計と製造の連携といった日本企業の強みを活かすことが難しくなり，台湾のファウンドリーメーカーなどの台頭をもたらすことになったという[2)]。

一方で，モジュール化によって部品と製品が切り離されると，部品メーカーは機器メーカーとの煩雑な調整を求められることがなく，自社独自の製品開発を進める自由度が高まる。これを電子部品メーカーの視点に立って解釈すると，苦境に陥った日本の大手機器メーカーのサプライヤーという立場を離れ，よりグローバルな展開を模索する時代が到来したことを意味するであろう。この点について，ハードディスクドライブ（HDD）の事例から，飛躍する部品メーカーの存在を指摘したのが，天野倫文である。天野によると，HDDの製品アーキテクチャがモジュール化したことでアメリカ系ベンチャー企業の市場参入が相次ぎ，1990年代には生産拠点が東南アジアへと拡大したが，日系総合電機メーカーは海外展開への戦略転換に遅れ，低迷することとなった。しかし，これとは対照的に，メディア，磁気ヘッド，スピンドルモーターといったHDDを構成する電子部品を生産するメーカーはアメリカ系HDDメーカーに歩調を合わせ，東南アジアに積極的に展開したという[3)]。同様に，2000年代初頭の中国市場においても，中国企業に提案型の営業を行って取引先を拡大しようとする日系電子部品メーカーの存在が指摘されている[4)]。こうした先行研究から導かれる本章の課題は，電子部品産業の国際化の歴史的な歩みと国際競争力の動向を考察することであろう。

日本エレクトロニクス産業の国際化については，これら以外にも多くの研究が蓄積されており[5)]，また台湾や韓国といった新興国のエレクトロニクス産業の発展に注目した研究[6)]，さらにアジアにおける国際分業生産の展開に注目した研究など[7)]，多岐にわたる。一方，電子部品産業を考察の中心に据えたものは必ずしも多くないが，上述の天野の研究の他にも，青島や北京に展開している日系電子部品メーカーの1999年頃の状況を調査した郝躍英の研究[8)]，同様に天津市の日系電子部品メーカーについて2003-05年頃の従業員管理を調査した羽渕貴司・藤井正男の研究[9)]，多国籍企業の現地適応という問題意識から中国に展開する日系電子部品メーカーの地域統括機能を評価した今坂直子の研究[10)]，スマートフォンやウェアラブル端末のサプライチェーンの観点からインタビュー調査を行っている近藤信一の一連の調査研究[11)]，深圳に進出した日系電子部品メーカーの委託加工から独資形態への転換を考察した溝部陽司の研究[12)]などがある。ただし，これらの研究の問題意識や分析視角は多様であり，また一時点についての実態を調査したものであるため，経営史的アプローチを採る本章の直接的な先行研究とはみなし難い。そこで，本章では以上のような先行研究で明らかにされた知見から学びつつ，日本の電子部品産業がたどった海外展開の歩みを俯瞰することとしたい。

以下では，第1節で1985年から進行する円高が契機となって，主として

ASEAN 諸国へと生産拠点を移転させていった経緯を，また第 2 節では 1990 年代における中国への展開を検討する。2000 年以降の国際化を叙述的に考察することは難しいため，第 3 節では各種の調査資料や『有価証券報告書』から判明する当該産業の国際競争力や経営動向について考察する。そのうえで第 4 節ではアルプス電気を事例に，電子部品メーカーの中国進出の長期にわたるプロセスを検討する。

1　ASEAN 諸国への展開

1）契機としての円高

前章でも述べたように，1987 年時点では電子部品産業の生産拠点の中心は国内にあったが，これが 1996 年には海外生産比率が 44.7 % へと上昇した[13)]。表 11-1 は，2000 年から振り返った電子部品メーカーの海外工場設立数を年代別にみたものである。1970 年代前半に最初の山場があるものの，それを大きく超える数の工場が 1980 年代後半以降に設立されており，この時期から電子部品産業の海外進出が本格化したことを示している。

そこで同時期について，判明する限りの企業における海外生産比率をまとめたものが表 11-2 である。これによると，スミダ電機が 1988 年には 95.4 % に達しているものの，他の企業ではやはり 1990 年代に入ってから比率が上昇しており，とりわけフォスター電機，ミツミ電機，田淵電機，TDK，ホシデン，日本ケミコンなどの企業では，1999 年末までに 50 % を超えた。ただし各社が一様に海外展開を進めたのではなく，村田製作所，指月電機製作所，北陸電気工業，KOA，双信電機といった企業は国内に生産拠点を留めた点にも留意が必要である。

表 11-1　年代別海外工場設立数

年代	事業所数
-1969	47
1970-74	106
1975-79	59
1980-84	53
1985-89	276
1990-94	247
1995-99	171

出所）村田泰隆「中国市場に対する電子部品業界の取り組み――『中国電子工業動向調査報告書』をベースに」『電子』2000 年 10 月号，39 頁，グラフ 1 より作成。

表 11-2　電子部品メーカーの海外生産比率

(%)

企業名	1986	1987	1988	1991	1995	1999
スミダ電機			95.4	95.4	96.5	100.0
フォスター電機		34.0		46.9	51.0	90.0
ミツミ電機		33.0		33.0	72.0	81.7
田淵電機			39.8	39.8	45.6	61.0
TDK	40.0			40.0	42.5	57.0
ホシデン	9.0			20.0	26.4	53.6
日本ケミコン						52.5
エルナー			5.0	8.0	11.5	42.5
ローム		18.0	20.0	12.4	30.0	42.0
SMK		11.0	10.8	19.3	36.1	39.5
タムラ製作所			20.0	20.0	31.9	39.0
入一通信工業						38.3
太陽誘電	35.0			40.0	37.0	38.0
松下電子部品		10.0		17.0	26.9	33.0
アルプス電気	12.0			12.0	30.0	32.8
高見澤電機製作所						30.0
第一電子工業				9.0	9.0	22.0
京セラ		6.0	7.4	21.7	21.4	21.7
村田製作所		15.0	15.0	15.0		19.0
指月電機製作所				9.2	15.0	18.2
北陸電気工業		8.0		15.0	24.9	17.8
KOA				10.0	9.6	12.6
双信電機				0.6	7.5	10.2
帝国通信工業			25.0	25.0		
東京コスモス電機				3.0	7.5	
日本航空電子工業				2.0	2.0	
マルコン電子				10.0	10.0	
釜谷電機					25.0	
東光					20.0	

出所）東洋経済新報社編『業種別海外進出企業』;『会社別海外進出企業』;『海外進出企業総覧 会社編』各年版より作成。

こうした海外展開の背景にあったのは，周知の通り，1985 年から 1990 年代中頃まで急速に進行した，為替相場における円高である。電子部品産業においては，完成品を生産するセットメーカーが円高の影響から逃れるために生産拠点を東南アジアに移したことが一つの契機となった。これによって日系セットメーカーによる東南アジア地域での部品発注が急増し，1986 年春には「現地セットメーカーが生産量を確保するため一部には，二重，三重の発注も見られ，ある部品メーカーでは“一種の狂乱状況”と指摘するほど」であった。こうした事態に一部の電子部品メーカーやセットメーカーでは東南アジアの実態把握に乗り出し，また日本電子機械工業会（以下，工業会）の部品運営委員会でも，1978 年から実施してきた東南アジア電子工業調査団の規模を拡大し，部品メーカーの幹部 20 人による調査団を 1986 年 6 月に派遣して業界内での情報共有を図った[14)]。

とはいえ繰り返しになるが，この時点で電子部品の生産拠点の中心は依然として国内にあり，「一種の狂乱状況」も，セットメーカーの海外生産拠点における電子部品の供給体制が十分に整っていなかったことを意味しているに過ぎない。ところが，その国内では，セットメーカーによるコスト削減の余波を受け，部品取引の条件が急速に悪化していった。セットメーカーからの部品受注価格は，1986 年初頭には円高の影響で下落し始め，例えば抵抗器の量産品である炭素皮膜抵抗器の価格が単価 1 円を下回り，またプリント配線板の一部機種では市場価格が半年で半額に低落するなどの状況が指摘された。これによって電子部品メーカー各社は 1985 年度決算について，前年秋の中間決算時における業績予想からの下方修正を余儀なくされた[15)]。

こうした円高の進行はあまりに急激であり，セットメーカーと部品メーカー双方にとって，生産合理化によるコストダウンといった対応が可能な速さを超えていた。したがって，円高に歩調を合わせるようなセットメーカーの値下げ要請は，部品メーカーにとって「常識を超えるきつい数字」であり，「セットメーカーは円高のシワ寄せを部品業界に押し付けすぎるのでは」と不満をもって受け止められた。また「部品メーカー側のコストダウンにも限界がある。セット側も設計，技術上の改良等に注力し，トータルでコスト低減に努めてほしい」という部品メーカーの意見には，セットメーカー側の円高対応が不十分なままに部品発注価格の値下げによってコスト圧縮を図ろうとしているのではないかという不信感が込められていると思われる[16)]。1986 年末にいたっても「もういいかげんにしてもらいたい，が正直な気持ち」「いくら部品メーカーがコスト低減努力をしてもセット側がそれ以上に販売価格をここ 1 年余りの間に下げている」と，部品メーカーのセットメーカーに対する不満が解消することはなく[17]，翌年2月には工業会部品運営委員会が理事会を通じてセットメーカー各社に6項目からなる要望書を提示し，部品業界の窮状を訴えるとともに，これ以上の値下げ要請を控えるように求めた[18]。しかし1989年末に，部品運営委員長の村田昭（村田製作所社長）がセットメーカーからの厳しい値下げ要請について，このままでは電子部品メーカーの新製品開発投資に支障をきたすとの懸念を表明するなど，受発注価格をめぐる問題は解消しなかった[19]。

第6章や第10章でも確認したように，高度成長期から一貫して，電子部品の需要は民生用電子機器の市況変化が増幅されて，実需を超えて大きく変動してきた。1960年代の特注品開発や，1980年代のチップ部品開発などによって，セットメーカーと電子部品メーカーの間には，ある程度の関係特殊性が備わるようになった。しかし以上のような事実に鑑みると，セットメーカーは完成品市場の為替変動リスクを必ずしも十分には吸収しておらず，これまでと同様に電子部品メーカーに転嫁していたと推察される。前掲図10-2に示したように，1980年代前半から後半にかけて営業利益率が大きく低落した背景には，こうした状況が存在したのである。

2）韓国・台湾からASEANへ

次に電子部品メーカーが進出した国別の状況について，1989年における日系海外法人334社の所在地を確認すると，台湾に77（約23.1％），韓国に53（15.8％），北米に49（14.6％），シンガポールに37（11.1％），欧州に31，マレーシアと南米に27，タイと香港に10，さらに中国に9，フィリピンに4などであった[20]。これが1998年6月末になると，日系海外生産法人757社の所在地は，中国に143（19％），マレーシアに105（14％），アメリカに87（11.6％），タイに62（8.2％），台湾に56（7.4％），シンガポールに44（5.9％），韓国に40（5.4％），これにインドネシア，フィリピン，イギリス，メキシコなどが続いた[21]。東アジアでは韓国や台湾に代わって中国への展開が顕著であり，東南アジアではマレーシアとタイが日本企業の生産拠点として伸びたことがわかる。

表11-3は各国の電子部品生産額に占める日系企業のシェアをみたものである。韓国と台湾では大半の品目で日系企業のシェアが下落している。上述のよ

表 11-3　日系電子部品メーカーの生産シェア

(%)

電子部品	韓国			台湾			タイ			マレーシア			シンガポール			香港
	1991	1994	1998	1991	1994	1998	1991	1994	1998	1991	1994	1998	1991	1994	1998	1991
スピーカー	34	33	0	50	51	40	80	90	100			23	100	100	100	70
可変抵抗器	65	60	5	60	66	20	80	70	100	100	100	95	100			
固定抵抗器	45	55	40	14	25	11		100	100	98	73	93	80	80	74	
アルミ電解コンデンサ	76	65	68	37	20	20	80	70	82	94	95	98	85	90	100	
磁器コンデンサ	10	7	10	54	43	30	100	100	100	95	86	93	100	97	100	
トランス	30	30	8	15	8	3	80	80	93	100	90	90	95	100	100	0
コイル	60	70	35	91	90	20	90	80	25	95	99	81	100	100	100	60
コネクタ	25	27	35	15	7	10	95	100	84	95	90	90	0	17	11	65
スイッチ	30	33	0	65	45	28	100	100	100	100	100	100	0	0		5
小型モーター	50	50		98	98	85	100	90	100	100	100	100	65	80	98	100
磁気ヘッド	60	60	2	95	100	100	100	100	100	100	100	100	60	90	100	40

出所）中日社編『総合電子部品年鑑』1993 年版，33-36 頁；日本電子機械工業会・部品運営委員会・マーケティング研究会『東南アジア電子工業の動向調査報告書』1995 年版；同，1999 年版より作成。

注）空欄は不明。

うに日系現地法人の設立が停滞したことに加え，地場系部品メーカーの成長がその大きな理由であり，工業会が実施した1996年の調査では「韓国，台湾，華僑系等ローカル部品の台頭が顕在化している。技術力，品質，信頼性等の面でまだ日系の優位性があるが，特にローエンド分野においては，本格的競合期に入りつつある」，また台湾市場において「ここで特筆しておかねばならない事は『日系部品メーカーの相対的な地盤沈下』である」といった指摘が相次いだ[22]。

表11-4　ミツミ電機の従業員構成

（人）

	国内従業員		海外雇用人員
	男性	女性	
1967	879	3,406	-
1975	796	608	6,844
1980	1,192	934	8,799
1985	1,249	650	11,592
1990	1,339	451	10,895
1995	1,385	405	28,592

出所）「目で見るグラフある電子部品企業の海外展開――ミツミ電機」『ひろばユニオン』労働者学習センター，第423号，1997年5月，7頁，図5より作成。

注）国内従業員は本社のみ。国内の生産子会社は含まれていない。

これに対して，マレーシア，タイ，シンガポールでは日系企業の積極的な進出によって高いシェアを維持しており，1990年代の東南アジアにおける電子部品生産の大半は日本の電子部品産業によって担われた。こうした国々へと展開した理由の一つには，各国における労働賃金の違いが考えられる。工業会が推定した，各国電子産業における直接労働者の賃金推定（男女平均）は，1995年において韓国が11万6440円（当時の為替相場で円に換算，以下同じ），台湾が10万7179円，香港が8万1895円であるのに対して，マレーシアは3万9796円，タイは2万2750円であった[23]。一例として，1990年代の海外展開に積極的であったミツミ電機を取り上げてみると，まず表11-4に示されるように，1970年代以降は海外雇用人員が国内のそれを凌駕し，1990年代前半に急増している。また子会社の設立と閉鎖をまとめた表11-5からは，1960年代から80年代初頭までは台湾・韓国，1970年代から80年代末まではASEAN諸国，そして1990年代以降は中国へと展開していることが確認できる。その背景には，表11-6に示したような日本国内と各国間における劇的な賃金格差が存在した。国内の外注先は台湾や韓国の賃金水準と同程度であったが，ASEAN諸国や中国とは比較にならず，賃金という一面的な要素ではあるが，同社の海外展開を後押ししていたことが窺える。

この他，例えばタイでは1992年頃の状況として，「内需への対応というより

表 11-5　ミツミ電機の子会社の再編（1997 年まで）

国内子会社	設立	閉鎖	従業員数（人）
ミツミ精工	1966	1972	
ミツミニューテク	1967		252
栃木ミツミ	1968		234
広島ミツミ	1968	1974	
四国ミツミ	1968	1971	
九州ミツミ	1969		450
山形ミツミ	1969		611
浜松ミツミ通信	1969	1972	
坂田ミツミ	1969	1978	
長野ミツミ	1972	1996	
ニュートロニクス	1983		313
秋田ミツミ	1984		319

海外子会社	国	設立	解散・合併	従業員数（人）
台湾三美	台湾	1967		400
鳳山美之美	台湾	1972	1993	
台北美上美	台湾	1967		980
韓国三美	韓国	1973		280
鎮海三美	韓国	1987	1995	
ミツミエレクトロニクス	シ	1972		70
ミツミエレクトリック	マ	1973	1995	
ミツミエレクトロニクス	マ	1979		1,616
ミツミテクノロジー	マ	1986		1,528
MS エレクトロニクス	マ	1994		1,702
ミツミフィリピン	フ	1980		2,200
セブミツミ	フ	1989		10,000
タイミツミ	タイ	1989		220
珠海三美	中国	1991		4,300
青島三美	中国	1992		5,100
天津三美	中国	1992		3,500

出所）「目で見るグラフある電子部品企業の海外展開――ミツミ電機」『ひろばユニオン』労働者学習センター，第 423 号，1997 年 5 月，6 頁，図 3 より作成。
注 1）シ：シンガポール，マ：マレーシア，フ：フィリピン。
　2）従業員数は元資料が刊行された 1997 年頃の状況。

もむしろ輸出拠点としての意味合いが強く，それだけに生産規模の拡大とともに生産品目を拡充しようという動き」があり，チェンマイ市近郊の北部工業団地に村田製作所，水晶振動子を生産するキンセキなどが進出した[24)]。これに対して，韓国では日系部品メーカーの生産は韓国内需向けに留まっていた[25]。アジアで勃興しつつあった安価な民生用電子機器市場に向けた，労働集約性の高い部品生産は，ASEAN 諸国に移っていったのである。

表 11-6　ミツミ電機の工賃

(円)

本社	2,808
子会社	1,800
本社外注	1,080–1,440
子会社外注	1,080
台湾	1,080
韓国	900–1,080
マレーシア	180–252
フィリピン	72
中国	36–72

出所）「目で見るグラフある電子部品企業の海外展開――ミツミ電機」『ひろばユニオン』労働者学習センター，第423号，1997年5月，8頁，表1より作成。

しかし豊富で低廉な労働力という好条件にもかかわらず，同地域には生産拠点を移転するうえで克服すべき課題もあった。東南アジアでは電子部品を構成する部材（ピースパーツ）を日本からの供給に大きく依存しており，現地での生産コストが円高の影響を免れることができなかったのである[26]。「しかも現在，円高分の現地販売価格の値上げはほとんど認められず，本社の海外工場サポート費用として本社の経営を圧迫。加えて地場企業との価格対比で海外工場の経営も非常に苦しい[27]」という 1987 年頃の指摘からも，電子部品メーカーの苦境が窺える。1994 年にいたっても，日本電子材料工業会金属材料部会がアジアに生産拠点をもつ日系電子部品メーカー 35 社（回答総数 70 件）に対して行った調査によれば，84 % が使用材料の技術要件について日本の本社に決定権が残っており，現地工場で調達を決定している場合においても，日本からの輸入が 71 % を占めていた[28]。

こうした状況に変化がみられたのは，1995 年頃からであると思われる。同じく日本電子材料工業会金属材料部会の調査（104 社・186 件）によると，技術的事項については依然として本社決定が大勢を占めるものの，使用材料の調達については現地での決定が増えており，日本からの輸入比率が 50 % を下回った。また使用材料を現地で入荷する際には，個片や部品の形状ではなく素材での調達が増えつつあり，現地における一貫加工体制の確立や現地メーカーの技術力の向上が確認されている[29]。1990 年代初頭から再び進行した円高は，1995 年に当該時期のピークを迎えた。割高になった日本からの部材に依存することは，もはや電子部品メーカーのコスト管理において許されなかったのである。

他方で，日系の電子部品材料メーカーも現地での供給体制を次第に整えていった。例えば TDK，富士電気化学，トーキンなどを主要メーカーとするフェライトコアは，海外生産が 1995 年までの 3 年間で 2 倍に増加した。またアルミ電解コンデンサの主要材料であるアルミニウム電極箔は，日本ケミコンや日本蓄電器工業が関連会社を通じて海外生産に着手した。さらにチップ抵抗器のキーパーツとなるセラミック基板は日本カーバイド工業の子会社である北陸セラミックがタイに生産子会社を設立した[30)]。これ以外に，台湾系や韓国系の材料メーカーが進出してきたことで現地調達における選択の幅が広がったこと，また日系電子部品メーカーのなかには，国際調達事務所（International Procurement Office：IPO）を開設することで ASEAN 域内での調達機能を強化したものが現れたことも現地調達比率の上昇をもたらした[31)]。

前掲表 11-3 に示した，ASEAN 諸国における日系部品の市場占有率の高さは，品質や技術の優位性を基盤とした，以上のような現地調達率の向上の努力の成果であった。しかし，やがて日系の家電セットメーカーは現地での設計開発機能を強化するにともない，日系部品を採用しない調達方針へと転換した。例えばマレーシアでは，日系以外の部品を採用するための品質・信頼性基準の見直しがセットメーカーの現地生産拠点で進められた[32)]。また 1999 年になると，台湾系や韓国系の進出によって苦戦を強いられる日系電子部品メーカーの存在も指摘されるようになった[33)]。

また前述の賃金格差が一因となって，韓国系や台湾系のセットメーカーも同様に生産拠点を海外にシフトしていった。例えば韓国では 1995 年に「電子大手 3 社の海外生産高は前年比伸び率 50％増」となり，とくに中国東北部への投資は群を抜き，中国市場でのブランド構築に意欲的であることが指摘された[34)]。また台湾でもパソコン用カラーモニターの小型製品が中国・華南地域に生産をシフトしたのをはじめ，液晶モニターやパソコン本体を除いた周辺製品や部品を中心に，2000 年までに広東省・東莞に約 2 万社，台湾海峡を臨む福建省・厦門に 6000 社が進出した。さらに中国では携帯電話市場が勃興しており，中国現地メーカーが簇生するまでの間隙を突いて，ノキア，モトローラ，エリクソンの市場占有率が 1990 年代末には 8 割に達し，これらの大規模な工場が東莞や北京に建設された[35)]。その後，中国政府が 1999 年に国内産業保護政策を打ち出したことで，2003年には国内生産の4分の1を中国の地場系企業が占めるようになった[36)]。そして中国政府系のハイアール，長虹，華龍などが総合家電メーカーとして成長してきた[37)]。こうした中国における電子工業の興隆が，日系電子部品メーカーに新たな市場機会を開いたのである。

2　中国への展開

1）委託加工による中国への接近

日系電子部品メーカーによる中国への展開は，前述した現地法人の設立よりも早くから，製造プラント輸出と技術協力の形態で進められてきた。1985年頃には，松下電子部品が広州，丹東，北京でカラーテレビ用チューナー，湖南でボリュームのプラント輸出契約を結び，また三協精機やミツミ電機がテープレコーダー用小型モーターや磁気ヘッドの製造プラントを山東や大連に納入した。さらに東京コスモス電機は天津市とプラント輸出契約を結び，実習生を受け入れた。同社は中国との間に10年以上にわたる技術交流の実績があり，天津市との契約は1976年に開催された日中友好技術交流会に社員を派遣したことが契機となった[38)]。ただし中国での取引には，「中国側が提示する条件があいまいな点が多い」という評価もあり[39)]，例えばアルプス電気の片岡勝太郎社長が「当面の間は，技術援助や製造設備の供与に徹する方がいいのではないか……合弁形式は将来の問題[40)]」といった意見を述べるなど資本参加には慎重な企業が多く，中国・華南の深圳などを拠点とする委託加工の形態による進出が中心であった。

丸川知雄の説明によると，委託加工は外国側が提供する部品や材料を中国国内の工場で外国側の指示に従って加工し，それを全量輸出する生産形態であり，1976年に広東省で始まった。名目上は中国企業であっても，実態としては工場設備，生産管理や労務管理などを外国企業側が取り仕切ることが多く，独資企業に近いものも多いという。また外国企業にとっては，現地法人設立にともなう煩雑な手続きを必要としないメリットもあった。やがて「転廠（深加工結転)」と呼ばれる制度により，本来ならば全量輸出される加工品の省内における取引が許容され，生産組織が拡大した。中国の輸出に占める委託加工輸出の比率は 1980 年代中頃には 20 % 弱であったが，その後急上昇し，1990 年代後半には 50 % を超えている[41]。例えば，香港に拠点を置く，ある日系コンデンサメーカーは 1996 年から東莞市の鎮政府を取引相手として委託加工を開始した。同年中に 1 カ月 600 万個のコンデンサ生産体制を整え，その 8 割を日系メーカーに納入したが，その半数の納入先は上述の「転廠」により，華南地区に展開する三洋，ソニー，東芝，日立などの工場であった[42]。華南地区に日系企業間のサプライヤーシステムが形成されていたのである。ただし 1995 年頃の状況であるが，「転廠」によって部品が生産工場から販売先へ直接納入される際，日系電子部品メーカーは日本国内と同様のロット管理や分納といった対応を要求されており，これが管理コストを高めることが懸念されていた[43]。また転廠という柔軟な運用がなされたとはいえ，委託加工はあくまで中国の輸出増進を目的とした制度であり，中国国内市場の形成と拡大には対応していなかった。

2）資本参加による中国市場への参入

中国政府による海外直接投資導入策や 1990 年に策定された「電子工業 10 年計画と電子工業第 8 次 5 カ年計画（1991–95 年）綱要」および「第 9 次 5 カ年計画（1996–2000 年)」は，中国エレクトロニクス産業を発展させるだけでなく，巨大な電子部品市場を創出させることにもなり，日系電子部品メーカーが現地法人を設立する契機となった[44]。ただし，国内市場の解放は WTO 加盟発効の 2001 年 12 月後も直ちには進展せず，電子情報技術産業協会（以下，JEITA)[45]の電子部品部会が行った 2002 年の調査では，「現実的な自由化にはほど遠い状態」であり，委託加工工場の現地法人化，もしくは現地法人を新設する動きが増えていると指摘されている[46]。このように 1990 年代後半以降，中国は電子部品の生産拠点から世界最大の市場へと，その位置づけを転換した。輸出を前提とする委託加工ではなく，国内販売が可能な資本参加へと，日系電子部品メーカーは中国展開の戦略を転換したのである。ただし，ここで注目すべきは戦略転換という断絶的側面ではなく，むしろ日系電子部品メーカーの現地法人設立が，1980年代から展開してきた技術支援，設備プラント輸出，委託加工工場の管理といった関係構築の延長線上にあるという連続的側面であろう。こうした漸進的なアプローチが中国進出には必要だったと推察される。

とはいえ，中国地場企業と取引することは，日系のセットメーカーと部品メーカーの双方にとって容易ではなかった。まず日系セットメーカーでは1995年頃の状況として，中国地場系メーカーの部品や材料が納期や品質において満足いくものではなく，ICなどのキーデバイスは日本からの輸入，それ以外は中国内に展開する日系部品メーカーからの調達が主流となっていることが報告されている[47]。一方，日系部品メーカーでは，中国の商習慣をめぐる問題に悩んでいた。例えば，松下電子部品はVTRやテレビの潜在需要を期待して北京，青島，天津などに相次いで合弁会社を設立したが，中国国有企業との取引においては代金支払いを滞納するケースがあり，代金と製品を引き換える「一手交銭，一手交貨」や，代金が払い込まれたのかを確認してから製品を出荷する「付款交貨」といった取引を強いられた。とりわけカスタム電子部品を開発する企業では，債権回収のリスクを嫌って，現地での取引を断念する例もあったという[48]。また売掛債権が2年間を経過すると無効になるという制度的条件が債権回収を困難にしたため，取引先を外資系企業に限定したり，香港の代理店を経由したりするといった対策を講じる企業もあった[49]。こうした取引リスクを回避する方法として，日系企業同士が，日本国内で形成した取引関係を中国市場に再現することが，合理的な選択肢の一つであったと考えられる[50]。

しかし中国市場におけるもっとも重要な競争要因は，ASEAN諸国と同様に価格であり，やがてセットメーカーは香港のIPOを通じて中国・華南で生産された地場企業の「ローカル部品」を採用する方針を明確にした。水晶，コイル，コネクタ，コンデンサ，抵抗器などが顕著であり，「ASEANからシフトされるセットは部品リスト表に日系部品が記載されていても香港にくるとローカル部品に変更されている」と指摘された[51]。とりわけ汎用性の高い電子部品については，韓国，香港，台湾の電子部品メーカーが同様に華南地域に参入したため，厳しい価格競争が発生し「華南市場ボトム価格が，日系部品メーカの適正価格レベルの1/2という事例は珍しくない」という状況であった[52]。前述のようにローカル部品は信頼性が解決されていなかったにもかかわらず，セットメーカーは価格優先でそれらを採用しており，現地に移譲された研究開発部門を中心に日系部品の代替を検討したのである[53]。

日系電子部品メーカーにとって，もはや日系セットメーカーからの受注に依存した中国展開は期待し得ず，自ら市場を開拓する必要に迫られた。香港に設置された電子部品メーカー各社の事務所では，華南地区での委託加工支援や欧米への製品輸出といったそれまでの主要業務に代えて，中国内市場向けの営業機能へと活動の力点を移していった[54]。例えば日本ケミコンでは販売拠点としていた香港ケミコンに加えて，1997 年に駐在員事務所を設置して中国における販売拠点の拡充を目指したが[55]，こうした企業は同社だけではなかったものと思われる。

日系のエレクトロニクス関連部品の加工組立業者を調査した，溝部の研究によると，2004 年からは外資 100 % の企業にも中国での仕入販売が許可され，中国に進出した外資系企業同士の取引という市場機会が開かれた。他方で委託加工が強みとしてきた低賃金という基盤が 2004 年頃から次第に崩れたことで，日系企業はむしろ「コントロール可能な」100 % 子会社（独資）を設立し，商品開発，品質，コストなどの面で競争力を高めるべく，現地人材の養成や登用に力を入れていったという[56]。そこで次節では，2000 年以降の日系電子部品メーカーの動向と国際競争力の状況について概観したい。

3　国際競争優位の固守

1）2000 年以降における産業発展の概観

まず表 11-7 から，データが入手可能な 2006 年以降について日系電子部品メーカーの海外生産比率を確認すると，すでに 2006 年度に 62.5 % であったものが，2015 年には 70.7 % にまで上昇しており，生産拠点の大半が国内から海外へとシフトしたことがわかる。また JEITA が公表している，一般電子部品メーカー約 70 社を対象とした仕向地別の出荷額を表 11-8 から確認すると，

表11-7　日系電子部品メーカーの海外生産比率

（億円，%）

年度	A 世界生産	B 国内生産	C ＝(A－B)÷ A 海外生産比率
2006	89,480	33,564	62.5
2007	96,365	34,629	64.1
2008	83,339	30,914	62.9
2009	62,625	21,978	64.9
2010	70,801	26,706	62.3
2011	68,324	23,852	65.1
2012	66,178	24,350	63.2
2013	74,818	23,119	69.1
2014	82,792	24,135	70.8
2015	90,227	26,470	70.7

出所）中日社『電子部品年鑑』各年版（元データはJEITA 資料）。

表11-8　日系電子部品メーカーの地域別出荷先の比率

（%，億円）

年度	日本	米州	欧州	中国	アジア他	合計
2004	41.6	9.1	8.5	19.0	23.1	38,610
2005	40.7	8.6	7.8	20.0	24.3	43,393
2006	37.8	8.4	8.2	22.1	24.0	47,344
2007	35.6	8.2	8.2	24.5	23.9	50,010
2008	36.3	7.4	8.8	23.8	24.0	37,680
2009	35.3	6.9	7.9	25.9	24.7	34,044
2010	34.6	8.1	7.9	27.0	22.7	35,512
2011	34.9	7.8	8.7	26.5	22.5	32,442
2012	31.1	7.5	7.9	29.6	24.0	29,559
2013	26.8	9.1	8.7	33.4	22.0	35,028
2014	24.8	9.2	9.2	36.2	20.7	39,372
2015	23.4	9.6	9.2	37.5	20.4	39,739
2016	24.2	9.4	9.4	35.5	21.6	38,599
2017	24.2	9.5	10.1	34.3	22.0	41,015

出所）電子技術情報産業協会『電子部品グローバル出荷統計データ』各年版。ただし2012年度以前については，中日社『電子部品年鑑』各年版に掲載の数値。
注1）2004-12年の比率は各年の上半期の数値。
2）合計が100%を超える年度があるが，元資料のまま掲載。

表 11-9　電子部品の用途（2011 年）

積層セラミックコンデンサ	(%)
携帯電話	20.4
PC	9.4
TV	6.2
自動車	4.3
タブレット	4.0
その他	55.7

タンタル電解コンデンサ	(%)
ノート PC	28.4
携帯電話	15.2
自動車	13.3
ゲーム機	10.2
デジタルスチールカメラ	7.7
その他	25.2

アルミ電解コンデンサ	(%)
デスクトップ PC	5.9
自動車	5.0
フラットパネルディスプレイ	2.3
その他	86.7

出所）富士キメラ総研編『有望電子部品材料調査総覧 2013』下巻（プリント配線板，半導体，ディスプレイ，タッチパネル，受動部品，新素材編）2012 年。

2004 年から 17 年の間に日本国内向け出荷は大きく減少し，中国およびアジア他が過半を占めている。国別では中国が突出しており，生産および出荷ともに極めて重要な拠点に成長したのである。

次に JEITA が公表しているデータから電子部品の用途別構成比をみると，直近の 2017 年 10–12 月期には，AV 機器が 3.9 %，家電 3.4 %，PC 周辺機器 10.3 % に対して，通信機械 38.5 %，自動車 24.4 % となっている[57]。前章でみたパソコン関連の電子部品需要はもはや主力ではなく，新たな分野として通信機器と自動車が大きく伸びたことがわかる。ただし中心となる用途は電子部品の種類によって多様ではあった。2011 年の数値になるが，表 11-9 が示すように同じコンデンサであっても，積層セラミックコンデンサの主要な用途は携帯電話，タンタル電解コンデンサはノートパソコンであり，アルミ電解コンデンサは特定できない。電子部品の用途は細分化され，それぞれに異なる市場機会が開かれており，それだけに電子部品メーカーによる用途開拓の努力が重要となっている。

そこで電子部品産業の国際競争力を確認してみよう[58]。表 11-10 は，限られた部品についてではあるが，2011 年の電子部品の出荷数量の企業別推定シェアを国・地域の単位で集計したものである。まず比較のために能動部品についてみると，フラッシュメモリや DRAM については韓国系のサムスン電子（Samsung Electronics）が高いシェアを獲得し，これに SK ハイニックス（SK Hynix）が続いている。これに対して日本企業はフラッシュメモリでは東芝と米

表 11-10　地域別メーカーシェア（2011年）

(%)

電子部品		日本	韓国	台湾	その他アジア	欧米	その他
能動部品	NAND フラッシュメモリ	35.4	48.6	1.1		15.0	
	DRAM	14.1	61.6	9.9		14.4	
	シリコンウェハ	66.4	3.3	2.3	1.3	24.8	1.8
受動部品	積層セラミックコンデンサ	49.2	19.3	20.3	3.9	7.4	
	アルミ電解コンデンサ	54.7		27.3	18.0		
	タンタル電解コンデンサ	44.0	5.2	4.1		46.7	
	インダクタ	52.1	5.3	28.7	13.9		
	水晶振動子	54.0	8.5	26.6	10.9		

出所）富士キメラ総研編『有望電子部品材料調査総覧 2013』下巻（プリント配線板，半導体，ディスプレイ，タッチパネル，受動部品，新素材編）2012年，68，98頁。

国のサンディスク（SanDisk）の四日市工場における合弁事業，またDRAMではエルピーダメモリーのシェアが取り上げられているが，同社は2012年に会社更生法の適用を受け，翌年に米国のマイクロンテクノロジー（Micron Technology）の子会社となった。この分野における日本企業の国際競争優位の喪失は明らかである。なおシリコンウェハは日本企業の信越化学が高いシェアを有しているが，これは能動部品というよりも電子材料に分類されるべき製品である[59]。これに対して受動部品の各種コンデンサ，インダクタ，および水晶振動子については日系企業のシェアの高さが一目瞭然であり，これに台湾系と韓国系企業が続いている。タンタル電解コンデンサについては欧米のシェアが高いが，これは日本の電子部品メーカーである京セラの連結子会社，AVX Corporationがアメリカ企業として集計されているからである[60]。

次に表 11-11 からコンデンサの世界市場上位企業を確認すると，2002年と2014年の顔ぶれに大きな変化はなく，多くの日本企業が上位を占めている。とくにセラミックコンデンサの村田製作所はシェアを伸ばして同分野の地位をさらに高めている。ただし一方では，2014年になると2002年にはみられなかったアジア系部品メーカーも登場しており，後発企業との競争が激しさを増している。

前述したように，電子部品の需要としては通信機器向けがもっとも大きい。

表 11-11　コンデンサの世界市場シェア上位企業（2002・2014 年）

[アルミ電解コンデンサ]　(%)

2002		2014	
ルビコン	17	日本ケミコン	18
日本ケミコン	13	ニチコン	11
松下電子部品	11	ルビコン	10
ニチコン	10	パナソニック	9
Lelon	5	TDK	5
三洋電子部品	5	Nantong	4
Epcos	5	Lelon	2
		Kemet	2
		Manyue	2
		Aihua	2
その他	34	その他	35

[タンタル電解コンデンサ]　(%)

2002		2014	
AVX	15	AVX	27
Kemet	15	Kemet	24
NEC トーキン	15	パナソニック	17
三洋電子部品	10	Vishay	12
Vishay	8	NEC トーキン	5
ニチコン	5	ローム	5
		松尾電機	3
その他	32	その他	7

[セラミックコンデンサ]　(%)

2002		2014	
村田製作所	27	村田製作所	39
TDK	17	SEMCO	17
太陽誘電	14	太陽誘電	13
Sumsung	5	TDK	10
京セラ	5	Yaego	4
AVX	5	京セラ	3
Yaego/Phycomp	4	Kemet	3
		AVX	2
		Walshin	2
その他	23	その他	7

[フィルムコンデンサ]　(%)

2002		2014	
松下電器	21	TDK	14
ニッセイ電機	14	パナソニック	11
Epcos	9	指月電機製作所	6
ニチコン	8	Faratronic	6
Vishay	4	Vishay	5
タイツウ	4	Kemet	5
華容	4	AVX	4
		ニチコン	3
		BICAI	3
		タイツウ	2
その他	36	その他	41

出所）2002 年：中日社『電子部品年鑑』2004 年版；2014 年：同，2017 年版（元資料は，情報産業調査会調べ）。

その中心となるのは携帯電話もしくはスマートフォンであろう。表 11-12 はスマートフォンに搭載される 2 種の電子部品について，2015 年度の生産額シェアをみたものである。日系企業としてはアルプス電気，ミツミ電機，台湾 TDK が高いシェアを獲得している。

また表 11-13 は 2016 年時点でスマートフォン各社が採用している，カメラモジュール関連の部品メーカーを示したものである。アルプス，ミツミ電機，台湾 TDK の他に，京セラ，太陽誘電といった日系企業が確認できる。一方で，

表11-12　スマートフォン部品の生産額シェア（2015年）

[アクチュエーター]	(%)	[OIS ユニット]	
アルプス電気	18.8	アルプス電気	40.0
台湾 TDK	16.4	ミツミ電機	26.7
ミツミ電機	15.3	サムスン電子	15.1
サムスン電子	13.6	台湾 TDK	9.1
華宏新思考科技（VCM）	8.6	SEMCO	8.1
その他	27.3	その他	0.9

出所）中日社『電子部品年鑑』2017年版，295-297頁。

表11-13　スマートフォン2眼カメラモジュールのサプライヤー（2016年11月時点）

スマートフォンメーカー（本社所在地）	部品	
	ボイスコイルモーター	メインカメライメージセンサー
アップル	アルプス，ミツミ電機	京セラ
Huawei（中国・深圳市）	ミツミ電機，台湾 TDK	太陽誘電
LG 電子（韓国・ソウル市）	ミツミ電機，LG イノテック	LG イノテック
Lenovo（中国・北京市）	台湾 TDK	
Vivo（中国・東莞市）	台湾 TDK	
Xiaomi（中国・北京市）	台湾 TDK，SEMCO	
ZITE（中国・深圳市）	SEMCO	
Coolpad（中国・深圳市）	台湾 TDK	
京セラ	MCNEX	

出所）中日社『電子部品年鑑』2017年版，341頁の表より作成。
注1）アップルの製品は，iPhone7Plus。
　2）空欄は不明。

韓国系のLGイノテック，SEMCO，MCNEXが代替関係にある。同表に名を連ねている中国系スマートフォンメーカーは価格の優位性を武器に市場シェアを獲得していると思われるが，機器の性能を左右する基幹部品については多くの日系電子部品メーカーの製品が採用されているのである[61]。

2）経営状況の推移

国際化が進展した現在では，もはや国内状況のみを対象とした統計類では当該産業の実態を捉えることができない。そこで分析範囲としては不十分であるが，前章の分析において売上高営業利益率を確認した電子部品メーカーから21社を対象として，経営状況を確認しておきたい。まず本章が対象とする

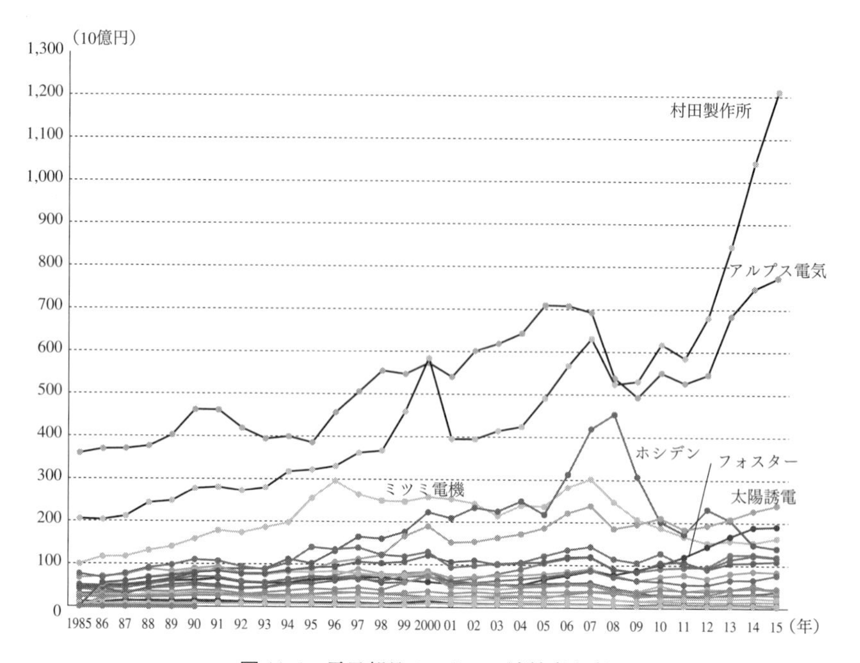

図 11-1　電子部品メーカーの連結売上高

出所）各社『有価証券報告書』より作成。
注）対象企業は，ヒロセ電機，田淵電機，帝国通信，ミツミ電機，タムラ製作所，アルプス電気，東京コスモス電機，フォスター電機，SMK，東光，ホシデン，松尾電機，エルナー，太陽誘電，日本抵抗器製作所，村田製作所，北陸電気工業，指月電機製作所，ニチコン，日本ケミコン，KOA の 21 社。グラフ上には本章で取り上げた企業名のみ記載した。

1985 年以降について，連結売上額の推移をみたものが図 11-1 である。アルプス電気と村田製作所の売上高が突出しており，しかも村田製作所の 2010 年代に入ってからの伸びが著しい。また 2000 年代まで健闘してきたホシデンやミツミ電機が 2010 年代に売上規模を縮小している一方で，太陽誘電やフォスター電機が近年になって売上規模を拡大している。

同図では売上規模の小さな企業の動向が分かりにくいため，各社の連結売上高を 2 つの時点で比較し，その倍率をみたものが表 11-14 である。1986 年度と 2015 年度の実績を比較すると，やはり村田製作所（5.95）が突出しているが，フォスター電機（4.24），ヒロセ電機（3.82），太陽誘電（3.41）といった企業の健闘も目立つ。一方で 1.0 を下回る，つまり 2015 年度の売上高が 1986 年度の

表 11-14　電子部品メーカーの売上高倍率

期間	ヒロセ電機	田淵電機	帝国通信	ミツミ	タムラ	アルプス	コスモス	フォスター	SMK	東光	ホシデン
1986/2015	3.82	1.11	0.54	1.41	2.06	2.09	0.65	4.24	1.59	0.88	2.85
1986/1999	2.54	0.80	0.80	2.13	1.87	1.48	0.89	1.39	1.47	1.35	3.60
2000/2015	1.44	1.57	0.56	0.63	1.00	1.35	0.68	3.20	1.04	0.53	0.63
1986/1989	1.44	1.00	1.09	1.21	1.47	1.09	1.28	1.34	1.28	1.19	1.34
1990/1994	1.03	0.73	0.69	1.24	1.06	0.86	0.71	0.90	0.92	1.00	1.44
1995/1999	1.32	0.93	0.88	0.97	1.18	1.42	0.97	0.97	0.99	1.08	1.73
2000/2004	1.07	1.01	1.08	0.93	0.90	1.12	0.90	0.88	0.90	0.74	1.12
2006/2009	0.81	1.34	0.56	0.88	0.81	0.70	0.71	1.34	0.90	0.67	1.41
2010/2015	1.30	1.19	0.92	0.87	1.15	1.41	0.82	1.88	1.25	1.40	0.69

期間	松尾電機	エルナー	太陽誘電	日本抵抗	村田	北陸電工	指月電機	ニチコン	日本ケミ	KOA
1986/2015	0.45	1.48	3.41	1.01	5.95	0.79	1.38	2.01	1.75	2.05
1986/1999	1.09	1.61	2.36	1.14	2.26	1.42	1.17	1.94	1.76	2.61
2000/2015	0.31	0.83	1.27	0.60	2.07	0.52	1.09	0.91	0.91	0.62
1986/1989	1.17	1.35	1.17	1.30	1.22	1.46	1.93	1.32	1.44	1.05
1990/1994	0.79	0.81	0.98	0.90	1.14	0.96	0.66	1.07	0.94	1.47
1995/1999	1.03	1.13	1.88	0.90	1.43	0.90	0.93	1.15	0.85	1.36
2000/2004	0.57	1.01	0.91	0.82	0.73	0.60	0.77	0.86	0.81	0.66
2006/2009	0.85	0.72	1.05	0.62	1.08	0.79	1.02	0.79	0.88	0.72
2010/2015	0.66	1.03	1.14	0.86	1.96	0.78	1.13	1.04	0.93	1.04

出所）各社『有価証券報告書』より作成。
注）一部の企業名を略称で表記してある。

水準に届いていない企業も複数あり，格差が広がっている。そこで当該期間を前半（1986/1999 年）と後半（2000/2015 年）に分けてみると，前半の時期に 1.0 を下回る企業は 3 社に過ぎなかったのが，後半になると 12 社に増えている。さらに前半を 5 年おきにみると，1980 年代後半には 1.0 を下回る企業は皆無であったが，1990 年代前半に 13 社となり不況や円高への対応過程で売上規模を落としている企業が多いことが確認できる。それ以上に深刻なのは 2000 年代であり，1.0 を下回る企業が 15 社に増えている。2010 年代に入ってから状況はやや改善しており，各社が新たな成長を模索している様子が窺える。

次に前章と同様に，これら企業の売上高営業利益率（連結）を総体として把握するために，売上高と営業利益率をそれぞれ積み上げて算出したものが，図 11-2 である。前半の時期についてみると，1990 年代初頭に低落したものの，緩やかな上昇傾向にあり 1990 年代末には 13％ にまで回復している。しかし 2000 年代には 2001 年度と 2008 年度に急激な利益率悪化を経験しており，とりわけ 2008 年度は全体としてマイナスとなった。前述したような売上高の下落とも相まって不安定な状況であったことがわかる。そして 2010 年代に入っ

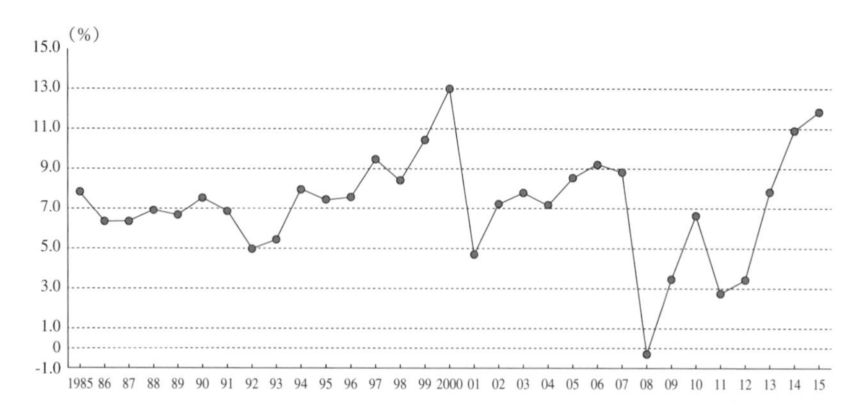

図 11-2　電子部品メーカーの売上高営業利益率（連結，1985-2015 年度）

出所）各社『有価証券報告書』より作成。
注）1985 年度は 16 社，1986 年以降は 21 社の数値。

て再び利益率は回復基調にある。とはいえ各社の個別的な傾向が強く[62]，集計範囲も限定的であるため，産業としての動向をこれ以上考察するのは控えたい。

そこで次節では，事業規模において突出しており，また高い世界市場シェアを誇るアルプス電気を取り上げ，入手可能な文献などから判明する限りで，海外展開の動向について考察を加えてみたい。同社は決して日本電子部品産業の平均的な存在ではないが，当該時期の環境に適応して急成長を遂げたという事実に鑑みて，その歩みは時代状況を色濃く映し出していると思われる。

4　アルプス電気の海外展開

1）1980 年代における円高への対応

アルプス電気の海外展開については，天野倫文が同社生産拠点の海外シフトが地域産業に与えたインパクトを論じている。天野は，1990 年代に進んだ同社の海外生産シフトによって，東北地域の専属下請組織が解体される経緯を考察し，その結果，二次下請企業の多くが閉鎖に追い込まれたのに対して，同社との長期取引によって技術や経営の能力を高めた一次下請企業が自立的な経営を志向し，海外へと取引先を拡大するものまで現れていることを明らかにしている[63]。また五十嵐伸吾は同社盛岡工場の歴史をたどり，同工場に醸成された起業家精神がスピンオフ企業を生んだことを明らかにしている[64]。本節では，これらの研究が詳細に考察した地域産業とのかかわりには立ち入らず，主として同社の海外展開の取り組みに注目していきたい。

アルプス電気の海外展開は，1965年にインドに合弁会社ケル・コンポーネントを設立してバリコン，スイッチ，ボリュームの生産を開始したのを嚆矢として，1970年に韓国の金星社との合弁による金星アルプス電気（現，LG電子部品）を，また台湾でも同じく合弁で福華電子を設立した。この他，1970年代から1980年代にかけて，アメリカ，ブラジル，西ドイツなどにも現地法人を次々と設立した[65]。

同社のこうした海外展開に拍車がかかったのが，円高の影響が深刻化した1986年頃からであった。前述したようなセットメーカーからの部品価格引下要求のなかで，アルプス電気では，同年2月から5月まで全社員を対象とした「排甘運動」を実施した。これは「一種の精神運動，社員の意識革命を目指したもの」であったが，社長の片岡勝太郎は「これからのメーカーは生産の合理化，自動化といった戦術的な手法ではダメだ。戦略的な考え方で臨む必要がある」と，より抜本的な対策が必要であることを考えており，将来的に現地生産比率を上げていくことを真剣に考えるべきであると述べていた[66]。また1987年を「円高対策本番の年」と位置づけ[67]，2月16日付の人事において，新潟，盛岡，小名浜，第一古川の4事業部に「海外プロジェクト部付部長」を置いた。業務の詳細は不明であるが，これと同時に韓国光州市に100％子会社の韓国アルプス（ALKO）が設立されており，海外生産シフトの推進を担当したと推察される[68]。また家電セットメーカーのASEAN諸国への展開が活発になったことから，同地域での営業機能を強化すべく，4月に既設のシンガポール事務所とアメリカに設立していたアルプスエレクトリックUSAの現地販売子会社を統合して，あらたな現地販売会社をシンガポールに設立し，人員をこれまでの3人から14人へと増員した[69]。さらにマレーシアに日米欧の機器メーカーが進出し，この頃から日本国内で生産した部品を輸出するだけでは機器メーカーからの受注を獲得できなくなりつつあったため，1989 年に同国での生産子会社を設立した[70]。

ところでセットメーカー各社は柔軟な生産システム（FMS）構築の一環として，1985 年頃から電子部品メーカーに対して，それまで平均 2 カ月ほどであった受注から納入までの期間を約 1 カ月へと短縮するよう要請するようになっていた[71]。これが 1987 年になると，「1ヶ月前なら良い方で本注文は納期の 3〜4 日前から 1 週間前といったケースが目立ってきている」「当月受注，納入の要求は全出荷量の 50 % 近くに達している。セットメーカーは円高の影響で来月何をどのくらい作るか明確に決めていないのが実情。したがって生産計画が決定するギリギリまで発注量が来ない[72]」と要求水準を引き上げていた。これは電子部品メーカーにとっては，「新しい金型をおこしてもすぐ新製品に切り替わるし一製品当たりの受注ロットも小さく，加えて短納期で採算性を著しく悪化[73]」させる要因となり，柔軟な生産システムへの対応が喫緊の課題となっていた。

アルプス電気では 1986 年から，APS（アルプス・プロダクション・システム）運動を全社的に展開した。具体的な内容については詳らかにできないが，マーケット・インとロス排除から企業体質を改革することを目的としていた。続いて 1991 年 10 月には，APSII（アルプス・プロフィット・システム）を展開し，これと並行して，製造系を全社 1 本のシステムに統合する情報システム GINGA（グランド・イノベーション・ウィズ・グランド・アグリーメント）が APS を支えるものとして構築された。これを先駆けて導入した同社小名浜事業部では，受注から出荷までのリードタイムが 2 週間に短縮され，顧客企業との間に生じていた納期をめぐるトラブルが解消した。また購買や生産管理部門の人員を 40 % 削減することに成功した[74]。

天野は APS について具体的な内容に触れてはいないものの，このための投資が固定費の上昇を招き，結果として生産システムの柔軟性を弱めることになったと，否定的な評価をしている。たしかに天野が指摘するように，同社は 1992 年度に全事業部の実績が前年を下回ったことを受け，希望退職を含む事業構造改革に着手しており，不採算部門の東アジアへの生産移管と国内分工場の統廃合が実施された[75]。APSは同社の生産システム改善に一定の効果を生んだものと考えられるが，1990年代の経営環境の変化はより抜本的な改革を必要としたのである[76]。前掲表11-2からも，アルプス電気の海外生産比率が1991年から1995年にかけて急上昇していることが確認できるが，その主要な柱の一つとなったのが同社の中国展開であった。

2）漸進的な中国展開[77]

アルプス電気の中国展開は1980年に香港事務所を設立したことを嚆矢とするが，当初は英国領香港でのビジネス獲得を目的としたものだった。しかし中国政府がカラーテレビの国産化に向けてプラント導入の政策を進めたことから，アルプス電気にも多くの引き合いが寄せられ，1984年に初契約が成立した[78]。表11-15は，同社の中国におけるプラント輸出契約について，各契約相手との最初の契約時のみを時系列に並べたものである。19の契約先があり，主として1980年代中頃から1990年代初頭までに集中している。

しかし，プラント輸出や技術供与はあくまで契約先が主体となった工場運営であり，同社がより積極的に関与する方法として，委託加工方式による同社製品の中国における生産が1990年から開始された。ただし，最初の委託加工先となったのは純然たる中国工場ではなく，日系電子部品メーカーであるスミダ電機の香港子会社が中国広東省東莞市に運営する番禺工場であった。同社はここで中国での生産指導の経験を積んだうえで，1993年1月に同じく東莞市の長安鎮政府と委託先工場（香港アルプス長安鎮工場）を開設した。マネジメントについては「間接的な運営にとどまらず独自の運営を行う」こととし，これに先立つ1991年に香港事務所を香港アルプスとして法人化し，本社の生産委託業務を移譲していた。

他方，1981年から寧波市の寧波佳楽電子有限公司と新潟事業部の技術交流が続いており，1991年にプラント輸出および技術供与の正式契約が結ばれた。翌年にはアルプス電気が供与した設備を用いた委託加工生産の契約が結ばれ，さらに1993年に同社初の現地法人として寧波アルプスが同有限公司との合弁で設立された。生産品目はプラント輸出の段階から変更せず，オーディオヘッ

表 11-15　アルプス電気のプラント輸出・技術供与契約

生産開始 年	生産開始 月	契約先	所在地	製品名
1984	4	上海無線電九廠	上海市	スイッチ
	11	宏明無線電器材廠	四川省成都市	ボリューム・タクトスイッチ
1986	4	湖州市電阻器廠	浙江省湖州市	ボリューム
	6	鎮江広播電視配件廠	江蘇省鎮江市	チューナー
	12	岳陽電子儀器廠	湖南省岳陽市	スイッチ・ボリューム
1987	1	常州無線電元件二廠	江蘇省常州市	ボリューム
	4	南京無線電三廠	江蘇省南京市	ボリューム
	5	深圳福華電子有限公司	広東省深圳市	スイッチ
	12	遼寧電位器廠	遼寧省大連市	ボリューム・タクトスイッチ
	12	浙江省電連接器科研生産連合体	浙江省杭州市	スイッチ・ボリューム
1988	1	石家荘市無線電三廠	河北省石家荘市	ボリューム
	10	寧波電位器総廠	浙江省寧波市	ボリューム
1989	4	常徳無線電元件廠	湖南省常徳県	ボリューム
1990	9	湖南電位器廠	湖南省長沙市	ボリューム
1991	7	寧波佳楽電子有限公司	浙江省寧波市	ヘッド
1992	1	北京無線電元件九廠	北京市	タクトスイッチ
	6	南京無線電九廠	江蘇省南京市	タクトスイッチ
	8	内蒙古電子器材廠	内蒙古自治区	タクトスイッチ
1994	5	無錫錫聯電子有限公司	江蘇省無錫市	チューナー

出所）「アルプス電気中国展開 10 年史」編集委員会・編集代表玉手輝三『アルプス電気中国展開 10 年史 1993～2004』アルプス（中国）有限公司，2004 年，8-9 頁の表より作成。

ドなどであった[79)]。また 1987 年にカラーテレビ用ボリュームのプラント輸出契約を結んだ遼寧電位器廠との合弁で，1993 年に大連アルプスが設立された。1993 年に合弁で設立された上海アルプス，1995 年に初の 100％子会社として設立された無錫アルプス，同年に合弁で設立された天津アルプスなど，表 11-16 に示した現地法人がアルプス電気の中国における主要な生産拠点となった。同社では合弁事業の方針として「小さく生んで大きく育てる」を掲げており[80)]，プラント輸出や委託加工の経験を踏まえた連続的かつ漸進的な態度で臨んできた。その過程で中国工場はアルプス電気からのプラント導入や生産管理指導によって能力を高め，両者の間には合弁のパートナーへと結実する信頼関係が形成されたものと思われる。同社の中国展開が本格化したのは 1993 年以降であるが，それに先立つ長い前史が存在したのである。

表11-16　アルプス電気の中国法人

設立時期		会社名	機能
年	月		
1991	7	香港アルプス	資材調達・販売
1993	1	東莞長安日華電子廠	工場
	5	寧波アルプス	工場
	12	大連アルプス	工場
	12	上海アルプス	工場
1995	1	無錫アルプス	工場
	6	アルプス（中国）	統括・販売支援
	8	天津アルプス	工場
2001	10	アルプス上海国際貿易	販売
2002	5	アルプス通信デバイステクノロジー上海	設計

出所）「アルプス電気中国展開10年史」編集委員会・編集代表玉手輝三『アルプス電気中国展開10年史 1993〜2004』アルプス（中国）有限公司，2004年，86-87頁の表より作成。
注）2004年頃までの状況。

3）中国市場の開拓

以上のような経緯で設立された各現地法人の事業は，当初必ずしも順調ではなかった。例えば，上海アルプスでは中国政府が国策としてVTR生産を振興する「ドラゴンプロジェクト」が実施され，同社もこれに参画した。しかし，中国のVTR市場は期待したほどには発展せず，同プロジェクトは約1年半で瓦解した。上海アルプスでは，三洋電機の中国合弁会社が生産するカラーテレビ向けの部品に販路を転じて，事業を軌道に乗せることができた[81)]。同様に大連アルプスでは，カラーテレビやVTR向けのボリュームを主力としていたが，これらの部品に対する需要が激減したため，アルプス電気本社の生産量を減らして，大連アルプスの生産活動を維持した。その後，大連アルプスでは，ソニーコンピュータエンタテインメント向けのビデオゲーム用スティックボリュームの需要を開拓することで窮状を脱した[82)]。中国企業と異なって，日系セットメーカーとの取引では代金支払い遅延という問題が生じないこともあり[83)]，中国市場開拓の初期においては日系セットメーカーがアルプス電気の重要な販路となっていたものと思われる。

各現地法人は個別に販路を開拓していたが，1995年に統括会社であるアルプス（中国）が設立されると，外資系企業向けの販売が同社に継承された[84]。表 11-17 に示したアルプス（中国）の収入動向をみると，1999 年に現地各法人からの直接仕入販売が開始されたことを境に，同社の売上高が急増している。中国現地法人で生産された各種の電子部品が，アルプス（中国）を介して外資系企業へと供給される体制が次第に確立していったものと思われる。また 2001 年には上海外高橋保税区での輸入仕入を業務とするアルプス上海国際貿易が設立され，急速に売上高を伸ばしている。中国の生産法人だけでなく，マレーシアなどの拠点で生産された製品の中国における販売が伸びているものと推察される。2000 年代に入ると中国ローカルメーカーとの取引も拡大し，また天津アルプスが IBM やアップル向けの納入を増やすなど，個別現地法人による販路の拡大も進展した[85]。中国に展開する多様な国籍の企業群との関係構築に成功したのは，同社がこれらの顧客企業のニーズを満たしていたからである。それは日系機器メーカーが日本製部品を自社の調達リストから除外した原因となる「価格」とは異質なものであっただろう。

4）日本的製品開発のグローバル化

1988 年から社長に就任した片岡政隆は，グローバル化の方針として徹底した現地主義を掲げており，それは製品開発において顕著であった。例えば，中国現地法人ではないが，同社の欧州生産拠点であるアルプス UK では，子会社としてアルプス UK テクノロジーセンター社を設立し，欧州製パーツの採用を前提として，英国人によるデジタル放送チューナーを開発した[86]。

また製品開発を迅速に進めるべく，同社が早くから積極的に取り組んできたのが，自動車産業のサプライヤーシステムでよく知られるデザイン・インである。開始期については明確ではないが，片岡政隆は 1990 年代後半の新しい傾向として，電子機器メーカー各社が「開発購買」と呼ばれる部門を設置していることを指摘しており，同社ではこうした部門にコンタクトを取り続けることで，機器メーカーの新製品開発における早期段階からの協力関係を構築していた。ただし，こうした購買部門との関係だけでは新製品に関する断片的な情報しか得られないことから，同社では機器メーカーが開発している製品の正確な

表 11-17　アルプス電気中国現地法人の売上高

（千元，香港ドル）

年度	アルプス（中国）			アルプス上海国際貿易		寧波アルプス	大連アルプス	上海アルプス	無錫アルプス	天津アルプス	香港アルプス	
	全体	直接仕入販売	配当金	全体	直接仕入販売						全体	IPO
1993								52,443			0	
1994							14,464	180,267			385,990	26730
1995	25,268	0				211,227	37,395	205,400	3,706	0	731,116	50143
1996	93,525	0	8,561			244,141	42,571	280,222	128,130	21,726	598,708	102,470
1997	163,135	0	6,748			299,693	85,026	289,069	199,625	43,273	722,969	225,059
1998	245,889	0	34,336			220,309	209,093	274,056	180,844	62,745	807,344	276,713
1999	279,399	10,007	40,697			202,236	151,204	336,672	292,068	86,683	982,808	328,369
2000	207,221	34,155	27,799	216,660	44,681	260,511	146,859	424,687	458,994	88,424	1,210,181	409,903
2001	670,825	284,059	28,157	1,038,477	644,018	203,149	240,490	507,612	416,263	94,006	1,013,351	330,973
2002	930,366	469,644	54,032	1,445,156	1,356,100	222,471	405,631	590,617	497,367	166,849	923,926	293,796
2003	1,133,693	924,924	12,413	1,459,224	1,450,769	228,142	432,677	704,811	599,996	721,855	4,203,889	257,955

出所）「アルプス電気中国展開 10 年史」編集委員会・編集代表玉手輝三『アルプス電気中国展開 10 年史 1993～2004』アルプス（中国）有限公司，2004 年，より作成。

注 1）アルプス通信デバイステクノロジー上海の売上高は割愛した。

2）アルプス（中国）の売上高は，代理販売コミッション，直接仕入販売，業務委託料，その他，傘下からの配当金，の項目から構成されており，これらの総計と元資料で「合計」とされている数値（本表では「全体」と表記）は大きく乖離しているが，理由は不明。

情報を入手するために，3-6カ月ごとに「技術連絡会議」を開催し，電子部品に求められる要件を把握すると同時に，そのコンセプトに合った自社技術の提案を試みていた。さらに機器メーカーへの納品が開始された自社製品については，品質が機器メーカーの求める水準にあるかどうかを確認するために，同社と機器メーカーの品質管理部門による「品質連絡会議」を定期的に開催することがあった[87)]。

これらの取引相手となる具体的な機器メーカーは明らかにされていないが，日本企業を想定することに無理はないだろう。しかし1990年代後半のアルプス電気では，日本国内のサプライヤーシステムを越えてグローバルに展開する必要があった。当時，同社では国外の営業および技術サポートの拠点に47人の日本人駐在員を配置していたが，顧客への対応は不十分であった。そこで同社は定期的に海外の顧客企業を訪問して自社製品と技術を紹介し，また顧客企業の電子部品に対する要望を聞き取り，日本国内での製品開発に反映させる，「Shuttle Engineer」制度を導入した。また機器開発へのより積極的な参画として，顧客企業の技術部と共に基幹的なユニットの設計を行うため，「Guest Engineer」を派遣した[88)]。つまり顧客との濃密なコミュニケーションを重視する同社の製品開発システムが，2000年代以降のグローバル展開においても強みを発揮しているのである。

小　括

本章では，1980年代後半から2010年代までの約30年に及ぶ日本の電子部品産業の国際化の歩みを振り返った。プラザ合意に端を発する急激な円高の進行は，日本のエレクトロニクス産業が低賃金労働力を求めてアジア諸国へと生産拠点を移す契機となったが，その過程において，セットメーカーから部品メーカーへの市場リスク転嫁が，苛烈な価格引下要求という形で顕在化した。アジアへと展開した日系セットメーカーが電子部品の採用要件として重視したのは価格であり，ローカルな部品産業が育ってくると，日系電子部品メーカーを調達リストに載せる必要性は次第に薄れていった。

本章では日系電子部品メーカーのコスト低減活動について十分な考察はできなかったが，ミツミ電機の従業員賃金の事例などからも，アジア諸国の豊富な低賃金労働力が生産拠点移転の重要な要因であったことは間違いない。しかし，価格競争において日系電子部品メーカーが現地ローカル部品メーカーに対して優位性を保てるはずはなく，これとは異なる領域での価値提供が不可欠であった。この点について，アルプス電気の中国展開の事例から判明したことは，同社の長期継続的な関係構築への努力であり，また徹底的な現地ニーズへの対応であった。

これはアルプス電気だけでなく，同社以上に2000年代に飛躍した村田製作所においても同様であった。『日本経済新聞』の記事によると，村田製作所は台湾企業と長期にわたって開発協力を継続しており，それが現在の顧客開拓に結びついている。台湾の半導体ファブレス大手である聯發科技（メディアテック）と取引し，台湾に技術拠点を設けて開発面でも連携してきた。メディアテックは同じ台湾の半導体専業ICファウンドリーメーカーの台湾積体電路製造（TSMC）に半導体を生産委託し，中国のスマートフォンメーカーにコアチップを供給している。こうした取引ネットワークによって，村田製作所は中国のスマートフォンメーカーで2010年創業の北京小米科技（シャオミ）と契約を結び，同社製のスマートフォンに村田製作所の電子部品が1台あたり約500個搭載された。アメリカの半導体大手であるクアルコムとも同様の関係を築いており，世界中のスマートフォン市場の動向を把握することができている。2013年にはアップルのiPhoneへ電子部品を供給していた日本企業が同製品の売行不振に連動して業績を悪化させた「アップルショック」が発生したが，多様な顧客をもつ同社への影響は軽微であったという[89]。村田製作所は前掲表11-2でも確認したように海外生産比率は低く，2010年頃においても15％にとどまっている[90]。したがってアルプス電気のような，プラント輸出，委託加工生産，現地法人設立という中国展開の諸段階を踏んではいないが，顧客との長期的な関係構築を志向している点では共通しており，それがグローバルサプライヤーとしての成功を導く重要な要因となっている。

ところで第 2 節で述べたように，円高問題が発生した当初は，電子部品メーカーの海外進出は先行するセットメーカーからの要請によるところが大きかった。これについて片岡勝太郎は，日本電子機械工業会において業界としての世界戦略を考えることが必要であると説いていた。セットメーカーに追随して部品メーカーが海外進出する状況について，「どこへだれが行くんだとか，うちはいつ行くんだとかということぐらいは部品メーカーに話してください。ところがそういう事前の話はないんです。皆勝手に出て行って，お前のところもついて来いと，これでいいのでしょうか……業界的なコンセンサスというものは絶対に私は必要だと思っているんです……部品メーカーはこれだけ自らの力で海外進出をやっているんです。セットメーカーさんに前渡金をもらったり，資本を出してくれと言っているんじゃありません。みんな自らの力，自らのリスクでいっているんです。これをぜひわかってほしいと思います」と強い口調で語っている[91]。これは 1990 年の発言であるが，セットメーカーの国際化戦略が電子部品メーカーと事前に共有されていないため，電子部品メーカーが長期的な視点で自らの国際化の方向性を考えることが難しい状況にあったことがわかる。そのため片岡は，日本のエレクトロニクス産業全体の国際化構想が業界団体において検討されることを期待していたのである[92]。しかし製品アーキテクチャがモジュール化した 1990 年代以降，価格至上主義に陥った日系セットメーカーと産業発展の将来ビジョンを共有することの意義は次第に薄れていったと推察する。従前の特注品開発やチップ部品開発と同じように，セットメーカーからの厳しい開発要請に応える能力を梃子として，グローバルに展開することを志向した日系電子部品サプライヤーに呼応したのは，むしろイノベーティブな製品開発に成功した欧米や新興国の企業だったのではないだろうか。

現状調査を中心とした先行研究に対する差別化を図るべく，本章では長期的な視点を採用したが，1980 年代以降の 30 年という時間軸を超えて，電子部品メーカーの国際化に作用する歴史的要因にも目を配る必要があったかと思われる。例えば，アルプス電気の中国へのかかわりについて，寺門は同社社員の「中国の産業発展に貢献し，中国の人たちの生活文化の向上に役立つ」という言葉を紹介し，それが中国戦線に参戦した片岡勝太郎の想いと重なると評している[93)]。たしかに片岡勝太郎は国際化，とくにアジア後発国への技術供与について「お隣の国に技術を教える。これは日本が戦後の償いというような気持ちもそれぞれの企業にはあったんじゃないでしょうか。政府はどう思ったかしりませんが，われわれはやっぱり申し訳ないことをした，だからこれから技術を教えましょうというような考えを持っていたことは事実です」と述べている[94)]。電子部品メーカーの創業者や従業員の外地における体験が，戦後に日本企業の国際化にどのような特質を付与したのかという観点から，本章が考察した対象を捉えなおす作業が必要かもしれない。

終　章　国際競争優位の歴史的コンテクスト

本書では，アジア・太平洋戦争の終結直後から2010年代までの，日本の電子部品産業の歩みをたどってきた。第I部から第III部に区分した各期には，当該産業の展開を支える，固有の環境や条件が存在した。終章では，戦後日本の電子部品産業が世界市場において競争優位を確立するにいたった歴史を，「時代性」という論理次元において総括することが課題となる[1]。

1　アイデンティティの共有がもたらした産業の形成

まず第I部で論じたように，戦時統制下で自由な生産活動を封じられていた部品メーカーにとって，終戦直後の混乱期は，またとない自立的発展の機会だった。GHQ/SCAPの民主化政策を背景に，部品メーカーがセットメーカーと対等な立場で存立することを求める機運が高まり，部品メーカー相互の意思疎通を図るための場が設けられた。これは当初の無線通信機械工業会から，電子機械工業会，日本電子機械工業会，そして現在の電子情報技術産業協会にいたるまで，各種の市場調査や研究活動，規格化，さらにセットメーカーへの申し入れなど，日本の電子部品メーカーが「業界」として多くの重要な活動を展開する素地を形成した。それは第3章で詳しく述べたように，戦後の軍民転換を乗り切り，自主独立の精神で復興を遂げようとした電子部品産業の関係者たちが，戦時への悔恨も含めてアイデンティティを共有する場でもあった。同一市場で競合する企業の集合として産業を分類する観点からは，多様な品種で構成される電子部品を一纏めにして「産業」と呼ぶことは相応しくないとみなされるかもしれないが，戦後日本の電子部品業界では，これらの企業群を「産業」としか呼べないような，一体的かつ主体的な活動が展開されてきた。その背景には，当事者たちによる戦後復興期に固有の歴史的経験とそれを踏まえた将来への展望が存在したのである。それはまさに日本電子部品産業の形成期であった。

また第 8 章では，大阪を中心とした関西の関連主体が，セットメーカーか部品メーカーかを問わず結集し，関西電子工業振興センターを拠点に様々な活動を展開していたことを明らかにした。地域の公設試験研究機関が中小企業の技術発展に主要な貢献を果たしたのは，1950 年代から 60 年代にかけての時期であったことが沢井実の研究などで明らかになっているが，「サカモノ」などの表現で関西の製品を蔑視する風潮がいまだになくならない高度成長期に，こうした活動が地域を挙げて展開するという時代性がここにも確認できる。「産学連携」という錦の御旗がなくとも，地域の産業発展に貢献したい人々が集ったのであり，それは上述した部品業界のアイデンティティとは異なる，関西家電業界という地域アイデンティティの発露でもあった。こうした社会的基盤のうえに電子部品メーカーの個別経営における発展が可能となったのである。

2　戦略的に獲得された電子部品の汎用性

次に第 II 部で論じたように，電子部品は「市販部品」としての特質を備えていた。その端緒はやはり終戦後のラジオ部品市場に求めることができる。セットメーカーの生産復興が遅れるなかで，大阪・日本橋や東京・神田の問屋街を中心に広範な流通網が形成され，ラジオ部品は全国的な市場に向けて販売されていた。本来ならば消費者が認知することのない組付部品がブランド化する現象は，近年注目されている産業財ブランディングの先駆けとも言えるだろう。また朝鮮特需を契機として，セットメーカーの生産復興と寡占化が進展した後も，電子部品メーカーは下請専属化の対象となることはなく，他方で輸出専業の中小アセンブルメーカーの簇生も相まって，1950 年代から 1960 年代初頭までの電子部品取引はスポット的な特質を付与された。このように「市販部品」という取引形態は製品技術によって一義的に定まるものではなく，「市場」という歴史性を帯びた社会的要因によって規定されたと考えるべきだろう。

当該時期の電子部品市場は，産業としてテイクオフしたばかりのテレビ受像機の需要に牽引されて拡大したが，電子部品メーカーの市場戦略をつぶさにみると，高精度の電子部品をまずは産業用電子機器向けに上市し，そこで一定の生産経験を経ることでコストの削減が可能になると，価格シグナルが重要な意味をもつ民生用電子機器向けに市場を広げていた。このように市販部品にとって産業用と民生用という市場セグメントは曖昧であり，完成品である電子機器によって用途を特定されることなく，多様な顧客に向けて供給することが可能であった。第 III 部第 10 章でみたように，コネクタ市場では産業用電子機器の大衆化によって価格シグナルが重要性を増し，1970 年代以降は自動車電装部品などの新市場が創出され，また先端技術を動員して開発されたハイブリッド IC が VTR に使用されるなど，市場セグメントの境界は不明瞭なままであった。さらに民生用に開発された表面実装技術が，電子部品「微小化」という革新的な成果を生むなど，双方向のテクノロジーコンバージェンスの展開がみられた。序章で仮説として提示したように，こうした多様で複雑な市場・顧客とのつながりが，電子部品メーカーの生産力や技術力を育んだものと思われるが，完成品を中心とした分析枠組みでこうしたプロセスを理解することは不可能であろう。産業ピラミッドの頂点にいる中核企業やインテグレーターからではなく，ミドルやボトムの階層から見上げる視点が必要なのである。

さて電子部品が関係特殊性に乏しい「市販部品」としての特質を付与されると，上述のように，市場規模の拡大によるスケールメリットが創出された。その反面，長期安定的な取引関係を期待することが許されない電子部品メーカーは，たび重なる市況変動を増幅させるセットメーカーの発注態度に苦しめられることになった。そうしたリスクをヘッジするために，上述した顧客多様化の市場戦略が創発されるという，取引関係と市場戦略の相互規定関係が高度成長期に定着した。第 7 章でみた業界規格はこれを強化する効果をもっていた。なぜなら工業会では業界規格を競争制限的に用いるのではなく，インターフェイスの統一によって部品の代替性を高めることで，競争促進的なものとしたからである。

他方で，1960 年代からはセットメーカーが「特注品」を発注し，電子部品のカスタム化が進んだ。第 9 章の帝国通信工業の事例でみたように，受注プロセスにおいて部品メーカーはセットメーカーから仕様の承認を受ける必要があり，サプライヤーシステム論における「承認図部品」として取引されていることが明らかになった。しかしそれは，すでに電子部品メーカーが開発した基本スペックが顧客の要請に応じて変更される程度の内容であった。セットメーカーは特注品についても，複数購買による価格交渉力の強化を志向した。また民生用電子機器の製品ライフサイクルは自動車よりも大幅に短期間であり，それが電子部品メーカーがサプライヤーとしての地位を保証される期間を規定した。関係特殊的な開発投資の大きさ，つまりカスタム化の程度は，その投資回収が可能な受注量や受注期間によって決まるのである。

1970 年代に製品化されたハイブリッド IC は，ユーザーであるセットメーカーと共同で回路を設計する典型的なカスタム部品であったが，その回路を構成するコンデンサなどの素子は汎用的であり，松尾電機のような電子部品メーカーは後者のサプライヤーであり続ける戦略を選択していた。さらに第 10 章でみた表面実装技術において「角丸戦争」と呼ばれる激しい規格争いが生じたが，それを制した「角型」の強みは複数サプライヤーによる供給の安定性であった。このように 1960 年代から 80 年代にかけて展開した電子部品のカスタム化もしくは承認図部品化は，自動車産業と比較すると明らかに弱かった。しかし繰り返しになるが，こうした特質は製品技術によって決定される，所与のものとして理解するべきではない。電子部品の「市販部品」としての汎用性は，部品メーカーによる独自技術の開発と市場開拓の努力の積み重ねによって，戦略的に獲得されたものだからである。

3　専門生産の確立と高度化

必ずしも安定性を保証されない取引関係ではあったが，そうした厳しい条件の下で，セットメーカーとの間に信頼関係を形成した電子部品メーカーが1960年代以降に登場したことを第9章でみた。そのプロセスを本書では，「専門生産」の確立および高度化と呼んだ。やがて1990年代になると，サプライチェーンをグローバルに組織するシステムインテグレーターが世界市場を席捲し，日系セットメーカーの苦戦が聞かれるようになった。これに対して日系電子部品メーカーの競争力の高さが際立ち，注目を浴びるようになったが，こうした日系企業の競争力を支える技術力や市場開拓力が突如として形成されたものでないことは，本書で解きあかされた歴史をみれば明らかであろう。終戦直後に創業者たちが強く抱いた自主独立の理念，そこから導かれる下請脱却・顧客多様化の成長戦略，多様な市場に向けて開発されることで達成された「市販部品」としての汎用性，そして安定性を保証されない取引関係のなかでセットメーカーから獲得した品質や開発力への信用，これらが70年余りの産業史において地層のように積み重なっているのである。

一方で，軍民転換を経た戦後日本の産業発展の歴史的意味を考えるならば，電子部品市場の広がりは民生用と産業用の別はあるものの，基本的には民間需要の枠内で展開してきたことが重要であろう。戦前期・戦時期の産業史を考察した多くの研究で，軍需の重要性に目を向けないものはない。また第3章で紹介した訪米使節団に参加した片岡勝太郎が先進国と仰ぎみて，やがて追い越していったアメリカのエレクトロニクス産業とも大きく異なる。日本電子部品産業の戦後史は，軍需に頼ることなくして，世界の頂点に登りつめた産業発展，もしくは技術発展という特徴を色濃く映しているといえるだろう。こうした「戦後日本」という固有の時代性に規定された当該産業の競争力が，今後の世界情勢の変化に対して，どのような可能性と限界を有するのか，本書ではこれ以上の言及は控えたい。それは終戦直後の電子部品業界の関係者と同じように，今に生きる当該産業の当事者の方々が切り開く未来だからである。

注

序　章　顧客多様化の歴史的起源

(1) 電子部品を調達してエレクトロニクス製品を製造する企業については，機器メーカー，セットメーカー，アセンブルメーカー，あるいは家電メーカーなど様々な呼び方がある。本書ではこれらを無理に統一せず，参照する文献や資料の表記に応じて使い分けることにしたい。

(2) 清水洋は，汎用性の高い技術（ジェネラル・パーパス・テクノロジー）が多様な用途の開拓によって，社会に大きな影響を与える点に注目している（清水洋『ジェネラル・パーパス・テクノロジーのイノベーション——半導体レーザーの技術進化の日米比較』有斐閣，2016年）。本書においても後述のように，電子部品が汎用性の高い「市販部品」として開発，生産および取引された側面に光を当てる。

(3) 電子部品の世界的かつ長期的な生産統計については，国際連合統計局編『国際連合貿易統計年鑑』などによって一部の能動部品が取り上げられているが，一般電子部品については1984年から，Read Electronics Research ed., *Yearbook of World Electronics Data* が，利用可能である。

(4) 経済産業省大臣官房調査統計グループ編『経済産業省生産動態統計年報 機械統計編』平成29年，2018年。

(5) 主要な日本の電子部品メーカー73社の総計。なお電子工業全体では30.1兆円で世界シェアは14.8％，そのうち半導体は12％，AV機器は27.4％，情報通信機器は10.5％となっており，一般電子部品の国際的な地位の高さが確認できる（統計室・統計連絡会『調査統計ガイドブック 2017-2018』電子情報技術産業協会，2017年，17頁）。

(6) ジャーナリスティックなものは枚挙に暇がないが，電子部品業界アナリストによる分析として，村田朋博『電子部品だけがなぜ強い』日本経済新聞出版社，2011年；同『電子部品——営業利益率20％のビジネスモデル』日本経済新聞出版社，2016年。

(7) 林隆一「電子部品の業界団体・業界構造」脇野喜久男・田中国昭監修『電子部品大辞典』工業調査会，2002年，第1部3；同「経営戦略・思想で見る電子部品業界」『財界観測』第68巻第1号，2005年1月。

(8) 富士キメラ総研編『有望電子部品材料調査総覧 2013』下巻（プリント配線板，半導体，ディスプレイ，タッチパネル，受動部品，新素材編）2012年，266頁。

(9) エレクトロニクス産業の製品ライフサイクルにおける導入期から成長期への移行過程を説明したものとして，中島裕喜「大衆消費社会の到来と家電メーカーの発展」宮本又郎・岡部桂史・平野恭平編『1からの経営史』碩学社，2014年，第10章。

(10) 専属下請論とは，部品を発注する「親企業」は技術的にも経営的にも優れた大企業であり，これらの点で相対的に劣るとされる中小規模の「下請工場」は親企業からの指導や資金援助を通して，はじめて発展の道を拓くという考え方である。この場合，親企業は下請工場を育成する方針で部品を発注することになるが，そのためには両者の関係は固定的かつ安定的な「専属下請」となることが重要である。反対に，両者の関係が安定しない「浮動的下請」においては部品メーカーに発展の展望はないとされ，これを判断基準として下請工場の現状把握が試みられた。下請工場の専属化による発展の可能性を最初に指摘した研究として，小宮山琢二『日本中小工業研究』中央公論社，1941 年。また高度成長期における専属下請の広がりを指摘した研究として，三品頼忠「機械工業における中小企業の再編過程」押川一郎・中山伊知郎・有沢広巳・磯部喜一編『高度成長過程における中小企業の構造変化』東洋経済新報社，1962 年，第 2 章。

(11) 和田一夫「自動車産業における階層的企業間関係の形成——トヨタ自動車の事例」『経営史学』第 26 巻第 2 号，1991 年 4 月；植田浩史「高度成長期初期の自動車産業とサプライヤ・システム」『季刊経済研究』（大阪市立大学）第 24 巻第 2 号，2001 年 9 月。

(12) 清水洋は，1960 年代以降の日米における半導体レーザー開発史の考察から，系列取引に象徴される日本企業の長期視点を高く評価する通説的理解を批判し，「知識の継続性」という観点からは，労働市場が流動化しているアメリカの方が優れていると指適している（清水洋，前掲書，第 13 章）。

(13) 川上桃子『圧縮された産業発展——台湾ノートパソコン企業の成長メカニズム』名古屋大学出版会，2012 年。

(14) 同上，127 頁。

(15) 川上の議論は，伊丹敬之が提唱する「情報的経営資源」の企業観にもとづいている。情報的経営資源は獲得に時間を要し，また市場取引が難しく，さらに同時多重的に利用可能という性質をもち，他社には容易に模倣できない競争優位の源泉となるため，その蓄積が企業成長を駆動する。なかでも企業による知識や経験獲得の深まりと広がり，すなわち「深化」と「拡幅」という学習プロセスがダイナミズムを生み出すことで企業成長が可能であると伊丹は説いている。「見えざる資産」としての情報的経営資源の価値に着目し，その幾筋もの情報フローのなかに身を置くことで可能となる学習プロセスから企業成長を考えることによって，川上は顧客多様性の意義を評価したのである。情報的経営資源については，伊丹敬之・加護野忠男『ゼミナール経営学入門 第 3 版』日本経済新聞社，2003 年，第 1 章，および伊丹敬之・軽部大編『見えざる資産の戦略と論理』日本経済新聞社，2004 年，参照。

(16) 林隆一「エレクトロニクス産業における電子部品産業の位置づけと業界地図」『電子材料』2005 年 4 月号。

(17) 浅沼萬里『日本の企業組織——革新的適応のメカニズム』東洋経済新報社，1997 年，第 8 章。

(18) 同上，208-215 頁。佐藤芳雄はアメリカにおける通常の購買品と下請関係（Subcontractor）を比較し，前者では必要品目の確定が可能であるのに対して，後者では購入に際して設計や製法を確定できないといった違いを指摘している。このように「購買品もしくは市販品」，「外注品」といった 2 分法はアメリカにおいても確認されている（佐藤芳雄『寡占体制と中小企業』有斐閣，1976 年，101-102 頁）。

(19) 浅沼萬里，前掲書，211 頁。

(20) 金容度『日本 IC 産業の発展史——共同開発のダイナミズム』東京大学出版会，2006 年，

第2章。

(21) 日本電気の事例にもとづいている（金容度「日本IC産業の初期の企業間関係」『社会経済史学』第67巻第1号，2001年5月，13頁）。

(22) 三品和広『戦略不全の論理』東洋経済新報社，2004年，52-57頁。

(23) 同上，164頁。

(24) 同上，238頁。これに対して，経営史学会が編纂した『講座・日本経営史』第6巻において，橘川武郎は戦後日本の経済成長を支えた様々なシステムの制度疲労が1990年代以降に問題になったとして，構造的視点を強調している（橘川武郎「概観——『プラザ合意』以降の日本経済の変容と日本企業の動向」橘川武郎・久保文克編『講座・日本経営史 第6巻 グローバル化と日本型企業システムの変容——1985～2008』ミネルヴァ書房，2010年，第1章，8頁）。

(25) 三品和広，前掲書，231頁。

(26) 清成忠男「経済の構造変化と中小企業」土屋守章・三輪芳朗編『日本の中小企業』東京大学出版会，1989年，第2章，28-29頁。

(27) 経済史研究の分野では，近代日本の経済発展における自営業・中小企業の比較史的にみた相対的な位置の大きさが確認され，400年前に成立した小農社会を基層として，19世紀後半から連続するこうした経済発展の構造的要因が，1980年代以降には失われたという見方がある（沢井実・谷本雅之『日本経済史——近世から現代まで』有斐閣，2016年，3-4頁）。経済発展のダイナミズムを創り出す担い手として創業者型企業を想定した場合，その潜在的候補の一群である自営業者を輩出する社会的基盤が失われてしまったという意味において，戦後史に対する沢井・谷本の見解は三品のそれにやや近いと思われる。

(28) 沢井実「戦争による制度の破壊と革新」社会経済史学会編『社会経済史学の課題と展望』有斐閣，2002年，299頁。

(29) 和田一夫「生産システムの展開」柴孝夫・岡崎哲二編『講座・日本経営史 第4巻 制度転換期の企業と市場——1937～1955』ミネルヴァ書房，2011年，第3章。

(30) 小堀聡『日本のエネルギー革命——資源小国の近現代』名古屋大学出版会，2010年，第3章。

(31) 中村秀一郎『中堅企業論』東洋経済新報社，1964年。

(32) 中村秀一郎「中堅企業の発展」伊丹敬之・加護野忠男・伊藤元重編『リーディングス日本の企業システム』第4巻，有斐閣，1993年，第10章，282-283頁。

(33) 同上，285頁。

(34) 1920年代から現在にいたる経営学の変遷を概観した，ベリュール・ウスディケンとマティアス・キッピングによると，1960年代に興隆した科学主義によって歴史的アプローチは経営研究の周辺へと追いやられたが，1980年代以降は長期時間軸による分析（longitudinal analysis）を嚆矢として，ひとまず歴史研究とは区別されつつも「歴史的な視角」を採用することの重要性が認識されるようになったという（Behlül Üsdiken and Matthius Kipping, "History and Organization Studies : A Long-Term View," in M. Bucheli and R. D. Wadhwani (eds.), *Organizations in Time : History, Theory, Methods*, New York : Oxford University Press, 2014, chapter 2, pp. 33-55)。またピーター・クラークとマイケル・ローリンソンは，経営・

組織・市場の研究における「歴史的転回（historic turn）」が進行しつつあると主張している（Peter Clark and Michael Rowlinson "The Treatment of History in Organization Studies：Towards an 'Historic Turn?'," *Business History*, Vol. 43, No. 3, 2004, pp. 331-352）。経営史研究者の間でも経営学に歴史的な方法論を取り入れようとする動きがある。ダニエル・ワダワニとマルチェロ・ブチェッリは，組織研究における歴史的推論の特徴として，第1に「時間に沿って進行する複数のプロセスの合流として，特定のある時点の行為を説明する」，第2に「研究対象となった行為者の主観的な動機と文脈化された世界の見方を理解する」，第3に「普遍的な一般原理ではなく，むしろ埋め込まれた（embedded）一般化や理論的解釈となる」などの点を挙げている（R. Daniel Wadhwani and Marcelo Bucheli, "The Future of the Past in Management and Organization Studies," in M. Bucheli and R. D. Wadhwani (eds.), *op. cit.*, chapter 1, pp. 3-30）。

(35) 平本厚「日本における電子部品産業の形成——受動部品」『研究年報 経済学』（東北大学）第61巻第4号，2000年1月。

(36) 同上，35頁。

(37) 平本厚『戦前日本のエレクトロニクス——ラジオ産業のダイナミクス』ミネルヴァ書房，2010年，第1章・第2章。

(38) 竹内常善「確立期の我国自転車産業——日本型産業化の底辺構造分析のための一試論」『年報経済学』（広島大学）第5巻，1984年3月，65-70頁。

(39) 呂寅満『日本自動車工業史——小型車と大衆車による二つの道程』東京大学出版会，2011年，とくに第3-4章。

(40) 機械工業ではないが電球，歯ブラシ，貝ボタン，琺瑯鉄器などの輸出雑貨工業でも問屋制が支配的であった（平沢照雄『大恐慌期日本の経済統制』日本経済評論社，2001年，第4章；沢井実『近代大阪の産業発展——集積と多様性が育んだもの』有斐閣，2013年，第6章・第7章；Jozen Takeuchi, *The Role of Labour-Intensive Sectors in Japanese Industrialization*, United Nations University Press, 1991）。

(41) 由井常彦『中小企業政策の史的研究』東洋経済新報社，1964年，第3章第3節。

(42) 植田浩史「1930年代後半の下請政策の展開」『季刊経済研究』（大阪市立大学）第16巻第3号，1993年12月。

(43) 柳沢遊「中小企業の政策」通商産業政策史編纂委員会編『通商産業政策史』第3巻，通商産業調査会，1992年，第4章第4節，615-664頁。

(44) 植田浩史「戦時統制経済と下請制の展開」近代日本研究会編『年報・近代日本研究 9 戦時経済』山川出版社，1987年。

(45) 橋本寿朗は戦時の系列化は戦後のそれとは用語の意味において異なっており，また専属化の事実もみられなかったことから否定的な立場を採っている（橋本寿朗「長期相対取引形成の歴史と論理」橋本寿朗編『日本企業システムの戦後史』東京大学出版会，1996年，第4章，220頁）。戦時期の企業系列整備の実態を克明に調べた植田浩史もその矛盾を指摘し，1950年代の系列診断制度を重視しており（植田浩史，前掲論文，2001年），日本的な下請・サプライヤーシステムは「高度成長期以降の条件の中で形成されたと考えるのが妥当である」と結論づけている（植田浩史『戦時期日本の下請工業——中小企業と「下請＝協力工場政策』ミネルヴァ書房，2004年，298-299頁）。

(46) 結果的には複数の発注工場との重複した受注関係にある共同協力工場が増えたために協力会は機能せず，発注工場の一元化についても陸海軍が発注先確保に奔走したため発注工場数が増加し，その範囲は不明確なままであった（植田浩史「戦時経済下の『企業系列』整備——下請＝協力工場政策と機械工業整備（1943〜44年）」『季刊経済研究』（大阪市立大学）第18巻第4号，1996年3月）。

(47) 沢井実によると，戦時型工作機械の企業集団において，生産責任工場は主として統制会優先順位の1位から3位までにランクされ，それ以下の統制会加盟企業は部品生産に転換することを受け入れてでも分業工場として企業集団に参加しなければ生産活動を維持するための資材を入手することは不可能な状態であった（沢井実『マザーマシンの夢——日本工作機械工業史』名古屋大学出版会，2013年，第8章）。

(48) 植田浩史，前掲論文，1987年，212-220頁。

(49) 米倉誠一郎「業界団体の機能」岡崎哲二・奥野正寛編『現代日本経済システムの源流』日本経済新聞社，1993年，第6章，185-186頁。

(50) 戦前期を対象としたカルテルおよび業界団体については，松本貴典のレヴューを参照（松本貴典「工業化過程における中間組織の役割」社会経済史学会編『社会経済史学の課題と展望』有斐閣，2002年，第21章，268-270頁。

(51) 橘川武郎「日本における企業集団，業界団体および政府——石油化学工業の場合」『経営史学』第26巻第3号，1991年10月；岡崎哲二「日本の政府・企業間関係——業界団体=審議会システム形成に関する覚え書き」『組織科学』第26巻第4号，1993年4月。

(52) 共同研究の歴史的展開については，平本厚編『日本におけるイノベーション・システムとしての共同研究開発はいかに生まれたか——組織間連携の歴史分析』ミネルヴァ書房，2014年。また政府主導の産官学連携による共同開発研究については，沢井実『近代日本の研究開発体制』名古屋大学出版会，2012年；同様に政府主導の新エネルギー開発プロジェクトについては，島本実『計画の創発——サンシャイン計画と太陽光発電』有斐閣，2014年。

(53) エレクトロニクス産業の規格化については，デファクトスタンダードが注目されてきたが（山田英夫『競争優位の［規格］戦略——エレクトロニクス分野における規格の興亡』ダイヤモンド社，1993年），本書で取り上げる電子部品規格は，業界団体が関係企業の利害を調整することで成立する，デジューレスタンダードである。

第1章　ラジオ産業の復興

(1) 戦前期のラジオ産業の形成と発展については，平本厚『戦前日本のエレクトロニクス——ラジオ産業のダイナミクス』ミネルヴァ書房，2010年。

(2) 吉田秀明「通信機器企業の無線兵器部門進出」下谷政弘編『戦時経済と日本企業』昭和堂，1990年，第3章。

(3) 天川晃他編『GHQ日本占領史 第18巻 ラジオ放送』（向後英紀解説・訳），日本図書センター，1997年，8頁。元資料は，GHQ/SCAP, "Summation of Non-military Activities in Japan and Korea," No. 3, December 1945, p. 122.

(4) 同上，31頁。元資料は，ibid. pp. 121-122.

（5）GHQ/SCAP のラジオ生産指示は，「1945 年 11 月 13 日付 日本政府宛覚書，ラジオ受信機生産に関する件」，「1946 年 1 月 28 日付 日本政府覚書ラジオ受信機に関する件」，「1948 年 7 月 29 日付 経済安定本部発総司令部民間通信局宛書簡ラジオ受信用真空管生産計画に関する件」などで発せられている（『電機通信』第 3 巻第 19 号，1948 年 9 月，2 頁）。
（6）以上，大蔵省財政史室編『昭和財政史――終戦から講和まで』第 10 巻，東洋経済新報社，1980 年，297–305 頁。
（7）重電機械では日本電気機械製造会，計測器では日本電気計測器組合がそれぞれ設立された（閉鎖機関整理委員会編『占領期閉鎖機関と特殊清算』第 2 巻，大空社，1995 年，878 頁）。
（8）電子機械工業会編『電子工業 20 年史』電波新聞社，1968 年，352 頁。
（9）『電機通信』第 2 巻第 12 号，1947 年 7 月，5 頁。
(10) とくに松下電器，早川電機，戸根無線，双葉電機，大阪無線は大阪 5 大メーカーと呼ばれていた（松本望『回顧と前進』下巻，電波新聞社，1978 年，297 頁）。
(11)『電機通信』第 2 巻第 3 号，1947 年 3 月，17 頁；同上，第 2 巻第 15 号，1947 年 9 月，5 頁。
(12) 閉鎖機関整理委員会編，前掲書，875 頁。
(13) 同上。
(14) 生産割当申請の受付は生産規模の大きなメーカーは商工本省で，それ以外のメーカーは各地方商工局で行われ，関西のラジオセットメーカーでは松下電器，早川電機，戸根無線，大阪無線，双葉無線，三菱電機，川西機械製作所の 7 社が本省扱いとなった（『電機通信』第 2 巻第 17 号，1947 年 10 月，8 頁）。
(15)『電機通信』第 2 巻第 19 号，1947 年 11 月，5 頁。
(16) これらは各都道府県の調査にもとづいてラジオセットメーカーと認定され，経営状況についての月次報告書を提出していた結果，生産割当を受けることになった企業であった（『旬刊ラジオ電気』第 13 号，1947 年 7 月，1 頁）。
(17)『電機通信』第 3 巻第 18 号，1948 年 9 月，7 頁。
(18)『旬刊ラジオ電気』第 2 号，1947 年 3 月，2 頁。
(19)『日本電気通信工業連合會報』第 21 号，1949 年 8 月，2 頁。
(20)『旬刊ラジオ電気』第 8 号，1947 年 5 月，1 頁。
(21) 国民経済研究協会・金属工業調査会編『企業実態調査報告書 22. ラジオ工業篇』1947 年，2 頁。
(22) グラフから目算した数値（同上，別表 C)。
(23)『旬刊ラジオ電気』第 20 号，1947 年 10 月，1 頁。
(24) 国民経済研究協会・金属工業調査会編，前掲書，調査表 E。
(25)『旬刊ラジオ電気』第 6 号，1947 年 5 月，1 頁。
(26)『電機通信』第 2 巻第 17 号，1947 年 10 月，2 頁。
(27)『旬刊ラジオ電気』第 23 号，1947 年 11 月，1 頁。
(28) 実際に報告された平均小売販売価格は国民 2 号が 3370 円，国民 4 号が 4450 円，国民 5 号（並四）が 2260 円となっており，それらから物品税 30％を差し引いた価格を計算した（『ラジオ電気新聞』第 61 号，1949 年 5 月，3 頁）。

(29)『旬刊ラジオ電気』第51号，1948年12月，3頁。
(30) 同上，第35号，1948年5月，3頁。
(31) 同上，第40号，1948年8月，1頁。
(32) 同上，第51号，1948年12月，1頁；『日本通信工業連合会報』第21号，1949年8月，1頁。また1949年4月に復興金融委員会では中小企業向け融資方針を決定したが，設備資金についてはラジオ，真空管，キャビネットメーカーへの融資は認められなかった（同上，第15号，1949年4月，3頁）。
(33) 川野文也編『テレビラジオ年鑑』1954年版，テレビラジオ新聞社，1953年，ラジオ編，38頁。
(34) 松本望，前掲書，293-294頁。
(35)『電気新聞』第56号，1948年12月，3頁；同上，第67号，1949年5月，2頁。
(36) 同上，第75号，1949年8月，1頁。
(37) 日本電気通信工業連合會・日本機械工業連合會編『無線通信機械工業の生産構造調査報告書』1956年，15頁。
(38) 高橋雄造「戦後日本における電子部品工業史」『技術と文明』第9巻第1号，1994年3月，71-73頁。
(39) 実際には，NHKとの契約を行わずにラジオを聴く「ただのり」的な聴衆の存在も考えられるため，この数値よりも多くのラジオ購入者が存在したと思われる。
(40) 電子機械工業会編，前掲書，52頁。
(41) 同上。
(42) ラジオにはストレート（再生式）とスーパーの2種類の検波方式がある。ストレート方式では聴取しようとする波長の電波を直接もしくは同じ波長のままで何段かに増幅してから検波して音声に変換する。これに対してスーパー方式では電波の波長を途中で中間周波という特定の波長に変換してからそれを増幅し，検波する。中間周波は175KC（キロサイクル），455KCなど複数あるが，日本では混信妨害などの理由で463KCが推奨されている。したがって例えばNHK大阪放送局の690KCでも東京放送局の1080KCでもスーパーでは必ず463KCに変換されるプロセスを経ている。ストレートだと何段も増幅すると十分な感度を得られないが，中間周波を用いると電波の分離が非常によくなり，複数のラジオ局の電波を高感度で受信することが可能になるのである（『電機通信』第2巻第19号，1947年11月，7頁）。
(43) 電子機械工業会編，前掲書，53頁。
(44) 三洋電機株式会社編『三洋電機三十年の歩み』ダイヤモンド社，1980年，25-26頁。
(45)『電波新聞』1954年2月1日，1頁。
(46) 電子機械工業会編，前掲書，54頁。
(47) 川野文也編『テレビラジオ年鑑』1956年版，テレビラジオ新聞社，1955年，ラジオ編，105頁。
(48) 通産大臣官房調査統計部編『機械統計月報』1955年1月，80頁。

第2章　ラジオ部品流通網の形成と展開

（1）山下裕子「市場からのイノベーション」伊丹敬之他編『ケースブック 日本企業の経営行動③イノベーションと技術蓄積』有斐閣，1998年，第9章；同「ディスカウンターの盛衰」嶋口充輝他編『営業・流通革新』有斐閣，1998年，第3章。
（2）伊東雅男氏（株式会社正電社，代表取締役会長）ヒアリング（1996年8月10日）。
（3）廣瀬太吉『自我像』第2巻，牧野出版社，1971年，38-40頁。
（4）同上，90-105頁。
（5）千代田区役所編『千代田区史』下巻，1960年，722-723頁。
（6）平本厚も当時の状況として，大きな卸問屋が工場を下請にもつのはよくみられたと述べ，1930年代初頭にアメリカで流行したスーパーヘテロダイン受信機を発売したメーカーに，有力問屋の廣瀬商会や富久商会が含まれていたことを明らかにしている（平本厚『戦前日本のエレクトロニクス――ラジオ産業のダイナミクス』ミネルヴァ書房，2010年，80，87頁）。
（7）千代田区役所編，前掲書，718頁，第3表（原資料は『商業調査』1956年度）より集計。
（8）岡本無線電機株式会社社史編纂委員会編『岡本無線電機50年史』1992年，21頁（以下，書名で略記）。
（9）でんでんタウン共栄会編『でんきのまち大阪日本橋物語』1996年，80頁（以下，書名で略記）。
(10) 同上，94頁。
(11) 中川無線電機株式会社，所蔵資料。
(12)『岡本無線電機50年史』21頁。
(13) 市場調査研究会・流通委員会『家庭用電気器具の流通構造調査報告書』日本機械工業連合会，1960年，76頁，第2表。
(14) 川端直正編『浪速区史』浪速区創設30周年記念事業委員会，1957年，138-139頁。
(15)『でんきのまち大阪日本橋物語』79頁
(16)『岡本無線電機50年史』21頁。
(17) 中川無線電機株式会社，所蔵資料。
(18)『でんきのまち大阪日本橋物語』110頁。
(19) 上新電機株式会社社史編集委員会編『30年の歩み』1978年。
(20)『でんきのまち大阪日本橋物語』109頁。
(21) 同上，110頁。
(22) 以上，同上，109頁。
(23)『旬刊ラジオ電気』第52号，1948年12月，2頁。
(24)『でんきのまち大阪日本橋物語』112頁。
(25)『岡本無線電機50年史』30頁。
(26) 同上，33頁。
(27)『でんきのまち大阪日本橋物語』109頁。
(28) アマチュアによるラジオ工作の文化史，および技術史に与えた影響については，高橋雄造『ラジオの歴史――工作の〈文化〉と電子工業のあゆみ』法政大学出版局，2011年，第2章および第9章が詳しい。

(29) ブランド品は店の前で奪い合いになっていたという（伊東雅男氏ヒアリング）。
(30)『でんきのまち大阪日本橋物語』109頁。
(31) 自社の株券を充てるなどの例もあった（松本望『回顧と前進』下巻，電波新聞社，1978年，300頁）。
(32) 以上，原田勝正『日本の鉄道』吉川弘文館，1991年，132-137頁。
(33) 平松耕市（株式会社ヒラマツ，代表取締役社長）氏ヒアリング（1996年10月11日）。
(34)『岡本無線電機50年史』32頁。
(35) 平松耕市氏ヒアリング。
(36)『電波新聞』1954年11月3日，3頁。
(37) 同上，1952年3月17日，6頁。
(38) 以上，小林圭司編『松下電器・営業史（戦後編）』松下電器産業株式会社社史室，1980年，24-54頁。
(39)『電波新聞』1951年8月15日，3頁。
(40) 同上，1951年9月5日，3頁。
(41) 同上，1952年7月26日，7頁。
(42) 岩間政雄編『全ラジオ産業界銘鑑』ラジオ産業通信社，1952年，289頁。
(43) 同上，288頁。富士製作所の歴史については，高橋雄造，前掲書，第3章を参照。
(44) 岩間政雄編，前掲書，268，271，278頁。
(45) 同上，285頁。
(46) 石川電気商会は，同上，259頁。星電社は川野文也編『テレビラジオ年鑑』昭和29年版，テレビラジオ新聞社，1954年，広告48頁。
(47)『電波新聞』1951年10月15日，6頁。
(48)『でんきのまち大阪日本橋物語』123頁。
(49) 大阪府商工部通商課編『大阪における家庭電器卸業の実態』1961年，50頁。1963年には，大阪の家電卸売業者の販売圏は大阪府下および兵庫県内の宝塚，伊丹，川西，尼崎，西宮にまで縮小していた（大阪府立商工経済研究所『家庭電器卸売の実態』1963年，12頁）。
(50)『電波新聞』1954年12月22日，1頁。
(51) 一次卸売店で構成されている大阪ラジオ電器卸商連盟は，こうした結果を憂慮して1956年6月21日から松下・三洋・早川・大阪音響のテレビ・冷蔵庫・電気洗濯機については小売・卸併営を行う二次卸売店への出荷停止を決議した（『電波新聞』1956年6月21日，1頁）。
(52) 1963年頃には「その大部分が小売店となっている。したがって現金売りを主とした小売店の街といえる」状況であった（大阪府立商工経済研究所，前掲書，14頁）。

第3章　ラジオ部品産業の復興

(1) 本書序章，10-11頁。
(2) 松本望『回顧と前進』下巻，電波新聞社，1978年，285頁（以下，書名で略記）。
(3) 同上，289頁。
(4) 電子機械工業会編『電子工業20年史』電波新聞社，1968年，366頁（以下，書名で略記）。

(5)『電機通信』第2巻第18号，1947年10月，2頁。
(6) 同上，第3巻第4号，1948年2月，10頁。
(7)『旬刊ラジオ電気』第43巻，1948年9月，1頁。
(8)『電機通信』第2巻第18号，1947年10月，2頁。
(9) 同上，第3巻第27号，1948年12月，3頁。
(10)『回顧と前進』下巻，282-283頁。
(11)『電機通信』第2巻第1号，1947年1月，10頁。
(12)「昭和23年電通第89号」(1948年1月19日)，国立公文書館，所蔵資料（1-3B-018-03・昭49通産-00020-100)。
(13) 同上。
(14) 嘱託検査員は「公正な立場の人で，工業学校卒業後5年以上実務に従事し，無線技術者3級以上合格した者」とされていた（『電機通信』第2巻第10号，1947年6月，2頁)。
(15) 前掲文書，「昭和23年電通第89号」。
(16) 閉鎖機関整理委員会編『占領期閉鎖機関と特殊清算』第2巻，大空社，1995年，878-879頁。
(17) 日通工が閉鎖された後，1948年4月に有線通信機器工業会，無線通信機械工業会，通信電線会の3団体が設立され，これらの上部団体として日本電気通信工業連合會が設立された（日本電子機械工業会編『電子工業30年史』1979年，32頁［以下，書名で略記])。CESは通信電線会を除く2団体が定める規格の名称となり，1950年代初頭からは電子管関係の部品について定められ，官公庁の発注仕様として使用された（『電子工業20年史』251頁)。高度成長期以降のCESについては，第7章で詳しく取り上げる。
(18)『日本通信機械工業連合會報』第7号，1948年11月，1頁。
(19) 戦時期における管理工場および監督工場については，下谷政弘「1930年代の軍需と重化学工業」下谷政弘編『戦時経済と日本企業』昭和堂，1990年，序章。
(20) KOA50周年企画室編『KOA50年史 1940～1990』1991年，33頁。
(21) 平本厚「日本における電子部品産業の形成」『研究年報 経済学』(東北大学) 第61巻第4号，2001年1月，30頁。
(22) KOA50周年企画室編，前掲書，32頁。
(23) 同上，47頁。
(24) 田淵電機50年史委員会編『田淵電機50年史』1975年，59-70頁。
(25)『回顧と前進』上巻，251-253頁。
(26) 同上，下巻，299頁。
(27) 同上，282-283頁。
(28) 同上。
(29) 同上，299-300頁。
(30) 村田製作所50年史編纂委員会編『不思議な石ころの半世紀――村田製作所50年史』ダイヤモンド社，1995年，14-22頁。
(31) 帝国通信工業株式会社編『30年のあゆみ』1975年，13-21頁。
(32) 同上，23頁。

(33) 三十五年史編纂委員会編『松尾電機三十五年史』1985年，16-17頁。
(34) 同上，9-10頁。
(35) 同上，18頁。
(36) 同上，28頁。
(37) 同上，22頁。
(38) 同上，20頁。
(39) 同上，27-29頁。
(40) 同上，46頁。高度成長期の電子部品開発における公的機関の役割については，第8章で取り上げる。
(41) 同上，35-36頁。
(42) 同上，37頁。
(43) 岩間政雄編『全ラジオ産業界銘鑑』ラジオ産業通信社，1952年，114頁。
(44) アルプス電気株式会社『アルプス50年のあゆみ』1998年，15頁。
(45) 同上，17頁。
(46) 岩間政雄編，前掲書，139頁。
(47) 同上，223頁。
(48)『回顧と前進』上巻，256-257頁。
(49) 同上，下巻，295頁。
(50)『電機通信』第2巻第10号，1947年6月，6頁。
(51)『電波新聞』1951年7月5日，4頁。
(52) 同上。
(53)『旬刊ラジオ電気』第70号，1949年8月，2頁。
(54)『電波新聞』1951年2月15日，3頁。
(55) 柳沢遊「中小企業の政策」通商産業政策史編纂委員会編『通商産業政策史』第3巻，通商産業調査会，1992年，第4章第4節，669-671頁。
(56) 社史編纂実行委員会編『SOUND CREATOR PIONEER』1980年，43頁。
(57) 双信電機株式会社50年史編纂委員会編『双信電機株式会社50年史』1988年，51頁。
(58)『回顧と前進』下巻，285-290頁。
(59)『電子工業30年史』32-35頁。
(60) 日本生産性本部『電気通信機械――電気通信機械工業専門視察団報告書』1958年，5-12頁。
(61) 同上，151頁。
(62)『電子工業20年史』368頁。
(63) 日本生産性本部部，前掲書，152頁。
(64)『電子工業20年史』366-367頁。
(65) 日本電子機械工業会『電子工業50年史 通史編』日経BP社，1998年，55頁。

第4章　家電セットメーカーによる下請専属化

(1) 平本厚『日本のテレビ産業――競争優位の構造』ミネルヴァ書房，1994年，第1章。

（2）平本厚「テレビ産業における寡占体制の形成」『研究年報 経済学』（東北大学）第56巻第4号，1995年1月，141-147頁。
（3）日本電子工業振興協会「電子部品工業基礎調査報告」『電子』第5巻第3号，1965年3月，36頁。
（4）当時の現状分析としては，三品頼忠「機械工業における中小企業の再編過程」押川一郎・中山伊知郎・有沢広巳・磯部喜一編『高度成長過程における中小企業の構造変化』東洋経済新報社，1962年，第2章；伊東岱吉・尾城太郎丸「通信機器工業における合理化再編成の一形態（2）」『商工金融』第5巻第6号，1958年6月；小林義雄「独占資本の系列支配」楫西光速・岩尾裕純・小林義雄・伊東岱吉編『講座中小企業』第2巻，有斐閣，1960年，第7章；田杉競「金属機械工業における下請関係の変化」日本経営学会編『経営組織論の新展開』ダイヤモンド社，1961年。また歴史研究としては，和田一夫「自動車産業における階層的企業間関係の形成——トヨタ自動車の事例」『経営史学』第26巻第2号，1991年4月；植田浩史「高度成長期初期の自動車産業とサプライヤ・システム」『季刊経済研究』（大阪市立大学）第24巻第2号，2001年9月。
（5）橋本寿朗「長期相対取引形成の歴史と論理」橋本寿朗編『日本企業システムの戦後史』東京大学出版会，1996年，第4章。
（6）加賀見一彰「下請取引関係における系列の形成と展開」岡崎哲二編『取引制度の経済史』東京大学出版会，2001年，第8章。
（7）橋本寿朗，前掲論文，226頁。
（8）全体の平均は65.6％である（加賀見一彰，前掲論文，322頁）。
（9）事業本部「各製造所別主要仕入先仕入品一覧表 昭和23年3月20日調」（松下電器産業株式会社，所蔵資料）。
（10）京都工場資材課「昭和二十五年六月 東京地区主要取引先名簿」（松下電器産業株式会社，所蔵資料）。
（11）橋本寿朗，前掲論文，221頁。
（12）双信電機株式会社50年史編纂委員会編『双信電機株式会社50年史』1988年，53頁。
（13）「経営概況報告書」（松下電器産業社史室，所蔵資料）。
（14）大阪府立商工経済研究所編『大阪を中心とせる軽電機下請工業の実態』1961年，6頁。
（15）「昭和30年代-40年代を振り返って 1995年3月19日南岡（ヒアリング記録）」（松下電器産業社史室，所蔵資料）。
（16）大阪府立商工経済研究所編『大阪を中心とせる弱電機関連工業の実態』1961年，122頁。スーパーマーケット方式とは「かんばん方式」の当時の呼称である（大野耐一『トヨタ生産方式』ダイヤモンド社，1978年，第2章，53頁）。
（17）松下電器産業社史室編『社史松下電器 激動の十年 昭和43-52年』1978年，300頁。
（18）前掲，「昭和30年代-40年代を振り返って 1995年3月19日南岡（ヒアリング記録）」。
（19）大阪府立商工経済研究所編，前掲『大阪を中心とせる弱電機関連工業の実態』123頁。
（20）機械振興協会経済研究所『機械工業における下請構造の変貌調査』1966年，85頁。
（21）前掲，「昭和30年代-40年代を振り返って 1995年3月19日南岡（ヒアリング記録）」。
（22）公正取引委員会事務局『主要産業における生産集中度』昭和33年版，1960年，48-50頁。

(23) 公正取引委員会事務局『電機工業における経済力集中の実態』1959年，66頁。
(24) 1950年4月に北條工場から北條製造所へと改称（三洋電機株式会社編『三洋電機三十年の歩み』ダイヤモンド社，1980年，621頁）。
(25) 1956年1月に住道のラジオ・テレビ・精器・木工の4工場を住道製造所と総称（同上，625頁）。
(26) 山田宏「愛情で育てた協力工場」『マネジメント』第16巻第5号，1957年5月，104頁。
(27) 同上。
(28) これに対して，専属工場との関係は品質や価格面で折り合いがつけば持続的に購入するというものであり，発注量の保証は努力規定に留まっていた。また技術指導などの工場育成策もとられていなかった。準専属工場は，同社で製造不可能な製品や特殊な技術をもつ工場であり，数は極めて少なかった。発注量も保証されず，一定期間の購買契約を結ぶのみであった（同上）。
(29) 同上。
(30) 同上，105頁。
(31) 森秀太郎「技術面の指導を中心に親子工場の有機的結合を図る」『工場管理』第7巻第7号，1961年6月，98頁。
(32)「外注管理を解剖する」『工場管理』第4巻第10号，1959年9月，50頁。
(33) 森秀太郎，前掲稿，98頁。
(34) 同上，98-99頁。
(35) 同上，102頁。
(36) 東京芝浦電気株式会社『東芝百年史』ダイヤモンド社，1977年，676頁。
(37) 松本達郎「テレビ工業における系列化について」『調査時報』（中小企業金融公庫調査部）第6巻第3号，1964年8月，12-13頁。「外注管理委員会」の説明があることから，同論文中のB社が東芝であると判断した。なお同論文中では「外注工場対策要綱」となっているが正確には「外注工場育成対策要綱」であると思われる。また「工業部ごとに外注管理委員会を設け」という記述があるが，当時同社に工業部は存在しないため「工場ごとに」の誤りであると思われる（前掲，「外注管理を解剖する」52頁）。
(38) 松本達郎，前掲論文，13頁。
(39) 小宮山琢二『日本中小工業研究』中央公論社，1941年，75頁。
(40) 同上，99頁。

第5章　トランジスタラジオ輸出の展開

(1) トランジスタラジオを技術史，文化史的な視点から論じた研究として，高橋雄造「ロックンロールとトランジスタ・ラジオ――日本の電子工業の繁栄をもたらしたもの」『メディア史研究』第20巻，2006年5月および，同『ラジオの歴史――工作の〈文化〉と電子工業のあゆみ』法政大学出版局，2011年，がある。
(2) 1969年の自動車ラジオを除いたラジオ生産額は1398億6900万円，生産量は3079万台である（日本電子機械工業会『電子工業50年史 資料編』日経BP社，1998年，21頁）。自動車用ラジオ生産は1991年まで増加しており，産業としての展開過程が異なるため，以下では自動車用ラジオについては検討対象から除外する。

（３）1960年において輸出額は鉄鋼，綿織物，船舶，衣類に次いで5位であった（日本機械金属検査協会『日本機械金属検査協会十年史』1967年，48頁，以下，書名で略記）。

（４）Ohgai, Takeyoshi, "How 'Made in Japan' was Established : The Strategy of Japanese Export to USA by Consumer Electronics Industry," *Ryukoku Daigaku Keieigaku Ronsyu* (*The Journal of Business Studies Ryukoku University*), Vol. 36, No. 1, Jun., 1996；大貝威芳「黎明期の輸出マーケティング」『経営学論集』（龍谷大学）第42巻第1号，2002年7月。

（５）林信太郎『日本機械輸出論』東洋経済新報社，1961年，110頁および136頁。

（６）大蔵省『日本貿易年表』各年版。

（７）*Electronics Business Edition*, Apr. 10th 1957, p. 37.

（８）通産省重工業局『日本のトランジスタラジオ工業』工業出版社，1959年，19頁（以下，書名で略記）。

（９）川野文也編『テレビラジオ年鑑』1959年版，テレビラジオ新聞社，1959年，499-703頁（以下，書名で略記）；日本のラジオ編集委員会『日本のラジオ』工業出版社，1962年，193-198頁（以下，書名で略記）；『日本のトランジスタラジオ工業』28-31頁から，158件のトランジスタラジオメーカーの企業名，資本金，従業員数，ブランド，所在地などを確認できる。

(10)『テレビラジオ年鑑』1959年版，500-502頁。

(11)『日本のトランジスタラジオ工業』224頁。

(12) 通産大臣官房調査統計部『機械統計年報』。

(13) 通産省『電子工業年鑑』1962年度版，電波新聞社，1961年，233頁。

(14)『日刊工業新聞』1956年2月20日，3頁。

(15) 同上。

(16) 同上，1956年5月18日，3頁。東芝柳町工場の購買管理については，第4章を参照。

(17) Simon Partner, *Assembled in Japan*, Berkeley : University of California Press, 1999, pp. 201-202.

(18) 松下のようなトランジスタラジオを生産していた大企業でも，生産を停止していなかった真空管式携帯ラジオのアメリカ向け輸出価格がFOB価格で6ドル台にまで下がり，輸出先を東南アジアなどへ変更することを余儀なくされた（『日刊工業新聞』1957年3月31日，3頁；同，6月14日，3頁；同，7月16日，3頁；同，8月27日，3頁）。

(19) 電子機械工業会編『電子工業20年史』電波新聞社，1968年，55頁（以下，書名で略記）。

(20) ソニーではトランジスタラジオの普及を図るため，大手家電メーカーに対してトランジスタの外販を進めていた（ソニー株式会社広報センター『ソニー50周年記念誌「GENRYU源流」』1996年，88-89頁，および100頁）。

(21) 三洋電機株式会社編『三洋電機三十年の歩み』1980年，47頁（以下，書名で略記）。

(22)『日刊工業新聞』1958年2月9日，1頁；同，11月3日，3頁。

(23)『三洋電機30年史』50頁。

(24)『日刊工業新聞』1957年9月28日，3頁；　同，11月3日，3頁。

(25)『日本のラジオ』26頁。

(26)『日本のトランジスタラジオ工業』53-54頁。

(27)『電子工業20年史』55頁。
(28)『日刊工業新聞』1958年5月26日，5頁。
(29)『日本のラジオ』26頁。
(30) 松下電器は1959年9月に販売子会社であるアメリカ松下電器（MECA）を設立し，ディストリビューターを介さないディーラーへの直接販売を開始した。またセールスレップがディーラーを開拓し，PANASONICブランドで販売した（大貝威芳「Matsushita Comes to America——松下電器初期対米輸出・マーケティング戦略」『経営学論集』（龍谷大学）第37巻第2号，1997年8月，29-33頁）。ソニーは1960年2月にソニーアメリカ（SONAM）を設立した（橘川武郎・野中いずみ「革新的企業者活動の継起——本田技研とソニーの事例」由井常彦・橋本寿朗編『革新の経営史』有斐閣，1995年，第9章，180頁）。
(31) 日本貿易振興会『トランジスター・ラジオの米国市場調査』1959年，28頁（以下，書名で略記）。
(32) 同上，17-19頁。
(33) ドイツの一流品も同様の経路で輸入されていた。例えば，テレフンケンの製品を輸入していた輸入兼卸売会社のアメリカンエリートはアメリカの東部，中西部，西海岸に28の販売会社を傘下に擁し，ニューヨークでは37の小売店と取引があった（*Electrical Merchandising*, Jul., 1959, p. 65）。
(34)『三洋電機三十年の歩み』54頁。
(35)『トランジスター・ラジオの米国市場調査』29-34頁。
(36)『日刊工業新聞』1958年2月4日，3頁。
(37) *Electrical Merchandising*, Jul., 1959, p. 65.
(38)『トランジスター・ラジオの米国市場調査』26頁。
(39) *Electrical Merchandising*, Jul., 1959, p. 65.
(40) *Ibid*., Oct., 1958, p. 44.
(41)『日本のラジオ』24頁。
(42)『日刊工業新聞』1958年1月17日，3頁。
(43) *Electrical Merchandising*, Jul., 1959, p. 65.
(44) *Ibid*., Oct., 1959, p. 77.
(45) *Ibid*., Jan., 1959, p. 101.
(46) *Ibid*., Jul., 1959, p. 65.
(47)『日刊工業新聞』1958年5月26日，5頁。
(48)『電子』第1巻第1号，1961年9月，34頁。
(49) 同上，第2巻第8号，1962年8月，39頁。
(50) 通産省編『電子工業年鑑』1963年度版，電波新聞社，1963年，68頁。
(51)『三洋電機三十年の歩み』54頁。同社北條製造所の購買管理については，第4章を参照。
(52)『日刊工業新聞』1959年5月20日，1頁。
(53) 同上，1958年3月28日，5頁。
(54) 同上，1960年11月11日，1頁。
(55)『電子』第2巻第3号，1962年3月，28頁。

(56)『日刊工業新聞』1962 年 5 月 19 日，5 頁。
(57)「ホンコン製トランジスターラジオについて」『東京銀行月報』第 18 巻第 6 号，40-42 頁。
(58) 同上。
(59)『日刊工業新聞』1961 年 12 月 28 日，5 頁。
(60) 同上，1960 年 12 月 28 日，5 頁。
(61) 同上，1960 年 8 月 27 日，5 頁。
(62) 同上，1961 年 8 月 9 日，4 頁。
(63) 同上，1961 年 12 月 28 日，5 頁。
(64) 同上，1962 年 12 月 14 日，5 頁。
(65)「米国市場における日本製トランジスターラジオについて」『三井銀行調査月報』第 360 号，1965 年 7 月，26 頁。
(66)『日刊工業新聞』1962 年 5 月 19 日，5 頁。
(67) 同上，1958 年 1 月 17 日，3 頁。
(68) 同上，1958 年 5 月 29 日，4 頁。
(69)『日本のトランジスタラジオ工業』111-115 頁。
(70)『日刊工業新聞』1958 年 7 月 2 日，1 頁。
(71) 同上，1960 年 2 月 26 日，4 頁。
(72) 同上，1960 年 1 月 11 日，2 頁。
(73) 同上，1959 年 11 月 2 日，4 頁。
(74) 同上，1960 年 5 月 12 日，4 頁。
(75) 同上，1960 年 6 月 29 日，1 頁。
(76)『日本のラジオ』55 頁。
(77)『日本機械金属検査協会十年史』261-263 頁。
(78)『日本のラジオ』59 頁。
(79)『電子』第 2 巻第 8 号，1962 年 9 月，12-13 頁。
(80)『電子工業年鑑』1964 年度版，電波新聞社，1964 年，217 頁。
(81)『日刊工業新聞』1964 年 6 月 12 日，4 頁。
(82) 同上，1964 年 11 月 18 日，4 頁。
(83)『電子』第 2 巻第 8 号，1962 年 9 月，12-13 頁。
(84)『日刊工業新聞』1959 年 4 月 23 日，5 頁。
(85) 同上，1959 年 11 月 17 日，4 頁。
(86) 同上，1965 年 9 月 27 日，4 頁。
(87)『電子』第 2 巻第 8 号，1962 年 9 月，12-13 頁。
(88)『日刊工業新聞』1962 年 11 月 17 日，4 頁。
(89) 同上，1964 年 11 月 18 日，4 頁。
(90) 日本機械輸出組合『日本機械輸出組合 25 年の記録』1977 年，187 頁。
(91)『電子』第 2 巻第 4 号，1962 年 4 月，44 頁。
(92) 同上，第 2 巻第 9 号，1962 年 9 月，14 頁。
(93)『日刊工業新聞』1962 年 9 月 26 日，4 頁。

(94) 同上，1961年7月10日，6頁。
(95)『電子工業年鑑』1964年度版，218頁。

第6章　電子部品の技術革新と「専門生産」の確立

(1) 平本厚「日本における電子部品産業の形成――受動電子部品」『研究年報 経済学』（東北大学）第61巻第4号，2000年1月，23頁。
(2) 三洋電機編『三洋電機30年の歩み』ダイヤモンド社，1980年，25頁。
(3) 日本電子機械工業会コンデンサ研究会編『コンデンサ評論――わが社の生い立ち』1983年，41-42頁（以下，書名で略記）。
(4) 同上，191-192頁。
(5) 青木幹三・佐々木甫・飯村亮三「日本におけるポリスチロールコンデンサの発展史」『コンデンサ評論』第21巻第11号，1968年11月，87-89頁。
(6) 松下電子部品株式会社編『社史資料 No. 1 部品の揺籃時代（昭和6年～昭和32年）』1986年，5-16頁。
(7) 同上，34頁。
(8) 同上，31頁。
(9) 同編『社史資料 No. 2 部品の成長時代（昭和33年～昭和51年）』1987年，11-19頁。
(10) 同上，12-16頁。
(11) 日本電気には家電部門が分社化して設立された新日本電気が含まれている可能性があり，ラジオ・テレビ生産の電子部品を購買していることも考えられる。
(12) ミツミ電機は日本電気との取引関係もあるため，厳密にはAの分野に特化しているとはいえないが，前述のように元資料では日本電気と新日本電気を峻別することができない。ミツミ電機はB・C・Dの分野で日本電気以外の企業とは取引していないため，ここではテレビ・ラジオ分野に特化していると判断した。
(13) 東京コスモス電機は，1934年創業のボリュームメーカーである福島電機製作所が1950年代半ばにテレビや冷蔵庫などの生産販売に失敗して1957年に負債総額10億円で倒産した後，その東京工場が独立した（新コスモス電機30年史編纂委員会編『未来をつくるコスモススピリットの30年』1990年，20-22頁）。
(14) 1918年創業の二井商会が戦後に解散し，関西にあった工場が関西二井製作所として独立し，また東京工場は日本機械貿易（三井物産）の資本参加で二井蓄電器として独立した（『電子科学』第9巻第3号，1959年5月，126頁）。同社は1967年に東京電器と合併し，1970年に社名をマルコン電子に変更した（『コンデンサ評論――わが社の生い立ち』226頁）。
(15) 同上，第9巻第2号，1959年4月，123-124頁。
(16)『電機通信』第2巻第19号，1947年11月10日，7頁。
(17) 日本電子機械工業会電子部品部編『電子部品技術史』1999年，30頁（以下，書名で略記）。
(18) 同上，39頁。
(19) 同上，57-59頁。
(20) 同上，75頁。
(21) 同上，92-96頁。

(22) 高野留八『抵抗器——電子回路部品用』日刊工業新聞社，1962 年，7-8 頁。
(23) 平本厚，前掲論文，30-32 頁。
(24) コンデンサは蓄えられた電気が漏洩しないように部品全体を真空状態にする含浸と呼ばれる工程があり，部品を含浸する材料の研究が品質の向上にとって不可欠であった。
(25) 梶川馨「戦後における蓄電器の展望」『コンデンサ評論』第 10 巻第 9・10 号，1957 年 10 月，64 頁。
(26) 林三郎「通研におけるコンデンサの研究過程」『コンデンサ評論』第 10 巻第 9・10 号，1957 年 10 月，58 頁。
(27) 同上。
(28) 林三郎「コンデンサの歩み 3」『電子材料』1962 年 12 月号，82 頁。
(29) PB レポートが日本に輸入される経緯については，中島裕喜「PB レポートに関する一考察——第二次世界大戦後におけるドイツ技術の接収と日本におけるその活用」『大阪大学経済学』第 64 巻第 2 号，2014 年 9 月を参照。
(30) 中山茂「科学情報の国際交流」中山茂・後藤邦夫・吉岡斉編『通史・日本の科学技術 1』学陽書房，1995 年，第 2 部・2-5，163 頁。
(31) その後，電気通信研究所は逓信省から電気通信省を経て 1952 年 8 月に日本電信電話公社へと移管された（青木洋「電子工業振興臨時措置法の成立過程——通産省における電子工業振興政策のはじまり」『研究年報 経済学』（東北大学）第 59 巻第 2 号，1997 年 10 月，42-43 頁）。
(32) また既述の人体に及ぼす影響については労働化学研究所病理学研究室博士の久保田重孝の研究成果によって製造技術が改善された（林三郎，前掲稿，「通研におけるコンデンサの研究過程」58 頁）。
(33) 沼倉秀穂「創立 20 周年を迎えて」『コンデンサ評論』第 21 巻第 11 号，1968 年 11 月，1-3 頁。
(34) 衣川浩平，タイトルなし，『コンデンサ評論』第 21 巻第 11 号，1968 年 11 月，8-11 頁。
(35) 平本厚，前掲論文，33 頁；五十年史編集委員会編『指月電機五十年史』1990 年，20 頁（以下，書名で略記）。
(36) 三十五年史編纂委員会『松尾電機三十五年史』1985 年，32 頁（以下，書名で略記）。
(37) 同上，48 頁。
(38) 平本厚，前掲論文，34 頁。
(39)『松尾電機三十五年史』48 頁。
(40) 大阪を中心とした業界と公設試験研究機関および学術機関との連携については，本書第 8 章で詳細に検討する。
(41)『松尾電機三十五年史』33 頁。
(42) 同上，43 頁。
(43) ワックス系の含浸剤であるクロールナフタリンやパラフィンは高温では溶融してしまうため，融点の引き上げが技術改良の一つのポイントであり，テレビのような密閉された空間に多数の部品が組み込まれる複雑な電子回路では機器内部で温度が上昇するため，製品寿命に限界があった。オイル系の含浸剤はその点においてワックス系よりも優れており，テレビ生産とともに代替が進展した（同上，46頁）。
(44) 同上，41頁。
(45) 同上，33頁。
(46) 同上，40-47頁。
(47) 同上，43頁。
(48) 同上，47頁。
(49)『電波新聞』1951年8月25日，5頁。
(50) 神栄100年史編集委員会『神栄100年史』1990年，197頁。
(51)『指月電機五十年史』51-52頁。
(52) 長谷川登「MPコンデンサ」『電子技術』第2巻第6号，1960年5月，60頁。
(53) 林三郎「コンデンサの歩み2」『電子材料』1962年11月号，76頁；梶川馨，前掲稿，65頁。
(54) 日立製作所戸塚工場編『日立製作所戸塚工場史』1970年，159-160頁。
(55) 同上，161頁。
(56) 文部省大学学術局編『全国研究機関通覧 自然科学・技術』1951年版，1951年，244頁。
(57)『コンデンサ評論――わが社の生い立ち』225頁。
(58) 梶川馨，前掲稿，66頁。
(59) 安立電気社史編纂委員会編『創立30年史』1964年，250頁。
(60) 安立電気社史によると，1938-39年頃にはMPコンデンサの製造を開始したと記されているが（同上），ドイツでMPコンデンサが初めて実用化されたのが1940年頃という指摘もある。MPコンデンサの原理は1910年頃から知られており，同社がボッシュ社に先駆けて実用化に成功したとの推測も成り立つが，詳細については不明である。
(61) 大内寅雄「電子工業振興臨時措置法の成立と部品工業について」『部品工業』第2巻第4号，1957年6月，5頁。
(62) 橋本寿朗「機械・電子工業の育成」通商産業政策史編纂委員会編『通商産業政策史』第6巻，通商産業調査会，1990年，第5章第5節，597頁。
(63) 林三郎，前掲稿，「コンデンサの歩み2」76頁。
(64)『コンデンサ評論――わが社の生い立ち』91-92頁。
(65) 本州製紙編『本州製紙社史』1966年，389頁。
(66) 林三郎，前掲稿，「コンデンサの歩み2」76頁。
(67)『松尾電機三十五年史』50頁。
(68) 同上，51-54頁。
(69) 安中電気では紙にラッカーを塗布する装置やコンデンサの工程で必要な素子巻取の自動化機械なども製造しており，とくに全自動化された巻取装置は海外へも輸出されていた（林三郎，前掲稿「コンデンサの歩み3」84頁）。
(70)『指月電機五十年史』54頁。
(71) 同上。
(72) 同上，57頁。
(73) こうした取引関係は，石油ショック前後の激しい市況変動においても繰り返されていることが，第III部第10章で明らかにされる。
(74)『指月電機50年史』58頁。
(75) 同上，59頁。
(76) 有機的下請は「製作数量加工精度納期等の関係から各種部品の一部又は全部の加工或いは工作を下請せしめる場合……それ自身としては全く市場性を持たないのを一般とする」というものである（小宮山琢二『日本中小工業研究』中央公論社，1941年，33頁）。
(77) 日立化成工業社史編纂委員会編『日立化成工業社史』1982年，61頁。
(78) 以上，森下草太郎『技術の虹に生きて』電波新聞社，1968年，40-57頁（以下，書名で略記）。
(79) 同上，62頁。
(80) 同上。
(81) 相田洋編『電子立国日本の自叙伝』第2巻，日本放送出版協会，1995年，141頁。
(82)『技術の虹に生きて』65頁。
(83)『電波新聞』1959年9月26日，3頁。
(84)『技術の虹に生きて』69頁。
(85)『電波新聞』1959年9月26日，3頁。
(86) 同上，1959年4月18日，10頁。
(87) 田口憲一「花咲けるパーツ」福本邦雄編『電子部品ひとすじに――ミツミ電機』フジインターナショナルコンサルタント出版部，1966年，20-43頁。
(88) ミツミ電機『第20期 有価証券報告書』4頁。
(89) 坂本藤良「単なる成長企業ではない」福本邦雄編，前掲書，62頁。
(90)『電子部品技術史』33頁。
(91) 山田亮三「躍進体制をつくる人びと」福本邦雄編，前掲書，174-177頁。
(92)『電子部品技術史』60-62頁。
(93) 田口憲一，前掲稿，34頁。
(94) 牧野昇「小型化で世界に伸びる」福本邦雄編，前掲書，78頁。
(95) 井深大「私はミツミ・パーツを信頼する」福本邦雄編，前掲書，136頁。
(96)『電波新聞』1959年4月18日，10頁。
(97) 田口憲一，前掲稿，32頁。
(98)『電子部品技術史』60頁。
(99)『電波新聞』1959年10月17日，5頁。
(100) 同上，1959年10月17日，2頁。
(101) 同上，1959年4月18日，10頁；1959年2月4日，2頁。

第7章　業界団体による電子部品の規格化

(1) 抵抗器やトランスは約20倍，コンデンサ，スピーカー，テレビチューナーも10倍以上拡大している（通産大臣官房調査統計部編『機械統計年報』各年版）。
(2) 日本のテレビジョン20年編集委員会編『日本のテレビジョン20年』テレビラジオ新聞社，1974年，49-50頁。

(3)「1962 年 8 月における電子機器の生産動向」『電子』第 2 巻第 11 号，1962 年 11 月，59 頁。
(4) 平本厚『日本のテレビ産業――競争優位の構造』ミネルヴァ書房，1994 年，第 2 章。
(5)「1963 年 9 月における電子機器の生産動向」『電子』第 3 巻第 12 号，1963 年 12 月，62 頁。
(6)「1964 年 3 月における電子機器の生産動向」『電子』第 4 巻第 6 号，1964 年 6 月，74 頁。とくに抵抗器や変成器については，『電波新聞』1964 年 6 月 18 日，3 頁；1964 年 6 月 19 日，3 頁。
(7)『電波新聞』1964 年 9 月 9 日，3 頁。
(8)「1965 年 5 月における電子機器の生産動向」『電子』第 5 巻第 8 号，1965 年 8 月，68 頁。
(9)「1966 年 10 月における電子機器の生産動向」『電子』第 7 巻第 1 号，1967 年 1 月，44 頁。
(10)「1967 年 6 月における電子機器の生産動向」『電子』第 7 巻第 9 号，1967 年 9 月，72 頁。
(11)「1968 年 8 月における電子機器の生産動向」『電子』第 8 巻第 11 号，1968 年 11 月，57–58 頁。
(12)「1969 年 2 月における電子機器の生産動向」『電子』第 9 巻第 5 号，1969 年 5 月，57 頁；「1969 年 7 月における電子機器の生産動向」『電子』第 9 巻第 10 号，1969 年 10 月，33 頁。
(13) 電子部品生産のテレビ生産に対する需要弾性値は約 1 であった（「1969 年 10 月における電子機器の生産動向」『電子』第 10 巻第 1 号，1970 年 1 月，77 頁）。
(14)『電波新聞』1961 年 3 月 18 日，1 頁。
(15) 同上，1961 年 2 月 2 日，3 頁。
(16) 同上，1962 年 11 月 30 日，2 頁。
(17) 平本厚，前掲書，80–81 頁。
(18) 通産省編『電子工業年鑑』1964 年版，電波新聞社，1964 年，418 頁；電子機械工業会編『電子工業 20 年史』電波新聞社，1968 年，98 頁（以下，書名で略記）。
(19)『電波新聞』1961 年 10 月 31 日，3 頁。
(20) 同上，1961 年 12 月 16 日，3 頁。
(21) 同上，1963 年 5 月 29 日，1 頁。
(22) 同上，1962 年 9 月 11 日，1 頁。
(23) 同上，1962 年 11 月 21 日，1 頁
(24) 同上，1964 年 10 月 27 日，3 頁。
(25) 日本電子機械工業会編『電子工業 30 年史』1979 年，32 頁（以下，書名で略記）。
(26)『電波新聞』1964 年 11 月 16 日，3 頁。
(27) 神田テレビラジオ卸専門店会編『朝日無線電機総合カタログ』1960 年，178–184 頁。
(28) ロータリースイッチとはツマミ部分を回転させることのできるスイッチでラジオ，テレビ，ステレオなどの音響部分の切替スイッチとして使用される部品である（日本電子機械工業会編『電子部品ハンドブック』電波新聞社，1975 年，695 頁）。
(29) 神田テレビラジオ卸専門店会編，前掲書，196 頁。
(30) 同上，228 頁。
(31) 同上，210 頁。
(32)『電波新聞』1963 年 1 月 1 日，7 頁。
(33) 前田久雄「電子機器の部品の標準化について」『電子』第 3 巻第 1 号，1963 年 1 月，19–

25 頁。
(34)『電波新聞』1964 年 8 月 15 日，3 頁。
(35) 社史編纂委員会編『日本ケミコン 50 年史』1982 年，93 頁。
(36)『電波新聞』1964 年 10 月 12 日，1 頁。
(37) 同上，1962 年 8 月 18 日，1 頁。
(38) 同上，1966 年 9 月 20 日，3 頁。
(39) 例えば松下ではシャーシほか内蔵キットの規格を統一して複数のモデルに流用していた（同上，1965 年 2 月 26 日，1 頁）。
(40) 同上，1963 年 11 月 8 日，5 頁。
(41) 同上，1965 年 7 月 22 日，1 頁。
(42) 山田英夫『デファクトスタンダード』日本経済新聞社，1997 年，3 頁。
(43) Yukihiko Kiyokawa and Shigeru Ishikawa, "The Significance of Standardization in the Development of the Machine-tool Industry : The Case of Japan and China (Part 1)," *Hitotsubashi Journal of Economics*, 28, 1987, p. 148.
(44) 橋本毅彦『標準化の哲学』講談社，2002 年，第 4 章。
(45) 日本規格協会編『JIS 規格総目録 1956 年 8 月 31 日現在』1956 年；同編『JIS 総目録 1976 年 3 月 31 日現在』1976 年，および官報各号より集計。
(46)『電波新聞』1966 年 9 月 22 日，3 頁。
(47)「座談会，部品標準化について」『電子』第 4 巻第 8 号，1964 年 8 月，23 頁。
(48)『電波新聞』1962 年 1 月 13 日，5 頁。
(49) 上山忠夫『日本工業規格と標準化』日本経済社，1951 年，48 頁。
(50)『電波新聞』1961 年 10 月 7 日，3 頁。
(51) 同上，1963 年 4 月 15 日，2 頁。
(52) 前田久雄，前掲稿，20 頁。
(53) 前掲，「座談会，部品標準化について」18 頁。
(54)「電子機械工業会標準規格一覧表」『電子』第 5 巻第 5 号，1965 年 5 月，74 頁。
(55)『電子工業 30 年史』32 頁。
(56)『電子工業 20 年史』251 頁。
(57) 前掲，「電子機械工業会標準規格一覧表」75 頁。
(58)『電波新聞』1964 年 1 月 23 日，3 頁。
(59) 前田久雄，前掲稿，19 頁。
(60) 同上，20 頁。
(61) 同上，21 頁。
(62) 同上，21-23 頁。
(63)『電波新聞』1963 年 4 月 19 日，3 頁。
(64)『電子工業 20 年史』253 頁。
(65)「41 年度第 1 回コネクタ技術委員会議事録」（ホシデン株式会社，所蔵資料）。
(66) 中島裕喜「戦後日本における専門部品メーカーの発展――1945～60 年，電子部品産業の事例」『経営史学』第 33 巻第 3 号，1998 年 12 月。

(67) CES 規格：番号 609，621，623，646，651，703，707（電子情報技術産業協会，所蔵資料，以下同じ）。
(68)「第9回プラグジャック技術小委員会議事録」（ホシデン株式会社，所蔵資料）。ただし，同委員会の委員長企業である星電器製造は大阪府の部品メーカーである。
(69)『電波新聞』1966年6月16日，3頁。
(70) CES 規格：番号 611，631，641，643，651，701，703，707。
(71) CES 規格：番号 686。
(72) 竹下與一氏（元，工業会関西支部）ヒアリング（2001年4月10日）。
(73) CES 規格：番号 642，662，703，707，709。
(74)『電波新聞』1964年3月2日，3頁；山下兼弘氏（元，アルプス電気）の書面による回答（2001年4月17日）。
(75) 桑原詮三氏（元，日本ケミコン）の書面による回答（2001年4月13日）。
(76) 同上。
(77) 村岡一之氏（元，フォスター電機）の書面による回答（2001年5月6日）。
(78)『電波新聞』1965年10月22日，3頁。
(79) CES 規格：番号 611。
(80) CES 規格：番号 631。
(81) 規格の説明については，前田久雄，前掲稿，21頁。
(82) CES 規格：番号 619，631，632，633，642，643，646，647，648，661，662，663，681，684，697。
(83) 矢川豊「電子部品の標準化はどうあるべきか」『電子』第5巻第5号，1965年5月，67頁。
(84)『電波新聞』1966年5月20日，3頁。
(85) 同上，1967年1月11日，2頁。こうした動向は電子部品に留まるものではなく，工技院に設けられた日本工業標準調査会標準会議では，1966年から67年にかけて，1968年からの工業標準化促進5カ年計画を検討する際に，JIS 規格のあるべき姿として国家規格に取り上げる範囲を再検討していた（工業技術院『工業技術院年報』昭和43年度版，1969年，47-48頁）。
(86)『電波新聞』1967年3月22日，6頁。
(87) 同上，1967年8月1日，3頁。
(88) 受注額か受注数量かは不明（『電波新聞』1964年7月2日，3頁）。
(89) 田中宰生「可変抵抗器の標準化」『電子』第7巻第11号，1967年11月，69-71頁。
(90) 同社では CES 規格だけでなく JIS 規格も参考にしていた（『電波新聞』1967年9月29日，15頁）。
(91)『電波新聞』1965年3月1日，3頁。
(92) 竹下與一氏ヒアリング。
(93)『電波新聞』1964年10月12日，1頁；1965年2月23日，3頁。
(94) 同上，1964年10月27日，3頁；1967年2月24日，3頁。
(95) 西村達朗氏（ホシデン）の書面による回答（2001年4月13日）。
(96)『電波新聞』1965年3月5日，3頁。

(97) 同上，1965年2月23日，3頁。
(98) 山下兼弘氏の書面による回答。
(99) 電子機械工業会部品運営委員会エンジニアリング研究会「電子機械工業会（CES）小形部品規格（第1集）採用のお願い」（電子技術産業協会，所蔵資料，2頁）。
(100) JIS表示許可制度とは，工業標準化法第19条に定められた指定品目について，規格に則った適正な生産活動が可能な工場にJISマークの表示を許可する制度である。原材料の入手から最終製品までの各工程において検査制度や品質管理が十分に行われているか，成文化された社内規格を整備し，それらが適正に実施されているかについて，地方通産局が審査していた（上山忠夫，前掲書，51-54頁）。
(101) 石黒隆夫氏（橋本電気，元，山水電機）ヒアリング（2001年12月4日）。
(102) 山下兼弘氏の書面による回答。
(103) 橋本寿朗「長期相対取引形成の歴史と論理」橋本寿朗編『日本企業システムの戦後史』東京大学出版会，1996年，第4章，225-226頁。
(104) 西村達朗氏ヒアリング（2001年5月18日）。
(105) こうした部品メーカーにとってCES規格は最低基準であり，社内規格でより厳しい寸法誤差の基準を定めていた（西村達朗氏ヒアリング）。

第8章　電子部品産業振興と試験研究機関

(1) 同法の設立経緯については，青木洋「電子工業振興臨時措置法の成立過程――通産省における電子工業振興政策のはじまり」『研究年報 経済学』（東北大学）第59巻第2号，1997年10月，が詳しい。
(2) このうち抵抗器とコンデンサの策定が早かったのは，前年に制定された機械工業振興臨時措置法の指定業種として基本計画が策定されていたためで，電振法ではそれを引き継ぎつつ，目標年度を1年繰り上げて1959年度末とした（橋本寿朗「機械・電子工業の育成」通商産業政策史編纂委員会編『通商産業政策史』第6巻，通商産業調査会，1990年，第5章第5節，602頁）。
(3) 日本電子工業振興協会『電子工業振興30年の歩み』1988年，26頁（以下，書名で略記）。
(4) 三重野文晴「選択的政府介入における資金誘導手段としての開銀融資」『日本経済研究』第34号，1997年4月。
(5) ただし，機種間のアンバランスがあり電振法の重点目標の一つであったオートメーション機器は44.5％にとどまった（橋本寿朗，前掲論文，607頁）。
(6) 調査対象は以下の通り。炭素皮膜固定抵抗器：理研電具製造，興亜電工，平山電気，狐崎電機，鈴木無線電機，北陸電気工業，多摩電気工業，東京光音電波，朝日オーム，松下電器。炭素体固定抵抗器：松下電器，大洋電機，多摩電気工業，東京ソリッドオーム。炭素系可変抵抗器：帝国通信工業，東京コスモス電機，大阪コスモス電機，松下電器，ツバメ無線，沖田電機製作所。このうち，炭素皮膜固定抵抗器7社，炭素体固定抵抗器4社，炭素系可変抵抗器4社の回答を得ている。
(7) 橋本寿朗，前掲論文，603頁。
(8)『電子工業振興協会会報』第2号，1959年7月，6頁。

(9) 調査対象は以下の通り。紙および金属化紙蓄電器：安中電気，東京電器，日本通信工業，日本ケミカルコンデンサ，指月電機製作所，三光社製作所，関西二井製作所，興亜電工，二井蓄電器，長野日本無線，神栄電機，松尾電機，東永電機工業，松下電器。磁器蓄電器：村田製作所，太陽誘電，河端製作所，田中電気化学工業，東京電気化学工業，三笠電機。電解蓄電器：東京電器，関西二井製作所，日本ケミカルコンデンサ，大森電機製作所，三光社製作所，フォックスケミコン，松下電器，東和蓄電器製作所，松下通信工業，日東蓄電器，日本通信工業。

(10)『電子工業振興協会会報』第3号，1959年9月，15頁。

(11) 平本厚『日本のテレビ産業――競争優位の構造』ミネルヴァ書房，1994年，45-50頁。

(12) 橋本寿朗，前掲論文，612頁，表5-5-28。

(13)『電子工業振興協会会報』第2号，1959年7月，7頁。

(14) 同上，8頁。

(15) 同上，第3号，15頁。三重野によると，政府から開銀に対して8件の推薦があったので，上記以外に融資対象とならなかった4件の推薦があったものと思われる（三重野文晴，前掲論文，8頁)。

(16) 橋本寿朗，前掲論文，612頁，表5-5-28。

(17) 三重野文晴，前掲論文，9-10頁，表5-1，5-2。

(18) 橋本寿朗，前掲論文，603-613頁。

(19) 三重野文晴，前掲論文，13頁。

(20)『電子工業振興30年の歩み』24頁。

(21) 同上，32頁。

(22) この他，中小企業が大半を占める電子部品産業の現状を把握するための「電子部品工業基礎調査」を1960年度，63年度，68年度に実施している（同上，91頁，109-113頁)。

(23) 同上，92頁。

(24) 通産省『電子工業年鑑』1962年版，1962年，電波新聞社，176頁。

(25)『電子工業振興協会会報』第14号，1961年7月，56-57頁。

(26) 日本電子工業振興協会『電子工業振興要覧』1965年版，1965年，296-297頁。同センターの活動は，電子機械工業会との間に設けられた連絡会議を通じて相互協力の下で実施された（『電子工業年鑑』1963年版，1963年，423頁)。

(27)『電子工業振興協会会報』第21号，1962年9月，66頁。

(28) 同上，第22号，1962年11月，76頁。

(29) 同上，第31号，1964年5月，74頁。

(30) 同上，第38号，1965年5月，65頁。

(31) 同上，第23号，1963年1月，60-61頁。

(32) 同上，第24号，1963年3月，94頁。

(33) 電振法が制定された1957年度に，電気試験所がMIL規格レベルの試験設備を整備する費用として約1億円が交付された（青木洋，前掲論文，209頁)。

(34)『電子工業振興協会会報』第22号，1962年11月，76-79頁。

(35)『電子工業年鑑』1962年版，176頁。

(36)『電子工業振興協会会報』第34号，1964年11月，78頁。1965年2月に開かれた研究成果の報告会に登壇した講演者から，テキサス・インスツルメントの製品を日本電気と東芝，モトローラを日立，シルバニアを沖電気，フェアチャイルドを日本電気，RCAをソニー，ウェスティングハウスを三菱，Varoを富士通が担当したものと思われる（同上，第36号，1965年3月，89頁）。
(37) 同上，第39号，1965年7月，63頁。
(38)『電子工業振興30年の歩み』92頁。
(39) 関西電子工業振興センター『KEC30年のあゆみ』1992年，18-19頁（以下，書名で略記）。また中瀬哲史は，KECの設立経緯とその成果の一つであるICテレビの開発に触れ，同論文が注目する「京都企業」がエレクトロニクス産業に関する情報を入手しやすい位置にあったことを指摘している（中瀬哲史「日本の電子部品メーカーの歴史的発展の分析と今後の発展方向――「京都企業」モデルからの脱却（上）」『経営研究』第67巻第2号，2016年8月，35-57頁）。なおICテレビの開発の具体的なプロセスについては，後で詳述する。
(40)『KEC30年のあゆみ』20頁。
(41)『KEC情報』第4号，1962年5月，1-2頁。
(42)『KEC30年のあゆみ』21頁。
(43)『KEC情報』第2号，1962年（発行月不明），1頁。
(44)『KEC30年のあゆみ』26-27頁。
(45)『KEC情報』第3号，1962年2月，3頁。
(46) 同上，第6号，1962年7月，5頁。
(47) 同上，第7号，1962年12月，1-2頁。
(48) 国際競争力の向上にむけてオートメーションの導入が課題として意識されるようになると，1964年に自動化委員会が設置された。自動化委員会に自動化研究会と自動化の相談所が設けられ，テープコア自動製造装置の実用化試験などが実施された（『KEC30年のあゆみ』47頁）。
(49)『KEC情報』第5号，1962年7月，8-10頁。
(50) 同上，第8号，1963年6月，6頁。
(51) 同上，第49号，1968年1月，3頁。
(52) 同上，第52号，1968年8月，1-2頁。
(53)『KEC30年のあゆみ』23頁。
(54)『KEC情報』第23号，1965年7月，19頁。
(55)『KEC30年のあゆみ』21-22頁。
(56) 神戸工業は真空管，トランジスタといった能動部品を生産しているため，KECでは部品メーカーとして参加していたようである。
(57)『KEC情報』第8号，1963年6月，7頁。
(58) 同上，第14号，1964年10月，15-16頁。
(59) 同上，第17号，1965年1月，11頁。
(60) 同上，第26号，1965年10月，6頁。
(61) 電気部品などの供試体を試験槽内に設置し，塵埃に対する耐久性を評価する装置。

(62) 塗料が正常に生産され，目的の塗膜が得られているかを検査する装置。
(63) 電子製品が輸送または使用環境で受けるランダム振動を模した試験装置。
(64)『KEC30 年のあゆみ』38-41 頁。
(65) 村田製作所 50 年史編纂委員会『不思議な石ころの半世紀——村田製作所 50 年史』ダイヤモンド社，1995 年，57 頁。
(66)『KEC30 年のあゆみ』22，37 頁。
(67) 同上，54 頁。
(68)『KEC30 年のあゆみ』44 頁。
(69)『KEC 情報』第 10 号，1962 年 5 月，6 頁。
(70) 沢井実「戦後復興期における大阪府総合科学技術委員会の活動」『南山経営研究』第 31 巻第 1・2 合併号，2016 年 10 月，41 頁，表 1。
(71)『KEC30 年のあゆみ』65 頁。
(72)『KEC 情報』第 45 号，1967 年 7 月，14 頁。
(73) 同上，第 41 号，1967 年 1 月，6 頁。
(74) 同上，7-8 頁。
(75) 同上，第 50 号，1968 年 3 月，9 頁。
(76) 村田製作所の代表は，前述の佐分利である（同上，第 54 号，1968 年 12 月，2 頁）。
(77) 同上，第 49 号，1968 年 1 月，15 頁。
(78) 同上，第 51 号，1968 年 5 月，11 頁。
(79) 同上，第 56 号，1969 年 3 月，2 頁。
(80) 平本厚，前掲書，128-129 頁。
(81)『KEC 情報』第 50 号，1968 年 3 月，11 頁。
(82)『KEC30 年のあゆみ』69 頁。
(83)『KEC 情報』第 81 号，1976 年 7 月，5 頁。
(84) 同上，第 97 号，1980 年 7 月，39 頁。
(85) 中瀬哲史，前掲論文，43 頁。
(86) 中瀬哲史「日本の電子部品メーカーの歴史的発展の分析と今後の発展方向——「京都企業」モデルからの脱却（下）」『経営研究』第 67 巻第 3 号，2016 年 11 月，7-8 頁。
(87) 以下，CEC については，中部電子工業技術センター三十年史編集委員会『中部電子工業技術センター三十年史』1993 年，に依拠している。
(88) 同上，4 頁。
(89) 同上，20-21 頁。
(90) 同上。
(91) 同上，11-13 頁。
(92) 同上，28-29 頁。
(93) 同上，129 頁。
(94) 中瀬哲史，前掲論文（下），7 頁。1989 年までの総計でも，同社が 5536 件で最多である（『CEC 情報』第 27 号，1990 年 6 月，51 頁）。
(95) 沢井実「公設試験研究・能率研究機関の中小企業支援・育成活動——大阪府立工業奨励館

と大阪府立産業能率研究所を事例に」原朗編『復興期の日本経済』東京大学出版会，2002年，第 13 章。

(96) 同上。

第 9 章　承認図部品開発と専門生産の高度化

(1) 藤本隆宏・葛東昇「アーキテクチャ的特性と取引方式の選択――自動車部品のケース」藤本隆宏・武石彰・青島矢一編『ビジネス・アーキテクチャ』有斐閣，2001 年，第 10 章，213–214 頁。

(2) 浅沼萬里『日本の企業組織――革新的適応のメカニズム』東洋経済新報社，1997 年，213頁。

(3) 植田浩史「サプライヤ論に関する一考察――浅沼萬里氏の研究を中心に」『季刊経済研究』(大阪市立大学) 第 23 巻第 2 号，2000 年 9 月，10 頁。

(4) 藤本隆宏「部品取引と企業間関係」植草益編『日本の産業組織――理論と実証のフロンティア』有斐閣，1995 年，第 3 章。

(5) 植田浩史「自動車部品メーカーと開発システム」明石芳彦・植田浩史編『日本企業の研究開発システム――戦略と競争』東京大学出版会，1995 年，第 4 章。

(6) 電波管理委員会編『日本無線史』第 11 巻，1951 年，69 頁。

(7) 帝国通信工業株式会社編『30 年のあゆみ』1975 年，11 頁（以下，書名で略記)。

(8) 同上，15–17 頁。

(9) 同上，23–35 頁。

(10)『電波新聞』1959 年 8 月 8 日，3 頁。

(11)『30 年のあゆみ』31 頁。

(12) 同上，35 頁。

(13) 数量か価格かは不明（『帝通だより』1965 年 11 月 25 日，1 頁)。

(14) アルプス電気株式会社『アルプス 50 年のあゆみ』1998 年，23，29 頁。

(15) 新コスモス電機 30 年史編纂委員会編『未来をつくる――コスモススピリットの 30 年』1990 年，22 頁。

(16) ただし同社は経営が芳しくなく，1965 年に売却されて興亜電工の資本系列から離れた(KOA50 周年企画室編『KOA50 年史 1940～1990 年』1991 年，69–70 頁)。

(17) 北陸電気工業株式会社『北電工 50 年のあゆみ』1993 年，19 頁。

(18) この他，テレビ用ボリュームから通信機用ボリュームへの製品転換が遅れたこともシェアを下げた要因として，1965 年頃に問題視されていた（『帝通だより』1965 年 12 月 5 日，1頁)。

(19) 日本電子機械工業会『電子部品ハンドブック』電波新聞社，1975 年，491–492 頁（以下，書名で略記)。

(20)『帝通だより』1966 年 4 月 25 日，1 頁。

(21) 平本厚『日本のテレビ産業――競争優位の構造』ミネルヴァ書房，1994 年，第 3 章；日本のテレビジョン 20 年編集委員会編『日本のテレビジョン 20 年』テレビラジオ新聞社，1974 年，第 1 編，第 6–8 章。

(22) 日本電子機械工業会電子部品部編『電子部品技術史』1999 年，107 頁（以下，書名で略記）。
(23)『電子部品ハンドブック』468 頁。
(24) 同上，487 頁。
(25)『30 年のあゆみ』33，37 頁。
(26) 橋本寿朗「機械・電子工業の育成」通商産業政策史編纂委員会編『通商産業政策史』第 6 巻，通商産業調査会，1990 年，第 5 章第 5 節，608 頁。本書，第 8 章第 1 節も参照。
(27)『帝通だより』1965 年 5 月 25 日，1 頁。
(28)『電子部品ハンドブック』487 頁。
(29) 長沢成之「抵抗器の歩み 3」『電子材料』1963 年 7 月，71 頁。
(30)『電子部品技術史』108 頁。数量的に確認できる固定抵抗器では，1966 年において炭素皮膜固定抵抗器の生産個数が約 11 億 9700 万個であるのに対してソリッド抵抗器は約 14 億 3100 万個で上回っていた。しかし 1970 年には前者が約 86 億 2800 万個にまで増加したのに対して後者は 39 億 3400 万個に留まった（通産大臣官房調査統計部編『機械統計年報』各年版）。
(31)『帝通だより』1964 年 4 月 15 日，1 頁。
(32) 同社で超音波機器を生産していた業務課が，1957 年 1 月に分離独立し，株式会社電子研究所として設立されていた（『30 年のあゆみ』31 頁）。
(33)『帝通だより』1964 年 5 月 5 日，2 頁。
(34) 同上，1964 年 7 月 25 日，1 頁。
(35) 以下，同上，1968 年 8 月 25 日，1968 年 9 月 5 日。
(36) 同上，1966 年 2 月 15 日，2 頁。
(37) 同上，1966 年 3 月 5 日，2 頁。
(38) 2-3 日で提出を求められることもあった（同上）。
(39) 同上，1966 年 6 月 5 日，2 頁。
(40) 同上，1965 年 11 月 15 日，2 頁。
(41)『電波新聞』1963 年 12 月 25 日，3 頁。
(42)『帝通だより』1968 年 8 月 25 日，1 頁。
(43) 富田昭吾氏（元，帝国通信工業）ヒアリング（2003 年 3 月 26 日）。
(44) 同上。
(45) 浅沼萬里，前掲書，213 頁。
(46) 同上，222 頁。
(47) 同上，221 頁。
(48) CES：番号 647，3 頁。
(49)『帝通だより』1964 年 8 月 15 日，2 頁。
(50) 同上。
(51) 同上，1964 年 8 月 15 日，2 頁。
(52) 同上，1965 年 11 月 15 日，2 頁。
(53) 同上，1966 年 7 月 5 日，3 頁。

(54) 同上，1968 年 12 月 25 日，1 頁。
(55) 同上，1970 年 12 月 15 日，1 頁。
(56) 同上，1971 年 2 月 15 日，1 頁。
(57) 同上，1971 年 1 月 5 日，1 頁。
(58) 同上，1971 年 2 月 15 日，1 頁。
(59) 富田昭吾氏ヒアリング。
(60)『電波新聞』1969 年 9 月 27 日，6 頁。
(61)『帝通だより』1966 年 2 月 15 日，1 頁。
(62)『電波新聞』1967 年 3 月 28 日，3 頁。
(63)『帝通だより』1965 年 1 月 15 日，1 頁。
(64) 同上，1968 年 12 月 5 日，1 頁。
(65) 同上，1969 年 12 月 15 日，1 頁。
(66) 可変抵抗器（ボリューム）はテレビの音量調節や画質の調整に使用されるため，ツマミを回転させたときに抵抗値がどのように変化するかの変化特性を定めなければならなかった（同上，1968 年 10 月 5 日，1 頁）。
(67) 同上。
(68) 同上，1968 年 1 月 15 日，1 頁。ボリュームは外形寸法が異なっていても構成部品の共用が容易であることが指摘されている（『電波新聞』1968 年 10 月 10 日，3 頁）。
(69)『帝通だより』1966 年 11 月 25 日，2 頁。
(70) 他社でも同様で「組み立て工程へ（ママ）自動化については各社ともほとんど同一のスタートライン上にある」と指摘されていた（『電波新聞』1968 年 10 月 10 日，3 頁）。
(71)『帝通だより』1968 年 12 月 5 日，1 頁。
(72) 同上，1969 年 7 月 25 日，1 頁。
(73) 同上，1969 年 8 月 25 日，1 頁。
(74) 同上，1970 年 12 月 15 日，1 頁。
(75) 同上，1965 年 11 月 5 日，1 頁。
(76) 通産省工業技術院編『JIS 工場通覧 1965 年版』日刊工業新聞社，1964 年，106 頁。
(77)『帝通だより』1965 年 1 月 15 日，1 頁。
(78) 同上，1965 年 2 月 25 日，1 頁。
(79) 同上。
(80) 同上，1965 年 3 月 5 日，1 頁。
(81) 同上，1966 年 7 月 5 日，3 頁。
(82) 同上，1967 年 1 月 25 日，1 頁。
(83) 同上，1967 年 9 月 5 日，1 頁。
(84) 同上，1967 年 10 月 15 日，1 頁。
(85) 同上，1967 年 11 月 15 日，1 頁。
(86) 同上，1968 年 11 月 5 日，3 頁。
(87) 同上，1968 年 11 月 25 日，1 頁。
(88) 同上，1969 年 9 月 25 日，1 頁。

(89) 同上，1969年10月25日，1頁。

第10章　電子部品市場の多様化と技術革新

(1) 嘉藤博久「中国における電子部品事業——問われるグローバル企業力」『電子』1997年11月号，25頁。
(2) 法政大学比較経済研究所・佐々木隆雄・絵所秀紀編『日本電子産業の海外進出』法政大学出版局，1987年。
(3) 伊丹敬之・伊丹研究室『日本のVTR産業——なぜ世界を制覇できたのか』NTT出版，1990年（第二版），38頁。
(4) 沢井実によると，工作機械におけるNC化率は1970年の7.8％から1990年の75.7％へと急上昇している（沢井実『マザーマシンの夢——日本工作機械工業史』名古屋大学出版会，2013年，388頁)。また通産省機械情報産業局においても，メカトロニクスの普及と技術開発は重要課題に位置づけられていた（通商産業政策史編纂委員会編・長谷川信編著『通商産業政策史 1980-2000』第7巻（機械情報産業政策），経済産業調査会，2013年，224-225頁)。
(5) 電気機器市場調査会『電子機器部品市場要覧』1971年版，科学新聞社，1971年，67頁。
(6) 東洋電具製作所など一部の企業では連結決算の営業利益率が単体のそれと乖離しているが，1980年代後半しか数値が入手できないため，データの連続性を重視して単体決算で統一した。
(7) 東京電気化学工業は専業比率が低いため除外し，サンプルを増やすために音響部品メーカーのフォスター電機を加えた。
(8) 日本電子機械工業会『電子工業50年史——通史編』日経BP社，1998年，71頁（以下，書名で略記)。
(9) 同上，45-46頁。
(10)『電子機器部品市場要覧』1971年版，99頁。
(11) 同上。またコイルメーカーとして1952年に創業し，1960年代は輸出専業ラジオメーカーとして経営を拡大してきた大阪の北陽無線工業も1971年4月に倒産した（『電波新聞』1974年8月10日，1頁)。第II部第5章で取り上げた中堅・中小規模のラジオアセンブルメーカーの経営破綻は，これらに部品を供給してきた様々な規模の電子部品メーカーにも少なからず影響を与えたものと思われる。
(12)『電子機器部品市場要覧』1971年版，439頁。
(13)『電波新聞』1973年5月11日，5頁。
(14) 同上，1973年6月22日，6頁。
(15) 同上，1973年7月12日，7頁。
(16) 同上，1973年6月28日，1頁；1973年7月14日，1頁；1973年7月25日，1頁；1973年8月18日，6頁。
(17) 同上，1973年8月30日，1頁；1973年12月13日，7頁。
(18) 同上，1973年11月30日，9頁；1973年12月15日，5頁。
(19) 同上，1974年1月14日，7頁；1974年2月1日，6頁；1974年2月21日，6頁。
(20) 同上，1974年5月21日，1頁；1974年6月29日，1頁。

(21)『電子機器部品市場要覧』1975年版，1975年，487頁。
(22)『電波新聞』12月21日，1頁。
(23) 同上，1975年1月10日，4頁；1975年2月12日，4頁。
(24)『電子機器部品市場要覧』1975年版，502頁。
(25) SMK株式会社社史編纂委員会『信頼のブランド——SMKの60年』1986年，101-104頁（以下，書名で略記）。
(26) 社史編纂委員会『日本ケミコン50年史』1982年，165頁（以下，書名で略記）。
(27)『電波新聞』1974年10月5日，1頁。
(28) 村田製作所50年史編纂委員会『不思議な石ころの半世紀——村田製作所50年史』ダイヤモンド社，1995年，132-133，161-162頁（以下，書名で略記）。
(29) 五十年史編集委員会『指月電機五十年史』1990年，124頁。
(30)『電波新聞』1975年7月22日，4頁。
(31) 同上，1975年3月31日，5頁。
(32) 同上，1975年1月25日，5頁。
(33)『信頼のブランド——SMKの60年』106-111頁。
(34)『日本ケミコン50年史』167-171頁。
(35) 双信電機株式会社50年史編纂委員会編『双信電機株式会社50年史』1988年，12-129頁（以下，書名で略記）。
(36) 同上，176-181頁。
(37) 太陽誘電株式会社社史編纂事務局『太陽誘電50年史』2002年，64-65頁（以下，書名で略記）。
(38)『不思議な石ころの半世紀——村田製作所50年史』128頁。
(39)『電波新聞』1975年6月9日，1，5頁。
(40)『電子機器（民生用）部品市場要覧』1977年版，1977年，169頁。
(41) CBトランシーバーは，主にアメリカの長距離トラック業者が警察の交通取締から逃れるために通信傍受する目的で利用された（『不思議な石ころの半世紀——村田製作所50年史』133頁）。
(42)『電子機器部品市場要覧』1979年版，1978年，27-31頁。
(43) 同上，1985年版，1985年，315-316頁。
(44)『電波新聞』1974年7月15日，1頁。
(45) 同上，1975年3月15日，4頁。
(46) 三十五年史編纂委員会『松尾電機三十五年史』1985年，139頁（以下，書名で略記）。
(47)『電波新聞』1974年7月15日，1頁。
(48)『日本ケミコン50年史』135-136頁。
(49) 同上，172-174頁。
(50) 通商産業政策史編纂委員会編・長谷川信編著，前掲書，317頁（執筆担当，中島裕喜）。
(51)『松尾電機三十五年史』175-176頁。
(52) ppmは，parts per millionの略。1 ppmは不良品が100万に一つを意味する。
(53)『松尾電機三十五年史』177-191頁。

(54)『電波新聞』1975年3月15日，4頁。
(55) 同上，1975年8月18日，1頁。
(56) アルプス電気株式会社『アルプス50年のあゆみ』1998年，132頁。
(57) NTTアドバンステクノロジ株式会社『NTT R&Dの系譜――実用化研究への情熱の50年』1999年，374頁の年表。
(58) ただし，その納入業者は日本電気，富士通，沖電気工業，日立の4社が指定されたため，日本電気の系列である日本航空電子を除いて，独立系専門メーカーに受注を獲得する機会は与えられなかったという指摘もある。この点については確認することができなかった（『電子機器部品市場要覧』1972-73年版，1972年，569-570頁）。
(59) 沼上幹『液晶ディスプレイの技術革新史――行為連鎖システムとしての技術』白桃書房，1999年，222頁。
(60)『電子機器部品市場要覧』1972-73年版，569-570頁。
(61) 同上，1977年版，1977年，306頁。なおシャープが開発した電卓には，片岡電気が1965年に開発したスイッチが採用された。これはアメリカのベル研究所が開発した技術を採用し，耐久性100万回を保証するもので，その関連技術は後に電話機用プッシュスイッチに応用された。2つのキーが同時に入力されないような機構を備えており，1970年代以降はパソコン用フルキーボードとして市場を拡大していった（日本電子機械工業会電子部品部『電子部品技術史――日本のエレクトロニクスを隆盛へと先導した電子部品発展のあゆみ』1999年，223-224頁，以下，書名で略記）。
(62)『電子機器（民生用）部品市場要覧』1981年版，1980年，514頁。
(63) 同上，517頁。
(64) 米国AMP社は，国内売上高シェア25％の「先導的なメーカー」であり，テレビ，ラジオなどの民生用から宇宙開発，軍事，データ処理，医療電子，制御システムといったあらゆる分野で同社の製品が採用されていた（日本電子工業振興協会『集積回路によって影響を受ける受動部品』1968年，20頁）。
(65)『電子機器部品市場要覧』1975年版，628-629頁。またコンデンサにおいても，村田製作所は1964年から技術導入していた米JFDの株式を1973年に取得して子会社化し，また1979年にはカナダのエリー・テクノロジー・プロダクツ（Erie Technologcal Products, Ltd.）を買収した。両社は軍事や宇宙といった産業用分野のコンデンサ技術に優れており，これらの買収は米国における産業用電子部品市場の開拓を目的としていた（『不思議な石ころの半世紀――村田製作所50年史』115頁，138-139頁）。
(66) 50周年記念誌編集委員会『ヒロセ電機株式会社 創業50周年記念誌』1987年，13頁。
(67)『電子機器部品市場要覧』1972-73年版，570頁。
(68)『電子機器（民生用）部品市場要覧』1983年版，1983年，609頁。
(69)『電子機器部品市場要覧』1975年版，631頁。
(70)『信頼のブランド――SMKの60年』118-121頁。
(71)『電子機器（民生用）部品市場要覧』1981年版，523頁。
(72) 同上，1983年版，696頁。
(73) 同上。

(74) 佐藤研一郎『半導体・電子部品企業の戦略とマネジメント――ロームの歩み』ミネルヴァ書房，2012 年，89 頁。
(75) 日本電子工業振興協会，前掲書，4 頁。
(76)『電子機器部品市場要覧』1971 年版，126-127 頁。
(77) ミマツデータシステム『チップ部品の自動実装技術と高密度化』1985 年，233-234 頁（以下，書名で略記）。
(78)『電子機器部品市場要覧』1971 年版，127，198 頁。
(79)『電波新聞』1974 年 12 月 9 日，4 頁。
(80)『電子工業 50 年史――通史編』192 頁；『電子機器部品市場要覧』1971 年版，198 頁。
(81) 同上，80-81，135，198-199 頁。
(82)『太陽誘電 50 年史』38-41 頁。
(83) 同上，79-80 頁。
(84) 佐藤研一郎，前掲書，92 頁。
(85)『双信電機株式会社 50 年史』143 頁。
(86)『電子機器（産業用）部品市場要覧』1988 年版，536 頁。
(87)『松尾電機三十五年史』129-130，185-186 頁。
(88) 伊丹敬之・伊丹研究室，前掲書，第 5 章。
(89)『電子機器（産業用）部品市場要覧』1988 年版，537 頁。
(90) アメリカでは SMT（Surface Mount Technology）と呼ばれている（『チップ部品の自動実装技術と高密度化』21 頁）。
(91) 松下電子部品株式会社編『社史資料 No. 3 部品の発展時代（昭和 52 年～昭和 60 年）』1988 年，11 頁。
(92) 永田隆編『SMT ハンドブック』工業調査会，1990 年，17-21 頁（以下，書名で略記）。同書の編者は当時，松下電子部品，電子部品研究所長。同社内には「チップ技術委員会」が設置されていた（同上，2 頁）。
(93)『チップ部品の自動実装技術と高密度化』185-187 頁。
(94)『SMT ハンドブック』44 頁。
(95)『電子部品技術史』186 頁。
(96)『日経エレクトロニクス』1990 年 3 月 19 日，132 頁。
(97) 平野雅一他「チップ形タンタル電解コンデンサ――小形大容量化・高信頼性化と実装性の向上」『National Technical Reports』松下電器産業技術総務センター技術情報部，Vol. 35，No. 3，1989 年 6 月，14 頁。
(98) 高橋哲生（東京電気化学工業集積部部長）他「積層チップコンデンサ」『電子技術』第 22 巻第 2 号，1980 年 2 月，42 頁。
(99) 同上。
(100) 岡田憲人（太陽誘電）「チップ部品と表面実装技術の現状と将来」『電子技術』1986 年 6 月，18 頁。
(101) 以上の説明は，『不思議な石ころの半世紀――村田製作所 50 年史』146 頁；『太陽誘電 50 年史』76-79 頁による。ただし，村田製作所の部品が松下電器のペッパーに採用されたのかどうか，また太陽誘電の円筒形部品がどのようなセットメーカーに採用されたのかはわからない。

(102) 大沢光男（ソニー）「メルフ部品の最適使用法とその回路設計」『電子技術』第22巻第2号，1980年2月，17-18頁；大野岩利（ソニー）「メルフ部品のボンディング技術と自動マウントシステム」『電子技術』第22巻第2号，1980年2月，23頁。

(103) KOA50周年企画室編『KOA50年史 1940～1990』1991年，125-126頁。

(104)『不思議な石ころの半世紀——村田製作所50年史』146頁；『太陽誘電50年史』77頁。

(105) 林拓也「家庭用VTR——テープパッケージ化をめぐる競争フェーズの推移」宇田川勝・橘川武郎・新宅純二郎編『日本の企業間競争』有斐閣，2000年，第1章。

(106) 西島公・猪木武徳「電子部品工業における技術革新と市場競争——1980年代までの村田製作所の場合」『大阪大学経済学』第57巻第3号，2007年12月，30頁。

(107)「電子部品の小型化動向と実装技術動向」『エレクトロニクス実装学会誌』第15巻第1号，2012年1月，18頁。

(108) 以上の内容は，『日経エレクトロニクス』2008年10月20日号，52-53頁による。

第11章　グローバルサプライヤーの誕生

(1) 前章までの各章がおおむね10-15年ほどの長さであったのに対して，本章では約30年間を一括して論じることになるが，その理由について述べておきたい。2000年代までの日本経営史研究の最新成果を取りまとめた，『講座・日本経営史』の最終巻は，時期区分を1985-2008年としている。編者の1人である橘川武郎は冒頭において，同書が抱える固有の困難として，「過ぎ去ったばかりの近過去を対象にして歴史分析を行うことは難しい」ことを挙げ，事象の多くが現在も進行中であり，歴史的評価が定まっていないことが問題になると述べている（橘川武郎「概観」橘川武郎・久保文克編『講座・日本経営史 第6巻』ミネルヴァ書房，2010年，第1章，1頁）。戦後日本における電子部品産業の歴史的な展開を考察する本書においても，直近の動向までを対象とすることが求められるが，やはり同様の困難をともなう。また直近の事象については歴史的時期区分や時間展開を考慮しない現状分析がすでに複数あり，インタビューなどの実地調査を踏まえた豊富な情報が蓄積されている。こうした手法を採用していない本章では，経営史的アプローチを維持しながら近過去に接近する方法として，やや長期的な当該産業の展開を一貫した視点で俯瞰し，今後の展望を得ることとしたい。

(2) 新宅純二郎「日本の製造業における構造改革——アーキテクチャのモジュラー化による競争力低下」橘川武郎・久保文克編，前掲書，第3章。これに対して序章で紹介したように，三品和広は，電機・精密機器業界における1970年から2000年までの長期データの分析から，この期間における一貫した収益性の低落傾向を指摘している（三品和広『戦略不全の論理』東洋経済新報社，2004年，第2章）。

(3) 天野倫文『東アジアの国際分業と日本企業——新たな企業成長への展望』有斐閣，2005年，第5章。

(4) 同上，第6章，218-219頁。

(5) 例えば，法政大学比較経済研究所・佐々木隆雄・絵所秀紀編『日本電子産業の海外進出』

法政大学出版局，1987 年；徳永重良・野村正實・平本厚『日本企業・世界戦略と実践——電子産業のグローバル化と「日本的経営」』同文舘出版，1991 年；大貝威芳「進む経営現地化・進まぬ現地人化——アジア日系エレクトロニクス産業のケース」『経営学論集』（龍谷大学経営学会）第 39 巻第 1 号，1999 年 6 月など。

（6）谷浦妙子編『産業発展と産業組織の変化——自動車産業と電機電子産業』アジア経済研究所，1994 年；水橋佑介『電子立国台湾の実像——日本のよきパートナーを知るために』ジェトロ（日本貿易振興会），2001 年；今井健一・川上桃子編『東アジアの IT 機器産業——分業・競争・棲み分けのダイナミクス』アジア経済研究所，2006 年；佐藤幸人『台湾ハイテク産業の生成と発展（アジア経済研究所叢書）』岩波書店，2007 年；吉岡英美『韓国の工業化と半導体産業——世界市場におけるサムスン電子の発展』有斐閣，2010 年；川上桃子『圧縮された産業発展——台湾ノートパソコン企業の成長メカニズム』名古屋大学出版会，2012 年；長内厚・神吉直人編『台湾エレクトロニクス産業のものづくり——台湾ハイテク産業の組織的特徴から考える日本の針路』白桃書房，2014 年など。

（7）小池洋一・川上桃子編『産業リンケージと中小企業——東アジア電子産業の視点』日本貿易振興会・アジア経済研究所，2003 年。

（8）郝躍英「日本と中国中小企業の施策と日系電子部品関係企業の現状——青島・北京訪問調査に関連して」『経営経済』（大阪経済大学中小企業・経営研究所）第 35 号，1999 年 11 月。

（9）羽渕貴司・藤井正男「中国天津市の日系電子部品企業調査報告書」『経済文化研究所年報』（神戸国際大学経済文化研究所）第 23 号，2014 年 4 月。

（10）今坂直子「グローバル産業の現地適応戦略と組織——ある大手電子部品メーカーの中国における現地適応の事例から」『横浜国際社会科学研究』第 15 巻第 3 号，2010 年 9 月。

（11）近藤信一「電機産業における製造委託の拡大によるサプライチェーンの変化が及ぼす我が国電子部品及び電子デバイスと同製造装置メーカーの事業戦略に対する影響」『アジア経営研究』第 20 号，2014 年；同「中国スマートフォン端末市場における日系電子部品メーカーの市場戦略——『アンゾフの成長マトリクス』を活用した定性的分析」『機械経済研究』（機械振興協会経済研究所）第 46 号，2015 年 6 月；同「ウェアラブル端末市場における日系電子部品メーカーの競争戦略——M・E・ポーターの『5 つの競争要因分析』を活用した定性的実証分析」『総合政策』（岩手県立大学総合政策学会）第 17 巻第 2 号，2016 年 3 月。

（12）溝部陽司「深セン進出日系企業の事業展開と分業体制変化の考察」『国際ビジネス研究』第 5 巻第 1 号，2013 年。

（13）前掲表 10-1，および嘉藤博久「中国における電子部品事業——問われるグローバル企業力」『電子』1997 年 11 月号，25 頁。

（14）また日本の本社を経由していた従来の部品発注方法ではなく，現地セットメーカーから現地部品メーカーへ直接発注する方法が増加した（『電波新聞』1986 年 3 月 17 日，1 頁）。

（15）『電波新聞』1986 年 2 月 7 日，1 頁；3 月 28 日，1 頁。

（16）同上，1986 年 5 月 11 日，1 頁。

（17）同上，1986 年 12 月 30 日，4 頁。

（18）同上，1987 年 3 月 12 日，1 頁。

（19）同上，1989 年 12 月 23 日，1 頁。

(20) 機器メーカーの部品工場も含む（『総合電子部品年鑑』1989年版，中日社，1989年，34-40頁に掲載の図表より集計）。
(21) 日本電子機械工業会の正会員411社を対象としており，デバイスメーカーを含んでいる。元資料は比率表示のため実数を算出したが小数点以下は切り捨ててある。中国が香港を含んでいるかについては不明（『電子部品年鑑』1999/2000年版，中日社，1999年，33頁）。
(22) 日本電子機械工業会・部品運営委員会・マーケティング研究会『'96東南アジア電子工業の動向調査報告書』1996年，9頁。また郭賢泰によると，韓国では1975年から中小企業系列化促進法によって，系列化対象品目や企業が指定されたものの金融支援などの具体的施策が欠けていたために進展しなかった。しかしその後，1980年代以降に組立メーカーと部品メーカーの双方に，輸出品の国際競争力低下を防止したいという目的が共有され，系列化が進んだという（郭賢泰「韓国の電機電子産業の成長と産業組織の変化」谷浦妙子編，前掲書，第8章，231頁）。
(23)『'95東南アジア電子工業の動向調査報告書』1995年，12頁。
(24)『電波新聞』1992年12月5日，5頁。
(25)『'97東南アジア電子工業の動向調査報告書』1997年，15頁。
(26)『電波新聞』1986年7月25日，1頁。
(27) 同上，1987年2月26日，1頁。
(28) 同上，1994年2月13日，3頁。
(29) 同上，1995年11月11日，6頁。
(30) 同上，1996年2月27日，6頁。
(31) 同上，1995年9月19日，9頁。
(32)『'96東南アジア電子工業の動向調査報告書』48頁。
(33)『'99東南アジア電子工業の動向調査報告書』1999年，13頁。
(34)『'95東南アジア電子工業の動向調査報告書』20頁。
(35) 村田泰隆「中国市場に対する電子部品業界の取り組み――『中国電子工業動向調査報告書』をベースに」『電子』2000年10月号，38-39頁。
(36) 木村公一郎「中国携帯電話端末産業の発展」今井健一・川上桃子編，前掲書，第3章，97頁。
(37)『'99東南アジア電子工業の動向調査報告書』39頁。
(38)『電波新聞』1985年3月18日，6頁。
(39) 同上，1985年4月12日，6頁。
(40) 同上，1985年8月3日，6頁。
(41) 丸川知雄『現代中国経済』有斐閣アルマ，2013年，240-246頁。こうした原材料・加工機械設備・マネジメントノウハウを持ち込み，現地の安価で豊富な労働力と結合することによる賃加工ビジネスは現地で「三来一補」と呼ばれた（溝部陽司，前掲論文，8頁）。
(42) 転廠を活用して華南に進出したのは日系だけでなく香港系の電子部品メーカーも同様であり，中国国内市場での競争激化につながった（藤原弘「急浮上する香港電子部品メーカー」『中国経済』日本貿易振興会，第369号，1996年9月）。
(43) 要請した主体については記されていないが，日系セットメーカーと考えて大過ないと思われる（『'95 東南アジア電子工業の動向調査報告書』27 頁）。

(44) 嘉藤博久，前掲稿，27–28 頁。

(45) 日本電子工業振興協会と日本電子機械工業会が 2000 年に統合して発足した。

(46) 村田泰隆「WTO 加盟後の中国市場に対する電子部品業界の取り組み――『2002 年中国・東南アジア電子工業の動向調査報告書』をベースに」『JEITA Review』2002 年 10 月号，24 頁。

(47)『'95 東南アジア電子工業の動向調査報告書』27 頁。

(48) 嘉藤博久，前掲稿，28–30 頁。郝の研究でも，青島に設立された日系部品メーカーの問題として，中国国内販売を主力にしているものの，代金回収が一番大きな問題であると指摘されている（郝躍英，前掲論文，140 頁）。

(49) 村田泰隆，前掲論文，42 頁。

(50) 2012 年頃には，中国では商慣習の欧米化が進んでおり，代金回収などのリスクはある程度下がっているという指摘がある（『日経エレクトロニクス』2012 年 9 月 3 日，45 頁）。

(51)『'96 東南アジア電子工業の動向調査報告書』23 頁。

(52) 嘉藤博久，前掲稿，28–29 頁。また川上桃子の研究によると，1990 年代の台湾電子部品産業は対中投資の成否によって二分され，成功企業は中国市場において，これまで取引関係のなかった日系や欧米系のアセンブラーと取引を開始する事例が存在したという（川上桃子「価値連鎖のなかの中小企業」小池洋一・川上桃子編，前掲書，第 2 章，58 頁）。

(53)『'96 東南アジア電子工業の動向調査報告書』23 頁。1999 年頃における，NEC のデスクトップパソコンの中国生産における部品調達率は 8 割に達した（『日経ビジネス』1999 年 2 月 8 日，110 頁）。

(54)『電波新聞』1993 年 2 月 6 日，6 頁。

(55) 同上，1997 年 1 月 11 日，6 頁。

(56) 溝部陽司，前掲論文。

(57) JEITA ウェブサイト，統計資料「電子部品用途別構成比推移」より転載。なお数値は，同協会電子部品部会調査統計委員会に参加する約 20 社の連結データベースを取りまとめたもの。

(58) 本章では日系電子部品メーカーの技術力について立ち入った分析をしていないが，清水誠の調査によると，2013 年末までに公開された一般電子部品の米国特許において，抵抗器，コンデンサ，インダクタトランス，水晶振動子，プリント配線板などで 50–60 % を日本が保有しており，技術力の高さが確認されている（清水誠「特集 電子部品業界 日本の電子部品産業の強みと競争力強化に向けた方策 スマホ向けでは中国への拡販が鍵に 新分野開拓には業種横断的な連携も」『Electronic Journal』第 246 号，2014 年 9 月，63 頁）。

(59) 富士キメラ総研編『有望電子部品材料調査総覧 2013』下巻（プリント配線板，半導体，ディスプレイ，タッチパネル，受動部品，新素材編）2012 年，66 頁。

(60) 同上，97 頁。

(61) 2012 年頃の状況として，中国は所得格差が大きく，高価格なスマートフォンの需要も大きいため，日本の高品質な電子部品を採用するスマートフォンメーカーが増えており（『日経エレクトロニクス』2012 年 9 月 3 日，45 頁），スマートフォン市場で 5–7 % のシェアを有している Huawei のハイエンド機に搭載されている電子部品は日本製が調達金額の 50％を超えているという報道がある（『日経エレクトロニクス』2012 年 10 月 29 日，18 頁）。またLSI メーカーがスマートフォンの設計図を外販し，電子部品の採用に主導的な役割を果たすようになった。なかでもクアルコムの部品推奨リストには，アルプス電気，シャープ，太陽誘電，東芝，村田製作所など日本企業が多いという（『日経ビジネス』2013 年 7 月 22 日，36 頁）。

(62) 一貫して高い利益率を維持しているのがヒロセ電機であり，2008 年度においても 20％を超えている。

(63) 天野倫文，前掲書，第 7 章。

(64) 五十嵐伸吾「地域における起業促進の一類型――アルプス電気盛岡工場が醸成した起業家精神」『地域イノベーション』（法政大学地域研究センター）第 5 号，2012 年。

(65) アルプス電気株式会社『アルプス 50 年のあゆみ』1998 年（以下，書名で略記）。

(66)『電波新聞』1986 年 5 月 11 日，5 頁。

(67)『アルプス 50 年のあゆみ』79 頁。

(68)『電波新聞』1987 年 2 月 16 日，6 頁。

(69) 同上，1987 年 12 月 2 日，12 頁。

(70) 片岡政隆「社会に貢献できる電子部品の開発――進出国に役立つことと根付くこと」『電子』1997 年 6 月号，37 頁。

(71)『電波新聞』1985 年 9 月 6 日，1 頁。

(72) 同上，1987 年 8 月 7 日，1 頁。

(73) 同上，1986 年 12 月 30 日，4 頁。

(74) 同上，1993 年 1 月 9 日，7 頁。

(75) 天野倫文，前掲書，236-245 頁。

(76) 1990 年代におけるアルプス電気の経営改革を取材した寺門克によると，同社社長の片岡政隆も「成果は何もなかった」と振り返っている（寺門克『活力場の研究』日経 BP 社，1998 年，7-9 頁）。

(77) 以下のアルプス電気の中国展開については，「アルプス電気中国展開 10 年史」編集委員会・編集代表玉手輝三『アルプス電気中国展開 10 年史 1993～2004』アルプス（中国）有限公司，2004 年（以下，書名で略記）に多く依拠する。また同社のグローバルマネジメントや海外子会社の 1990 年代の状況については，前述の寺門の著作が詳しい（寺門克，前掲書，第 4 章および第 5 章）。

(78)『アルプス電気中国展開 10 年史 1993～2004』9 頁。

(79) 同上，23 頁。

(80) 同上，11 頁。

(81) 同上，43 頁。

(82) 同上，31 頁。

(83) 同上，96 頁。

(84) 寺門克，前掲書，154 頁。

(85)『アルプス電気中国展開 10 年史 1993～2004』19，65 頁。

(86) 片岡政隆，前掲論文，37 頁。
(87) 同上，30-33 頁。
(88) 同上。
(89) 本段落の内容は，『日本経済新聞』2014 年 2 月 26 日，2014 年 7 月 9 日。
(90) 小澤芳郎「村田製作所における連結経営管理」『Business Research』第 1034 号，2010 年 9 月，40-48 頁。
(91) 片岡勝太郎「電子工業技術大会——特別講演から 部品企業の海外進出」『電子』第 30 巻第 11 号，1990 年 11 月，14 頁。
(92) 片岡が日本電子機械工業会部品運営委員会で委員長をしていた 1980 年頃に，部品メーカーによる独自の工業会を設立する議論が起こった。片岡は同工業会会長に工業会における部品メーカーの地位向上を訴え，工業会の部品「課」が部品「部」に格上げされた（片岡勝太郎，前掲稿，17 頁）。片岡は業界が協調的かつ一体的に行動することの重要性を認識して，工業会に部品メーカーが留まることを選択したのではないかと思われる。
(93) 寺門克，前掲書，154 頁。
(94) 片岡勝太郎，前掲稿，13 頁。

終　章　国際競争優位の歴史的コンテクスト

(1) 安丸良夫は「時代性という論理次元に立つことで有意義な認識が可能だという公準を選んだ者が歴史家」であると論じている（安丸良夫『安丸良夫集 6 方法としての思想史』岩波書店，2013 年，20 頁）。

参考文献

学術研究

青木洋「電子工業振興臨時措置法の成立過程――通産省における電子工業振興政策のはじまり」『研究年報 経済学』(東北大学) 第59巻第2号, 1997年10月。

浅沼萬里『日本の企業組織――革新的適応のメカニズム』東洋経済新報社, 1997年。

天野倫文『東アジアの国際分業と日本企業――新たな企業成長への展望』有斐閣, 2005年。

五十嵐伸吾「地域における起業促進の一類型――アルプス電気盛岡工場が醸成した起業家精神」『地域イノベーション』(法政大学地域研究センター) 第5号, 2012年。

伊丹敬之・伊丹研究室『日本のVTR産業――なぜ世界を制覇できたのか』NTT出版, 1990年(第二版)。

伊丹敬之・加護野忠男『ゼミナール経営学入門 第3版』日本経済新聞社, 2003年。

伊丹敬之・軽部大編『見えざる資産の戦略と論理』日本経済新聞社, 2004年。

伊東岱吉・尾城太郎丸「通信機器工業における合理化再編成の一形態 (2)」『商工金融』第5巻第6号, 1958年6月。

今井健一・川上桃子編『東アジアのIT機器産業――分業・競争・棲み分けのダイナミクス』アジア経済研究所, 2006年。

今坂直子「グローバル産業の現地適応戦略と組織――ある大手電子部品メーカーの中国における現地適応の事例から」『横浜国際社会科学研究』第15巻第3号, 2010年9月。

植田浩史「戦時統制経済と下請制の展開」近代日本研究会編『年報・近代日本研究9 戦時経済』山川出版社, 1987年。

植田浩史「1930年代後半の下請政策の展開」『季刊経済研究』(大阪市立大学) 第16巻第3号, 1993年12月。

植田浩史「自動車部品メーカーと開発システム」明石芳彦・植田浩史編『日本企業の研究開発システム――戦略と競争』東京大学出版会, 1995年, 第4章。

植田浩史「戦時経済下の『企業系列』整備――下請＝協力工場政策と機械工業整備 (1943～44年)」『季刊経済研究』(大阪市立大学) 第18巻第4号, 1996年3月。

植田浩史「サプライヤ論に関する一考察――浅沼萬里氏の研究を中心に」『季刊経済研究』(大阪市立大学) 第23巻第2号, 2000年9月。

植田浩史「高度成長期初期の自動車産業とサプライヤ・システム」『季刊経済研究』(大阪市立大学) 第24巻第2号, 2001年9月。

植田浩史『戦時期日本の下請工業――中小企業と「下請＝協力工業政策」』ミネルヴァ書房, 2004年。

大貝威芳「Matsushita Comes to America――松下電器初期対米輸出・マーケティング戦略」『経営学論集』(龍谷大学) 第37巻第2号, 1997年8月。

大貝威芳「進む経営現地化・進まぬ現地人化――アジア日系エレクトロニクス産業のケース」

『経営学論集』（龍谷大学）第 39 巻第 1 号，1999 年 6 月。
大貝威芳「黎明期の輸出マーケティング」『経営学論集』（龍谷大学）第 42 巻第 1 号，2002 年 7 月。
岡崎哲二「日本の政府・企業間関係——業界団体=審議会システム形成に関する覚え書き」『組織科学』第 26 巻第 4 号，1993 年 4 月。
加賀見一彰「下請取引関係における系列の形成と展開」岡崎哲二編『取引制度の経済史』東京大学出版会，2001 年，第 8 章。
郭賢泰「韓国の電機電子産業の成長と産業組織の変化」谷浦妙子編『産業発展と産業組織の変化——自動車産業と電機電子産業』アジア経済研究所，1994 年，第 8 章。
郝躍英「日本と中国中小企業の施策と日系電子部品関係企業の現状——青島・北京訪問調査に関連して」『経営経済』（大阪経済大学中小企業・経営研究所）第 35 号，1999 年 11 月。
川上桃子「価値連鎖のなかの中小企業」小池洋一・川上桃子編『産業リンケージと中小企業——東アジア電子産業の視点』日本貿易振興会・アジア経済研究所，2003 年，第 2 章。
川上桃子『圧縮された産業発展——台湾ノートパソコン企業の成長メカニズム』名古屋大学出版会，2012 年。
橘川武郎「日本における企業集団，業界団体および政府——石油化学工業の場合」『経営史学』第 26 巻第 3 号，1991 年 10 月。
橘川武郎「概観——『プラザ合意』以降の日本経済の変容と日本企業の動向」橘川武郎・久保文克編『講座・日本経営史 第 6 巻 グローバル化と日本型企業システムの変容——1985～2008』ミネルヴァ書房，2010 年，第 1 章。
橘川武郎・野中いずみ「革新的企業者活動の継起——本田技研とソニーの事例」由井常彦・橋本寿朗編『革新の経営史』有斐閣，1995 年，第 9 章。
金容度「日本 IC 産業の初期の企業間関係」『社会経済史学』第 67 巻第 1 号，2001 年 5 月。
金容度『日本 IC 産業の発展史——共同開発のダイナミズム』東京大学出版会，2006 年。
木村公一郎「中国携帯電話端末産業の発展」今井健一・川上桃子編『東アジアの IT 機器産業——分業・競争・棲み分けのダイナミクス』アジア経済研究所，2006 年，第 3 章。
清成忠男「経済の構造変化と中小企業」土屋守章・三輪芳朗編『日本の中小企業』東京大学出版会，1989 年，第 2 章。
小池洋一・川上桃子編『産業リンケージと中小企業——東アジア電子産業の視点』日本貿易振興会・アジア経済研究所，2003 年。
小林義雄「独占資本の系列支配」楫西光速・岩尾裕純・小林義雄・伊東岱吉編『講座中小企業』第 2 巻，有斐閣，1960 年，第 7 章。
小堀聡『日本のエネルギー革命——資源小国の近現代』名古屋大学出版会，2010 年。
小宮山琢二『日本中小工業研究』中央公論社，1941 年。
近藤信一「電機産業における製造委託の拡大によるサプライチェーンの変化が及ぼす我が国電子部品及び電子デバイスと同製造装置メーカーの事業戦略に対する影響」『アジア経営研究』第 20 号，2014 年。
近藤信一「中国スマートフォン端末市場における日系電子部品メーカーの市場戦略——『アンゾフの成長マトリクス』を活用した定性的分析」『機械経済研究』（機械振興協会経済研究

所）第 46 号，2015 年 6 月。
近藤信一「ウェアラブル端末市場における日系電子部品メーカーの競争戦略――M・E・ポーターの『5 つの競争要因分析』を活用した定性的実証分析」『総合政策』（岩手県立大学総合政策学会）第 17 巻第 2 号，2016 年 3 月。
佐藤研一郎『半導体・電子部品企業の戦略とマネジメント――ロームの歩み』ミネルヴァ書房，2012 年。
佐藤幸人『台湾ハイテク産業の生成と発展（アジア経済研究所叢書）』岩波書店，2007 年。
佐藤芳雄『寡占体制と中小企業』有斐閣，1976 年。
沢井実「戦争による制度の破壊と革新」社会経済史学会編『社会経済史学の課題と展望』有斐閣，2002 年。
沢井実「公設試験研究・能率研究機関の中小企業支援・育成活動――大阪府立工業奨励館と大阪府立産業能率研究所を事例に」原朗編『復興期の日本経済』東京大学出版会，2002 年，第 13 章。
沢井実『近代日本の研究開発体制』名古屋大学出版会，2012 年。
沢井実『マザーマシンの夢――日本工作機械工業史』名古屋大学出版会，2013 年。
沢井実『近代大阪の産業発展――集積と多様性が育んだもの』有斐閣，2013 年。
沢井実「戦後復興期における大阪府総合科学技術委員会の活動」『南山経営研究』第 31 巻第 1・2 合併号，2016 年 10 月。
沢井実・谷本雅之『日本経済史――近世から現代まで』有斐閣，2016 年。
島本実『計画の創発――サンシャイン計画と太陽光発電』有斐閣，2014 年。
清水洋『ジェネラル・パーパス・テクノロジーのイノベーション――半導体レーザーの技術進化の日米比較』有斐閣，2016 年。
下谷政弘「1930 年代の軍需と重化学工業」下谷政弘編『戦時経済と日本企業』昭和堂，1990 年，序章。
新宅純二郎「日本の製造業における構造改革――アーキテクチャのモジュラー化による競争力低下」橘川武郎・久保文克編『講座・日本経営史 第 6 巻 グローバル化と日本型企業システムの変容――1985～2008』ミネルヴァ書房，2010 年，第 3 章。
高橋雄造「戦後日本における電子部品工業史」『技術と文明』第 9 巻第 1 号，1994 年 3 月。
高橋雄造「ロックンロールとトランジスタ・ラジオ――日本の電子工業の繁栄をもたらしたもの」『メディア史研究』第 20 巻，2006 年 5 月。
高橋雄造『ラジオの歴史――工作の〈文化〉と電子工業のあゆみ』法政大学出版局，2011 年。
竹内常善「確立期の我国自転車産業――日本型産業化の底辺構造分析のための一試論」『年報経済学』（広島大学）第 5 巻，1984 年 3 月。
田杉競「金属機械工業における下請関係の変化」日本経営学会編『経営組織論の新展開』ダイヤモンド社，1961 年。
谷浦妙子編『産業発展と産業組織の変化――自動車産業と電機電子産業』アジア経済研究所，1994 年。
徳永重良・野村正實・平本厚『日本企業・世界戦略と実践――電子産業のグローバル化と「日本的経営」』同文舘出版，1991 年。

長内厚・神吉直人編『台湾エレクトロニクス産業のものづくり――台湾ハイテク産業の組織的特徴から考える日本の針路』白桃書房，2014 年。
中島裕喜「戦後日本における専門部品メーカーの発展――1945〜60 年，電子部品産業の事例」『経営史学』第 33 巻第 3 号，1998 年 12 月。
中島裕喜「PB レポートに関する一考察――第二次世界大戦後におけるドイツ技術の接収と日本におけるその活用」『大阪大学経済学』第 64 巻第 2 号，2014 年 9 月。
中島裕喜「大衆消費社会の到来と家電メーカーの発展」宮本又郎・岡部桂史・平野恭平編『1 からの経営史』碩学社，2014 年，第 10 章。
中瀬哲史「日本の電子部品メーカーの歴史的発展の分析と今後の発展方向――『京都企業』モデルからの脱却（上）」『経営研究』第 67 巻第 2 号，2016 年 8 月。
中瀬哲史「日本の電子部品メーカーの歴史的発展の分析と今後の発展方向――『京都企業』モデルからの脱却（下）」『経営研究』第 67 巻第 3 号，2016 年 11 月。
中村秀一郎『中堅企業論』東洋経済新報社，1964 年。
中村秀一郎「中堅企業の発展」伊丹敬之・加護野忠男・伊藤元重編『リーディングス日本の企業システム』第 4 巻，有斐閣，1993 年，第 10 章。
中山茂「科学情報の国際交流」中山茂・後藤邦夫・吉岡斉編『通史・日本の科学技術 1』学陽書房，1995 年，第 2 部・2-5。
西島公・猪木武徳「電子部品工業における技術革新と市場競争――1980 年代までの村田製作所の場合」『大阪大学経済学』第 57 巻第 3 号，2007 年 12 月。
沼上幹『液晶ディスプレイの技術革新史――行為連鎖システムとしての技術』白桃書房，1999 年。
橋本寿朗「機械・電子工業の育成」通商産業政策史編纂委員会編『通商産業政策史』第 6 巻，通商産業調査会，1990 年，第 5 章第 5 節。
橋本寿朗「長期相対取引形成の歴史と論理」橋本寿朗編『日本企業システムの戦後史』東京大学出版会，1996 年，第 4 章。
橋本毅彦『標準化の哲学』講談社，2002 年。
羽渕貴司・藤井正男「中国天津市の日系電子部品企業調査報告書」『経済文化研究所年報』（神戸国際大学経済文化研究所）第 23 号，2014 年 4 月。
林拓也「家庭用 VTR――テープパッケージ化をめぐる競争フェーズの推移」宇田川勝・橘川武郎・新宅純二郎編『日本の企業間競争』有斐閣，2000 年，第 1 章。
林隆一「エレクトロニクス産業における電子部品産業の位置づけと業界地図」『電子材料』2005 年 4 月号。
林隆一「電子部品の業界団体・業界構造」脇野喜久男・田中国昭監修『電子部品大辞典』工業調査会，2002 年，第 1 部 3。
林隆一「経営戦略・思想で見る電子部品業界」『財界観測』第 68 巻第 1 号，2005 年 1 月。
原田勝正『日本の鉄道』吉川弘文館，1991 年。
平沢照雄『大恐慌期日本の経済統制』日本経済評論社，2001 年。
平本厚『日本のテレビ産業――競争優位の構造』ミネルヴァ書房，1994 年。
平本厚「テレビ産業における寡占体制の形成」『研究年報 経済学』（東北大学）第 56 巻第 4 号，

1995年1月。
平本厚「日本における電子部品産業の形成——受動電子部品」『研究年報 経済学』（東北大学）第61巻第4号，2000年1月。
平本厚『戦前日本のエレクトロニクス——ラジオ産業のダイナミクス』ミネルヴァ書房，2010年。
平本厚編『日本におけるイノベーション・システムとしての共同研究開発はいかに生まれたか——組織間連携の歴史分析』ミネルヴァ書房，2014年。
藤本隆宏「部品取引と企業間関係」植草益編『日本の産業組織——理論と実証のフロンティア』有斐閣，1995年，第3章。
藤本隆宏・葛東昇「アーキテクチャ的特性と取引方式の選択——自動車部品のケース」藤本隆宏・武石彰・青島矢一編『ビジネス・アーキテクチャ』有斐閣，2001年，第10章。
法政大学比較経済研究所・佐々木隆雄・絵所秀紀編『日本電子産業の海外進出』法政大学出版局，1987年。
松本貴典「工業化過程における中間組織の役割」社会経済史学会編『社会経済史学の課題と展望』有斐閣，2002年，第21章。
松本達郎「テレビ工業における系列化について」『調査時報』（中小企業金融公庫調査部）第6巻第3号，1964年8月。
丸川知雄『現代中国経済』有斐閣アルマ，2013年。
三重野文晴「選択的政府介入における資金誘導手段としての開銀融資」『日本経済研究』（日本経済研究センター）第34号，1997年4月。
三品和広『戦略不全の論理』東洋経済新報社，2004年。
三品頼忠「機械工業における中小企業の再編過程」押川一郎・中山伊知郎・有沢広巳・磯部喜一編『高度成長過程における中小企業の構造変化』東洋経済新報社，1962年，第2章。
水橋佑介『電子立国台湾の実像——日本のよきパートナーを知るために』ジェトロ（日本貿易振興会），2001年。
溝部陽司「深セン進出日系企業の事業展開と分業体制変化の考察」『国際ビジネス研究』（国際ビジネス研究学会）第5巻第1号，2013年。
柳沢遊「中小企業の政策」通商産業政策史編纂委員会編『通商産業政策史』第3巻，通商産業調査会，1992年，第4章第4節。
山下裕子「ディスカウンターの盛衰」嶋口充輝他編『営業・流通革新』有斐閣，1998年，第3章。
山下裕子「市場からのイノベーション」伊丹敬之他編『ケースブック日本企業の経営行動③イノベーションと技術蓄積』有斐閣，1998年，第9章。
山田英夫『デファクトスタンダード——市場を制覇する規格戦略』日本経済新聞社，1997年。
山田英夫『競争優位の［規格］戦略——エレクトロニクス分野における規格の興亡』ダイヤモンド社，1993年。
由井常彦『中小企業政策の史的研究』東洋経済新報社，1964年。
安丸良夫『安丸良夫集6 方法としての思想史』岩波書店，2013年。
呂寅満『日本自動車工業史——小型車と大衆車による二つの道程』東京大学出版会，2011年。

吉岡英美『韓国の工業化と半導体産業――世界市場におけるサムスン電子の発展』有斐閣，2010 年。
吉田秀明「通信機器企業の無線兵器部門進出」下谷政弘編『戦時経済と日本企業』昭和堂，1990 年，第 3 章。
米倉誠一郎「業界団体の機能」岡崎哲二・奥野正寛編『現代日本経済システムの源流』日本経済新聞社，1993 年，第 6 章。
和田一夫「自動車産業における階層的企業間関係の形成――トヨタ自動車の事例」『経営史学』第 26 巻第 2 号，1991 年 4 月。
和田一夫「生産システムの展開」柴孝夫・岡崎哲二編『講座・日本経営史 第 4 巻 制度転換期の企業と市場――1937～1955』ミネルヴァ書房，2011 年，第 3 章。

Clark, Peter and Michael Rowlinson, "The Treatment of History in Organization Studies : Towards an 'Historic Turn?' , " *Business History*, Vol. 43, No. 3, 2004.
Kiyokawa, Yukihiko and Shigeru Ishikawa, "The Significance of Standardization in the Development of the Machine-tool Industry : The Case of Japan and China (Part 1)," *Hitotsubashi Journal of Economics*, 28, 1987.
Ohgai, Takeyoshi, "How 'Made in Japan' was Established : The Strategy of Japanese Export to USA by Consumer Electronics Industry," *Ryukoku Daigaku Keieigaku Ronsyu* (*The Journal of Business Studies Ryukoku University*), Vol. 36, No. 1, Jun., 1996.
Partner, Simon, *Assembled in Japan*, Berkeley : University of California Press, 1999.
Takeuchi, Jozen, *The Role of Labour-Intensive Sectors in Japanese Industrialization*, United Nations University Press, 1991.
Üsdiken, Behlül and Matthius Kipping, "History and Organization Studies : A Long-Term View," in M. Bucheli and R. D. Wadhwani (eds.), *Organizations in Time : History, Theory, Methods*, New York : Oxford University Press, 2014.
Wadhwani, R. Daniel and Marcelo Bucheli, "The Future of the Past in Management and Organization Studies," in M. Bucheli and R. D. Wadhwani (eds.), *Organizations in Time : History, Theory, Methods*, New York : Oxford University Press, 2014.

社史・業界史

相田洋編『電子立国日本の自叙伝』第 2 巻，日本放送出版協会，1995 年。
安立電気社史編纂委員会編『創立 30 年史』1964 年。
天川晃他編『GHQ 日本占領史 第 18 巻 ラジオ放送』(向後英紀解説・訳)，日本図書センター，1997 年。
アルプス電気株式会社『アルプス 50 年のあゆみ』1998 年。
「アルプス電気中国展開 10 年史」編集委員会・編集代表玉手輝三『アルプス電気中国展開 10 年史 1993～2004』アルプス（中国）有限公司，2004 年。
岩間政雄編『全ラジオ産業界銘鑑』ラジオ産業通信社，1952 年。
SMK 株式会社社史編纂委員会『信頼のブランド――SMK の 60 年』1986 年。

NTT アドバンステクノロジ株式会社『NTT R&D の系譜——実用化研究への情熱の 50 年』1999 年。
岡本無線電機株式会社社史編纂委員会編『岡本無線電機 50 年史』1992 年。
川端直正編『浪速区史』浪速区創設 30 周年記念事業委員会，1957 年。
関西電子工業振興センター『KEC30 年のあゆみ』1992 年。
KOA50 周年企画室編『KOA50 年史 1940〜1990』1991 年。
50 周年記念誌編集委員会『ヒロセ電機株式会社——創業 50 周年記念誌』1987 年。
五十年史編集委員会編『指月電機五十年史』1990 年。
小林圭司編『松下電器・営業史（戦後編）』松下電器産業株式会社社史室，1980 年。
三十五年史編纂委員会編『松尾電機三十五年史』1985 年。
三洋電機株式会社編『三洋電機三十年の歩み』ダイヤモンド社，1980 年。
社史編纂委員会編『日本ケミコン 50 年史』1982 年。
社史編纂実行委員会編『SOUND CREATOR PIONEER』1980 年。
上新電機株式会社社史編集委員会編『30 年の歩み』1978 年。
神栄 100 年史編集委員会『神栄 100 年史』1990 年。
新コスモス電機 30 年史編纂委員会編『未来をつくるコスモススピリットの 30 年』1990 年。
双信電機株式会社 50 年史編纂委員会編『双信電機株式会社 50 年史』1988 年。
ソニー株式会社広報センター『ソニー 50 周年記念誌「GENRYU 源流」』1996 年。
太陽誘電株式会社社史編纂事務局『太陽誘電 50 年史』2002 年。
田淵電機 50 年史委員会編『田淵電機 50 年史』1975 年。
中部電子工業技術センター三十年史編集委員会『中部電子工業技術センター三十年史』1993 年。
千代田区役所編『千代田区史』下巻，1960 年。
帝国通信工業株式会社編『30 年のあゆみ』1975 年。
寺門克『活力場の研究』日経 BP 社，1998 年。
電子機械工業会編『電子工業 20 年史』電波新聞社，1968 年。
でんでんタウン共栄会編『でんきのまち大阪日本橋物語』1996 年。
電波管理委員会編『日本無線史』第 11 巻，1951 年。
東京芝浦電気株式会社『東芝百年史』ダイヤモンド社，1977 年。
日本機械金属検査協会『日本機械金属検査協会十年史』1967 年。
日本機械輸出組合『日本機械輸出組合 25 年の記録』1977 年。
日本電子機械工業会編『電子工業 30 年史』1979 年。
日本電子機械工業会コンデンサ研究会編『コンデンサ評論——わが社の生い立ち』1983 年。
日本電子機械工業会『電子工業 50 年史——資料編』日経 BP 社，1998 年。
日本電子機械工業会『電子工業 50 年史——通史編』日経 BP 社，1998 年。
日本電子機械工業会電子部品部編『電子部品技術史』1999 年。
日本電子工業振興協会『電子工業振興 30 年の歩み』1988 年。
日本のテレビジョン 20 年編集委員会編『日本のテレビジョン 20 年』テレビラジオ新聞社，1974 年。

日立化成工業社史編纂委員会編『日立化成工業社史』1982 年。
日立製作所戸塚工場編『日立製作所戸塚工場史』1970 年。
廣瀬太吉『自我像』第 2 巻，牧野出版社，1971 年。
福本邦雄編『電子部品ひとすじに――ミツミ電機』フジインターナショナルコンサルタント出版部，1966 年。
北陸電気工業株式会社『北電工 50 年のあゆみ』1993 年。
本州製紙編『本州製紙社史』1966 年。
松下電器産業社史室編『社史松下電器 激動の十年 昭和 43–52 年』1978 年。
松下電子部品株式会社編『社史資料 No. 1 部品の揺籃時代（昭和 6 年～昭和 32 年）』1986 年。
松下電子部品株式会社編『社史資料 No. 2 部品の成長時代（昭和 33 年～昭和 51 年）』1987 年。
松下電子部品株式会社編『社史資料 No. 3 部品の発展時代（昭和 52 年～昭和 60 年）』1988 年。
松本望『回顧と前進』上・下巻，電波新聞社，1978 年。
村田製作所 50 年史編纂委員会『不思議な石ころの半世紀――村田製作所 50 年史』ダイヤモンド社，1995 年。
森下草太郎『技術の虹に生きて』電波新聞社，1968 年。

雑誌・新聞・年鑑

『エレクトロニクス実装学会誌』（エレクトロニクス実装学会）
『Electronic Journal』（電子ジャーナル）
川野文也編『テレビラジオ年鑑』（テレビラジオ新聞社）
『KEC 情報』（関西電子工業振興センター）
『工場管理』（日刊工業新聞社）
『国際連合貿易統計年鑑』（東京教育研究所）
『コンデンサ評論』（コンデンサ研究会）
『CEC 情報』（中部電子工業技術センター）
『JEITA Review』（電子情報技術産業協会）
『旬刊ラジオ電気』（『ラジオ電気新聞』に改称，ラジオ電気新聞社）
『総合電子部品年鑑』（中日社）
『中国経済』（日本貿易振興会）
『電気新聞』（電気新聞社）
『電機通信』（電気通信社）
『電子』（電子機械工業会，日本電子機械工業会）
『電子科学』（日本工業経済連盟）
『電子技術』（日刊工業新聞社）
『電子工業振興協会会報』（日本電子工業振興協会）
『電子材料』（工業調査会）
『電子部品年鑑』（中日社）
『電波新聞』（電波新聞社）
『東京銀行月報』（東京銀行調査部）

『National Technical Reports』(松下電器産業技術総務センター技術情報部)
『日刊工業新聞』
『日経エレクトロニクス』
『日経ビジネス』
『日本経済新聞』
『日本電気通信工業連合會報』(日本電気通信工業連合會)
『Business Research』(企業研究会)
『部品工業』(日本通信機部品協会)
『マネジメント』(日本能率協会)
『三井銀行調査月報』(三井銀行)

Electronics Business Edition (McGrow-Hill Publications)
Electrical Merchandising (McGrow-Hill Publications)
Yearbook of World Electronics Data (Read Electronics Research)

インタビュー・企業資料

石黒隆夫氏(橋本電気株式会社，常務取締役)ヒアリング(2001年12月4日)。
伊東雅男氏(株式会社正電社，代表取締役会長)ヒアリング(1996年8月10日)。
桑原詮三氏(元，日本ケミコン株式会社)の書面による回答(2001年4月13日)。
竹下與一氏(元，日本電子機械工業会関西支部)ヒアリング(2001年4月10日)。
富田昭吾氏(元，帝国通信工業株式会社)ヒアリング(2003年3月26日)。
西村達朗氏(ホシデン株式会社，常勤顧問)の書面による回答(2001年4月13日)。
西村達朗氏ヒアリング(2001年5月18日)。
平松耕市氏(株式会社ヒラマツ，代表取締役社長)ヒアリング(1996年10月11日)。
村岡一之氏(元，フォスター電機株式会社)の書面による回答(2001年5月6日)。
山下兼弘氏(元，アルプス電気株式会社)の書面による回答(2001年4月17日)。
『帝通だより』帝国通信工業株式会社。
電子情報技術産業協会，所蔵資料。
中川無線電機株式会社，所蔵資料。
ホシデン株式会社，所蔵資料。
松下電器産業株式会社，所蔵資料。

政府刊行物

大蔵省編『日本貿易年表』各年版。
大蔵省財政史室編『昭和財政史——終戦から講和まで』第10巻，東洋経済新報社，1980年。
『官報』各号。
経済産業省大臣官房調査統計グループ編『経済産業省生産動態統計年報 機械統計編』。
国立公文書館，所蔵資料。
通産省『電子工業年鑑』電波新聞社。

通産省工業技術院編『JIS 工場通覧』日刊工業新聞社。
通産省重工業局『日本のトランジスタラジオ工業』工業出版社，1959 年。
通産大臣官房調査統計部編『機械統計月報』および『機械統計年報』各号。
通商産業政策史編纂委員会編・長谷川信編著『通商産業政策史 1980–2000』第 7 巻（機械情報産業政策），経済産業調査会，2013 年。
文部省大学学術局編『全国研究機関通覧 自然科学・技術』1951 年版，1951 年。

GHQ/SCAP, *Summation of Non-military Activities in Japan and Korea*, No. 3, December 1945.

調査資料・その他

上山忠夫『日本工業規格と標準化』日本経済社，1951 年。
大阪府商工部通商課編『大阪における家庭電器卸業の実態』1961 年。
大阪府立商工経済研究所『家庭電器卸売の実態』1963 年。
大阪府立商工経済研究所編『大阪を中心とせる軽電機下請工業の実態』1961 年。
大阪府立商工経済研究所編『大阪を中心とせる弱電機関連工業の実態』1961 年。
大野耐一『トヨタ生産方式』ダイヤモンド社，1978 年。
神田テレビラジオ卸専門店会編『朝日無線電機総合カタログ』1960 年。
機械振興協会経済研究所『機械工業における下請構造の変貌調査』1966 年。
公正取引委員会事務局『電機工業における経済力集中の実態』1959 年。
公正取引委員会事務局『主要産業における生産集中度』昭和 33 年版，1960 年。
国民経済研究協会・金属工業調査会編『企業実態調査報告書　22. ラジオ工業篇』1947 年。
市場調査研究会・流通委員会『家庭用電気器具の流通構造調査報告書』日本機械工業連合会，1960 年。
高野留八『抵抗器――電子回路部品用』日刊工業新聞社，1962 年。
電気機器市場調査会『電子機器部品市場要覧』科学新聞社。
統計室・統計連絡会『調査統計ガイドブック 2017–2018』電子情報技術産業協会，2017 年。
永田隆編『SMT ハンドブック』工業調査会，1990 年。
日本規格協会編『JIS 規格総目録』。
日本生産性本部『電気通信機械――電気通信機械工業専門視察団報告書』1958 年。
日本電気通信工業連合會・日本機械工業連合會編『無線通信機械工業の生産構造調査報告書』1956 年。
日本電子機械工業会編『電子部品ハンドブック』電波新聞社，1975 年。
日本電子機械工業会・部品運営委員会・マーケティング研究会『東南アジア電子工業の動向調査報告書』各年版。
日本電子工業振興協会『集積回路によって影響を受ける受動部品』1968 年。
日本電子工業振興協会『電子工業振興要覧』各年版。
日本のラジオ編集委員会『日本のラジオ』工業出版社，1962 年。
日本貿易振興会『トランジスター・ラジオの米国市場調査』1959 年。
林信太郎『日本機械輸出論』東洋経済新報社，1961 年。

富士キメラ総研編『有望電子部品材料調査総覧』。
閉鎖機関整理委員会編『占領期閉鎖機関と特殊清算』第 2 巻，大空社，1995 年。
ミマツデータシステム『チップ部品の自動実装技術と高密度化』1985 年。
村田朋博『電子部品——営業利益率 20 % のビジネスモデル』日本経済新聞出版社，2016 年。
村田朋博『電子部品だけがなぜ強い』日本経済新聞出版社，2011 年。

あとがき

筆者がこの「あとがき」を執筆している2018年12月，内閣府は2012年末から続く日本経済の景気拡大局面が戦後最長の「いざなみ景気（2002年2月-2008年2月）」に並ぶ見通しであると発表した。しかしその一方で，足元では深刻化しつつある米中貿易摩擦の余波を受けて，中国の通信機器大手の華為技術（ファーウェイ）や中興通訊（ZTE）を排除する動きがあり，これらの企業と取引をしている日本の電子部品メーカーの経営が懸念され，株価の下落を招いているという報道がある（『朝日新聞』2018年12月7日朝刊，7頁）。このように近年では日本経済の現状や将来を左右する存在として，電子部品産業の動向が注目されるようになった。

かつて日本のエレクトロニクス産業の花形はテレビ，VTR，DVDプレーヤーなどの民生用機器部門であった。しかしこれらの製品はコモディティ化が進み，現在では新興国との厳しい競争にさらされている。電子部品市場においても厳しい状況に大きな違いはないが，それにもかかわらず現在も力強く成長し続ける電子部品メーカーは少なくない。その強さの源を探ることが本書の中心的課題であった。現在の電子部品メーカーはグローバルなサプライチェーンと結びつき，世界中に販売網を広げているが，そうした展開が可能となる要因を理解するためには，その長い前史に目を向けなければならなかった。今から約70年前，終戦直後の廃墟の中で町工場として産声を上げたときから，電子部品メーカーの創業者たちは自主独立の精神で取引先の多様化を志し，自らの技術を鍛えた。その理念が組織に刷り込まれ，後の発展の方向性を決定づけたのではないかというのが本書の結論の一つである。

とはいえ本書は，必ずしも電子部品産業の現状から遡及的に歴史を振り返ったわけではなく，戦前・戦中期における機械工業の発展史を前提とする，同産業の戦後における発展の特質を理解しようと試みた。戦後の民主化を起点とし，高度成長期における大衆消費社会の到来，またオイルショック以後における情報通信技術の普及と深化を経て，新興国の台頭とともに迎える社会経済のグローバル化という変遷を日本は経験してきた。本書の各章では，それぞれの時代において生存を賭けて格闘した電子部品メーカーの姿を可能な限り克明に描くことで，筆者なりに戦後日本社会の一断面を切り取ろうと努力したつもりである。

本書を執筆するにあたっては，多くの業界関係者の方々にお世話になった。終戦直後に外地から引き揚げ，大阪・日本橋に戦後 6 番目の問屋を開業した株式会社正電社の伊東雅男氏，ラジオブーム時代のキット販売から部品メーカーに転じた浦川トランス工業株式会社（大阪府茨木市）の浦川亮二氏，会社の資料が阪神大震災で散逸してしまったということで，ご自宅にあった古い営業報告書を郵送してくださった株式会社指月電機製作所の橘良氏，川崎のご自宅でテレビチューナーの図面を手描きしながら生産工程を丁寧に説明してくださったアルプス電気株式会社の山下兼弘氏，横浜駅近くの喫茶店でセットメーカーとの取引について詳細にお話を聞かせて頂いた帝国通信工業株式会社の秋元義雄氏や富田昭吾氏との出会いは，筆者にとって大変貴重な思い出である。トランスメーカーからオーディオメーカーに転じた山水電気の元社員である石黒隆夫氏を東京都葛飾区の橋本電気株式会社に訪ね，業界規格（CES 規格）のお話を伺った際には，2001 年当時でも女性作業員が精巧なトランスを一つずつ製造している光景に驚いた。石黒氏は 1960 年代後半にトランス生産ラインの撤収作業を担当した後，「サンスイ」ブランドのトランスを製造する橋本電気に移られた。同社ではセットメーカーからの量産品の受注を断り，小口生産に切り替えたという。一軒家のような狭い職場を案内して頂いた際，石黒氏が「高度成長期の町工場のような風景に戻りました」と語られたのが印象的であった。

松下電器産業（現，パナソニック）株式会社からは本書第 5 章で用いた協力工場に関する資料を，また帝国通信工業株式会社からは本書第 9 章の執筆に欠かせなかった社内報『帝通だより』の閲覧をお許し頂いた。ホシデン株式会社からは所蔵資料のご提供だけでなく，顧問の西村達朗氏から同社の技術開発史について貴重なお話を伺った。電子情報技術産業協会（JEITA）からは，第 7 章で論じた業界規格（CES 規格）の原本や 1960 年代の業界名簿を閲覧させて頂いた。同協会が発足する以前の1996年頃に日本電子機械工業会関西支部を訪ねたが，そこに所蔵されていた『コンデンサ評論』のバックナンバーは第6章の執筆に大変役立った。第8章で取り上げた関西電子工業振興センターを訪れた際には，事務局の奥田早苗氏が丁寧に対応してくださった。さらに本書全体を通じて多用している『電波新聞』については，電波新聞社から国会図書館に所蔵されているマイクロフィルムの複製許可を頂いた。これらの企業や諸団体の皆様に深く感謝を申し上げたい。なお改めて記すまでもなく，本書における有り得べき誤りは，すべて筆者の責任である。

ところで本書は，筆者が2003年10月に大阪大学に提出した博士論文『戦後日本における電子部品産業の発展――市販部品を中心に』に，大幅な改稿と加筆を施したものである。筆者が大阪大学大学院経済学研究科博士前期課程に入学してから23年，博士論文を提出してからもすでに15年が経過した。まさに牛の歩みであり，自分の怠惰を恥じるほかないが，近年の日本電子部品産業の好調ぶりを各種の報道で目にすると，たとえ未熟な作品であっても世に問うて，電子部品産業の興味深い歴史を多くの方々に知って頂き，また本書に対する様々な批判を受けるには，むしろ良いタイミングなのではないかとも考えている。電子部品産業は，製品の種類においても，また所在地や企業規模においても，さらに個々の部品メーカーの特徴においても，あまりに多様である。そうした製品群や企業群をひとまとまりの考察対象として扱い，その歴史を描くことには多大な困難が伴った。業界関係者の中には本書の内容に対して「我が社の歩みは違う」と感じられる方がおられるかもしれないが，そうした方々から寄せられる新たな情報提供の「呼び水」に本書がなることを，筆者は密かに期待している。

博士論文の審査では，大阪大学大学院でご指導を頂いた，沢井実先生に主査，宮本又郎先生と阿部武司先生に副査をお願いした。沢井先生からは研究者として赤子同然の筆者に，ありとあらゆることを丁寧に教えて頂いた。大学院生に対して，もう少し成熟した姿勢や能力を求める指導教官であったならば，間違いなく筆者は途中で挫折していたと思うが，現在でも筆者が奉職する南山大学経営学部の同僚としてお世話になっており，また本書の刊行にあたっても筆者の背中を強く押してくださった。感謝の言葉もないが，学部4年生の時に機械工業史に関する沢井先生の論文に感銘を受け，縁もゆかりもない大阪で，先生が受け持たれる最初の院生になった筆者自身を褒めたい気もする。

宮本先生からは折に触れて貴重なコメントを頂戴するだけでなく，筆者が助手をしていた2001年に，先生を研究代表とする「関西企業家ライブラリーの構築」（文部科学省科学研究費補助金・地域連携推進研究費：課題番号11791015，平成11-13年）の一環として，企業家のライフヒストリーを記録に残すプロジェクトに加えて頂き，井植敏氏（当時，三洋電機株式会社取締役会長）や佐々木正氏（元，シャープ株式会社副社長）から長時間にわたってお話を伺う機会に恵まれた。現在，先生が館長を務める大阪商工会議所・大阪企業家ミュージアムにはそのビデオが収蔵されているが，後に筆者が何度も経験する経済人オーラルヒストリーの原点になった。また阿部武司先生は筆者にとって今でも畏怖の念を抱かずにはいられない存在であるが，博士論文を報告した日の夜に長文のメールで，序章が本論に対応していないので全面的に書き改めるようにというご示唆とともに，「宮崎市定氏によれば，歴史学の要諦は要約だそうです。口頭報告とはいえ制限時間の範囲内で言いたいことを過不足なく伝えられるようにしてください」というコメントを頂いた。そのメールの写しは今も筆者の手元に置いている。3人の先生には長年にわたるご指導に深く感謝を申し上げるとともに，その学恩に報いるべく，これからも研究に励みたい。

大阪大学から博士号（経済学）を授与された後も，すぐには常勤の教職を得ることができず，将来への不安を拭えない日々が続いたが，2003年11月に神戸大学大学院経営学研究科の加護野忠男先生を拠点リーダーとする21世紀COEプログラムの研究員に採用されたことは，研究者としての生活を維持するうえで助けられただけでなく，筆者にとって未知の分野であった経営学と接する機会を与えられたという意味でもありがたかった。また高橋雄造先生（元，東京農工大学教授）には資料のご提供だけでなく，業界関係者をご紹介頂くなど，大変お世話になった。本書第I部は，かつてラジオ少年だった高橋先生から学んだことを筆者なりに深掘りしたものである。この他にも，数え切れないほど多くの先生方にお世話になった。お一人ずつお名前を挙げたいが，研究者として23年もの月日が経った今となっては，それもかなわない。本書をもって筆者の感謝の気持ちとさせて頂きたい。

本書の完成は予定よりも1年遅れてしまった。その間，筆者に励ましの言葉をくださり，丹念な本づくりの作業を担ってくださった，名古屋大学出版会の三木信吾さんに心から感謝を申し上げたい。本書の出版について相談をさせて頂いた当初，筆者は高度成長期までで筆を擱くつもりでいたが，三木さんの強い薦めで，直近までの動向を執筆することにした。本書を書き終え，三木さんのご提案を受け入れて本当に良かったと思っている。なお本書の出版にあたっては，日本学術振興会「平成30年度科学研究費補助金（研究成果公開促進費「学術図書」）課題番号18HP5156」からの助成を受けた。

最後に私事で恐縮であるが，家族について述べることをお許し願いたい。ある大手エレクトロニクス企業の子会社で営業課長をしていた父，達郎は31年前の夏に46歳の若さで突然この世を去った。明らかに過労死であった。この時から筆者にとって企業組織に属するという人生の選択肢はなくなったが，やがて研究活動を通じて多くの素晴らしい企業人と出会い，必ずしもすべての企業組織が否定されるべきではないと思うようになった。人を幸せにする組織とはどのようなものか，今後も考え続けていきたいと思う。また母，泰子は筆者が実家に戻って地元で就職することを望んでいたと思うが，大学院に進学したいという筆者のわがままを許し，励まし続けてくれた。親孝行らしいことを何一つしてこなかったが，本書が長年の母の苦労に少しでも報いるものであることを願う。妻の智津子，息子の匠美，娘の和奏は筆者にいつも元気を与えてくれるが，彼らに感謝の思いを伝えるのはもう少し先にしよう。

2018年12月

著　者

図表一覧

索　引

ア　行

カ　行

サ　行

タ　行

ナ　行

ハ　行

マ　行

ヤ　行

ラ・ワ行

A–Z

《著者略歴》

中島裕喜（なかじまゆうき）

1971 年生
1999 年　大阪大学大学院経済学研究科博士課程退学
大阪大学助手，東洋大学経営学部准教授等を経て，
現　在　南山大学経営学部准教授，博士（経済学）

日本の電子部品産業

2019 年 2 月 28 日　初版第 1 刷発行

定価はカバーに
表示しています

著　者　中 島 裕 喜
発行者　金 山 弥 平

発行所　一般財団法人 名古屋大学出版会
〒 464-0814　名古屋市千種区不老町 1 名古屋大学構内
電話(052)781-5027 / FAX(052)781-0697

印刷・製本　亜細亜印刷㈱　ISBN978-4-8158-0942-3
乱丁・落丁はお取替えいたします。